Python 網路爬蟲與資料視覺化 應用實務

Web Scraping and Data Visualization with python

陳允傑 著

感謝您購買旗標書，記得到旗標網站
www.flag.com.tw
更多的加值內容等著您…

- FB 官方粉絲專頁：旗標知識講堂
- 旗標「線上購買」專區：您不用出門就可選購旗標書！
- 如您對本書內容有不明瞭或建議改進之處，請連上旗標網站，點選首頁的 聯絡我們 專區。

  若需線上即時詢問問題，可點選旗標官方粉絲專頁留言詢問，小編客服隨時待命，盡速回覆。

  若是寄信聯絡旗標客服 emaill，我們收到您的訊息後，將由專業客服人員為您解答。

  我們所提供的售後服務範圍僅限於書籍本身或內容表達不清楚的地方，至於軟硬體的問題，請直接連絡廠商。

學生團體　訂購專線：(02)2396-3257 轉 362
　　　　　傳真專線：(02)2321-2545

經銷商　服務專線：(02)2396-3257 轉 331
　　　　將派專人拜訪
　　　　傳真專線：(02)2321-2545

國家圖書館出版品預行編目資料

Python 網路爬蟲與資料視覺化應用實務 /
陳允傑作. -- 臺北市：旗標, 2018 . 12
面； 17×23 公分

ISBN 978-986-312-562-4 (平裝)

1. Python (電腦程式語言)

312.32P97　　107017306

作　　者／陳允傑
發 行 所／旗標科技股份有限公司
　　　　　台北市杭州南路一段15-1號19樓
電　　話／(02)2396-3257(代表號)
傳　　真／(02)2321-2545
劃撥帳號／1332727-9
帳　　戶／旗標科技股份有限公司
監　　督／陳彥發
執行企劃／陳彥發
執行編輯／林佳怡
美術編輯／林美麗
封面設計／古鴻杰
校　　對／林佳怡

新台幣售價：650 元

西元 2023 年 1 月 初版 6 刷

行政院新聞局核准登記-局版台業字第 4512 號

ISBN 978-986-312-562-4

序

大數據分析的首先任務是取得資料（或稱「數據」），我們可以使用**網路爬蟲**從網路取得所需的資料，當擁有數據後才能進行資料分析。但是隨著資料量的飛躍成長，我們無法馬上從大量的數據資料中找出脈胳，必須要將資料以視覺化的方式來呈現，才能快速理解。所謂的大數據分析就是資料視覺化，也是人工智慧和機器學習必備的先修課程。

資料視覺化（Data Visualization）是使用圖形化工具（例如：各式統計圖表等）運用視覺化的方式來呈現從大數據萃取出的有用資料。簡單地說，資料視覺化可以將複雜資料使用圖形抽象化成易於聽眾或閱讀者吸收的內容，讓我們透過圖形或圖表，更容易識別出資料中的**模式**（Patterns）、**趨勢**（Trends）和**關聯性**（Relationships）。

本書是一本使用 Python 3 語言實作 Python 網路爬蟲和大數據分析的學習手冊，實際使用 Python 五大套件建立爬蟲程式，在取得和儲存資料後，使用 Python 四大套件來執行資料視覺化和進行大數據分析，可作為大專院校、科技大學和技術學院網路爬蟲、資料視覺化或大數據分析相關課程的教材。在內容上，本書從基礎開始說明如何從網路上取得資料，不只可以爬取靜態網頁內容，更能夠爬取動態網頁內容，事實上，只要是瀏覽器可以看得到的資料，我們都可以爬回來，不只如此，本書更詳細說明網路爬蟲必備的定位技術；CSS 選擇器、XPath 表達式和正規表達式，最後是爬取 Web 網站的 Scrapy 框架。

在資料視覺化部分，筆者詳細說明資料視覺化的觀念和常用圖表，然後實際使用 Python 相關套件來執行資料視覺化，全書是以實務角度來詳細說明網路爬蟲和資料視覺化所需具備的理論、觀念和技能，而這就是資料科學的基礎，可以幫助你輕鬆了解當紅的資料科學和大數據分析。

因為實作是程式學習上不可缺少的部分，本書在完整說明兩大主題的相關 Python 套件後，都提供有多個實作案例，可以讓讀者實際應用所學來從網路爬取資料，和使用這些取得的資料來執行資料視覺化，繪製相關圖表。

陳允傑於台北 2018.10.30

hueyan@ms2.hinet.net

如何閱讀本書

本書架構上是循序漸進從網路爬蟲的基礎知識開始，在簡單說明 HTML 和 JSON 的概念後，從網路爬蟲開始學習如何從網路取得資料，然後才學習 Python 大數據分析的資料視覺化，並詳細說明 Python 的相關套件。

✪ 第一篇：建立 Python 爬蟲程式 － 從網頁取得資料

第一篇說明如何建立 Python 爬蟲程式來取得網路資料。第 1 章先說明 HTML、JSON 的基本概念和網路爬蟲的基礎，再介紹 Python 五大網路爬蟲函式庫和 Spyder 整合開發環境的使用。第 2 章說明如何送出 HTTP 請求來取得 HTML 網頁。第 3 章使用 BeatuifulSoup 物件剖析 HTML 網頁，我們可以使用相關函數或正規表達式來取出網頁資料。第 4 章使用 CSS 選擇器+BeautifulSoup 來爬取資料，並且說明爬蟲相關的必學工具，第 5 章使用走訪 HTML 網頁方式來取出資料，和將爬取資料存成 CSV 和 JSON 檔案。

在第 6 章使用 XPath 表達式和 lxml 套件建立 Python 爬蟲程式，第 7 章使用 Selenium 爬取動態網頁內容並與 HTML 表單進行互動，可以模擬使用者在瀏覽器的操作來爬取 JavaScript 程式碼產生的網頁資料，在第 8 章是 Python 爬蟲框架 Scrapy，可以讓我們爬取整個 Web 網站的內容，第 9 章是應用實例，筆者實際使用五大套件來建立 9 個網路爬蟲的實作案例，在第 10 章使用 Python 字串處理和正規表達式清理取得資料後，將爬取資料存入 MySQL 資料庫。

✪ 第二篇：Python 資料視覺化 - 大數據分析

第二篇是 Python 資料視覺化的大數據分析，第 11 章說明什麼是大數據、資料種類後，詳細說明大數據分析的資料視覺化、資料視覺化圖表和 Python 資料視覺化函式庫，第 12 章是資料處理與分析的 Pandas 套件，並且在最後說明 Pandas 的資料清理，第 13 章是資料視覺化的 Matplotlib 和 Pandas 套件，我們可以繪製各種圖表來執行資料視覺化，第 14 章是 Seaborn 套件的統計資料視覺化，第 15 章是 Bokeh 套件的互動視覺化，可以讓我們繪製在網頁顯示的互動圖表和儀表板，最後在第 16 章實際使用第 9 章取得的網路資料來實作四大套件的資料視覺化，也就是進行 Python 大數據分析。附錄 A 則說明 Python 語言的基本語法，以及在 Windows 作業系統中安裝 Anaconda 整合套件。

編著本書雖然力求完美，但學識與經驗不足，謬誤難免，尚祈讀者不吝指正。

書附檔案說明

為了方便讀者學習 Python 網路爬蟲與資料視覺化應用實務，筆者已經將本書使用的 Python 範例程式、相關檔案和工具收錄在一起，並壓縮成一個壓縮檔，**請先連結到以下網址下載檔案，並使用解壓縮軟體將檔案解壓縮到您的電腦裡。**

本書書附檔案下載連結：**http://www.flag.com.tw/DL.asp?FT748**

檔案與資料夾	說明
Ch01 ～ Ch10、Ch12 ～ Ch16 和 AppA 資料夾	本書各章 Python 範例程式、HTML 網頁、CSV 檔、JSON 檔案和 Scrapy 專案檔等
BigData.zip	Python 範例程式的 ZIP 格式壓縮檔
HTMLeBook 資料夾	HTML 與 CSS 電子書
Tools 資料夾	本書所使用的工具程式

在 Tools 資料夾下的檔案和資料夾說明，如下表所示：

檔案與資料夾	說明
Anaconda.url	下載 Anaconda 安裝套件的 URL 檔
CSS 選擇器互動測試工具 .zip	CSS 選擇器測試工具的 ZIP 格式壓縮檔
CSS 選擇器互動測試工具資料夾	CSS 選擇器測試工具
HeidiSQL9.zip	MySQL 資料庫管理工具
PHPViewer.zip	PHP+MySQL 資料庫系統

目錄

第一篇：建立 Python 爬蟲程式 － 從網頁取得資料

1 CHAPTER HTML、JSON 與網路爬蟲的基礎

2 CHAPTER 從網路取得資料

4 CHAPTER 使用 CSS 選擇器爬取資料

5 CHAPTER 走訪 HTML 網頁取出資料與資料儲存

6 CHAPTER 使用 XPath 表達式與 lxml 套件建立爬蟲程式

7 CHAPTER Selenium 表單互動與動態網頁擷取

8 CHAPTER Scrapy 爬蟲框架

9 CHAPTER Python 爬蟲程式實作案例

第二篇：Python 資料視覺化 - 大數據分析

11 CHAPTER 認識大數據分析 - 資料視覺化

12 CHAPTER 使用 Pandas 掌握你的資料

13 CHAPTER Matplotlib 與 Pandas 資料視覺化

14 CHAPTER Seaborn 統計資料視覺化

16 CHAPTER Python 資料視覺化實作案例

A APPENDIX Python 程式語言與開發環境建立

PART 1

建立 Python 爬蟲程式 - 從網頁取得資料

大數據分析的首要任務是取得**資料**，在取得資料的過程，需要使用多種工具和函式庫，第一篇先帶您認識 HTML 及 JSON 格式，以便後續在定位網頁元素時能更有概念。接著會說明如何建立 Python 爬蟲程式，我們可以依據不同目標網頁或網站，使用不同的 Python 套件來取得資料，如下所示：

- **擷取靜態網頁資料** – CSS 選擇器 + Beautiful Soup 及 lxml
- **擷取 JavaScript 動態網頁資料** – Selenium
- **擷取整個網站資料** – Scrapy 框架

本篇的最後，我們會以數個實例做演練，讓您發揮所學實際抓取資料，並教您將爬取的資料儲存到 MySQL 資料庫。

- 用 Beautiful Soup 爬取股價、電影、圖書等資訊
- 用 Selenium 爬取旅館、食譜資訊
- 用 Scrapy 爬取 Tutsplus 教學文件及 PTT 看板資訊

1

CHAPTER

HTML、JSON 與網路爬蟲的基礎

1-1 認識 HTML

在介紹網路爬蟲前，先帶您了解 HTML 網頁的基本架構，對架構有初步的認識，後續才能更快進入狀況。若是已經熟悉 HTML 的讀者，可以跳過此節的內容。

1-1-1 HTML 的「標籤」與「屬性」

HTML（**H**yper**T**ext **M**arkup **L**anguage），是一種文件內容格式的編排語言，主要是讓瀏覽器知道該如何呈現網頁內容。HTML 文件其實只是文字格式檔案，用 Windows 內建的**記事本**就能建立，編輯後的文件不需要經過**編譯**(Compile)，就能透過瀏覽器看到結果。

HTML 主要是由**標籤**及**屬性**所組成：

- **標籤**（Tags）：HTML 標籤通常是成對出現，例如：<p>…</p>，只有少數標籤是單獨出現，例如：
。HTML 標籤可用來標示文字內容需套用的編排格式，例如：在 <p> **起始標籤**和 </p> **結尾標籤**之中的文字內容，就是使用預設格式編排成一個文字段落，如下所示：

```
<p>這是一個測試網頁</p>
```

- **屬性**（Attributes）：HTML 標籤擁有一些屬性，用來定義細部的編排，例如：<img> 標籤的 src、width 和 height 屬性，可以指定顯示圖檔的寬度與高度，如下所示：

```
<img src="sample.jpg" width="20" height="30">
```

HTML 已內建豐富的預設標籤，就算不是專業的程式設計者，也能用 HTML 標籤輕鬆建立 HTML 網頁。

說 明

要利用網路爬蟲抓取資料，除了要了解 HTML 的結構，對於 XML 也需要有基本的認識。「XML」（Extensible Markup Language）是可擴展標示語言，也是標籤語言的一種，XML 的寫法與 HTML 十分類似，但 XML 不是用來編排內容，而是描述資料，因此 XML 沒有 HTML 預設的標籤，使用者需要自行定義描述資料所需的各種標籤，在功能上能夠補足 HTML 標籤的不足，並且擁有更多的擴充性。有關 XML 的說明，我們會在後續的章節做補充。

1-1-2 HTML 網頁結構

HTML 網頁的基本結構分成數個區塊，分別標示網頁文件的不同用途：

```
<!DOCTYPE html>
<html lang="zh">
<head>
<meta charset="utf-8">
<title>網頁標題文字</title>
</head>
<body>
網頁內容
</body>
</html>
```

上述 HTML 網頁結構分成幾個部分，如下所示：

✪ <!DOCTYPE>

<!DOCTYPE> 位在 <html> 標籤前，它並不是 HTML 標籤，其目的是告訴瀏覽器使用的 HTML 版本，以便瀏覽器使用正確引擎來產生 HTML 網頁內容。

請注意！在 <!DOCTYPE> 之前不可以有任何空白字元，否則瀏覽器可能會產生錯誤。

✪ <html> 標籤

<html> 標籤是 HTML 網頁的根元素，可說是一個容器元素，其內容是由其它 HTML 標籤所組成，擁有 <head> 和 <body> 兩個子標籤。如果需要，<html> 標籤可以使用 lang 屬性指定網頁使用的語言，如下所示：

```
<html lang="zh-TW">
```

上述標籤的 lang 屬性值，常用 2 碼值有：zh（中文）、en（英文）、fr（法文）、de（德文）、it（義大利文）和 ja（日文）等。lang 屬性值也可以加上「-」分隔的 2 碼國家或地區，例如：en-US 是美式英文、zh-TW 是台灣的繁體中文等。

✪ <head> 標籤

<head> 標籤的內容是標題元素，包含 <title>、<meta>、<script> 和 <style> 標籤。例如：<meta> 標籤可以指定網頁的編碼為 utf-8，如下所示：

```
<meta charset="utf-8">
```

✪ <body> 標籤

<body> 標籤才是真正在編排網頁內容，包含文字、超連結、圖片、表格、清單和表單等。

HTML網頁

Ch1_1_2.html

在此使用 HTML 標籤建立一份簡單的 HTML 網頁，如下所示：

用瀏覽器顯示網頁內容

HTML 網頁的副檔名是 .html 或 .htm，因為只是純文字內容，我們可以用 Windows 的**記事本**來編輯 HTML 網頁，記得在存檔時指定 UTF-8 編碼和副檔名 .html：

Ch1_1_2.html - 記事本

檔案(F) 編輯(E) 格式(O) 檢視(V) 說明(H)

```
<!DOCTYPE html>
<html lang="zh-TW">
<head>
<meta charset="utf-8"/>
<title>HTML5網頁</title>
</head>
<body>
<h3>HTML5網頁</h3>
<hr/>
<p>第一份HTML5網頁</p>
</body>
</html>
```

第 12 列，1

用「記事本」編輯HTML標籤

網頁內容

```
01: <!DOCTYPE html>
02: <html lang="zh-TW ">
03: <head>
04: <meta charset="utf-8"/>
05: <title>HTML5網頁</title>
06: </head>
07: <body>
08: <h3>HTML5網頁</h3>
09: <hr/>
10: <p>第一份HTML5網頁</p>
11: </body>
12: </html>
```

說明

- ✓ 第 1 列：宣告 DOCTYPE，告訴瀏覽器這是 HTML 的文件類型。
- ✓ 第 2 列：在 <html> 標籤使用 lang 屬性指定繁體中文。
- ✓ 第 3 ～ 6 列：<head> 標籤包含 <meta> 和 <title> 標籤，<meta> 提供網頁內容屬性，<title> 則是宣告網頁標題。
- ✓ 第 7 ～ 11 列：<body> 標籤包含 <h3>、<hr> 和 <p> 標籤。設定文字的標題大小、加上水平分隔線及套用預設段落的文字。

想深入了解 HTML 的語法，可參考書附檔案中的「HTMLeBook」資料夾中的電子書。

1-2 JSON 的基礎

「JSON」的全名為（JavaScript Object Notation），這是一種類似 XML 的資料交換格式，事實上，JSON 就是 JavaScript 物件的文字表示法，其內容只有文字（Text Only）。

1-2-1 認識 JSON

JSON 是由 Douglas Crockford 創造的一種資料交換格式，因為比 XML 來的快速且簡單，不論是 JavaScript 語言或其他程式語言都可以輕易解讀，這是一種和語言無關的資料交換格式。

✪ 為什麼使用 JSON

因為 JSON 格式就是文字內容，可以很容易在客戶端和伺服端之間傳送資料，現在 JSON 已經取代 XML 成為非同步瀏覽器與伺服器之間通訊使用的資料交換格式。不僅如此，很多網路公司也都支援 REST API，可以取得 JSON 格式的資料，換句話說，我們取得的網路資料，除了自行從 HTML 標籤取得，也可以透過 AJAX 下載 JSON 格式文件。

✪ JSON 文件的內容

JSON 是一種可以自我描述和容易理解的資料交換格式，使用大括號定義成對的**鍵**和**值**（Key-value Pairs），相當於物件的**屬性**和**值**，類似 Python 語言的字典和清單，如下所示：

```
{
   "key1": "value1",
   "key2": "value2",
   "key3": "value3",
    ⋮
}
```

JSON 的物件陣列是使用方括號來定義，如下所示：

```
[
    {
    "title": "C語言程式設計",
    "author": "陳會安",
    "category": "Programming",
    "pubdate": "06/2018",
    "id": "P101"
    },
    {
    "title": "PHP網頁設計",
    "author": "陳會安",
    "category": "Web",
    "pubdate": "07/2018",
    "id": "W102"
    },
    ⋮
]
```

1-2-2 JSON 的語法

JSON 是使用 JavaScript 語法來描述資料，一種 JavaScript 語法的子集，以 Python 語言來說，JSON **物件**類似 Python **字典**，JSON **陣列**類似 Python **清單**。

✪ JSON 的語法規則

JSON 語法並沒有關鍵字，其基本語法規則如下：

- 資料是成對的**鍵**和**值**（Key-value Pairs），使用「:」符號分隔。
- 資料之間是使用「,」符號分隔。
- 使用「大括號」定義「物件」。
- 使用「方括號」定義物件「陣列」。

JSON 檔案的副檔名為 .json；MIME 型態為 "application/json"。

✪ JSON 的鍵和值

JSON 資料是成對的鍵和值（Key-value Pairs），首先是欄位名稱，接著「:」符號，再加上值，如下所示：

```
"author": "陳會安"
```

上述 "author" 是欄位名稱，" 陳會安 " 是值，JSON 的值可以是整數、浮點數、字串（使用「"」括起）、布林值（true 或 false）、陣列（使用方括號括起）和物件（使用大括號括起）。

✪ JSON 物件

JSON 物件是使用大括號包圍的多個 JSON 鍵和值，如下所示：

```
{
  "title": "C語言程式設計",
  "author": "陳會安",
  "category": "Programming",
  "pubdate": "06/2018",
  "id": "P101"
}
```

✪ JSON 物件陣列

JSON 物件陣列可以擁有多個 JSON 物件，例如："Employees" 欄位的值是一個物件陣列，底下的範例包含 3 個 JSON 物件：

```
{
  "Boss": "陳會安",
  "Employees": [
    { "name" : "陳允傑", "tel" : "02-22222222" },
    { "name" : "江小魚", "tel" : "02-33333333" },
    { "name" : "陳允東", "tel" : "04-44444444" }
  ]
}
```

在此我們先簡單帶您認識 JSON 的格式，之後在實際擷取網頁資料時，還會有更進一步的說明。

1-3 網路爬蟲的概念

「**網路爬蟲**」（Web Crawler 或 Web Scrapying）或稱為網路資料擷取（Web Data Extraction）是一個從 Web 資源擷取所需資料的過程，我們可以直接從 Web 網站的 HTML 網頁取得所需的資料，其過程包含與 Web 資源進行通訊，解析文件取出所需資料和將資料整理成資訊，轉換成所需的資料格式。

1-3-1 認識網路爬蟲

網路爬蟲是一種針對目標 Web 網站自動擷取資訊的技術，雖然我們可以手動使用複製和貼上方式來收集和擷取資訊（詳見第 1-3-2 節的說明），但是透過網路爬蟲，可以**自動**幫我們收集和擷取資訊。

一般來說，Web 網站內容很多都是從關聯式資料庫取出結構化資料來產生網頁內容，但是因為網站內容編排的範本設計，在網頁會新增標題、註腳、選單、導覽列和側邊欄等其他資訊的區段，造成網頁內容變成了一種結構不佳的資料。網路爬蟲可以讓我們從 Web 網站取出非表格或結構不佳的資料，然後轉換成可用且結構化的資料。

簡單的說，網路爬蟲的目的就是轉換 Web 網站的特定內容成為結構化資料，例如：轉換輸出成關聯式資料庫、Excel 試算表或 CSV 檔案等，網路爬蟲主要是從 Web 網站找出所需內容，和提供模式（Patterns）來識別和擷取出所需的資訊。

✪ 不屬於網路爬蟲的範籌

請注意！並不是從網路取得資料都稱為網路爬蟲，如果取得資料已經是機器可讀取的資料，這些操作並不是網路爬蟲，例如：

- **從網站下載資料檔**：有些網站已經提供現成結構化資料的檔案可供下載，例如：Excel 檔案、CSV 檔案或 JSON 和 XML 檔案等。
- **應用程式介面 API**：很多公司都會提供 Web 基礎的 API 介面，例如：REST API，我們可以透過 REST API 來下載結構化資料，例如：JSON 或 XML 資料。

網路爬蟲的用途

網路爬蟲除了從網路擷取資料，還可以幫助我們收集資料和線上追蹤資料的變更。網路爬蟲的常見應用，如下所示：

- 線上商店可以周期性地使用網路爬蟲取得競爭者的商品價格，並且使用取得的資訊來即時調整商品價格。
- 使用網路爬蟲從相關網站取得指定商品價格、旅館房間價格、機票價格等各種產品和服務的價格，輕鬆建立比價資訊。
- 使用網路爬蟲取得各類徵才資訊和產品評論等資訊。
- 從社群網站使用網路爬蟲取得使用者評價、流行趨勢和熱門話題。
- 使用網路爬蟲從網路取得和收集電子郵件地址來進行網路行銷。
- 從房地產網站使用網路爬蟲取得相關資訊來追蹤房地產趨勢。
- 從股票資訊網站使用網路爬蟲取得相關股票資訊來追蹤股價趨勢，進而規劃投資策略。
- 針對特定網站執行單次網路爬蟲來取得所需資訊，例如：
  - ✓ 從網路書店爬取指定主題的圖書清單。
  - ✓ 從網路商店爬取熱門商品排行榜。
  - ✓ 從影音網站爬取超過百萬人點閱標題為有趣影片清單，以便分析哪種主題的影片最受歡迎。

1-3-2 為什麼需要網路爬蟲？

網路爬蟲的主要工作就是從 HTML 網頁內容取出所需的資料，我們當然可以自行用瀏覽器瀏覽網頁後，使用複製與貼上的方法手動取得這些資料，問題是你準備花多久時間來收集這些資料。

這一節筆者將用一個實際範例來説明為什麼需要網路爬蟲，例如：我們在三家網路書店依序輸入 ISBN 碼來搜尋圖書售價，然後製作成 Excel 試算表進行同一本書的價格比較。

✪ 手動取得網頁資料

現在，我們已知旗標出版的「Python 資料科學與人工智慧應用實務」一書的 ISBN 碼：9789863125297，我們可以手動用搜尋功能一一查出圖書價格。首先到「博客來網路書店」的搜尋欄位輸入 ISBN 搜尋此書，找到此書後，直接複製書價 618 元到 Excel 檔案：

接著，連到「金石堂網路書店」，輸入 ISBN 碼後，找到此書並複製書價 572 元至 Excel 檔案：

最後連到「誠品網路書店」，輸入 ISBN 來搜尋，找到此書後，複製 553 元到 Excel 檔案：

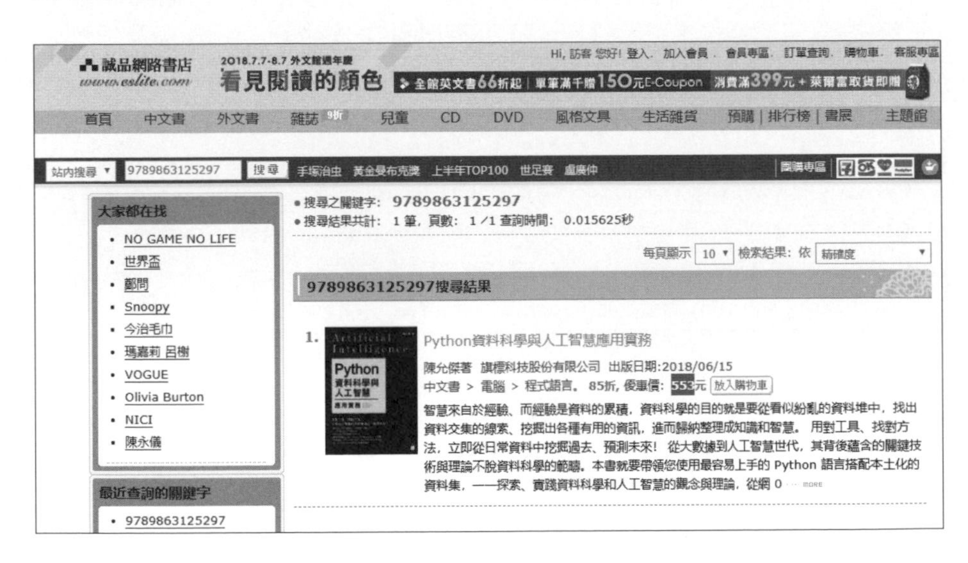

如此一來，就可以在 Excel 中建立三家網路書店的圖書比價結果：

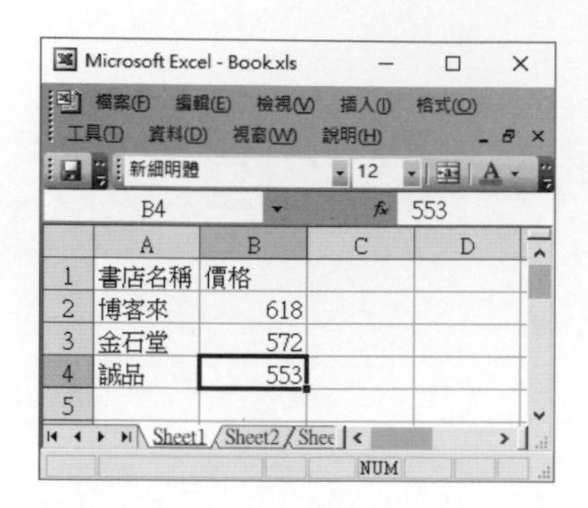

	A	B	C	D
1	書店名稱	價格		
2	博客來	618		
3	金石堂	572		
4	誠品	553		
5				

不難吧！沒花多少時間就輕鬆找出 9789863125297 這本書的比價資料。問題是這只有 1 本書，如果準備搜尋旗標出版的所有電腦書，想想看你需要花多少時間才能完成這份比價資料。

✪ 使用 Python 爬蟲程式

手動取得網頁資料如果數量不大，我們不需花費多少時間即可完成資料的取得，問題是如果有上百本書，就需要使用 Python 爬蟲程式，首先分析三家網路書店搜尋的 URL 網址，如下所示：

```
博客來:https://search.books.com.tw/search/query/key/9789863125297/cat/all
金石堂:https://www.kingstone.com.tw/search/result.asp?c_name=
9789863125297&se_type=4
誠品:http://www.eslite.com/Search_BW.aspx?query=9789863125297
```

從上述網址可以看出 ISBN 碼是搜尋參數，Python 程式可以讀取從網站資料庫取得的 ISBN 資料，然後用 Requests 套件自動依序送出 HTTP 請求來查詢每一本書的資料。

接著，我們以博客來網路書店為例，分析圖書搜尋結果網頁找出價格的 HTML 標籤，請在 Chrome 瀏覽器按下 F12 鍵開啟**開發人員工具**，點選 **Elements** 標籤後，再點選標籤前的箭頭圖示，即可從網頁中選擇書價：

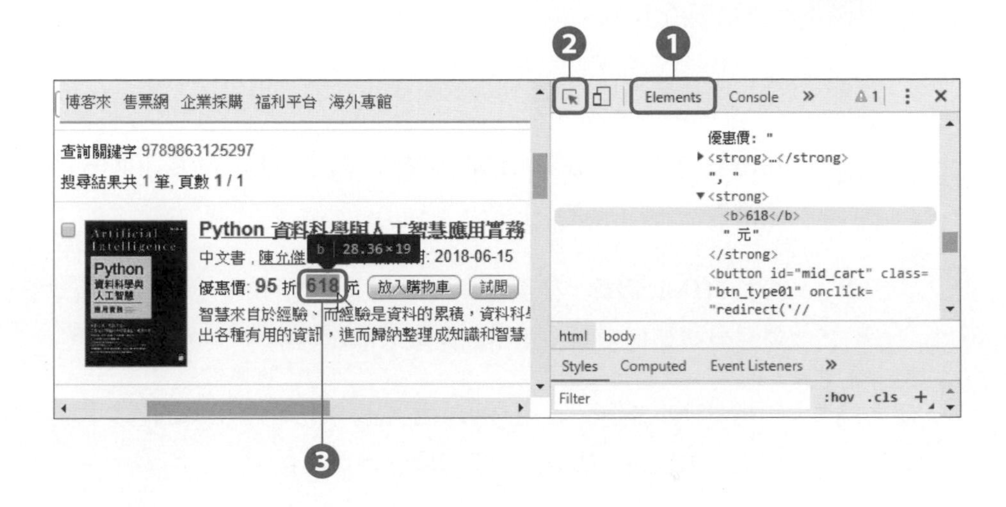

上述圖書價格的 HTML 標籤是 <b> 標籤，如下所示：

```
<span class="price">
優惠價: <strong><b>95</b> 折</strong>, <strong><b>618</b> 元</strong>
:
</span>
```

上述圖書的價格是位在第 2 個 <strong> 標籤的 <b> 子標籤，我們可以同時在**開發人員工具**取得定位此標籤的 CSS 選擇器字串，如下所示：

```
#searchlist > ul > li > span.price > strong:nth-child(2) > b
```

上述字串可以定位價格資料的 <b> 標籤，Python 爬蟲程式可以使用 Beautiful Soup 套件自動依據 CSS 選擇器字串來取出每本書在三大網路書店的價格後，輸出成 CSV 檔案，就完成資料爬取，換句話說，我們只需使用 Python 爬蟲程式，就可以自動收集網路上的大量資料。

1-3-3 網路爬蟲的基本步驟

從第 1-3-2 節可以看出網路爬蟲是一個從 Web 資源擷取所需資料的過程，其基本步驟如下所示：

1. **識別出目標網址**：網路爬蟲的第 1 步是識別出目標 Web 資源的網址。

2. **送出 HTTP 請求取得 HTML 網頁**：使用 Python 函式庫送出 HTML 請求來取回 HTTP 回應的 HTML 網頁。

3. **分析 HTML 網頁**：使用相關視覺化工具在 HTML 網頁定位所需資料，並且分析如何搜尋和找出此標籤來取出資料。

4. **剖析 HTML 網頁**：使用 Python 函式庫解析（Parse）回應文件的 HTML 網頁，可以建立成樹狀結構的標籤物件集合。

5. **從解析網頁取出所需資料**：我們可以透過搜尋或走訪方式來取出所需資料，在整理成指定格式後，儲存成 CSV 或 JSON 檔案。

1-4 網路爬蟲的相關技術

網路爬蟲是一個從網路資源爬取資料的過程，需要整合多種技術來完成此工作，由於我們是從 Web 網站取得資料，若能深入了解瀏覽器瀏覽網頁的步驟，對於建立自己的爬蟲程式將有一定的助益。

1-4-1 網路爬蟲使用的相關技術

網路爬蟲涉及向 Web 網站送出 HTTP 請求，和在取回的 HTML 網頁中定位出所需的資料，在取出資料後，我們需要儲存這些資料，所以網路爬蟲需要使用的相關技術，如下所示：

- 使用 HTTP 通訊協定送出 HTTP 請求。
- 剖析 HTML 文件來定位網頁資料。
- 將取得的資料儲存成指定的檔案格式。

HTTP 通訊協定

基本上，網路爬蟲向 Web 網站送出 HTTP 請求，這就是使用 HTTP 通訊協定送出請求，可以向 Web 伺服器請求所需的 HTML 網頁。「HTTP 通訊協定」（Hypertext Transfer Protocol）是一種在伺服端（Server）和客戶端（Client）之間傳送資料的通訊協定，如下圖所示：

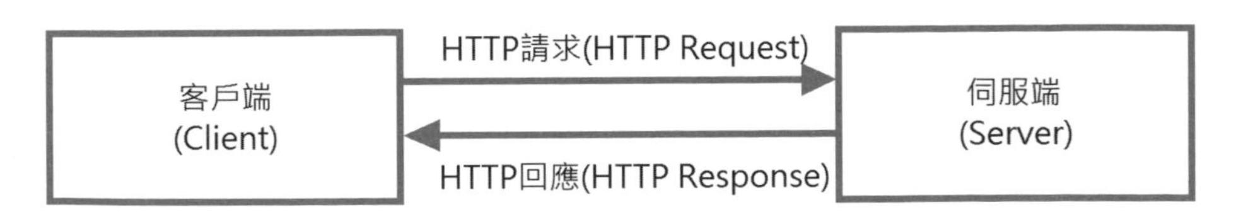

上述 HTTP 通訊協定的應用程式是一種**主從式架構**（Client-Server Architecture），在客戶端（瀏覽器）使用 URL（Uniform Resource Locator）萬用資源定位器指定連線的伺服端資源（Web 伺服器），傳送 HTTP 訊息（HTTP Message）進行溝通，可以請求指定的檔案，其過程如下所示：

1. 客戶端要求連線伺服端。
2. 伺服端允許客戶端的連線。
3. 客戶端送出 HTTP 請求訊息，內含 GET/POST 請求取得伺服端的指定檔案。
4. 伺服端以 HTTP 回應訊息來回應客戶端的請求，傳回訊息包含請求的檔案內容，和標頭資訊（header information）。

✪ 定位網頁資料

網路爬蟲需要描述如何取得指定資料的方式，也就是在網頁中定位出資料所在的位置，常用的技術有三種，如下所示：

- **CSS 選擇器**（CSS Selector）：CSS 選擇器是 CSS 階層樣式表語法規則的一部分，可以定義哪些 HTML 標籤需要套用 CSS 樣式，主要是用來格式化 HTML 網頁的顯示效果，Python 網路爬蟲的相關套件都支援使用 CSS 選擇器來定位網頁資料。
- **XPath 表達式**（XPath Expression）：XPath 表達式是一種 XML 技術的查詢語言，可以在 XML 文件中找出所需的節點，也適用 HTML 網頁文件，換句話說，我們可以使用 XPath 表達式瀏覽 XML/HTML 文件，以便找出指定的 XML/HTML 元素和屬性，Python 網路爬蟲的進階套件大都支援 XPath 表達式來定位網頁資料。
- **正規表達式**（Regular Expression）：正規表達式（或稱「正規運算式」）是一種小型範本比對語言，可以使用範本字串進行字串比對，以便從文字內容中找出符合的內容，可以配合 CSS 選擇器搜尋指定的標籤內容，例如：金額、電子郵件地址和電話號碼等。

✪ 儲存取得的網頁資料

在爬取和收集好網路資料後，我們需要整理成結構化資料並儲存起來，一般來說，我們會儲存成 CSV 檔案、JSON 檔案或存入資料庫，如下所示：

- **CSV 檔案**：檔案內容是使用純文字方式表示的表格資料，這是一個文字檔案，其中的每一行是表格的一列，每一個欄位是使用「,」逗號來分隔，微軟的 Excel 可以直接開啟 CSV 檔案。
- **JSON 檔案**：全名 JavaScript Object Notation，這是一種類似 XML 的資料交換格式，事實上，JSON 就是 JavaScript 物件的文字表示法，其內容只有文字（Text Only）。
- **資料庫**：因為關聯式資料庫的資料表就是以表格呈現的結構化資料，所以我們爬取的資料在整理成結構化資料後，就可以存入資料庫，本書使用的是 MySQL 資料庫，詳見第 10 章的說明。

1-4-2 使用瀏覽器瀏覽網頁的步驟

相信每位讀者都會在瀏覽器的網址列，直接輸入網址來瀏覽指定的網站內容，這個看起來十分簡單的步驟，就是你建立爬蟲程式的基礎。基本上，使用瀏覽器瀏覽網頁的步驟如下：

1. 在瀏覽器輸入網址是用來搜尋指定的 Web 伺服器，也就是向 Web 伺服器送出 HTTP 請求，使用的是 HTTP 通訊協定。
2. Web 伺服器依據 HTTP 請求來回應內容至瀏覽器，通常是 HTML 網頁，也有可能是 XML 或 JSON 檔案。
3. 瀏覽器在接收到伺服器回應的 HTML 網頁後，就會將文件內容解析建立成內部的樹狀結構，每一個 HTML 標籤是一個節點，這就是**文件物件模型** DOM（Document Object Model）。
4. 瀏覽器依據 DOM 產生內容，這就是我們看到的網頁內容。

Step 1: 輸入URL網址: http://example.com

Step 3: 剖析建立DOM節點樹

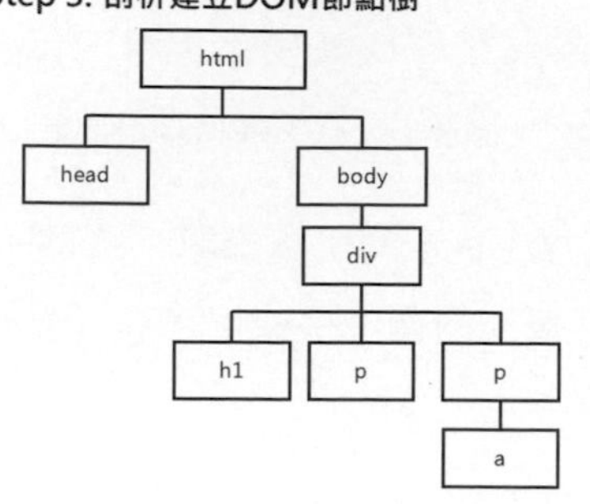

Step 2: 回傳HTML網頁的標籤內容

```
<html>
 <head></head>
 <body>
   <div>
      <h1></h1>
      <p></p>
      <p><a></p>
   </div>
 </body>
</html>
```

Step 4: 在瀏覽器顯示產生的網頁內容

Example Domain

This domain is established to be used for illustrative examples in documents. You may use this domain in examples without prior coordination or asking for permission.

More information...

✪ 網址的組成

在瀏覽器輸入的網址是由幾個部分組成，例如：example.com 是一個測試網域的 Web 網站，其網址如下：

```
http://example.com
http://example.com:80/test/?user=hueyan
```

上述網址各部分的說明如下：

- **http**：在「://」符號之前是使用的通訊協定，http 是 HTTP 通訊協定，https 是 HTTP 的加密傳輸版本。
- **example.com**：Web 網站的網域名稱，此網域會透過 DNS（Domain Name System）服務轉換成 IP 位址。
- **80**：位在「:」後的是通訊埠號，Web 預設是使用埠號 80。
- **/test**：Web 伺服器請求指定網頁檔案的路徑。
- **user=hueyan**：在「?」符號後的是傳遞的查詢參數，位在「=」前是參數名稱，之後是參數值，如果不只一個，請使用「&」連接。

✪ HTML 網頁

Web 伺服器在接收到網址的 HTTP 請求後，就會依請求回應 HTML 網頁，例如：在瀏覽器輸入 http://example.com，可以在瀏覽器看到回應產生的網頁內容，如下圖所示：

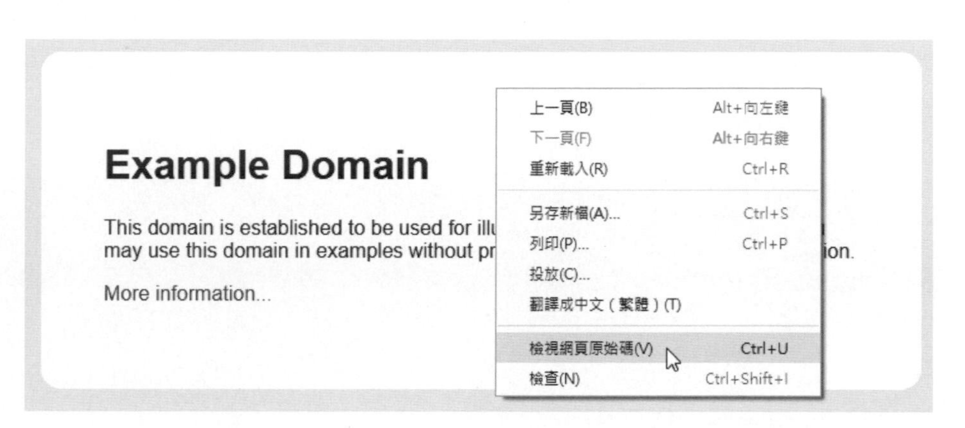

上述網頁是瀏覽器已經剖析 HTML 文件所產生的網頁內容，並非原始回傳的檔案，請在網頁按滑鼠右鍵，開啟快顯功能表，執行**檢視網頁原始碼**命令，可以看到 Web 伺服器回傳的 HTML 網頁內容：

```
<!doctype html>
<html>
<head>
    <title>Example Domain</title>
    <meta charset="utf-8" />
    <meta http-equiv="Content-type" content="text/html; charset=utf-8" />
    <meta name="viewport" content="width=device-width, initial-scale=1" />
    <style type="text/css">
    ⋮
    </style>
</head>
<body>
<div>
    <h1>Example Domain</h1>
    <p>This domain is established to be used for illustrative examples in
documents. You may use this domain in examples without prior coordination or
asking for permission.</p>
    <p><a href="http://www.iana.org/domains/example">More information...</a></p>
</div>
</body>
</html>
```

上述回應內容是由 HTML 標籤組成的 HTML 網頁，詳細的 HTML 標籤說明請參閱書附電子書。

✪ 樹狀結構的節點

瀏覽器在產生 HTML 網頁內容前，會將回傳的 HTML 文件建立成樹狀結構的節點，即 DOM 節點樹，請在 Chrome 瀏覽器按 F12 鍵開啟**開發人員工具**，點選 **Elements** 標籤，如下圖所示：

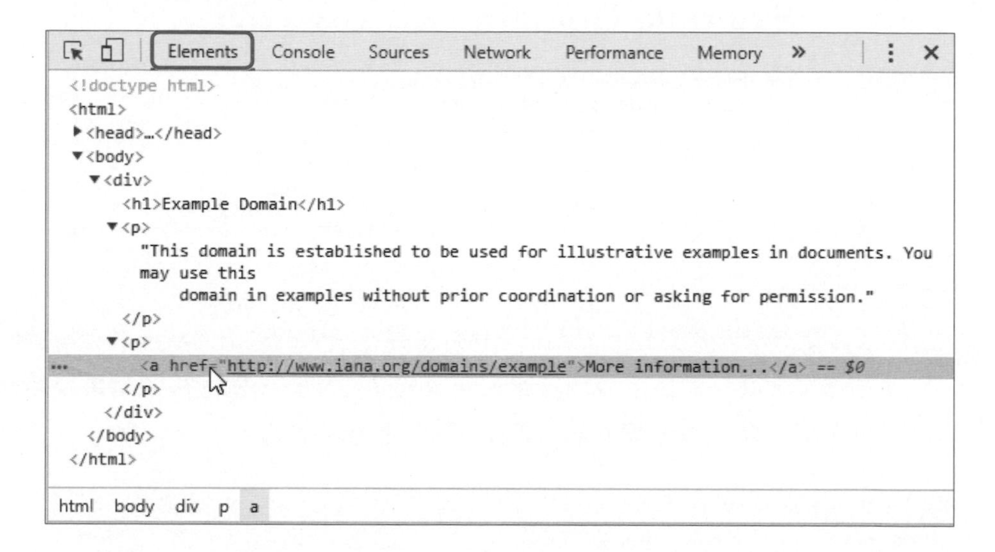

上圖顯示的內容和原始程式碼十分類似，不過，我們可以一層一層的展開或摺疊 HTML 標籤，例如：依序展開 <body>、<div>、第 2 個 <p> 標籤，可以看到最後的 <a> 標籤，在下方顯示 **html body div p a**，就是 HTML 標籤的階層關係，如下圖所示：

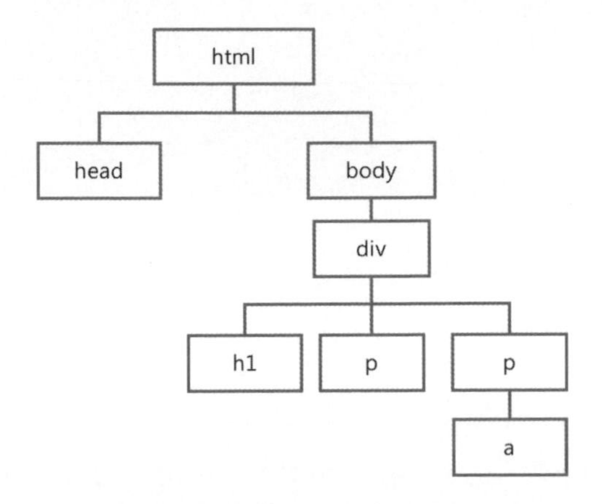

上圖是 HTML 網頁的 DOM 節點樹，在 <body> 標籤下有 <div> 標籤，之下是 <h1> 和 2 個 <p> 標籤，最後 1 個 <p> 標籤下是 <a> 標籤。

✪ 瀏覽器呈現的網頁內容

最後瀏覽器會產生 HTML 標籤編排的網頁內容，這就是瀏覽器顯示的 HTML 網頁內容：

Example Domain

This domain is established to be used for illustrative examples in documents. You may use this domain in examples without prior coordination or asking for permission.

More information...

從上述網頁內容可以知道 **Example Domain** 標題文字是 <h1> 標籤，位在標題文字下方的第 1 段文字是第 1 個 <p> 標籤，**More information…**是一個 <a> 超連結標籤，位在第 2 個 <p> 標籤中。

所以，當網頁內容有想要取得的資料時，這些資料是位在某 1 個 HTML 標籤中，我們可以走訪 DOM 樹的節點到目標 HTML 標籤，或使用 CSS 選擇器或 XPath 表達式來定位資料所在的 HTML 標籤，接著再撰寫 Python 程式來爬取出我們所需的資料。

1-5 Python 網路爬蟲的相關函式庫

網路爬蟲的過程需要使用多種工具和函式庫（在 Python 語言就是模組和套件）來完成整個資料的擷取工作：

- **網路爬蟲工具**：最常使用的是瀏覽器內建的**開發人員工具**，可以幫助我們在 HTML 網頁定位出資料的所在，和找出此資料的特徵，例如：標籤名稱和屬性值，除此之外，一些 Chrome 擴充功能更是網路爬蟲不可缺的好工具，例如：Selector Gadget 和 XPath Helper（分別在第 4 章和第 6 章說明）。

- **HTTP 函式庫**：與 Web 伺服器進行 HTTP 通訊的函式庫，以便取得回應文件的 HTML 網頁內容，在本書是使用 Requests。

- **網路爬蟲函式庫**：在取得回應的 HTML 網頁內容後，我們需要使用函式庫來解析文件，以便取出所需的資料，如下所示：

  - ✓ **爬取靜態網頁**：對於使用 HTML 標籤建立的網頁內容，在本書是使用 Beautiful Soup 和 lxml 來爬取網頁內容。

  - ✓ **爬取動態網頁**：如果 Web 網站是 JavaScript 產生的動態網頁內容，我們需要使用 Selenium 自動瀏覽器工具，也稱為 WebDriver，可以幫助我們進行動態網頁的資料爬取。

  - ✓ **爬取整個網站**：如果並非單純爬取幾頁 HTML 網頁，而是爬取整個 Web 網站的內容，我們需要使用 Scrapy 網路爬蟲框架來幫助我們建立 Python 爬蟲程式。

✪ 網路爬蟲的農場：Requests

農場是生產食材的地方，建立 Python 網路爬蟲程式的第一步就是取得原始 HTML 網頁的資料，這就是我們在準備烹調主餐的食材，使用的是 Requests 函式庫。

Requests 函式庫是一套快速且好用的 HTTP 函式庫（比起 Python 內建的 urllib2 模組），我們不只可以送出 HTTP 請求來取得 HTML 網頁，還可以存取 API 來下載 XML 或 JSON 資料。

✪ 網路爬蟲的主餐：Beautiful Soup

在取得烹調所需的食材後，我們就可以開始烹調今天的主餐，在餐桌上送上一份漂亮（Beautiful）的主餐，使用的是 Beautiful Soup 函式庫。Beautiful Soup 簡單的説就是一個食材過濾器，可以讓我們切割食材，去除不需要部分，只保留我們需要烹調主餐的材料來進行烹調。

Beautiful Soup 是一套剖析 HTML/XML 的 Python 套件，一個解析函式庫，可以將 HTML/XML 標籤轉換成一棵 Python 物件樹，幫助我們從 HTML/XML 擷取出所需的資料。

Beautiful Soup 預設支援 Python 標準函式庫的 HTML 剖析器 html.parser，當然我們可以自行更改使用的剖析器（Parser），例如：lxml。剖析器是一個程式（如同一組刀具），可以幫助我們剖開 HTML/XML 文件，然後從中取出我們需要的 HTML/XML 標籤，最後取出所需的資料。

✪ 網路爬蟲的名牌刀具：lxml

「工欲善其事，必先利其器」，lxml 函式庫是一套高效能和高品質的 HTML 和 XML 剖析器，支援使用 CSS 選擇器和 XPath 表達式來定位網頁資料，lxml 函式庫如同一組名牌刀具，可以讓我們更快和更好的處理 HTML/XML 內容的食材。

基本上，我們可以直接使用 Requests 加上 lxml 函式庫來剖析 HTML 網頁內容（詳見第 6 章），而根本忘了 Beautiful Soup 的存在，當然我們也可以整合 lxml 和 Beautiful Soup，讓 Beautiful Soup 改用進口名牌刀具，使用 lxml 高效率剖析器來處理食材，而不是 html.parser。

✪ 網路爬蟲的主廚：Selenium

基本上，每位主廚都會有自己拿手的菜色，Beautiful Soup 和 lxml 函式庫只能烹調 HTML 標籤建立的靜態網頁內容，對於使用 JavaScript 程式碼動態產生的網頁內容就無能為力，因為這是一些根本沒有食材可用的 HTML 網頁。

當我們在瀏覽器檢視 HTML 網頁的原始程式碼時，如果根本看不到網頁內容對應的 HTML 標籤，就表示此網頁內容並非靜態內容，而是使用 JavaScript 程式碼在客戶端動態產生的網頁內容，因為沒有靜態 HTML 標籤，Beautiful Soup 和 lxml 函式庫就英雄無用武之地，根本派不上用場。

現在，我們需要馬上換一位主廚，讓 Selenium 上場救援，Selenium 是一套自動瀏覽器工具，可以讓我們使用 Python 程式來控制瀏覽器，不只可以使用 Python 程式碼與 HTML 表單進行互動，更可以取得動態網頁內容的即時 HTML 標籤，讓我們進行動態網頁內容的資料擷取。

✪ 網路爬蟲的餐廳：Scrapy

現在，我們可以使用多種 Python 函式庫來建立 Python 爬蟲程式，Requests、Beautiful Soup 和 lxml 函式庫是用來爬取 HTML 標籤建立的靜態網頁內容，如果是 JavaScript 程式產生的動態網頁內容，我們可以使用 Selenium。

問題是如果你的野心不小，並不只是想烹調好一份美味主餐，和成為一位精通多種菜色的知名主廚，而是想開著名的連鎖米其林餐廳，成為一代餐飲大亨，Scrapy 就是幫助你快速運作網路爬蟲餐廳的好幫手。

不同於之前的 Python 函式庫，Scrapy 不只是一套單純的網路爬蟲函式庫，而是一套完整的網路爬蟲框架（Web Scraping Framework），我們不只可以使用 Scrapy 管理 HTTP 請求、Session 期間和輸出管道（Output Pipelines），更可以使用 Scrapy 剖析和爬取網頁內容，換句話說，只需使用 Scrapy，就可以完整建立出自己的 Python 爬蟲程式，輕鬆爬取整個目標 Web 網站的內容。

1-6 Spyder 整合開發環境的使用

本書使用的 Python 開發環境是 **Anaconda** 整合套件（**請參考附錄 A 的說明進行安裝**），和內建的 Spyder 整合開發環境來編輯和執行 Python 程式。

Spyder 是一套開放原始碼且跨平台的 Python 整合開發環境（Integrated Development Environment，IDE），這是功能強大的互動開發環境，支援程式碼編輯、互動測試、偵錯和執行 Python 程式。

✪ 啟動與結束 Spyder

我們可以從 **Anaconda Navigator** 啟動 **Spyder**，也可以直接從**開始**功能表來啟動 Spyder，其步驟如下：

1. 請執行『**開始 /Anaconda3 (64-bit)/Spyder**』命令，即可看到歡迎畫面。

2. 若是第 1 次使用 Python，會顯示 **Windows 安全性警訊**警告視窗。

3. 請按**允許存取**鈕繼續，如果有新版，會跳出 Spyder 升級訊息的 **Spyder updates** 視窗。

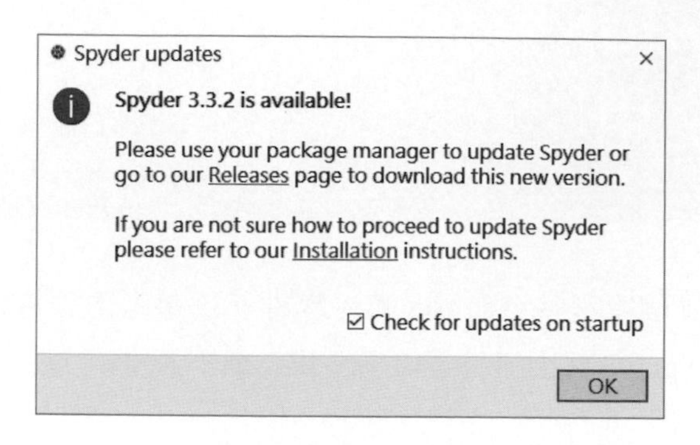

4 訊息指出如果使用 Anaconda 套件內建的 Spyder，請不要自行升級，建議 Spyder 隨著 Anaconda 套件來更新，按 **OK** 鈕，即可進入 Spyder 執行畫面。

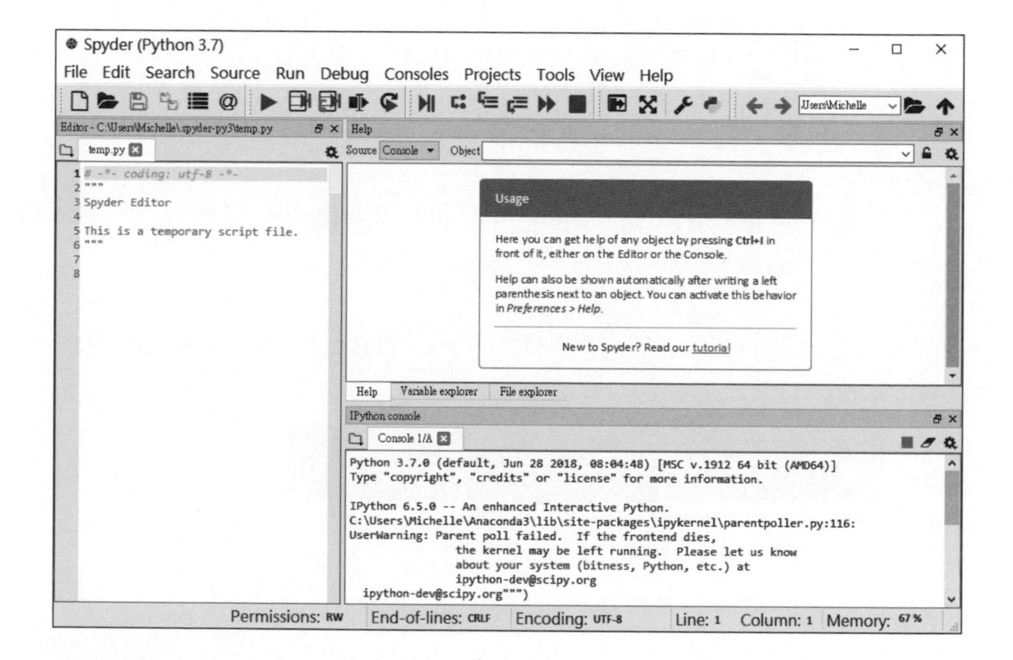

上述執行畫面最上方是功能表和工具列，下方左側是程式碼編輯區域的標籤頁，右側則是 IPython console 的 IPython Shell。若要結束 Spyder，請執行『**File/Quit**』命令。

✪ 使用 IPython console

Spyder 整合開發環境內建 IPython，這是功能強大的互動運算和測試環境，在啟動 Spyder 後，可以在右下方看到 IPython console 視窗，這就是 IPython Shell，如下圖所示：

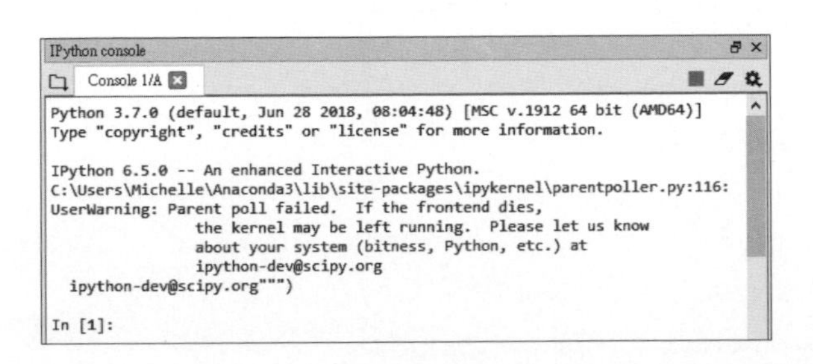

因為 Python 是一種直譯語言，IPython Shell 提供互動模式，可以讓我們在「In [?]:」提示文字輸入 Python 程式碼來測試執行，例如：輸入 5+10，按 Enter 鍵，可以馬上看到執行結果 15，如下圖所示：

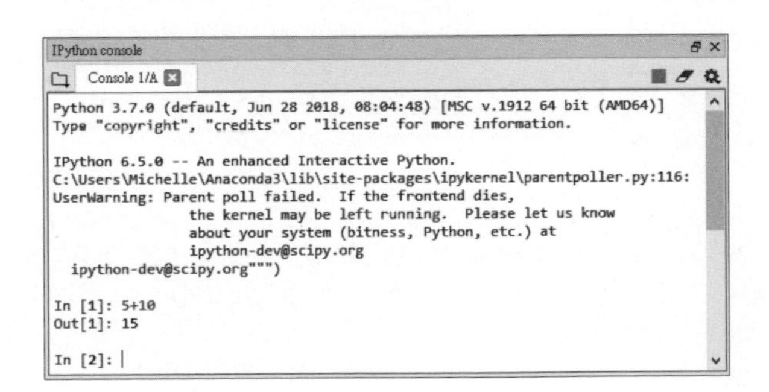

不只如此，我們還可以定義變數 num = 10，然後執行 print() 函數來顯示變數值，如下圖所示：

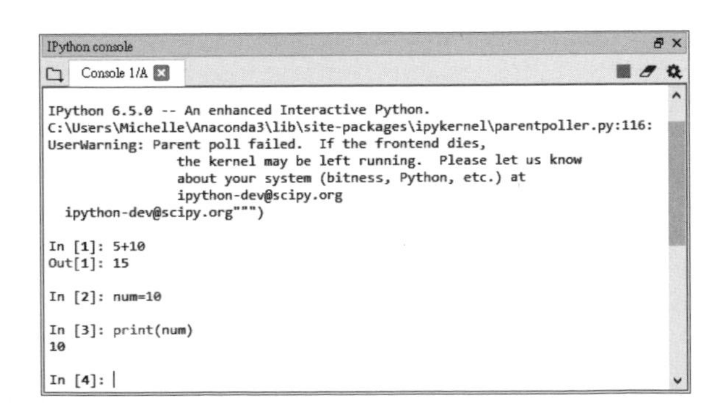

同理，我們一樣可以測試 if 條件，在輸入 if num >= 10: 後，按 Enter 鍵，就會自動縮排 4 個空白字元，請在空白後輸入 print(" 數字是 10")，按兩次 Enter 鍵，就可以看到執行結果：

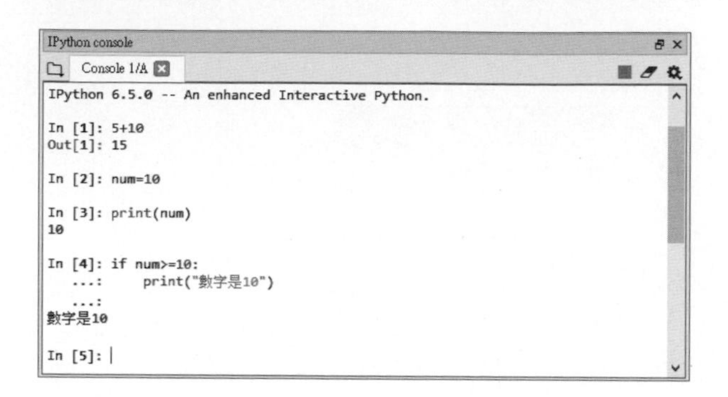

✪ 使用 Spyder 新增、編輯和執行 Python 程式檔

在 Spyder 整合開發環境可以新增和開啟既有的 Python 程式檔案來編輯和執行，請執行『**File/New file**』命令，新增 Python 程式檔，可以看到名為「untitled0.py」的 Python 程式碼編輯器的標籤頁。

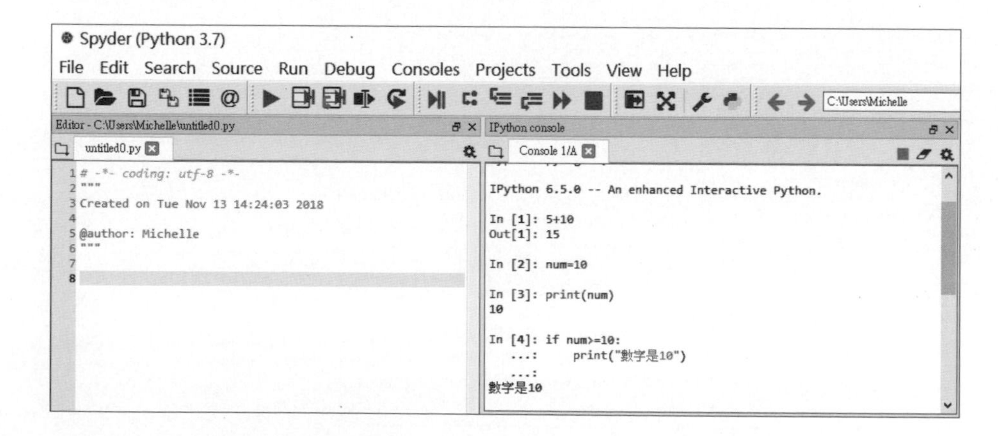

請在上述程式碼編輯標籤頁輸入之前在 IPython Shell 輸入的 Python 程式碼，完成 Python 程式碼的編輯後，執行『**File/Save**』命令，然後在『**Save file**』對話視窗切換檔案的儲存位置，按**存檔**鈕儲存成名為 Ch1_6.py 的 Python 程式檔案。

在 Spyder 中要執行 Python 程式，請執行『**Run/Run**』命令或按 F5 鍵：

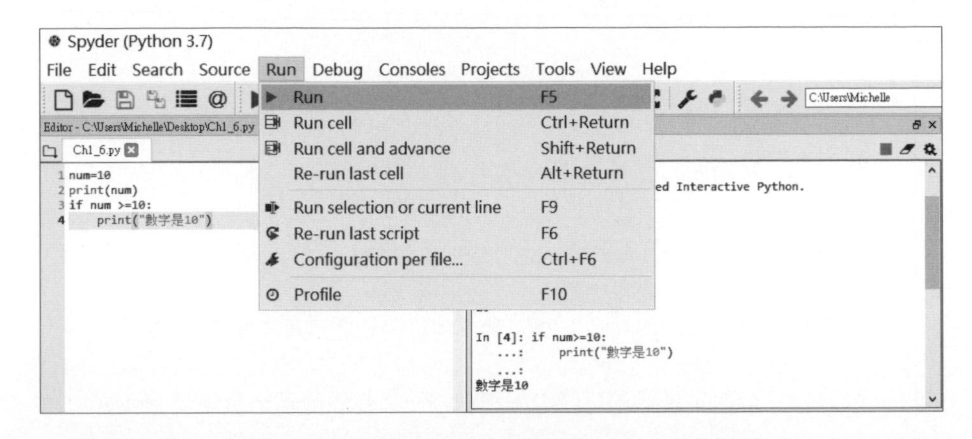

當執行 Python 程式後，在右下方 IPython console 可以看到 Ch1_6.py 的執行結果，如果程式需要輸入，也是在此視窗輸入，如下圖所示：

本書所附的 Python 程式範例，請在 Spyder 中執行『**File/Open**』命令開啟 Python 程式檔案，即可編輯和執行 Python 程式。

> **請注意！** Scrapy 的 Python 程式只能使用 Spyder 編輯專案的程式碼，我們需要開啟 **Anaconda Prompt** 命令提示字元視窗，使用 Scrapy Shell 來執行爬蟲程式。

學習評量

1. 請舉例說明 HTML 文件？ HTML 網頁的基本結構為何？
2. 請舉例說明 JSON 文件是什麼？
3. 請問何謂「網路爬蟲」，其用途為何？
4. 請舉例說明為什麼我們需要網路爬蟲？其基本步驟如何？
5. 請簡單說明網頁爬蟲的相關技術？我們使用瀏覽器瀏覽網頁的步驟？
6. 請說明 Python 網路爬蟲的相關函式庫有哪些？
7. 請簡單說明 Spyder 工具？
8. 請啟動 Spyder，並新建名為 test.py 的 Python 程式檔案。

2

CHAPTER

從網路取得資料

2-1 認識 HTTP 標頭與 httpbin.org 服務

網路爬蟲的第一步是使用 Python 套件 Requests 送出 HTTP 請求，HTTP 請求就是使用第 1-4-1 節的 HTTP 通訊協定與 Web 伺服器進行通訊，而我們首先需要了解 HTTP 標頭，才能送出正確的 HTTP 請求。

2-1-1 HTTP 標頭

HTTP 通訊協定是使用 HTTP 標頭（HTTP Header）在客戶端和伺服端之間交換瀏覽器、請求資源和 Web 伺服器等相關資訊，這是 HTTP 通訊協定溝通訊息的核心內容。

✪ 什麼是「HTTP 標頭」？

Python 程式或瀏覽器是向 Web 伺服器送出 HTTP 請求後，才能從 Web 伺服器取得回應資料的網頁內容，而瀏覽器和 Web 伺服器之間的通話內容，就包含 HTTP 標頭，如下圖所示：

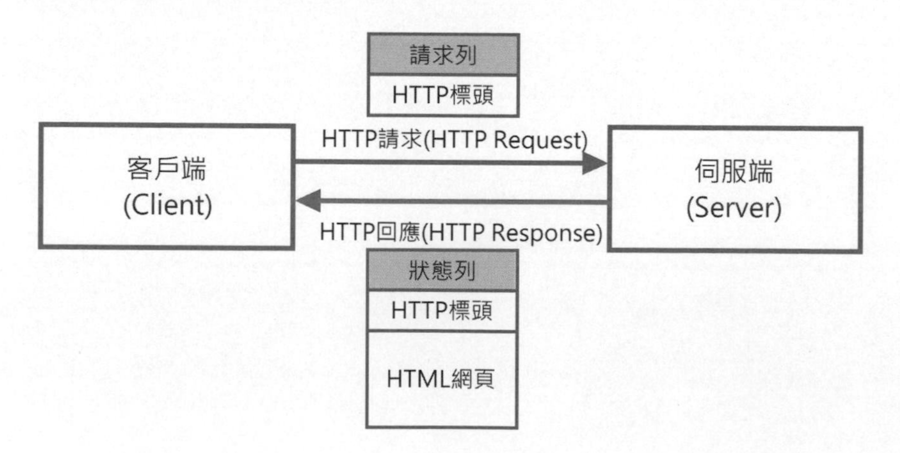

上述瀏覽器是使用 HTTP 通訊協定向 Web 伺服器提出瀏覽網頁的請求，在伺服器回應客戶端請求的 HTTP 回應資料包含 HTTP 標頭，其通訊內容主要是 2 個訊息，如下所示：

⁂ **HTTP 請求**（HTTP Request）：從瀏覽器送至 Web 伺服器的訊息，這是使用 HTTP 標頭來提供請求相關資訊，第 1 列是請求列資訊，包含資源檔的名稱和 HTTP 版本，如下所示：

```
GET /test.html HTTP/1.1
Host: hueyanchen.myweb.hinet.net
Connection: keep-alive
Upgrade-Insecure-Requests: 1
⋮
```

⁂ **HTTP 回應**（HTTP Response）：Web 伺服器回應瀏覽器的回應訊息，第 1 列是狀態列，回應碼 200 表示請求成功，在之後是 HTTP 標頭，然後是 HTML 網頁內容的 HTML 標籤，如下所示：

```
HTTP/1.1 200 OK
Date: Sun, 15 Jul 2018 03:11:20 GMT
Server: Apache
⋮
```

✪ HTTP 標頭的內容

基本上，HTTP 標頭提供的資訊主要包含三種資訊，如下所示：

⁂ **一般標頭**（General-header）：這些是請求和回應訊息的一般資訊，例如：快取控制、連線類型、時間和編碼等。

⁂ **客戶端請求標頭**（Client Request-header）：一些關於請求訊息的標頭資訊，包含：回應的檔案 MIME 類型、請求方法、代理人資訊（User-agent）、主機名稱、埠號、字元集、編碼、語言、認證資料和 Cookie 等。

⁂ **伺服端回應標頭**（Server Response-header）：一些關於回應訊息的標頭資訊，包含：轉址的 URL 網址、伺服器軟體，和設定 Cookie 資料等。

2-1-2 用「開發人員工具」檢視 HTTP 標頭資訊

當我們使用 Chrome 瀏覽器送出網址的 HTTP 請求後，即可使用**開發人員工具**來檢視 HTTP 標頭資訊，其步驟如下所示：

1 請啟動 Chrome 瀏覽器進入筆者個人網站測試的 test.html 網頁，其網址是 http://hueyanchen.myweb.hinet.net/test.html，如下圖所示：

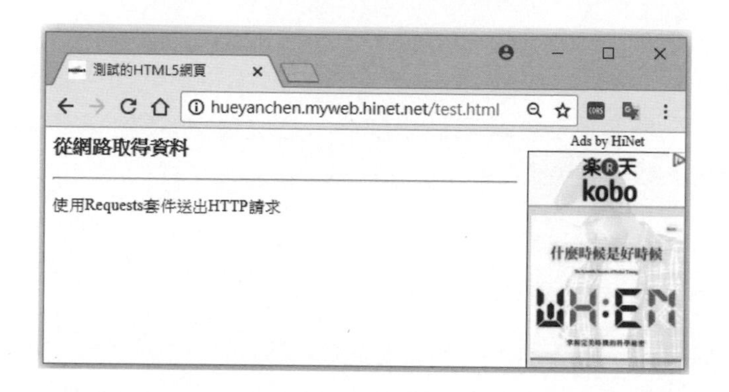

2 按 F12 鍵開啟**開發人員工具**，再按 F5 鍵重新載入網頁後，在上方選 **Network** 標籤下游標所在的 **All**，即可在下方看到完整 HTTP 請求清單，第 1 個 test.html 就是 test.html 網頁，如下圖所示：

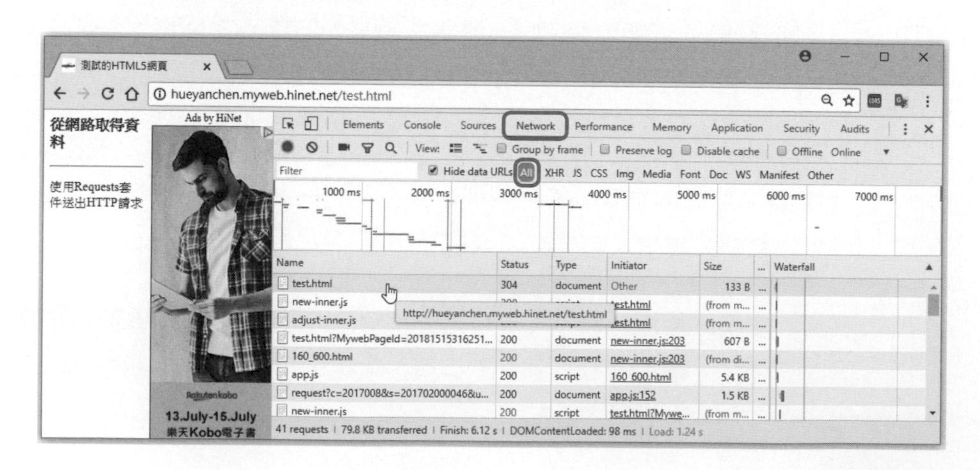

請注意！在瀏覽器輸入網址瀏覽網頁並不是送出一個 HTTP 請求，HTML 網頁內容的每一張圖片、外部 JavaScript 和 CSS 檔案都是獨立的 HTTP 請求。

3 點選 **test.html**，可以在右方看到 HTTP 標頭資訊，如下圖所示：

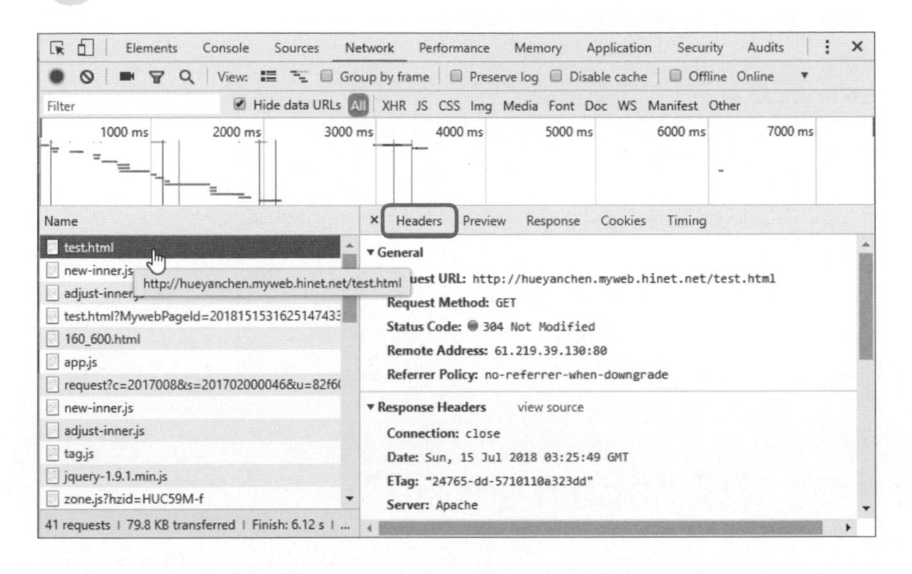

上述 **Headers** 標籤的 **General** 區段是請求 / 回應的一般資訊：

```
Request URL: http://hueyanchen.myweb.hinet.net/test.html
Request Method: GET
Status Code: 304 Not Modified
Remote Address: 61.219.39.130:80
Referrer Policy: no-referrer-when-downgrade
⋮
```

上述資訊顯示網址、GET 請求方法、狀態碼 Status Code 是 304，表示已經讀過此網頁，因為沒有更改（Not Modified），所以直接從瀏覽器的暫存區讀取（值 200 表示請求成功，就會從 Web 伺服器讀取網頁檔案），接著會列出伺服器 IP 位址和埠號 80。

在下方標頭資訊可以看到 **Response Headers** 回應標頭和 **Request Headers** 請求標頭的資訊，點選 **view source**，可以檢視原始的訊息內容：

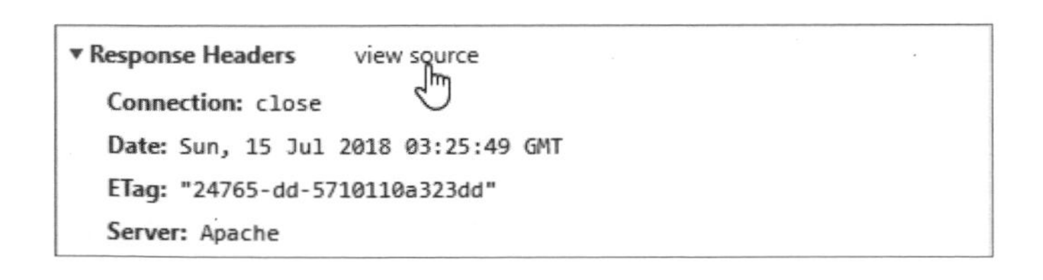

在第 2-3-3 節有 HTTP 標頭的進一步說明。點選上方 **Response** 標籤，就是回應的 HTML 網頁內容，如下圖所示：

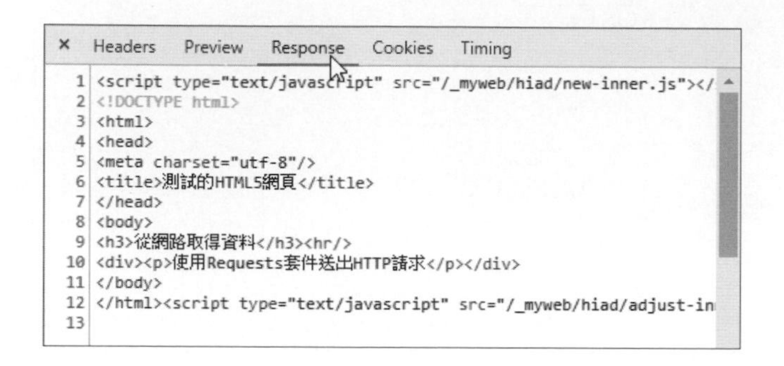

2-1-3 認識 httpbin.org 服務

當使用 Python 的 Requests 套件送出 HTTP 請求後，我們並不知道送出的請求到底送出了什麼資料，為了方便測試 HTTP 請求和回應，可以用 httpbin.org 服務來進行測試。

在 httpbin.org 網站提供 HTTP 請求 / 回應的測試服務，類似 Echo 服務，可以將我們送出的 HTTP 請求，自動以 JSON 格式回應送出的請求資料，HTTP 方法支援 GET 和 POST 等，其網址是：http://httpbin.org，如下圖所示：

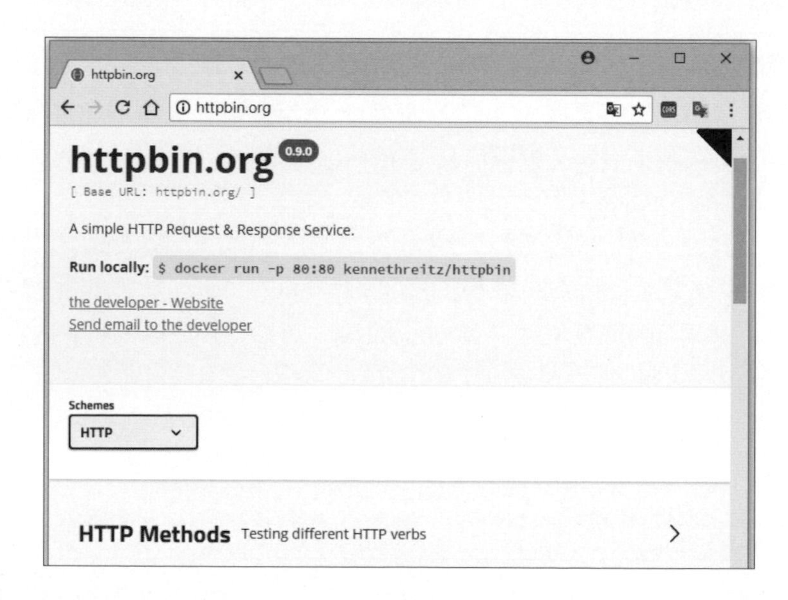

httpbin.org 網頁會分類列出目前支援的服務，請點選 **HTTP Methods** 展開清單，可以看到各種 HTTP 方法，例如：http://httpbin.org/get 是 GET 請求，http://httpbin.org/post 是 POST 請求（2-2-2 節就是使用此服務來進行測試）：

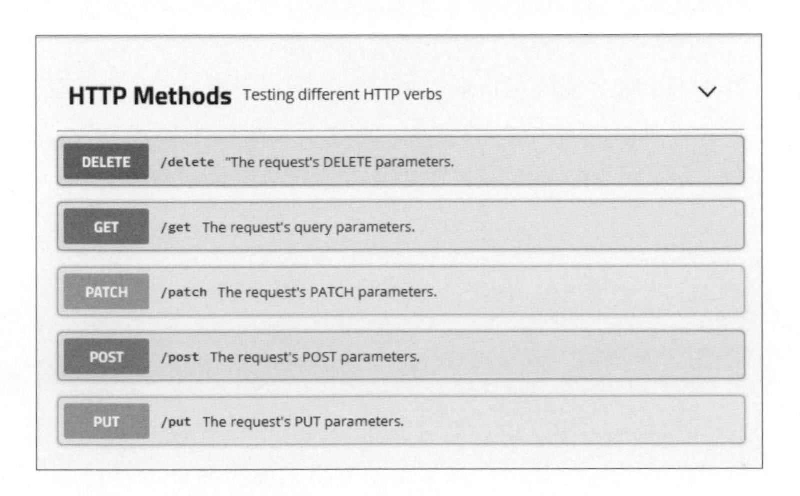

在 Chrome 瀏覽器輸入 http://httpbin.org/user-agent 使用者代理，可以取得送出 HTTP 請求的客戶端資訊，如下圖所示：

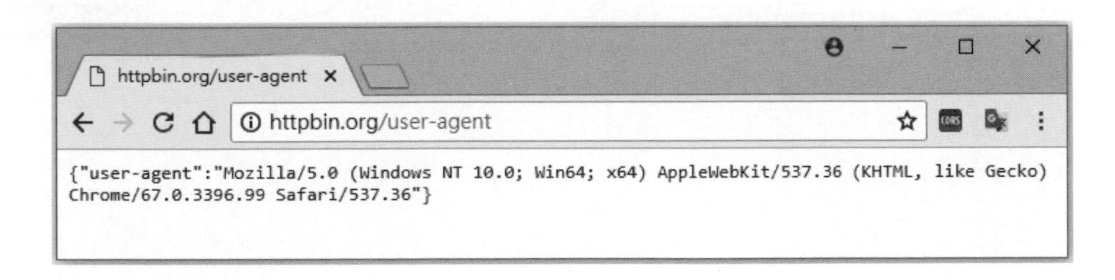

上圖顯示客戶端電腦執行的作業系統、瀏覽器引擎和瀏覽器名稱等資訊。

2-2 使用 Requests 送出 HTTP 請求

Python 內建的 urllib2 模組可以送出 HTTP 請求，不過，Requests 套件能夠用更簡單的方式來送出 GET/POST 的 HTTP 請求，本節將使用 Requests 套件來做說明。

2-2-1 送出 GET 請求

一般來說，大部分的瀏覽器在輸入網址後，所送出的請求都是 GET 請求，這是向 Web 伺服器要求資源的 HTTP 請求，Requests 是使用 get() 函數來送出 GET 請求。在 Python 程式中，需要先匯入模組才能使用：

```
import requests
```

✪ 送出簡單的 GET 請求 Ch2_2_1.py

在此示範送出 Google 網站的 GET 請求，網址為：http://www.google.com：

```
import requests

r = requests.get("http://www.google.com")
print(r.status_code)
```

上述程式碼匯入 requests 模組後，呼叫 get() 函數送出 HTTP 請求，參數是網址字串，變數 r 是回應的 response 物件，我們可以使用 status_code 屬性取得請求的狀態碼，其執行結果如下：

執行結果

```
200
```

上述執行結果顯示 200，表示請求成功，如果值是 400 ～ 599，表示請求有錯誤，例如：404 表示網頁不存在。

✪ 判斷 GET 請求是否成功

Ch2_2_1a.py

在實務上，我們可用 if/else 條件檢查狀態碼，來判斷 GET 請求是否成功：

```
import requests


r = requests.get("http://www.google.com")
if r.status_code == 200:
    print("請求成功 ...")
else:
    print("請求失敗 ...")
```

✪ 送出含有參數的 GET 請求

Ch2_2_1b.py

在網址中也可以傳遞參數字串，參數是位在「?」問號之後，如果參數不只一個，請使用「&」符號分隔，如下所示：

```
http://www.company.com?para1=value1&para2=value2
```

上述網址傳遞參數 para1 和 para2，其值分別為「=」等號後的 value1 和 value2。

接著，我們要送出 http://httpbin.org/get（HTTP 請求 / 回應的測試網站）的 GET 請求，和加上 2 個參數，如下所示：

```
import requests

url_params = {'name': '陳會安', 'score': 95}
r = requests.get("http://httpbin.org/get", params=url_params)
print(r.url)
```

上述程式碼首先建立字典的參數，鍵是參數名稱；值是參數值，在 get() 函數的 params 參數指定 url_params 變數值，url 屬性可以取得完整的網址字串，其執行結果如下所示：

執行結果

```
http://httpbin.org/get?name=%E9%99%B3%E6%9C%83%E5%AE%89&score=95
```

上述執行結果的網址，name 參數經過編碼，我們可以在網路上找到一些線上 URL Encode/Decode 網站，例如：https://www.url-encode-decode.com，只需複製 URL 字串，按 **Decode url** 鈕，即可解碼成原來的字串：

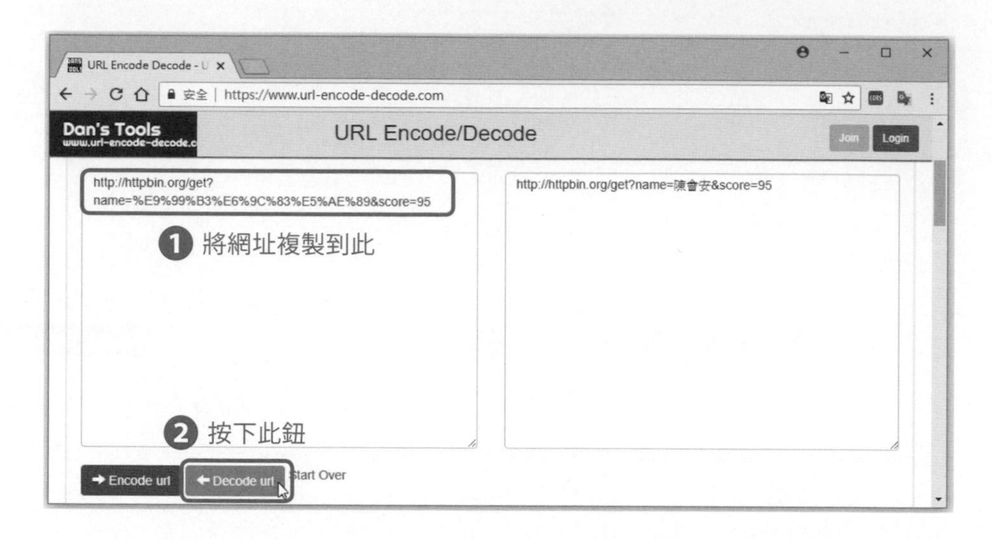

在 http://httpbin.org/ 網站回應的是 JSON 資料，我們可以使用 text 屬性顯示回應字串（Python 程式：Ch2_2_1c.py），如下所示：

```
print(r.text)
```

程式的執行結果可以看到我們傳遞的參數（筆者已經整理過），如下所示：

執行結果

```
{
  "args": {
    "name": "\u9673\u6703\u5b89",
    "score": "95"
  },
 ⋮
  "origin": "111.241.11.243",
  "url": "http://httpbin.org/get?name=\u9673\u6703\u5b89&score=95"
}
```

2-2-2 送出 POST 請求

Requests 套件是使用 get() 函數送出 GET 請求，同理，POST 請求是使用 post() 函數，POST 請求就是以 HTML 表單送回，如同 URL 參數，我們需要送出表單欄位的輸入資料。

✪ 送出簡單的 POST 請求

Ch2_2_2.py

我們準備使用 post() 函數送出 http://httpbin.org/post 的 POST 請求，送出的資料和第 2-2-1 節的參數相同，如下所示：

```
import requests

post_data = {'name': '陳會安', 'score': 95}
r = requests.post("http://httpbin.org/post", data=post_data)
print(r.text)
```

上述程式碼首先建立字典的送出資料，在 post() 函數指定 data 參數是 post_data 變數值，text 屬性可以顯示回應字串，其執行結果如下：

執行結果

```
{
:
  "form": {
    "name": "\u9673\u6703\u5b89",
    "score": "95"
  },
:
  "origin": "111.241.11.243",
  "url": "http://httpbin.org/post"
}
```

上述執行結果可以看到我們送出的 name 和 score 資料。

2-3 取得 HTTP 回應內容及標頭資訊

回應內容（Response Content）是送出 HTTP 請求後，Web 伺服器回傳客戶端的回應資料，其內容可能是 HTML 標籤字串、JSON 或二進位資料。

2-3-1 取得 HTTP 回應內容

當 Python 程式使用 get() 或 post() 函數送出 HTTP 請求，如下所示：

```
r = requests.get("https://www.w3schools.com/")
```

上述程式碼的變數 r 是回應內容的 Response 物件，我們可以使用相關屬性來取得回應資料，如下表所示：

屬性	說明
text	解碼後的字元資料，Requests 會依據 HTTP 標頭資訊來自動進行解碼，以 HTML 網頁來說，就是 HTML 標籤字串，使用 encoding 屬性可以取得編碼
contents	沒有解碼的位元組資料，這是二進位的回應內容，適用在非文字內容的請求
raw	伺服器回應的原始 Socket 回應（Raw Socket Response），這是 HTTResponse 物件

HTTP 回應內容如果是編碼的 HTML 標籤字串，HTML 網頁的編碼是在 <head> 的 <meta> 子標籤指定。

✪ 取得 HTML 標籤字串的回應內容 Ch2_3_1.py

我們準備送出 HTTP 的 GET 請求來取得解碼後的回應內容，網址是：http://hueyanchen.myweb.hinet.net/test.html，共送出 2 次請求，如下所示：

```
import requests

r = requests.get("http://hueyanchen.myweb.hinet.net/test.html")
```

```
print(r.text)
print(r.encoding)

r = requests.get("http://hueyanchen.myweb.hinet.net/test.html")
r.encoding = 'utf-8'

print(r.text)
print(r.encoding)
```

上述程式碼第 1 次呼叫 get() 函數送出 HTTP 請求後，使用 text 和 encoding 屬性取得回應字串和使用的編碼，第 2 次請求更改 r.encoding 屬性值為 utf-8 編碼，然後使用此編碼取得回應字串，其執行結果如下所示：

執行結果

```
<script type="text/javascript" src="/ _ myweb/hiad/new-inner.js">
</script>
<html>
<head>
<meta charset="utf-8"/>
<title>æ¸¬è©¦çš„HTML5ç²é  /title>
</head>
<body>
<h3>å¾žç²è¯å -å¾—è³æ–™</h3><hr/>
<div><p>ä½¿ç”¨Requestså¥—ä»¶é€ å°HTTPè«‹æ±‚</p></div>
</body>
</html>
<script type="text/javascript" src="/ _ myweb/hiad/adjust-inner.js">
</script>

ISO-8859-1
<script type="text/javascript" src="/ _ myweb/hiad/new-inner.js">
</script>
<html>
<head>
<meta charset="utf-8"/>
<title>測試的HTML5網頁</title>
</head>
```

```
<body>
<h3>從網路取得資料</h3><hr/>
<div><p>使用Requests套件送出HTTP請求</p></div>
</body>
</html>
<script type="text/javascript" src="/ _ myweb/hiad/adjust-inner.js">
</script>

utf-8
```

上述執行結果顯示 2 次網頁內容，第 1 次是 ISO-8859-1 編碼（中文字產生亂碼），第 2 次是使用 utf-8 編碼，可以正確顯示中文字。

✪ 取得位元組內容和原始 Socket 回應 Ch2_3_1a.py

同樣的，我們準備送出 GET 請求來取得 3 種回應內容，網址是：http://hueyanchen.myweb.hinet.net/test.html，共送出 3 次請求，如下所示：

```
import requests


r = requests.get("http://hueyanchen.myweb.hinet.net/test.html")
r.encoding = 'utf-8'
print(r.text)
print("----------------------")

r = requests.get("http://hueyanchen.myweb.hinet.net/test.html")
r.encoding = 'utf-8'
print(r.content)
print("----------------------")

r = requests.get("http://hueyanchen.myweb.hinet.net/test.html", stream=True)
r.encoding = 'utf-8'
print(r.raw)
print(r.raw.read(15))
```

上述程式碼第 1 次是 text，第 2 次是 content 屬性，最後 1 次呼叫 get() 函數時，有指定 stream=True 引數，所以可以呼叫 raw.read() 函數讀取前 15 個位元組，其執行結果如下所示：

執行結果

```
<script type="text/javascript" src="/ _ myweb/hiad/new-inner.js">
</script>
<html>
<head>
<meta charset="utf-8"/>
<title>測試的HTML5網頁</title>
</head>

<body>
<h3>從網路取得資料</h3><hr/>
<div><p>使用Requests套件送出HTTP請求</p></div>
</body>
</html><script type="text/javascript" src="/ _ myweb/hiad/adjust-inner.
js"></script>

----------------------
b'<script type="text/javascript" src="/ _ myweb/hiad/new-inner.js"></
script>\n<html>\r\n<head>\r\n<meta charset="utf-8"/>\r\n<title>\xe6\xb8\
xac\xe8\xa9\xa6\xe7\x9a\x84HTML5\xe7\xb6\xb2\xe9\xa0\x81</title>\r\n</
head>\r\n<body>\r\n<h3>\xe5\xbe\x9e\xe7\xb6\xb2\xe8\xb7\xaf\xe5\x8f\x96\
xe5\xbe\x97\xe8\xb3\x87\xe6\x96\x99</h3><hr/>\r\n<div><p>\xe4\xbd\xbf\
xe7\x94\xa8Requests\xe5\xa5\x97\xe4\xbb\xb6\xe9\x80\x81\xe5\x87\xbaHTTP\
xe8\xab\x8b\xe6\xb1\x82</p></div>\r\n</body>\r\n</html><script
type="text/javascript" src="/ _ myweb/hiad/adjust-inner.js"></script>\n'
----------------------
<urllib3.response.HTTPResponse object at 0x0000025742744518>
b'<script type="t'
```

上述執行結果第 1 次是解碼後的 HTML 標籤字串，第 2 次是顯示內容的位元組的二進位回應內容，可以看到換行符號，中文字是沒有解碼的編碼內容，最後 1 次是回應 HttpResponse 物件，我們只讀取前 15 個位元組「<script type="t」。

✪ 取得 JSON 回應內容

Ch2_3_1b.py

底下使用 http://httpbin.org 網站取得回應的 JSON 資料，可以取得 user-agent 代理人資訊，即誰送出此 GET 請求，網址為：http://httpbin.org/user-agent，共送出 2 次請求，如下所示：

```
r = requests.get("http://httpbin.org/user-agent")
print(r.text)
print(type(r.text))
print("----------------------")
print(r.json())
print(type(r.json()))
```

上述程式碼第 1 次是 text 屬性，第 2 次呼叫 json() 函數剖析 JSON 資料，並且分別呼叫 type() 函數取得回應內容的型態，其執行結果如下所示：

執行結果

```
{"user-agent":"python-requests/2.18.4"}

<class 'str'>
----------------------
{'user-agent': 'python-requests/2.18.4'}
<class 'dict'>
```

上述執行結果第 1 次是 str 字串型別，可以看到這是 Python 程式 requests 套件送出的請求，第 2 次呼叫 json() 函數剖析 JSON 資料，可以看到是 dict 字典型態。

2-3-2 內建的回應狀態碼

在第 2-2-1 節的 Python 程式已經使用 status_code 屬性取得請求的回應狀態碼（Response Status Codes），Requests 提供 2 個內建回應狀態碼 requests.codes.ok 和 requests.code.all_good（這兩個回應狀態碼的功能相同），可以幫助我們檢查請求是否成功。

✪ 檢查回應狀態碼

Ch2_3_2.py

我們準備送出 Google 網站的 HTTP 請求，分別使用 2 個內建回應狀態碼判斷是否成功，True 是成功；False 是失敗，共送出 3 次請求，如下所示：

```
import requests

r = requests.get("http://www.google.com")
print(r.status_code)
print(r.status_code == requests.codes.ok)

r = requests.get("http://www.google.com/404")
print(r.status_code)
print(r.status_code == requests.codes.ok)

r = requests.get("http://www.google.com")
print(r.status_code)
print(r.status_code == requests.codes.all_good)
```

上述程式碼第 1 次比較 r.status_code 屬性和 requests.codes.ok，第 2 次一樣，第 3 次是比較 requests.code.all_good，其執行結果如下所示：

執行結果

```
200
True
404
False
200
True
```

上述執行結果第 1 次是 200 和 True，第 2 次因為網頁不存在，狀態碼是 404，所以是 False，最後 1 次是 200 和 True。

✪ 取得回應狀態碼的進一步資訊

Ch2_3_2a.py

當回應狀態碼是 400 ～ 599 時，表示請求有錯誤，我們可以使用 raise_for_status() 函數取得請求錯誤的進一步資訊，如下所示：

```
import requests

r = requests.get("http://www.google.com/404")
print(r.status_code)
print(r.status_code == requests.codes.ok)

print(r.raise_for_status())
```

上述程式碼因為網頁根本不存在，狀態碼是 404，我們在最後使用 raise_for_status() 函數取得進一步的資訊，其執行結果如下所示：

執行結果

```
404
False
Traceback (most recent call last):

  File "<ipython-input-21-8e6bd2029d1c>", line 1, in <module>
    runfile('C:/BigData/Ch02/Ch2_3_2a.py', wdir='C:/BigData/Ch02')
⋮
⋮
  File "C:/BigData/Ch02/Ch2_3_2a.py", line 7, in <module>
    print(r.raise_for_status())

  File "C:\Users\JOE\Anaconda3\lib\site-packages\requests\models.py",
line 935, in raise_for_status
    raise HTTPError(http_error_msg, response=self)

HTTPError: 404 Client Error: Not Found for url: http://www.google.com/404
```

上述執行結果的追蹤訊息最後可以看到 404 Client Error 錯誤，因為沒有找到此網址的資源。

2-3-3 取得回應的 HTTP 標頭資訊

在第 2-1-2 節是使用 Chrome 瀏覽器的**開發人員工具**檢視 HTTP 標頭，我們也可以使用 Response 物件的 headers 屬性來取得標頭資訊。

✪ 取得 HTTP 標頭資訊（一）

Ch2_3_3.py

我們準備取得 HTTP 標頭的 Content-Type（內容型態）、Content-Length（內容長度）、Date（日期）和 Server（伺服器名稱），**請注意！**標頭名稱要區分英文大小寫，如下所示：

```
import requests
r = requests.get("http://www.google.com")

print(r.headers['Content-Type'])
print(r.headers['Content-Length'])
print(r.headers['Date'])
print(r.headers['Server'])
```

上述程式碼使用字典方式取得指定標頭名稱的值，其執行結果如下所示：

執行結果

```
text/html; charset=ISO-8859-1
5135
Sun, 15 Jul 2018 04:31:37 GMT
gws
```

上述 Content-Type 是 text/html，即 HTML 網頁，長度 5135，然後是日期和伺服器名稱。Content-Type 的值是 MIME 資料類型，常用類型的說明如右表：

MIME資料類型	說明
text/html	HTML 網頁檔案
text/xml	XML 文件的檔案
text/plain	一般文字檔
application/json	JSON 格式的資料
image/jpeg	JPEG 格式的圖片檔
image/gif	GIF 格式的圖片檔
image/png	PNG 格式的圖片檔

✪ 取得 HTTP 標頭資訊（二）

Ch2_3_3a.py

HTTP 標頭資訊的取得還可以使用 header.get() 函數，參數是標頭名稱字串，如下所示：

```
import requests
r = requests.get("http://www.google.com")

print(r.headers.get('Content-Type'))
print(r.headers.get('Content-Length'))
print(r.headers.get('Date'))
print(r.headers.get('Server'))
```

上述程式碼取得的標頭名稱值和 Ch2_3_3.py 完全相同。

2-4 送出進階的 HTTP 請求

我們已經學會如何使用 Requests 送出 HTTP 請求和取得回應內容，但是有些特殊 HTTP 請求，需要額外指定參數來送出這些進階的 HTTP 請求。

2-4-1 存取 Cookie 的 HTTP 請求

Cookies 英文原義是小餅乾，可以在瀏覽器保留使用者的瀏覽資訊，因為 Cookies 是儲存在瀏覽器端的電腦，並不會浪費 Web 伺服器資源。如果 HTTP 請求的回應內容有 Cookie，我們可以用 cookies 屬性來取出 Cookie 值：

```
r = requests.get("http://example.com/")
v = r.cookies["cookie_name"]
print(v)
```

上述程式碼取得 Cookie 字典的指定元素，"cookie_name" 是 Cookie 名稱。在送出 HTTP 請求時，我們也可以在 get() 函數使用 cookies 參數來送出 Cookie 資料。

✪ 送出 Cookie 的 HTTP 請求 Ch2_4_1.py

我們準備在 http://httpbin.org/cookies 送出建立 Cookie 的 HTTP 請求：

```
url = "http://httpbin.org/cookies"

cookies = dict(name='Joe Chen')
r = requests.get(url, cookies=cookies)
print(r.text)
```

上述程式碼會建立字典的 Cookie 資料，然後在 cookies 參數指定送出的 Cookie，其執行結果會回應我們建立的 Cookie 資料，如下所示：

執行結果

```
{"cookies":{"name":"Joe Chen"}}
```

2-4-2 建立自訂 HTTP 標頭的 HTTP 請求

我們可以建立自訂 HTTP 標頭的 HTTP 請求，例如：當 Python 程式送出 HTTP 請求，為了避免網站封鎖請求，我們可以更改 user-agent 標頭資訊（詳見 Ch2_3_1b.py），改成 Chrome 瀏覽器的標頭資訊。

✪ 送出自訂標頭的 HTTP 請求

Ch2_4_2.py

我們準備在 http://httpbin.org/user-agent 送出自訂 HTTP 標頭的 HTTP 請求，將 HTTP 請求模擬成是從 Chrome 瀏覽器送出，共送出 2 次，第 1 次沒有更改，第 2 次有更改標頭資訊，如下所示：

```
import requests
url = "http://httpbin.org/user-agent"

r = requests.get(url)
print(r.text)
print("----------------------")

url_headers = {'user-agent': 'Mozilla/5.0 (Windows NT 10.0; Win64; x64)
AppleWebKit/537.36 (KHTML, like Gecko) Chrome/63.0.3239.132 Safari/537.36'}
r = requests.get(url, headers=url_headers)
print(r.text)
```

上述程式碼第 1 次單純只是取得回應資訊，第 2 次建立 url_headers 變數的新標題，然後在 get() 函數指定送出自訂標頭資訊，其執行結果如下所示：

執行結果

```
{"user-agent":"python-requests/2.18.4"}


----------------------
{"user-agent":"Mozilla/5.0 (Windows NT 10.0; Win64; x64)
AppleWebKit/537.36 (KHTML, like Gecko) Chrome/63.0.3239.132
Safari/537.36"}
```

上述執行結果第 1 次顯示的是使用 Requests 套件送出，第 2 次是模擬成 Chrome 瀏覽器送出的 HTTP 請求。

2-4-3 送出 RESTful API 的 HTTP 請求

Requests 套件的 get() 函數也可以送出 RESTful API 的 HTTP 請求，例如：使用 Google Books APIs 查詢圖書資訊，其傳回資料是 JSON 資料，如下所示：

```
https://www.googleapis.com/books/v1/volumes?q=<關鍵字>
&maxResults=5&projection=lite
```

上述網址的 q 參數是關鍵字，maxResults 是最大搜尋筆數，5 是最多 5 筆圖書，最後 1 個參數是取回精簡圖書資料。例如：查詢 Python 圖書：

```
https://www.googleapis.com/books/v1/volumes?q=Python&maxResults=5&projection=lite
```

✪ 送出 RESTful API 的 HTTP 請求　Ch2_4_3.py

我們準備送出 RESTful API 的 HTTP 請求，在 Google Books APIs 查詢 Python 圖書資訊，如下所示：

```
url = "https://www.googleapis.com/books/v1/volumes"

url_params = {'q': 'Python',
              'maxResults': 5,
              'projection': 'lite'}
r = requests.get(url, params=url_params)
print(r.json())
```

上述程式碼的 get() 函數是使用 params 參數指定 API 參數，因為傳回值是 JSON 資料，所以呼叫 json() 函數剖析 JSON 資料，其執行結果如下：

執行結果

```
{'kind': 'books#volumes', 'totalItems': 569, 'items': [{'kind':
'books#volume', 'id': 'wqeVv09Y6hIC', 'etag': 'nF0/Opy7bpQ', 'selfLink':
'https://www.googleapis.com/books/v1/volumes/wqeVv09Y6hIC', 'volumeInfo':
 ⋮
 ⋮
```

上述執行結果可以看到傳回查詢結果圖書的 JSON 資料。

2-4-4 送出需要認證的 HTTP 請求

如果網站或 API 介面需要認證，在送出 HTTP 請求時，我們可以加上認證資料的使用者名稱和密碼，例如：GitHub 網站的 API 介面需要認證資料。**請注意！在測試本節 Python 程式前，先註冊 GitHub 取得使用者名稱和密碼。**

✪ 送出需要認證的 HTTP 請求 Ch2_4_4.py

我們準備送出需要認證的 HTTP 請求至 GitHub 網站，網址是：https://api.github.com/user，如下所示：

```
import requests

url = "https://api.github.com/user"

r = requests.get(url, auth=('hueyan@ms2.hinet.net', '********'))
if r.status_code == requests.codes.ok:
    print(r.headers['Content-Type'])
    print(r.json())
else:
    print("HTTP 請求錯誤 ...")
```

請代換自己的 GitHub 帳號、密碼

上述程式碼的 get() 函數是使用 auth 參數指定認證資料，這是**元組**，第 1 個是使用者名稱，第 2 個是密碼，if/else 條件判斷是否請求成功，成功就依序顯示 Content-Type 標頭資訊和回應的 JSON 資料，其執行結果如下所示：

執行結果

```
application/json; charset=utf-8
{'login': 'hueyanchen', 'id': 35254525, 'avatar _ url': 'https://avatars2.githubusercontent.com/u/35254525?v=4',
 :
 :
```

2-4-5 使用 timeout 參數指定請求時間

為了避免送出 HTTP 請求後，Web 伺服器的回應時間太久，進而影響 Python 程式的執行，我們可以在 get() 函數指定 timeout 參數的期限時間，指定等待的回應時間不超過 timeout 參數的時間，單位是秒數。

✪ 送出只等待 0.03 秒的 HTTP 請求

Ch2_4_5.py

我們準備送出 HTTP 請求至 Google 網站，而且只等 0.03 秒，請注意！這是為了測試 Timeout 例外，如下所示：

```
import requests


try:
    r = requests.get("http://www.google.com", timeout=0.03)
    print(r.text)
except requests.exceptions.Timeout as ex:
    print("錯誤：HTTP 請求已經超過時間 ...\n" + str(ex))
```

上述 try/except 例外處理可以處理 Timeout 例外（進一步說明請參閱第 2-5-1 節），在 get() 函數指定 timeout 參數值是 0.03 秒，因為時間太短，所以會產生錯誤，其執行結果如下：

執行結果

```
錯誤: HTTP請求已經超過時間...
HTTPConnectionPool(host='www.google.com', port=80): Max retries exceeded
with url: / (Caused by ConnectTimeoutError(<urllib3.connection.
HTTPConnection object at 0x00000257426B3160>, 'Connection to www.google.
com timed out. (connect timeout=0.03)'))
```

上述執行結果顯示錯誤訊息，下方是進一步 Timeout 例外物件的訊息文字。

2-5 錯誤 / 例外處理與檔案存取

當 HTTP 請求發生錯誤時，就會產生對應的例外，我們可以針對不同例外來進行錯誤處理。此外，我們常常需要將取得的 HTML 網頁存成檔案，所以，Python 檔案存取也是爬蟲的必備技能。

2-5-1 Requests 的例外處理

Python 程式可以使用 try/exception 例外處理和 Requests 例外物件來進行錯誤處理，Requests 常用的例外物件說明，如下表：

例外物件	說明
RequestException	HTTP 請求有錯誤時，就會產生此例外物件
HTTPError	當回應不合法 HTTP 回應內容時，就會產生此例外物件
ConnectionError	當網路連線或 DNS 錯誤時，就會產生此例外物件
Timeout	當 HTTP 請求超過指定期限時，就會產生此例外物件
TooManyRedirects	如果重新轉址超過設定的最大值時，就會產生此例外物件

建立 Requests 的例外處理

Ch2_5_1.py

我們準備建立 HTTP 請求的例外處理，可以處理上表的例外物件（Timeout 例外已在第 2-4-5 節說明），如下所示：

```
import requests


url = 'http://www.google.com/404'

try:
    r = requests.get(url, timeout=3)
    r.raise_for_status()
except requests.exceptions.RequestException as ex1:
    print("Http 請求錯誤： " + str(ex1))
```

```
except requests.exceptions.HTTPError as ex2:
    print("Http 回應錯誤： " + str(ex2))
except requests.exceptions.ConnectionError as ex3:
    print(" 網路連線錯誤： " + str(ex3))
except requests.exceptions.Timeout as ex4:
    print("Timeout 錯誤： " + str(ex4))
```

上述 try/except 例外處理可以處理四種例外，因為此網址根本不存在，其執行結果可以看到 404 的錯誤訊息，如下所示：

執行結果

```
Http請求錯誤: 404 Client Error: Not Found for url: http://www.google.com/404
```

2-5-2 Python 檔案存取

Python 提供檔案處理（File Handling）的內建函數，可以讓我們將資料寫入檔案，和讀取檔案的內容。

✪ 將取得的回應內容寫成檔案

Ch2_5_2.py

在此要將 http://hueyanchen.myweb.hinet.net/test.html 的內容儲存成 test.txt 檔案，如下所示：

```
import requests

r = requests.get("http://hueyanchen.myweb.hinet.net/test.html")
r.encoding = "utf-8"

fp = open("test.txt", "w", encoding="utf8")
fp.write(r.text)
print(" 寫入檔案 test.txt...")
fp.close()
```

在此使用 open()函數開啟檔案，close()函數關閉檔案

上述函數的傳回值是檔案指標，第 1 個參數是檔案名稱或檔案完整路徑，如果內含路徑「\」符號，Windows 作業系統需要使用逸出字元「\\」，第 2 個參數是檔案開啟的模式字串，支援的開啟模式字串說明，如下表所示：

模式字串	當開啟檔案已經存在	當開啟檔案不存在
r	開啟唯讀的檔案	產生錯誤
w	清除檔案內容後寫入	建立寫入檔案
a	開啟檔案從檔尾後開始寫入	建立寫入檔案
r+	開啟讀寫的檔案	產生錯誤
w+	清除檔案內容後讀寫內容	建立讀寫檔案
a+	開啟檔案從檔尾後開始讀寫	建立讀寫檔案

最後的 encoding 參數是指定編碼，以此例是 utf8，其執行結果可以看到寫入檔案的訊息文字，如下所示：

執行結果

```
寫入檔案test.txt...
```

✪ 讀取檔案的全部內容（一）

Ch2_5_2a.py

讀取和顯示 Ch2_5_2.py 建立的 test.txt 檔案內容，如下所示：

```
fp = open("test.txt", "r", encoding="utf8")
str = fp.read()
print(" 檔案內容 :")
print(str)
```

上述 open() 函數的模式字串是 "r"，即讀取檔案內容，然後呼叫 read() 函數，函數沒有參數，就是讀取檔案的全部內容，其執行結果可以顯示檔案內容，如下所示：

執行結果

```
檔案內容:
<script type="text/javascript" src="/ _ myweb/hiad/new-inner.js"></script>
<html>

<head>

<meta charset="utf-8"/>

<title>測試的HTML5網頁</title>
```

```
</head>

<body>

<h3>從網路取得資料</h3><hr/>

<div><p>使用Requests套件送出HTTP請求</p></div>

</body>

</html><script type="text/javascript" src="/ _ myweb/hiad/adjust-inner.js"></script>
```

Python 的 with/as 程式區塊

Ch2_5_2b.py

Python 檔案處理需要在處理完後自行呼叫 close() 函數來關閉檔案，對於這些需要善後的操作，如果擔心忘了執行事後清理工作，我們可以使用另一種更簡潔的寫法，改用 with/as 程式區塊來讀取檔案內容，如下所示：

```
with open("test.txt", "r", encoding="utf8") as fp:
    str = fp.read()
    print(" 檔案內容 :")
    print(str)
```

上述程式碼建立讀取檔案內容的程式區塊（不要忘了 fp 後的「:」冒號），當執行完程式區塊，就會自動關閉檔案。

讀取檔案的全部內容（二）

Ch2_5_2c.py

讀取和顯示 Ch2_5_2.py 建立的 test.txt 檔案內容，如下所示：

```
with open("test.txt", "r", encoding="utf8") as fp:
    list1 = fp.readlines()
    for line in list1:
        print(line, end="")
```

上述程式碼使用 readlines() 函數讀取檔案內容成為 list1 清單，每一行是一個項目，然後使用 for 迴圈顯示每一行的檔案內容，因為檔案中的每一行有換行，所以 print() 函數就不需要換行。

學 習 評 量

1. 請說明什麼是 HTTP 標頭？HTTP 標頭的內容是什麼？

2. 請舉例說明如何使用**開發人員工具**來檢視 HTTP 標頭資訊？

3. 請簡單說明什麼是 httpbin.org 服務？

4. Python 語言內建 ______ 模組也可以送出 HTTP 請求，本書使用的 ______ 套件可以更簡單來送出 GET/POST 的 HTTP 請求。

5. 請問 GET 請求和 POST 請求有何差異？

6. 請使用常用的 Web 網站，例如：學校官網，建立 Python 程式送出 GET 請求，可以顯示回應碼是什麼？

7. 繼續第 6 題的程式，請顯示回應的標頭資訊和回應內容。

8. 繼續第 7 題的 Python 程式，將回應內容儲存成 home.html 檔案。

3

CHAPTER

擷取靜態 HTML 網頁資料

3-1 在 HTML 網頁定位資料

網路爬蟲就是從 HTML 網頁中擷取出所需的資料，因為是從網頁中抓資料，其最重要的工作就是定位出資料位置，如此才能撰寫 Python 爬蟲程式來取出這些資料。

3-1-1 網路爬蟲的資料擷取工作

當 Python 程式使用 Requests 送出 HTTP 請求取得回應的 HTML 網頁內容後，這份網頁如同 Google 地圖般，我們需要在地圖中定位出位置，即所需的資料，以便從 HTML 網頁擷取出資料，其主要工作有三項：

- **定位 HTML 網頁**：從 HTML 網頁找出特定 HTML 標籤或標籤集合，我們可以使用 XPath 表達式、CSS 選擇器和正規表達式來定位特定 HTML 元素。本章使用正規表達式，第 4 章則會說明 CSS 選擇器，第 6 章將介紹 XPath 表達式。

- **走訪 HTML 網頁**：當找出特定 HTML 元素後，如果只能定位在目標資料的附近，或附近還有其他欲擷取的資料，我們可以從 HTML 網頁結構中，透過向上、向下、向左、向右走訪 HTML 元素來定位出資料的位置，詳見第 5 章的說明。

- **修改 HTML 網頁**：為了能夠更順利地擷取資料，如果取得的 HTML 網頁有不完整或遺失標籤，我們需要修改 HTML 標籤和屬性值以便順利進行爬蟲，詳見第 5 章的說明。

3-1-2 如何定位網頁資料？

基本上，在 HTML 網頁中定位所需的資料，如同在 Google 地圖上標記**台北車站**的位置，如下圖所示：

要在地圖上標示位置，有多種方法，例如直接用游標點選、輸入地址或經緯度。同理，在 HTML 網頁中定位資料也有多種方式，如下所示：

⁂ HTML 標籤名稱。

⁂ HTML 標籤的 id 屬性。

⁂ HTML 標籤的 class 屬性。

⁂ CSS 選擇器。

⁂ XPath 表達式。

⁂ 正規表達式。

一般來說，Python 網頁爬蟲函式庫都會支援相關函數來使用上述方法定位網頁資料，在本書會依序說明 HTML 標籤定位、正規表達式、CSS 選擇器和 XPath 表達式。

3-2 使用 BeautifulSoup 剖析 HTML 網頁

Beautiful Soup 是剖析 HTML 網頁著名的 Python 套件，可以將 HTML 標籤轉換成一棵 Python 物件樹，幫助我們從 HTML 網頁中擷取出所需的資料。

3-2-1 建立 BeautifulSoup 物件

若您依照第一章的說明安裝好 **Anaconda**，那麼 BeautifulSoup 套件也會一併安裝，我們只要直接 import 就可以使用。不過 BeautifulSoup 的套件名稱為 bs4，因此底下是由 bs4 套件中匯入 BeautifulSoup 類別：

```
from bs4 import BeautifulSoup
```

輸入上述程式碼匯入 BeautifulSoup 模組後，就可以建立 BeautifulSoup 物件。建立 BeautifulSoup 物件的方法有三種，底下將分別做說明。

✪ 使用 HTML 字串建立 BeautifulSoup 物件 Ch3_2_1.py

我們可以使用 HTML 標籤字串建立 BeautifulSoup 物件，如下所示：

```
from bs4 import BeautifulSoup

html_str = "<p>Hello World!</p>"
soup = BeautifulSoup(html_str, "lxml")
print(soup)
```

上述程式碼指定 html_str 變數的 HTML 標籤字串後，BeautifulSoup() 函數的第 1 個參數是標籤字串，第 2 個參數指定為 TreeBuilders，即使用 Python 物件樹解析器。常用的解析器有三種："lxml"、"html5lib"，和內建的 "html.parser"，官方建議使用解析速度較快的 "lxml"。

在解析 HTML 字串後，呼叫 print() 函數顯示內容，可以看到自動幫我們補齊缺少的 HTML 標籤 <html> 和 <body>，其執行結果如下所示：

執行結果

```
<html><body><p>Hello World!</p></body></html>
```

✪ 使用 HTTP 回應內容建立 BeautifulSoup 物件 Ch3_2_1a.py

我們可以使用 HTTP 回應內容來建立 BeautifulSoup 物件，HTTP 請求的網址是筆者 fChart 程式設計教學工具的首頁：http://hueyanchen.myweb.hinet.net，如下所示：

```
import requests
from bs4 import BeautifulSoup

r = requests.get("http://hueyanchen.myweb.hinet.net")
r.encoding = "utf8"
soup = BeautifulSoup(r.text, "lxml")
print(soup)
```

上述程式碼匯入 requests 和 BeautifulSoup 模組後，使用 get() 函數送出 HTTP 請求，和指定 encoding 編碼是 utf8，然後使用 text 屬性的回應內容建立 BeautifulSoup 物件，最後呼叫 print() 函數顯示內容，其執行結果可以看到 HTML 標籤內容，如下所示：

執行結果

```
<html><head><script src="/_myweb/hiad/new-inner.js" type="text/
javascript"></script>
<!DOCTYPE html>

<meta charset="utf-8"/>
<meta content="width=device-width, initial-scale=1, shrink-to-fit=no"
name="viewport"/>
<meta content="" name="description"/>
<meta content="" name="author"/>
<title>fChart程式設計教學工具+Blockly中文離線版</title>
⋮
```

✪ 開啟檔案建立 BeautifulSoup 物件

Ch3_2_1b.py

我們可以用 Python 檔案存取，直接開啟本機的 HTML 檔案來建立 BeautifulSoup 物件。例如底下程式碼中的 index.html 檔案是筆者自製的 fChart 工具說明首頁：

```
from bs4 import BeautifulSoup

with open("index.html", "r", encoding="utf8") as fp:
    soup = BeautifulSoup(fp, "lxml")
    print(soup)
```

上述程式碼使用 with/as 程式區塊，呼叫 open() 函數開啟檔案 index.html（此檔案和 Python 程式位在同一目錄），然後使用檔案指標 fp 建立 BeautifulSoup 物件，最後呼叫 print() 函數顯示內容，其執行結果可以看到和 Ch3_2_1a.py 相同的 HTML 標籤。

3-2-2 輸出剖析的 HTML 網頁

BeautifulSoup 物件可以使用 prettify() 函數來格式化輸出剖析的 HTML 網頁或字串。當然，我們一樣可以將輸出內容儲存成本機的 HTML 檔案。

✪ 格式化輸出 HTML 網頁

Ch3_2_2.py

文字檔案 test.txt 是第二章 Ch2_5_2.py 輸出的 HTML 標籤檔案，其內容如下圖所示：

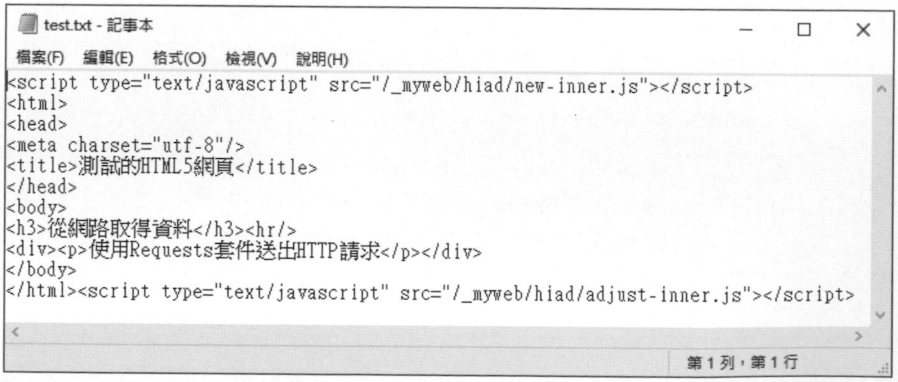

test.txt - 記事本

檔案(F) 編輯(E) 格式(O) 檢視(V) 說明(H)

```
<script type="text/javascript" src="/_myweb/hiad/new-inner.js"></script>
<html>
<head>
<meta charset="utf-8"/>
<title>測試的HTML5網頁</title>
</head>
<body>
<h3>從網路取得資料</h3><hr/>
<div><p>使用Requests套件送出HTTP請求</p></div>
</body>
</html><script type="text/javascript" src="/_myweb/hiad/adjust-inner.js"></script>
```

第 1 列，第 1 行

上述 HTML 標籤的編排並沒有統一的縮排，我們可以開啟文字檔案，使用 BeautifulSoup 物件的 prettify() 函數來格式化輸出剖析的 HTML 標籤：

```
from bs4 import BeautifulSoup

with open("test.txt", "r", encoding="utf8") as fp:
    soup = BeautifulSoup(fp, "lxml")
    print(soup.prettify())
```

上述程式碼在開啟 test.txt 檔案後，會呼叫 prettify() 函數格式化 HTML 標籤字串，其執行後的 HTML 標籤會格式化成一致的縮排：

執行結果

```
<html>
 <head>
  <script src="/_myweb/hiad/new-inner.js" type="text/javascript">
  </script>
  <meta charset="utf-8"/>
  <title>
   測試的HTML5網頁
  </title>
 </head>
 <body>
  <h3>
   從網路取得資料
  </h3>
  <hr/>
  <div>
   <p>
    使用Requests套件送出HTTP請求
   </p>
  </div>
 </body>
</html>
```

✪ 將 Web 網頁格式化並輸出成檔案

Ch3_2_2a.py

我們準備使用 Requests 送出 HTTP 請求至 http://hueyanchen.myweb.hinet.net/test.html 後，使用 BeautifulSoup 物件的 prettify() 函數來格式化輸出剖析的 HTML 網頁，並且儲存成檔案 test2.txt，如下所示：

```
import requests
from bs4 import BeautifulSoup

r = requests.get("http://hueyanchen.myweb.hinet.net/test.html")
r.encoding = "utf-8"
soup = BeautifulSoup(r.text, "lxml")

fp = open("test2.txt", "w", encoding="utf8")
fp.write(soup.prettify())
print("寫入檔案 test2.txt...")
fp.close()
```

上述程式碼開啟 test2.txt 檔案後，我們是寫入 prettify() 函數格式化輸出的 HTML 標籤，其執行結果如下所示：

執行結果

```
寫入檔案test2.txt...
```

請使用記事本開啟 test2.txt，可以看到檔案內容和 test.txt 的差別：

test2.txt - 記事本

檔案(F) 編輯(E) 格式(O) 檢視(V) 說明(H)

```
<html>
 <head>
  <script src="/_myweb/hiad/new-inner.js" type="text/javascript">
  </script>
  <meta charset="utf-8"/>
  <title>
   測試的HTML5網頁
  </title>
 </head>
 <body>
  <h3>
   從網路取得資料
  </h3>
  <hr/>
  <div>
   <p>
    使用Requests套件送出HTTP請求
   </p>
  </div>
 </body>
</html>
```

第 1 列，第 1 行

當成功將 Web 的 HTML 網頁儲存成本機 HTML 檔案後，我們就可以離線學習 BeautifuleSoup 物件的函數和屬性，在本節之後就是直接開啟本機 HTML 檔案來執行 HTML 標籤的搜尋和走訪，和擷取所需的資料。

3-2-3 BeautifulSoup 的物件說明

BeautifulSoup 物件可以將 HTML 網頁剖析轉換成 Python 物件樹，主要剖析成四種物件：Tag、NavigableString、BeautifulSoup 和 Comment 物件。

✪ Tag 物件

Ch3_2_3.py

Tag 物件是剖析 HTML 網頁將標籤轉換成的 Python 物件，提供多種屬性和函數來搜尋和走訪 Python 物件樹，在本節的範例只說明如何取得標籤名稱和屬性值。例如：剖析 HTML 標籤字串建立 BeautifulSoup 物件和取出 Tag 物件，如下所示：

```
from bs4 import BeautifulSoup


html_str = "<div id='msg' class='body strikeout'>Hello World!</div>"
soup = BeautifulSoup(html_str, "lxml")
tag = soup.div
print(type(tag))
```

上述程式碼使用 HTML 標籤字串建立 BeautifulSoup 物件，<div> 標籤擁有 2 個屬性 id 和 class，class 屬性是多重值屬性，擁有空白字元分隔的 2 個值 body 和 strikeout。

我們可以直接使用標籤名稱 soup.div 屬性取得 Python 物件樹中的第 1 個 <div> 標籤物件，type() 函數顯示型態是 Tag 物件，如下所示：

執行結果

```
<class 'bs4.element.Tag'>
```

在取得 HTML 標籤的 Tag 物件後，我們可以取得 Tag 物件的標籤名稱和屬性值，如下所示：

⁂ **取得標籤名稱**：Tag 物件的 name 屬性可以取得標籤名稱 div，如下所示：

```
print(tag.name)          # 標籤名稱
```

```
div
```

⁂ **取得標籤屬性值**：在 Tag 物件取得標籤 <div> 的 id 屬性值，如下所示：

```
print(tag["id"])         # 標籤屬性
```

```
msg
```

⁂ **取得標籤屬性的多重值**：在 Tag 物件取得標籤 <div> 的 class 屬性值，這是多重值屬性，取得的是一個清單，如下所示：

```
print(tag["class"])  # 多重值屬性的值清單
```

```
['body', 'strikeout']
```

⁂ **取得標籤的所有屬性值**：Tag 物件可以使用 attrs 屬性取得標籤的所有屬性，這是一個字典，如下所示：

```
print(tag.attrs)         # 標籤所有屬性值的字典
```

```
{'id': 'msg', 'class': ['body', 'strikeout']}
```

✪ NavigableString 物件

Ch3_2_3a.py

NavigableString 物件是標籤內容，即位在 <div></div> 標籤中的文字內容，我們是使用 Tag 物件的 string 屬性來取得 NavigableString 物件，如下所示：

```
from bs4 import BeautifulSoup
html_str = "<div id='msg' class='body strikeout'>Hello World!</div>"
soup = BeautifulSoup(html_str, "lxml")
tag = soup.div
print(tag.string)           # 標籤內容
print(type(tag.string))  # NavigableString 型別
```

上述程式碼顯示標籤內容和型別，其執行結果如下所示：

執行結果

```
Hello World!
<class 'bs4.element.NavigableString'>
```

Tag 物件除了使用 string 屬性，還可以使用 text 屬性和 get_text() 函數來取得標籤內容，其說明如下表：

屬性或函數	說明
string	取得 NavigableString 物件的標籤內容
text	取得所有子標籤內容的合併字串
get_text()	取得所有子標籤內容的合併字串，可以加上參數字串的分隔字元，例如：get_text("-")，也可以加上 strip=True 參數清除空白字元

請注意！如果標籤內容有子標籤，string 屬性無法成功取得標籤內容，需要使用 text 屬性或 get_text() 函數：

```
html_str = "<div id='msg'>Hello World! <p> Final Test <p></div>"
soup = BeautifulSoup(html_str, "lxml")
tag = soup.div
print(tag.string)          # string 屬性
print(tag.text)            # text 屬性
print(type(tag.text))
print(tag.get_text())      # get_text() 函數
print(tag.get_text("-"))
print(tag.get_text("-", strip=True))
```

Ch3_2_3b.py

上述 HTML 標籤字串擁有 <p> 子標籤，tag.string 是 None 並無法取得標籤的文字內容，我們需要使用 text 屬性來取出，get_text() 函數類似 text 屬性，還可以指定參數的分隔字元 "-"，其執行結果如下所示：

執行結果

```
None
Hello World!  Final Test
<class 'str'>
Hello World!  Final Test
Hello World! - Final Test
Hello World!-Final Test
```

上述執行結果的第 2 列是 text 屬性值，最後 3 列是 get_text() 函數，第 4 列顯示所有標籤的文字內容，第 5 列可以看到分隔字元 "-"，最後 1 列會刪除前後空白字元。

✪ BeautifulSoup 物件

Ch3_2_3c.py

BeautifulSoup 物件本身代表整份 HTML 網頁，如果只是 HTML 標籤字串，也會自動補齊成為完整的 HTML 網頁，name 屬性值是 [document]：

```
from bs4 import BeautifulSoup
html_str = "<div id='msg'>Hello World!</div>"
soup = BeautifulSoup(html_str, "lxml")
tag = soup.div
print(soup.name)
print(type(soup))    # BeautifulSoup 型態
```

上述程式碼可以顯示 name 屬性和型態，其執行結果如下所示：

執行結果

```
[document]
<class 'bs4.BeautifulSoup'>
```

✪ Comment 物件

Ch3_2_3d.py

Comment 物件是特殊的 NavigableString 物件，可以取得 HTML 網頁的註解文字，如下所示：

```
from bs4 import BeautifulSoup
html_str = "<p><!-- 註解文字 --></p>"
soup = BeautifulSoup(html_str, "lxml")
comment = soup.p.string
print(comment)
print(type(comment))    # Comment 型態
```

上述 HTML 標籤字串的 <p> 標籤內容是註解文字，其執行結果如下：

執行結果

```
註解文字
<class 'bs4.element.Comment'>
```

3-3 分析靜態 HTML 網頁

網路爬蟲最主要的工作就是網頁資料擷取，我們需要先分析 HTML 網頁來找出目標資料的特徵，如果網頁可以在瀏覽器檢視 HTML 標籤的原始碼，這是靜態 HTML 網頁；如果看不到 HTML 標籤，只有 JavaScript 程式碼，這是動態 HTML 網頁，進一步說明請參考第 7 章。

對於靜態網頁來說，Chrome 瀏覽器內建的**開發人員工具**，就是一個分析 HTML 網頁的好工具。

3-3-1 本章使用的範例 HTML 網頁

為了方便學習 Beautiful Soup 相關搜尋和走訪的函數和屬性，本章使用本機 Example.html 的 HTML 網頁檔案作示範，如下所示：

Example.html

```
<!DOCTYPE html>
<html lang="big5">
 <head>
  <meta charset="utf-8"/>
  <title>測試資料擷取的HTML網頁</title>
 </head>
 <body>
  <div class="surveys" id="surveys">
   <div class="survey" id="q1">
    <p class="question">
      <a href="http://example.com/q1">請問你的性別?</a></p>
    <ul class="answer">
     <li class="response">男-<span>10</span></li>
     <li class="response selected">女-<span>20</span></li>
    </ul>
   </div>
```

```
    <div class="survey" id="q2">
    <p class="question">
      <a href="http://example.com/q2">請問你是否喜歡偵探小說?</a></p>
    <ul class="answer">
     <li class="response">喜歡-<span>40</span></li>
     <li class="response selected">普通-<span>20</span></li>
     <li class="response">不喜歡-<span>0</span></li>
    </ul>
   </div>
   <div class="survey" id="q3">
    <p class="question">
      <a href="http://example.com/q3">請問你是否會程式設計?</a></p>
    <ul class="answer">
     <li class="response selected">會-<span>30</span></li>
     <li class="response">不會-<span>6</span></li>
    </ul>
   </div>
  </div>
  <div class="emails" id="emails">
    <div class="question">電子郵件清單資訊: </div>
    abc@example.com
    <div class="survey" data-custom="important">def@example.com</div>
    <span class="survey" id="email">ghi@example.com</div>
  </div>
 </body>
</html>
```

上述 HTML 網頁的 <body> 標籤之下分成 2 個 <div> 標籤，轉換成的 HTML 標籤樹如下圖所示：

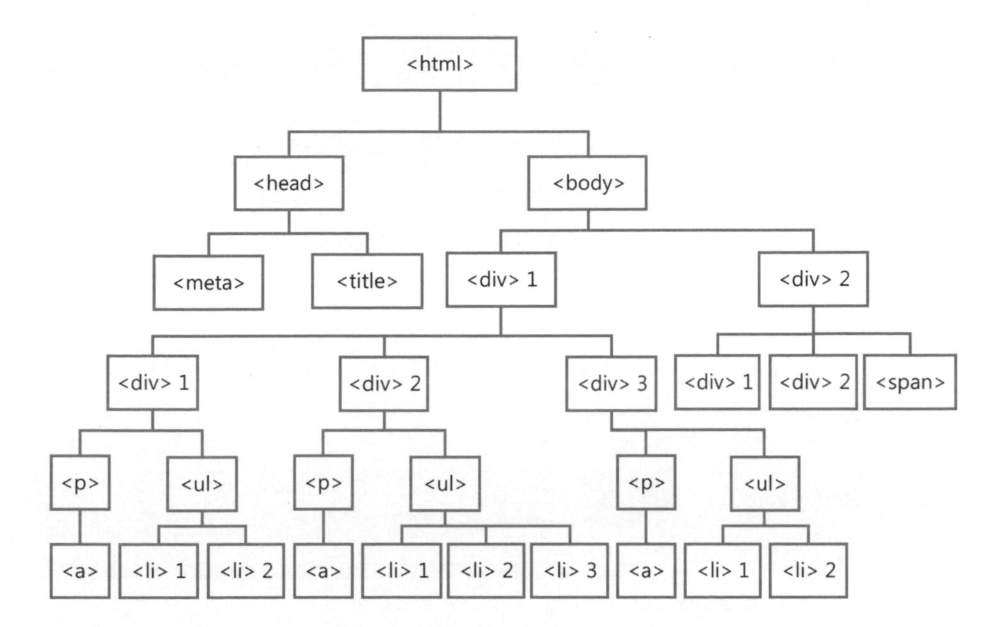

上圖是 HTML 網頁各標籤的階層結構（沒有 <li> 標籤下的 <span> 標籤），因為我們需要了解 HTML 網頁結構，才能成功搜尋、定位和走訪 HTML 網頁。

✪ 載入和剖析範例的 HTML 網頁 Ch3_3_1.py

Python 程式可以在開啟 Example.html 檔案後，使用 BeautifulSoup 剖析 HTML 網頁，如下所示：

```
from bs4 import BeautifulSoup

with open("Example.html", "r", encoding="utf8") as fp:
    soup = BeautifulSoup(fp, "lxml")

print(soup)
```

上述程式碼匯入 BeautifulSoup 物件後，會開啟和讀取 Example.html，即可使用檔案內容建立 BeautifulSoup 物件剖析 HTML 網頁，執行結果可以顯示整份 HTML 網頁內容。

3-3-2 使用「開發人員工具」分析 HTML 網頁

為了成功將所需資料從特定 HTML 標籤擷取出來，我們需要分析 HTML 網頁來擬定所需的搜尋、定位和走訪策略，例如：資料位在哪一個標籤，標籤是否有 id 或 class 屬性，如果位在定位 HTML 標籤的附近，我們可以再次搜尋，或使用走訪方式來處理。

請啟動 Chrome 載入 Example.html 後，按 F12 鍵開啟**開發人員工具**，選 **Elements** 標籤，如下圖所示：

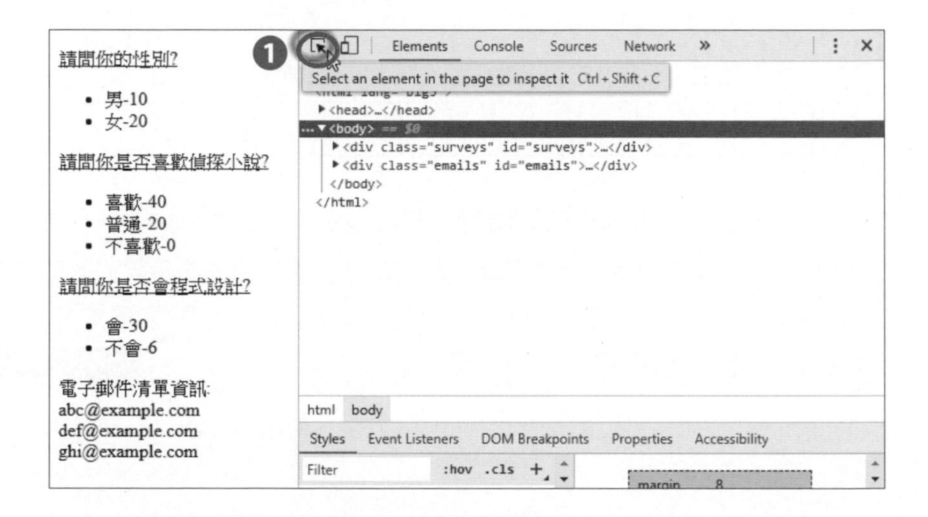

在右邊上方工具列選游標所在的第 1 個按鈕，然後在左邊網頁移動游標至欲取出的文字內容，即可檢視對應的 HTML 標籤，如下圖所示：

3-4 使用 find() 及 find_all() 函數搜尋 HTML 網頁

BeautifulSoup 和 Tag 物件支援 find 開頭的函數來搜尋 HTML 網頁，可以讓我們在 HTML 網頁找出目標的 HTML 標籤。

3-4-1 使用 find() 函數搜尋 HTML 網頁

搜尋 HTML 網頁就是搜尋 BeautifulSoup 剖析成 Python 物件的標籤樹，我們可以使用 find() 函數搜尋 HTML 網頁來找出指定 HTML 標籤，基本語法如下：

```
find(name, attribute, recursive, text, **kwargs)
```

上述函數可以使用標籤名稱和屬性條件來搜尋 HTML 網頁，傳回的是找到的「第 1 個」符合條件的 Python 物件，即 HTML 標籤物件；沒有找到會傳回 None。函數的參數說明如下：

- **name 參數**：指定搜尋的標籤名稱，可以找到第 1 個符合的 HTML 標籤，值可以是字串的標籤名稱、正規表達式、清單或函數。
- **attribute 參數**：搜尋條件的 HTML 標籤屬性。
- **recursive 參數**：布林值預設是 True，搜尋會包含所有子孫標籤；如為 False，搜尋只限下一層子標籤，不包含再下一層的孫標籤。
- **text 參數**：指定搜尋的標籤字串內容。

函數最後的 **kwargs 是指 find() 函數的參數個數是不定長度（有參數才需指定），而且參數格式是一種「鍵 = 值」參數。

✪ 使用標籤名稱搜尋 HTML 標籤 Ch3_4_1.py

我們準備找出 Example.html 問卷第 1 題的題目，在 Chrome 瀏覽器的開發人員工具可以找出 <a> 標籤的內容，如下圖所示：

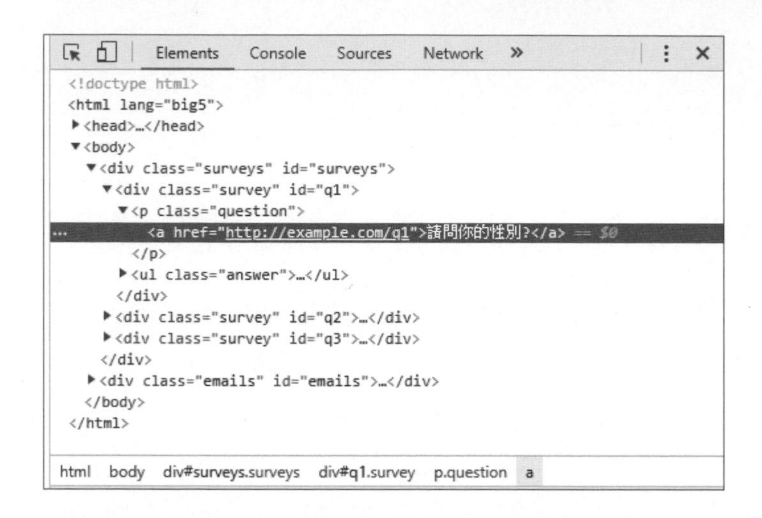

上述標籤 <a> 是第 1 個 <a> 標籤，我們可以使用 find() 函數搜尋此 HTML 標籤，如下所示：

```
tag_a = soup.find("a")
print(tag_a.string)
```

上述程式碼搜尋 <a> 標籤名稱 "a" 的字串，可以找到第 1 個 <a> 標籤的 Tag 物件，然後使用 string 屬性取出內容，其執行結果如下所示：

執行結果

```
請問你的性別?
```

當再次觀察 HTML 標籤樹，<a> 標籤的上一層是 <p> 父標籤，可以先呼叫 find() 函數搜尋 <p> 父標籤後，再從 <p> 標籤使用屬性走訪至 <a> 標籤，或再次呼叫 find() 函數搜尋下一層 <a> 子標籤，如下所示：

```
tag_p = soup.find(name="p")
tag_a = tag_p.find(name="a")
print(tag_p.a.string)
print(tag_a.string)
```

上述程式碼首先搜尋父標籤 <p>，find() 函數是使用「鍵 = 值」參數，然後從 <p> 標籤開始再呼叫 find() 函數搜尋下一層 <a> 子標籤，即可從 tag_p 開始使用 a 屬性走訪取得 <a> 子標籤後再取得內容，tag_a 因為就是 <a> 標籤，可以直接取得內容，其執行結果看到 2 個相同的標籤內容，如下所示：

執行結果

```
請問你的性別?
請問你的性別?
```

✪ 搜尋 HTML 標籤的 id 屬性

Ch3_4_1a.py

因為 HTML 標籤的 id 屬性值是唯一值，如果 HTML 標籤有 id 屬性，我們可以直接使用 id 屬性來搜尋 HTML 標籤。例如：我們準備找出第 2 題的問卷題目，<div> 標籤的 id 屬性值是 q2，如下所示：

```
tag_div = soup.find(id="q2")
tag_a = tag_div.find("a")
print(tag_a.string)
```

上述程式碼使用 id="q2" 搜尋 <div> 標籤，找到後再呼叫 find() 函數搜尋 <a> 標籤，可以取得題目字串，其執行結果如下：

執行結果

```
請問你是否喜歡偵探小說?
```

✪ 搜尋 HTML 標籤的 class 樣式屬性

Ch3_4_1b.py

HTML 標籤的 class 屬性值是套用 CSS 樣式，我們可以用此屬性值來搜尋 HTML 標籤，不過，因為屬性值並非唯一值，找到的只有第 1 個。**請注意！** class 是 Python 的保留字，所以需要改用 attrs 屬性來指定 class 屬性值。

例如：使用 class 樣式屬性值 response 搜尋第 1 個 <li> 標籤：

```
tag_li = soup.find(attrs={"class": "response"})
tag_span = tag_li.find("span")
print(tag_span.string)
```

上述 find() 函數使用 attrs 屬性指定 class 屬性值是 response，這是**字典**，可以找到第 1 個 <li> 標籤，然後再搜尋之下的 <span> 標籤，可以顯示 <span> 標籤的分數，其執行結果如下：

執行結果

```
10
```

因為 HTML 標籤的 class 屬性值是常用的搜尋條件，BeautifulSoup 物件提供特殊常數 class_，即在之後加上「_」底線來快速指定 class 屬性值的條件，例如：搜尋問卷第 2 題 <div> 標籤下的第 1 個 <li> 標籤的 <span> 標籤：

```
tag_div = soup.find(id="q2")
tag_li = tag_div.find(class_="response")
tag_span = tag_li.find("span")
print(tag_span.string)
```

上述程式碼先使用 id 屬性找到第 2 題的 <div> 標籤，然後再呼叫 2 次 find() 函數，第 1 次的 class 屬性值 response 是使用「class_」指定，第 2 次搜尋 <span> 標籤，可以顯示 <span> 標籤的分數，其執行結果如下：

執行結果

```
40
```

✪ 使用 HTML5 自訂屬性搜尋 HTML 標籤

Ch3_4_1c.py

HTML5 的標籤支援 data- 開頭的自訂屬性，因為自訂屬性有「-」符號，不能作為參數名稱，我們需要使用 attrs 屬性來指定自訂屬性值。例如：在電子郵件的 <div> 標籤有 data-custom 屬性值 important，如下所示：

```
tag_div = soup.find(attrs={"data-custom": "important"})
print(tag_div.string)
```

上述 attrs 屬性指定 data-customer 自訂屬性值的搜尋條件，其執行結果是標籤內容的電子郵件地址字串：

執行結果

```
def@example.com
```

✪ 搜尋 HTML 標籤的文字內容 Ch3_4_1d.py

如果搜尋的是 HTML 標籤的文字內容，我們可以使用 text 屬性來指定搜尋條件，如下所示：

```
tag_str = soup.find(text="請問你的性別？")
print(tag_str)
tag_str = soup.find(text="10")
print(tag_str)
print(type(tag_str))         # NavigableString 型態
print(tag_str.parent.name)   # 父標籤名稱
tag_str = soup.find(text="男 -")
print(tag_str)
```

上述程式碼使用 text 參數指定文字內容的搜尋條件，傳回值是找到符合文字內容的 NavigableString 物件，tag_str.parent.name 是使用 parent 屬性走訪父標籤（詳見第 5-2-2 節），可以取得此文字內容的父標籤名稱，其執行結果如下：

執行結果

```
請問你的性別?
10
<class 'bs4.element.NavigableString'>
span
男-
```

上述執行結果顯示文字內容後，可以看到型態是 NavigableString 物件，父標籤是 <span>，最後找到字串 " 男 -"。

✪ 同時使用多個條件來搜尋 HTML 標籤 Ch3_4_1e.py

Example.html 的 class 屬性值 question 分別套用在問卷的問題，和第 2 個電子郵件清單的 <div> 標籤，我們可以使用 2 個條件來分別搜尋這 2 個不同的 HTML 標籤，如下所示：

```
tag_div = soup.find("div", class_="question")
print(tag_div)
tag_p = soup.find("p", class_="question")
print(tag_p)
```

上述程式碼的第 1 個 find() 函數是搜尋 <div> 標籤且 class 屬性值是 question，第 2 個 find() 函數是搜尋 <p> 標籤，其執行結果可以看到這 2 個 HTML 標籤：

執行結果

```
<div class="question">電子郵件清單資訊: </div>
<p class="question">
<a href="http://example.com/q1">請問你的性別?</a></p>
```

✪ 使用 Python 函數定義搜尋條件

Ch3_4_1f.py

在 find() 函數的參數可以是一個函數呼叫，我們可以使用函數來定義搜尋條件，例如：建立 is_secondary_question() 函數，可以檢查標籤是否有 href 屬性，而且屬性值是 "http://example.com/q2"，如下所示：

```
def is_secondary_question(tag):
    return tag.has_attr("href") and \
           tag.get("href") == "http://example.com/q2"

tag_a = soup.find(is_secondary_question)
print(tag_a)
```

上述 find() 函數的參數是 is_secondary_question() 函數，不需加上括號，可以取得第 2 個問題的 <a> 標籤，其執行結果如下所示：

執行結果

```
<a href="http://example.com/q2">請問你是否喜歡偵探小說?</a>
```

3-4-2 使用 find_all() 函數搜尋 HTML 網頁

BeautifulSoup 的 find_all() 函數是搜尋 HTML 網頁找出「所有」符合條件的 HTML 標籤，其基本語法如下：

```
find _ all(name, attribute, recursive, text, limit, **kwargs)
```

上述函數的參數和 find() 函數只差 limit 參數，其說明如下：

⁂ **limit 參數**：指定搜尋到符合 HTML 標籤的最大值，而 find() 函數就是 limit 參數值是 1 的 find_all() 函數。

BeautifulSoup 的 find_all() 和 find() 函數的使用方式類似，在第 3-4-1 節的參數都可以使用在 find_all() 函數，只是搜尋結果是符合條件的清單，而不是第 1 個符合條件的 Tag 物件。

✪ 找出所有問卷的題目字串

Ch3_4_2.py

接著將使用 find_all() 函數在 Example.html 找出所有問卷題目的清單：

```
tag_list = soup.find_all("p", class_="question")
print(tag_list)

for question in tag_list:
    print(question.a.string)
```

上述 find_all() 函數的條件是所有 <p> 標籤且 class 屬性值是 "question"，for/in 迴圈可以走訪清單一一取出題目字串，因為題目字串位在 <a> 子標籤，所以使用 question.a.string 顯示題目字串，其執行結果如下：

執行結果

```
[<p class="question">
<a href="http://example.com/q1">請問你的性別?</a></p>, <p class="question">
<a href="http://example.com/q2">請問你是否喜歡偵探小說?</a></p>,
<p class="question">
<a href="http://example.com/q3">請問你是否會程式設計?</a></p>]
請問你的性別?
請問你是否喜歡偵探小說?
請問你是否會程式設計?
```

上述結果先顯示搜尋結果的 <p> 標籤清單，最後是 3 個問卷題目的字串。

✪ 使用 limit 參數限制搜尋數量

Ch3_4_2a.py

請修改 Ch3_4_2.py，在 find_all() 函數加上 limit 參數，只搜尋前 2 筆資料，如下所示：

```
tag_list = soup.find_all("p", class_="question", limit=2)
print(tag_list)

for question in tag_list:
    print(question.a.string)
```

上述程式碼只差 find_all() 函數最後的 limit 參數，其執行結果只有前 2 個 <p> 標籤：

執行結果

```
[<p class="question">
<a href="http://example.com/q1">請問你的性別?</a></p>, <p class="question">
<a href="http://example.com/q2">請問你是否喜歡偵探小說?</a></p>]
請問你的性別?
請問你是否喜歡偵探小說?
```

✪ 搜尋所有標籤

Ch3_4_2b.py

在 find_all() 函數的參數值如果是 True，就是搜尋之下的所有 HTML 標籤，例如：我們要搜尋問卷第 2 題的所有 HTML 標籤，如下所示：

```
tag_div = soup.find("div", id="q2")
# 找出所有標籤清單
tag_all = tag_div.find_all(True)
print(tag_all)
```

上述程式碼首先使用 find() 函數找到第 2 題的 <div> 標籤，然後再呼叫 find_all() 函數搜尋所有標籤，參數值是 True，執行結果如下：

執行結果

```
[<p class="question">
<a href="http://example.com/q2">請問你是否喜歡偵探小說?</a></p>,
<a href="http://example.com/q2">請問你是否喜歡偵探小說?</a>,
<ul class="answer">
<li class="response">喜歡-<span>40</span></li>
<li class="response selected">普通-<span>20</span></li>
<li class="response">不喜歡-<span>0</span></li>
</ul>, <li class="response">喜歡-<span>40</span></li>, <span>40</span>,
<li class="response selected">普通-<span>20</span></li>, <span>20</span>,
<li class="response">不喜歡-<span>0</span></li>, <span>0</span>]
```

✪ 搜尋所有文字內容

Ch3_4_2c.py

如果 find_all() 函數的參數是 text=True，就是搜尋所有的文字內容，我們也可以使用清單來指定只搜尋特定的文字內容，如下所示：

```
tag_div = soup.find("div", id="q2")
# 找出所有文字內容清單
tag_str_list = tag_div.find_all(text=True)
print(tag_str_list)
# 找出指定的文字內容清單
tag_str_list = tag_div.find_all(text=["20", "40"])
print(tag_str_list)
```

上述程式碼找到第 2 個問題的 <div> 標籤後，第 1 個 find_all() 函數是搜尋所有文字內容，第 2 個只搜尋 "20" 和 "40" 兩個文字內容，其執行結果如下：

執行結果

```
['\n', '\n', '請問你是否喜歡偵探小說?', '\n', '\n', '喜歡-', '40', '\n', '普通-',
'20', '\n', '不喜歡-', '0', '\n', '\n']
['40', '20']
```

上述執行結果有 2 個清單，第 1 個是第 2 題問題的所有文字內容，第 2 個只有 2 個項目 "40" 和 "20"。**請注意！**上述 HTML 標籤的文字內容常常有一些特殊字元，在之後的章節會說明如何清理這些多餘的字元。

✪ 使用清單指定搜尋條件

Ch3_4_2d.py

我們可以在 find_all() 函數使用清單指定搜尋條件，此時的每一個項目是「或」條件，例如：標籤名稱清單，或屬性值清單，如下所示：

```
tag_div = soup.find("div", id="q2")
# 找出所有 <p> 和 <span> 標籤
tag_list = tag_div.find_all(["p", "span"])
print(tag_list)
# 找出 class 屬性值 question 或 selected 的所有標籤
tag_list = tag_div.find_all(class_=["question", "selected"])
print(tag_list)
```

上述程式碼的第 1 個 find_all() 函數的參數是標籤名稱清單，第 2 個指定 class 屬性值的清單，其執行結果如下：

執行結果

```
[<p class="question">
<a href="http://example.com/q2">請問你是否喜歡偵探小說?</a></p>,
<span>40</span>, <span>20</span>, <span>0</span>]
[<p class="question">
<a href="http://example.com/q2">請問你是否喜歡偵探小說?</a></p>,
<li class="response selected">普通-<span>20</span></li>]
```

上述執行結果的第 1 個清單項目是所有 <p> 和 <span> 標籤，第 2 個標籤的 class 屬性值是 "question" 或 "selected"。

✪ 沒有使用遞迴（recursive）來執行搜尋 Ch3_4_2e.py

find() 和 find_all() 函數都支援 recursive 參數（預設值 True），可以指定是否遞迴搜尋子標籤下的所有孫標籤，如下所示：

```
tag_div = soup.find("div", id="q2")
# 找出所有 <li> 子孫標籤
tag_list = tag_div.find_all("li")
print(tag_list)
# 沒有使用遞迴來找出所有 <li> 標籤
tag_list = tag_div.find_all("li", recursive=False)
print(tag_list)
```

上述程式碼的第 1 個 find_all() 函數沒有指定 recursive 參數，預設搜尋所有子孫標籤，第 2 個指定為 False 只搜尋子標籤是否有 <li> 標籤：

執行結果

```
[<li class="response">喜歡-<span>40</span></li>, <li class="response
selected">普通-<span>20</span></li>, <li class="response">不喜歡-
<span>0</span></li>]
[]
```

上述執行結果的第 1 個清單項目是所有 <li> 標籤，第 2 個是空清單，因為 <div> 標籤的子標籤是 <p> 和 <ul>，沒有 <li> 標籤。

3-5 認識與使用「正規表達式」搜尋 HTML 網頁

BeautifulSoup 物件的 find() 和 find_all() 函數也可以使用正規表達式來搜尋 HTML 網頁，實務上，我們常常使用正規表達式來搜尋 URL 網址、電子郵件地址和電話號碼。

3-5-1 認識「正規表達式」

「正規表達式」(Regular Expression)，亦稱「正規運算式」，是一個範本字串，可以用來進行字串比對，在正規表達式的範本字串中，每一個字元都擁有特殊意義，這是一種小型的字串比對語言。

正規表達式**直譯器**或稱為**引擎**能夠將定義的正規表達式範本字串和字串變數進行比較，引擎傳回布林值，True 表示字串符合範本字串的定義；False 表示不符合。

字元集

正規表達式的範本字串是使用英文字母、數字和一些特殊字元所組成，其中最主要的就是字元集。我們可以使用「\」開頭的預設字元集，或是使用 "[" 和 "]" 符號組合成一組字元集的範圍，每一個字元集代表比對字串中的字元需要符合的條件，其說明如下表：

字元集	說明
[abc]	包含英文字母 a、b 或 c
[abc{]	包含英文字母 a、b、c 或符號 {
[a-z]	任何英文的小寫字母
[A-Z]	任何英文的大寫字母
[0-9]	數字 0 ～ 9
[a-zA-Z]	任何大小寫的英文字母
[^abc]	除了 a、b 和 c 以外的任何字元，[^…] 表示之外

字元集	說明
\w	任何字元，包含英文字母、數字和底線，即 [A-Za-z0-9_]
\W	任何不是 \w 的字元，即 [^A-Za-z0-9_]
\d	任何數字的字元，即 [0-9]
\D	任何不是數字的字元，即 [^0-9]
\s	空白字元，包含不會顯示的逸出字元，例如：\n 和 \t 等，即 [\t\r\n\f]
\S	不是空白字元的字元，即 [^ \t\r\n\f]

在正規表達式的範本字串除了字元集外，還可以包含 Escape 逸出字串代表的特殊字元，如下表所示：

Escape逸出字元	說明
\n	換新行符號
\r	Carriage Return 的 Enter 鍵（換行並移到最前端）
\t	Tab 鍵
\.、\?、\/、\\、\[、\]、\{、\}、\(、\)、\+、*、|	在範本字串代表 .、?、/、\、[、]、{、}、(、)、+、* 和 | 特殊功能的字元
\xHex	十六進位的 ASCII 碼
\xOct	八進位的 ASCII 碼

在正規表達式的範本字串不只可以擁有字元集和 Escape 逸出字串，還可以是序列字元組成的子範本字串，或是使用「(」、「)」括號括起，如下所示：

```
"a(bc)*"
"(b | ef)gh"
"[0-9]+"
```

上述 a、gh、(bc) 括起的是子字串，在之後的「*」、「+」和中間的「|」字元是比較字元。

✪ 比較字元

正規表達式的比較字元定義範本字串比較時的比對方式，可以定義正規表達式範本字串中字元出現的位置和次數。常用比較字元的說明，如下表所示：

比較字元	說明
^	比對字串的開始，即從第 1 個字元開始比對
$	比對字串的結束，即字串最後需符合範本字串
.	代表任何一個字元
|	或，可以是前後 2 個字元的任一個
?	0 或 1 次
*	0 或很多次
+	1 或很多次
{n}	出現 n 次
{n,m}	出現 n 到 m 次
{n,}	至少出現 n 次
[…]	符合方括號中的任一個字元
[^…]	符合不在方括號中的任一個字元

✪ 範本字串的範例

一些正規表達式範本字串的範例，如下表所示：

範本字串	說明
^The	字串需要是 The 字串開頭，例如：These
book$	字串需要是 book 字串結尾，例如：a book
note	字串中擁有 note 子字串
a?bc	擁有 0 或 1 個 a，之後是 bc，例如：abc、bc 字串
a*bc	擁有 0 到多個 a，例如：bc、abc、aabc、aaabc 字串
a(bc)*	在 a 之後有 0 到多個 bc 字串，例如：abc、abcbc、abcbcbc 字串
(a | b)*c	擁有 0 到多個 a 或 b，之後是 c，例如：bc、abc、aabc、aaabc 字串
a+bc	擁有 1 到多個 a，之後是 bc，例如：abc、aabc、aaabc 字串等
ab{3}c	擁有 3 個 b，例如：abbbc 字串，不可以是 abbc 或 abc
ab{2,}c	至少擁有 2 個 b，例如：abbc、abbbc、abbbbc 等字串
ab{1,3}c	擁有 1 到 3 個 b，例如：abc、abbc 和 abbbc 字串
[a-zA-Z]{1,}	至少 1 個英文字元的字串
[0-9]{1,}、[\d]{1,}	至少 1 個數字字元的字串

3-5-2 使用「正規表達式」搜尋 HTML 網頁

在 Python 程式使用正規表達式需要匯入 re 模組，如下所示：

```
import re
```

✪ 使用正規表達式搜尋文字內容 Ch3_5_2.py

在 find() 函數使用正規表達式搜尋文字內容，如下所示：

```
regexp = re.compile("男-")
tag_str = soup.find(text=regexp)
print(tag_str)
regexp = re.compile("\w+-")
tag_list = soup.find_all(text=regexp)
print(tag_list)
```

上述程式碼首先使用 compile() 函數建立 regexp 正規表達式物件，參數是範本字串，然後在 find() 函數指定 text 參數是 regexp 物件，即可使用正規表達式搜索 "男-"，第 2 個是搜尋所有文字內容最後是 "-" 的文字內容，其執行結果如下：

執行結果

```
男-
['男-', '女-', '喜歡-', '普通-', '不喜歡-', '會-', '不會-']
```

上述執行結果的第 1 列是使用正規表達式，可以看到找到符合的文字內容，最後是使用正規表達式找出所有符合的文字內容。

✪ 使用正規表達式搜尋電子郵件地址 Ch3_5_2a.py

我們可以使用電子郵件的正規表達式範本來搜尋 HTML 網頁中的所有電子郵件地址，如下所示：

```
email_regexp = re.compile("\w+@\w+\.\w+")
tag_str = soup.find(text=email_regexp)
print(tag_str)
print("---------------------")
tag_list = soup.find_all(text=email_regexp)
print(tag_list)
```

上述程式碼建立正規表達式物件後，搜尋第 1 個和所有包含電子郵件地址的文字內容，其執行結果如下所示：

執行結果

```
abc@example.com

---------------------
['\n    abc@example.com\n    ', 'def@example.com', 'ghi@example.com']
```

✪ 使用正規表達式搜尋 URL 網址

Ch3_5_2b.py

在 HTML 標籤的屬性值也可以使用正規表達式，我們可以搜尋 href 屬性值是使用「http:」開頭的標籤，如下所示：

```
url_regexp = re.compile("^http:")
tag_href = soup.find(href=url_regexp)
print(tag_href)
print("---------------------")
tag_list = soup.find_all(href=url_regexp)
print(tag_list)
```

上述程式碼建立正規表達式物件後，搜尋 href 屬性值是「http:」開頭，其執行結果如下所示：

執行結果

```
<a href="http://example.com/q1">請問你的性別?</a>
---------------------
[<a href="http://example.com/q1">請問你的性別?</a>, <a href="http://example.com/q2">請問你是否喜歡偵探小說?</a>, <a href="http://example.com/q3">請問你是否會程式設計?</a>]
```

學習評量

1. 請簡單說明網路爬蟲的資料擷取工作是什麼？如何在 HTML 網頁定位資料？

2. 請問什麼是 Beautiful Soup？BeautifulSoup 物件有哪四種？

3. 請繼續第二章第 6 題的 Python 程式，請使用 BeautifulSoup 物件剖析回應內容，並且格式化輸出成 home2.html。

4. 現在有一個 HTML 標籤字串，請建立 Python 程式剖析此字串來顯示 <div> 標籤的名稱、id 屬性和內容，如下所示：

```
html_str = "<div id='title'>Python Web Scraping</div>"
```

5. 請說明如何使用 Chrome 瀏覽器的**開發人員工具**來分析 HTML 網頁？

6. 請舉例說明 find() 和 find_all() 函數的差異？

7. 請舉例說明 BeautifulSoup 物件的 find() 函數，如何使用正規表達式？

8. 請建立 Python 程式，開啟書附檔案的「Ch03\index.html」，找出所有 class 屬性值是 "nav-item" 的 HTML 標籤。

9. 請建立 Python 程式，開啟書附檔案的「Ch03\index.html」，找出所有 <a> 標籤的 href 屬性值。

10. 請建立 Python 程式，開啟書附檔案的「Ch03\index.html」，找出所有網址清單是使用 http 開頭。

4

CHAPTER

使用 CSS 選擇器爬取資料

4-1 認識 CSS 層級式樣式表

4-2 使用 CSS 選擇器定位 HTML 標籤

4-3 CSS 選擇器工具 - Selector Gadget

4-4 Google Chrome 開發人員工具

4-5 在 BeautifulSoup 使用 CSS 選擇器

4-1 認識 CSS 層級式樣式表

「CSS」(Cascading Style Sheets) **層級式樣式表**(也有人稱「階層式樣式表」或「串接式樣式表」),其主要目的是描述 HTML 標籤的外觀顯示。

4-1-1 CSS 的基本概念

基本上,我們透過瀏覽器看到好看的 HTML 網頁內容,絕對不是單純 HTML 標籤的預設樣式就可以編排出來,需要使用 CSS 重新定義 HTML 標籤的顯示效果,例如:HTML 標籤 <p> 的預設樣式是段落、<ul> 是清單項目,CSS 能夠重新定義標籤的顯示樣式,以便符合網頁設計的需求。

簡單地說,CSS 的目的是重新定義 HTML 標籤的顯示樣式,例如:HTML 標籤 <p> 是段落,預設使用瀏覽器的字體與字型大小,如果使用 CSS,我們可以重新定義標籤 <p> 的顯示樣式,如下所示:

```
<style type="text/css">
p { font-size: 10pt;
    color: red; }
</style>
```

上述 <style> 標籤定義 CSS,我們重新定義 <p> 標籤使用尺寸 10pt 的文字,色彩為紅色,現在,只要在 HTML 網頁使用 <p> 標籤,都會套用此字型尺寸和色彩來顯示標籤的外觀。

因為 CSS 樣式規則並不是我們爬取資料的標的,我們要的是資料,並不是樣式。對於要爬取資料來說,我們需要了解 CSS 如何選出套用樣式的 HTML 標籤,即位在大括號前的 CSS 選擇器(CSS Selectors)。

4-1-2 CSS 的基本語法

HTML 標籤可以套用 CSS 樣式來顯示出不同的樣式，我們只需選擇要套用的 HTML 標籤，即可定義這些標籤顯示樣式的規則，基本語法如下：

```
選擇器 {屬性名稱1: 屬性值1; 屬性名稱2: 屬性值2…}
```

上述 CSS 語法分成兩大部分，在大括號前是**選擇器**（Selector），可以選擇套用樣式的 HTML 標籤，在括號中是重新定義顯示樣式的樣式組，稱為**樣式規則**。

✪ 選擇器

選擇器可以定義哪些 HTML 標籤需要套用樣式，CSS Level 1 提供基本選擇器：型態、巢狀和群組選擇器；CSS Level 2 提供更多選擇器，例如：屬性條件選擇；在 CSS Level 3 增加很多功能強大的選擇器，因為 CSS 選擇器可以在網頁中定位網頁元素，所以，「網路爬蟲」可以使用 CSS 選擇器來定位欲取得資料的 HTML 標籤。

✪ 樣式規則

樣式規則是一組 CSS 樣式屬性，如下所示：

```
屬性名稱1: 屬性值1; 屬性名稱2: 屬性值2…
```

上述樣式規則是多個樣式屬性組成的集合，各樣式之間使用「;」分號做區隔，在「:」冒號後是屬性值；之前是樣式屬性的名稱，例如：定義 <p> 標籤的 CSS 樣式，如下所示：

```
p { font-size: 10pt;
    color: red; }
```

上述選擇器選擇 <p> 標籤，表示在 HTML 網頁中的所有 <p> 標籤都套用之後的樣式，font-size 和 color 是樣式屬性名稱；10pt 和 red 是屬性值，基於閱讀上的便利性，樣式規則的各樣式屬性都會自成一列。

4-1-3 CSS 選擇器互動測試工具

為了方便學習第 4-2 節 CSS 選擇器語法，在書附檔案的「Tools」資料夾中，提供筆者使用 jQuery 開發的 **CSS 選擇器互動測試工具**，在輸入或開啟 HTML 標籤檔案後，只需輸入 CSS 選擇器，即可標示選了哪些 HTML 標籤。

✪ 啟動「CSS 選擇器互動測試工具」

CSS 選擇器互動測試工具並不需要安裝，只需解壓縮至指定目錄後，在目錄下選 **SelectorTester.html**，按滑鼠右鍵執行快顯功能表的『**開啟檔案 / Google Chrome**』命令，使用 Chrome 瀏覽器開啟網頁，如下圖所示：

在網頁的上方可以輸入 CSS 選擇器字串，下方右邊框是原始 HTML 標籤，左邊框是依據原始 HTML 標籤自動產生的標籤結構，可以標示 CSS 選擇器選取的 HTML 標籤。

✪ 使用 CSS 選擇器互動測試工具

在 **CSS 選擇器**欄位輸入選擇器字串，例如：「h1」，可以看到下方標示選取了 <h1> 標籤，如下圖所示：

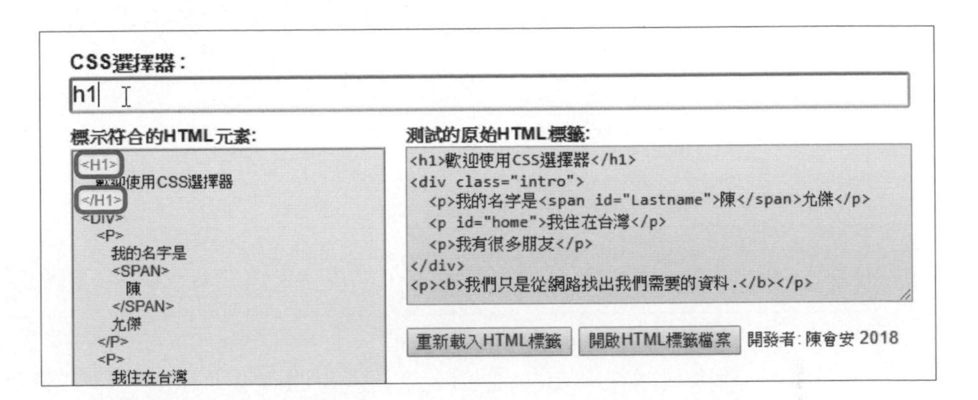

上述右邊是一個文字編輯器框，我們可以剪貼 HTML 標籤，也可以自行輸入。例如：在 <h1> 標籤下再輸入 1 個 <h1> 標籤，如下圖所示：

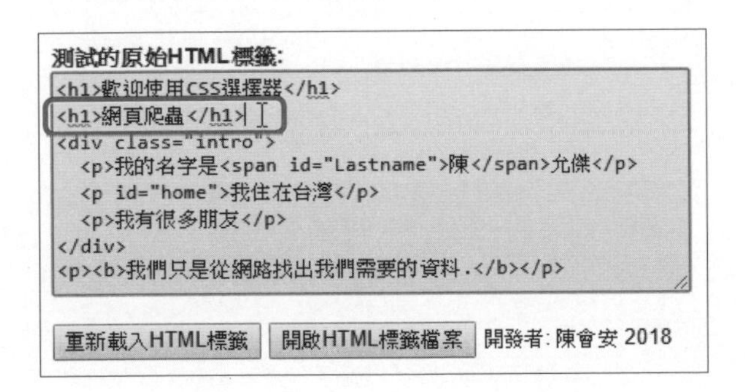

輸入後，請按下方**重新載入 HTML 標籤**鈕重建標籤結構，可以看到現在左側框中選取了 2 個 <h1> 標籤。

✪ 載入測試的 HTML 標籤檔

CSS 選擇器互動測試工具也可以載入 HTML 標籤檔做測試（標籤內容是 <body> 子標籤，不可有 <html> 和 <head>），請按下方的**開啟 HTML 標籤檔案**鈕，即可看到**開啟**對話視窗。

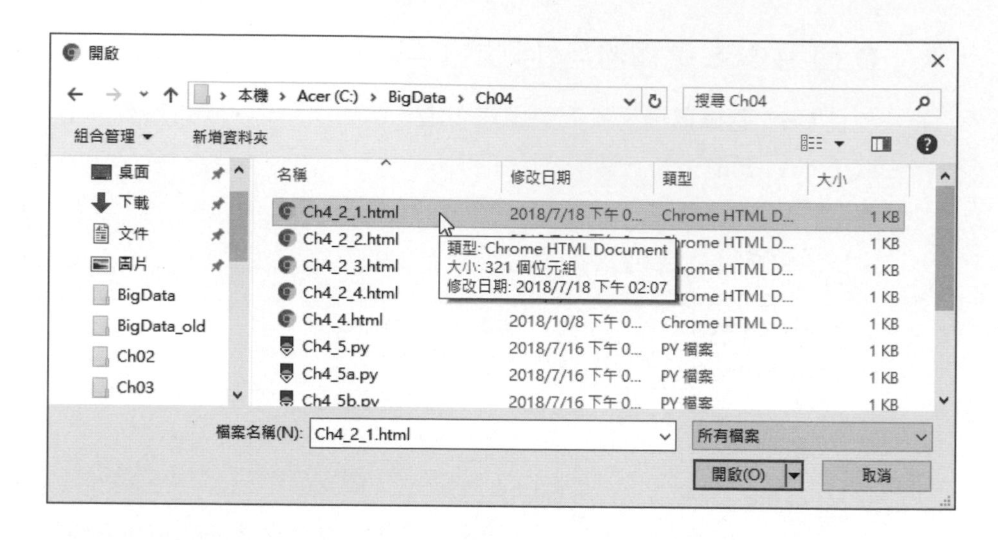

請切換至書附檔案的「Ch04」資料夾，點選 **Ch4_2_1.html**，按下開啟鈕，即可載入測試的 HTML 標籤，如下圖：

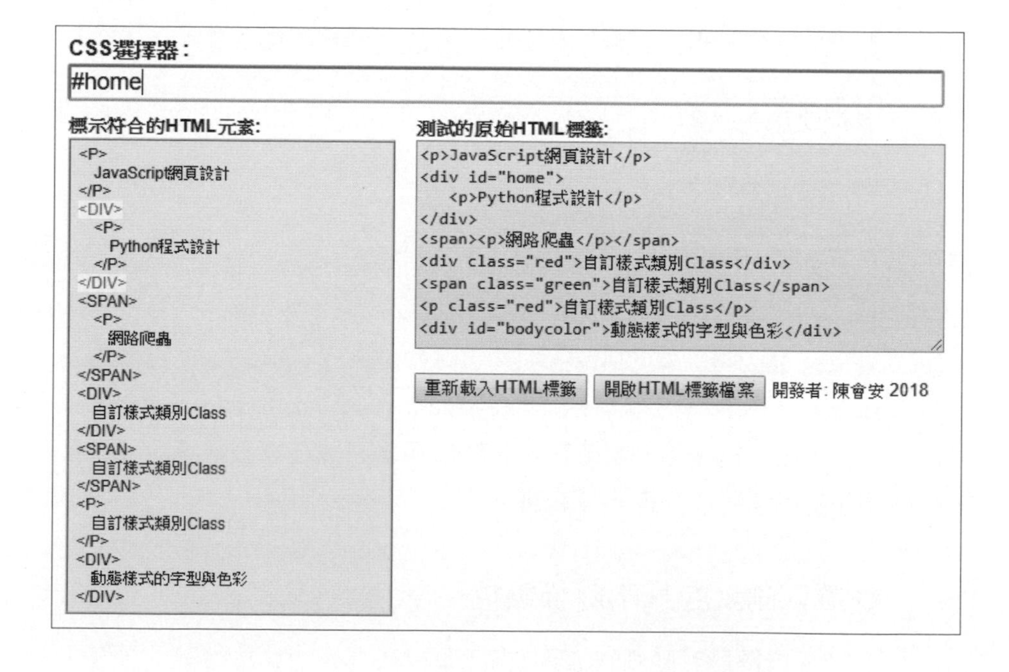

4-2 使用 CSS 選擇器定位 HTML 標籤

CSS 選擇器（Selector）可以定位哪些 HTML 標籤需要套用樣式，同理，網路爬蟲可以使用 CSS 選擇器定位網頁中欲取出資料的 HTML 標籤。

本書使用的 Python 函式庫 Beautiful Soup、lxml、Selenium 和 Scrapy 都支援使用 CSS 選擇器來定位 HTML 標籤。

4-2-1 基本 CSS 選擇器

基本 CSS 選擇器是使用標籤名稱、id 和 class 屬性值來選取 HTML 元素，我們也可以使用**群組選擇器**來同時選擇不同 CSS 選擇器的元素。請在 **CSS 選擇器互動測試工具**載入 Ch4_2_1.html 的測試標籤。

✪ 型態選擇器

型態選擇器（Type Selectors）是單純選擇 HTML 標籤，我們是使用標籤名稱來選擇 HTML 標籤，例如：輸入 p，可以看到選取了所有 <p> 標籤：

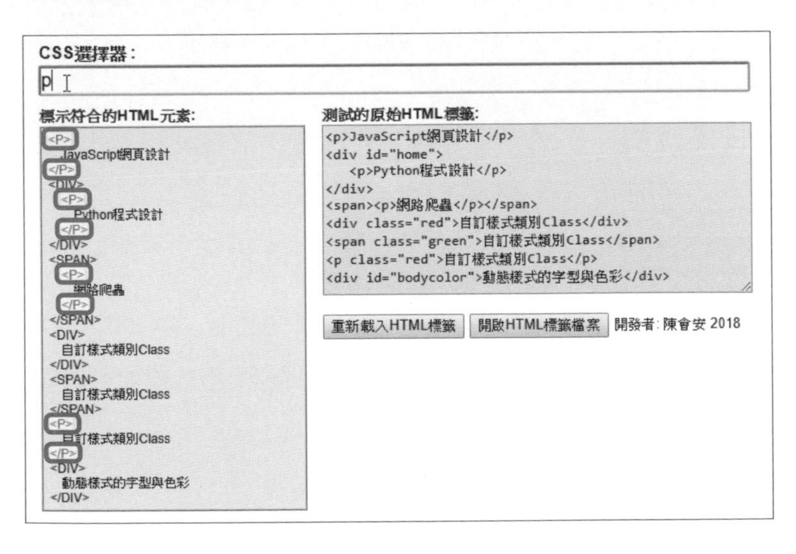

輸入 div 可以選取 3 個 <div> 標籤，輸入 span 會選取 2 個 <span> 標籤。

✪ 樣式類別選擇器

CSS 可以定義個人風格的樣式類別（Class），即一組樣式屬性，這是使用「.」句點開始的名稱，可以對應 HTML 標籤的 class 屬性值，例如：輸入「.red」，如下圖所示：

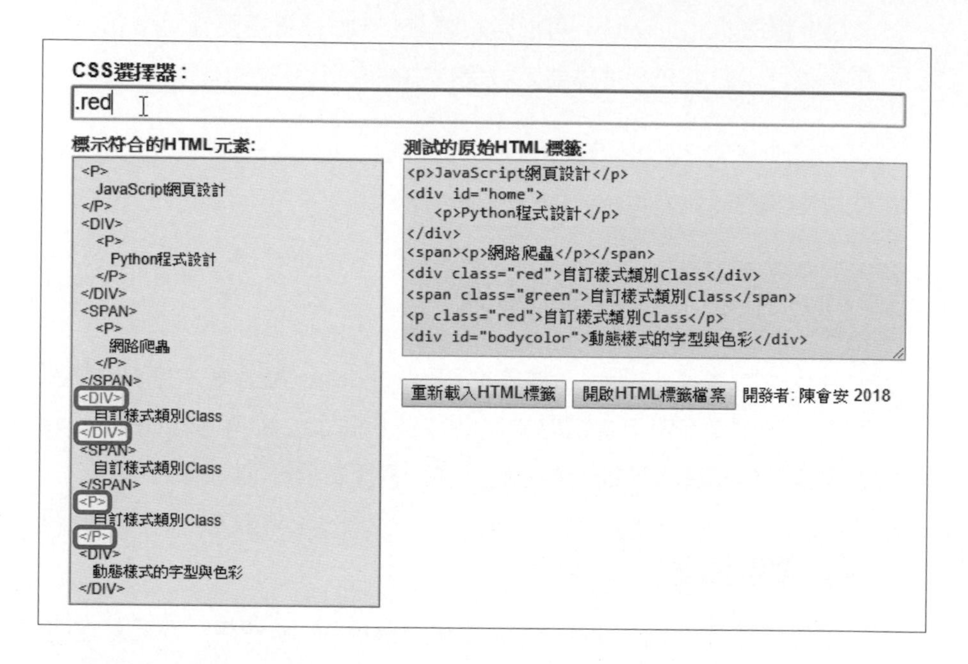

上圖可以看到選取 class 屬性值 red 的 <div> 和 <p> 標籤，如果輸入「.green」，可以選取 1 個 class 屬性值 green 的 <span> 標籤。

✪ id 屬性選擇器

HTML 標籤可以使用 id 屬性來指定標籤物件的名稱，這是一個唯一的名稱，id 屬性不只可以使用在 <div> 和 <span> 標籤，其他段落、表格、框架、超連結和圖片等 HTML 標籤都可以使用。

CSS 選擇器是使用「#」開頭的 id 屬性值來選取 HTML 標籤，例如：輸入「#home」，如下圖所示：

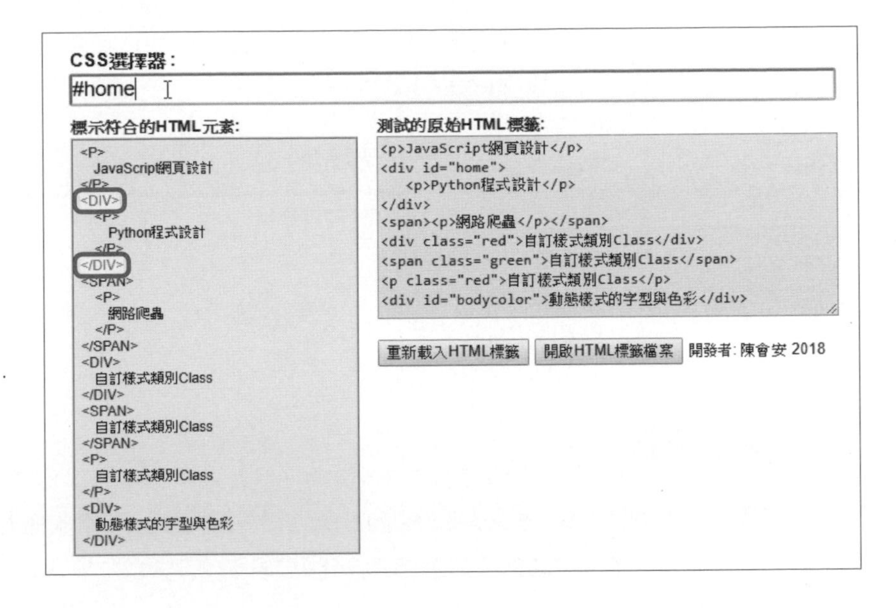

從上圖可以看到選取 id 屬性值 home 的 <div> 標籤，如果輸入「#bodycolor」，可以選取 id 屬性值 bodycolor 的 <div> 標籤。

✪ 群組選擇器

我們可以使用**群組選擇器**（Grouping Selectors）來選取多個不同的 HTML 標籤，只需使用「,」分隔各標籤名稱，例如：輸入「div, p」，如下圖所示：

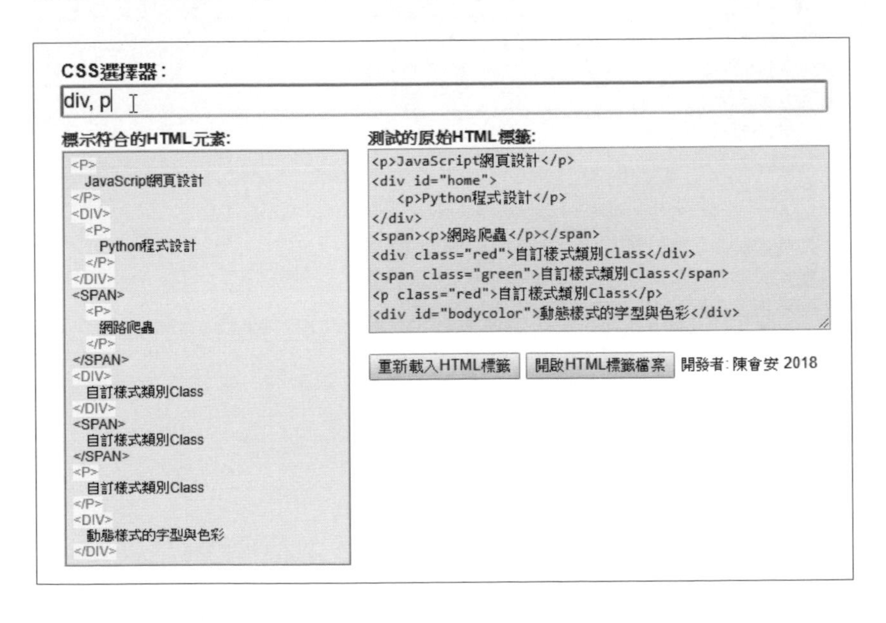

上圖選取了所有 <div> 和 <p> 標籤。「,」號不只可以分隔 HTML 標籤名稱，也可以分隔樣式類別和 id 屬性選擇器，如下表所示：

CSS 選擇器字串	說明
.red, span	選取所有 class 屬性值 red 的標籤和 <span> 標籤
.red, .green	選取所有 class 屬性值 red 和 green 的標籤
span, #home, #bodycolor	選取所有 <span> 標籤，和 id 屬性值是 home 和 bodycolor 的標籤

4-2-2 屬性選擇器

屬性選擇器（Attribute Selector）是依據 HTML 屬性名稱和值來選取擁有此屬性的 HTML 標籤。請在 **CSS 選擇器互動測試工具**載入 Ch4_2_2.html 的測試標籤。

✪ 選取指定屬性名稱的標籤

我們只需使用「[」和「]」方括號括起屬性名稱，即可選出擁有此屬性的 HTML 標籤，例如：輸入「[id]」，可以選取所有擁有 id 屬性值的 HTML 標籤：

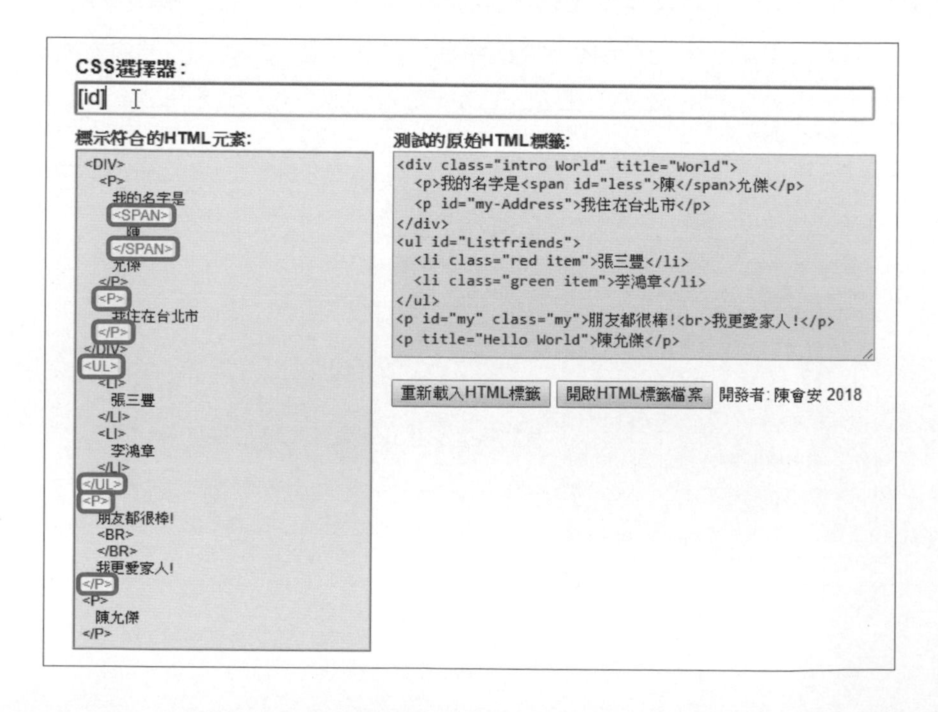

上圖選取有 id 屬性的 <span> 和 <ul> 標籤，輸入「[class]」可以選取所有擁有 class 屬性的 HTML 標籤。

✪ 選取指定屬性名稱和屬性值的標籤

除了屬性名稱外，還可以指定屬性值來選取指定屬性名稱和屬性值的標籤。例如：輸入「[id=my-Address]」，可選取有此屬性和屬性值的 <p> 標籤：

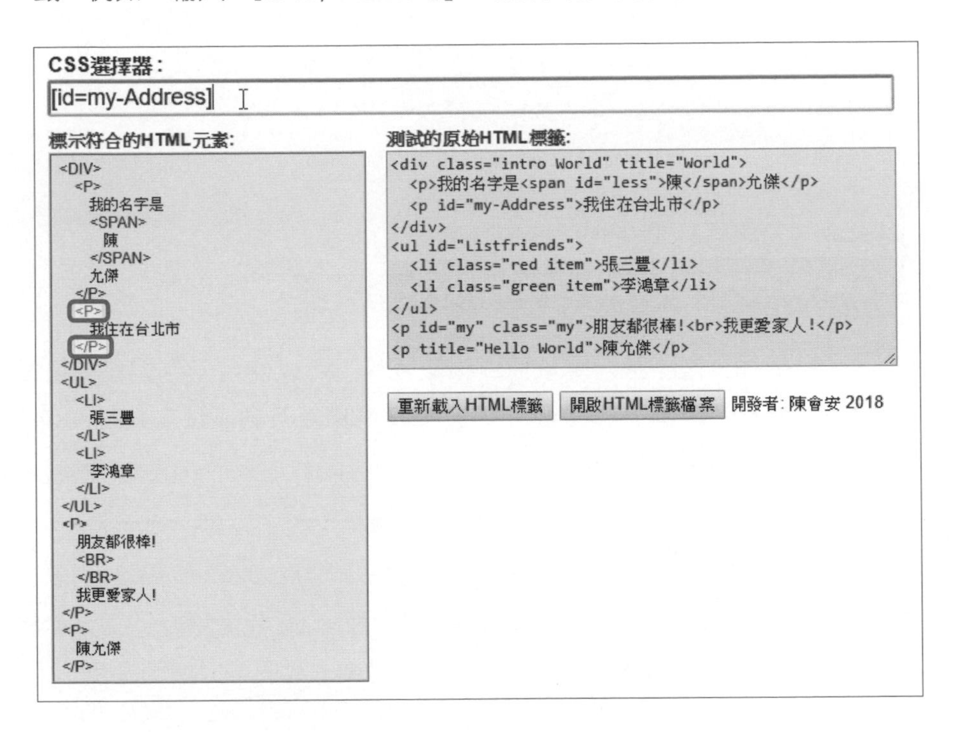

HTML 屬性的值可用空白字元來分隔多個值，例如底下 2 個 <li> 標籤：

```
<li class="red item">張三豐</li>
<li class="green item">李鴻章</li>
```

上述 class 屬性值有空白字元，CSS 選擇器需要使用「"」括起屬性值，例如：[class="red item"]。

✪ 更多屬性選擇器的條件

在屬性選擇器名稱和值的「=」等號前，可以加上 $、|、^、~ 和 * 符號來建立所需的查詢條件，如下表所示：

CSS 選擇器	說明
[id$=ess]	所有 id 屬性值是 ess 結尾的 HTML 標籤
[id|=my]	所有 id 屬性值是 "my" 或以 "my" 開始，之後是 "-"（即 "my-"）的 HTML 標籤
[id^=L]	所有 id 屬性值是以 "L" 開頭的 HTML 標籤
[title~=World]	所有 title 屬性包含 "World" 這個字的 HTML 標籤
[id*=s]	所有 id 屬性值包含字串 "s" 的 HTML 標籤

4-2-3 子孫選擇器與兄弟選擇器

HTML 網頁是一種階層結構的標籤，我們可以使用子孫與兄弟選擇器來選取階層關係的 HTML 標籤。請在 **CSS 選擇器互動測試工具**載入 Ch4_2_3.html 的測試標籤。

✪ 子孫選擇器

子孫選擇器（Descendant Selectors）是當 HTML 元素擁有子孫元素時，為了避免與其他元素同名的子孫元素產生衝突，我們可以指明是哪一個 HTML 標籤的子孫，如下所示：

```
<div class="intro">
  <p>我的名字是<span id="Lastname">陳</span>允傑</p>
  <p id="home">我住在台灣</p>
  <span>我有很多<p>朋友</p></span>
</div>
```

上述 div 和 span 元素都有 p 子元素，我們可以指明元素的父子關係來選擇 <div> 下的 2 個 <p> 標籤；或 <span> 下的 <p> 標籤，如下表所示：

CSS 選擇器	說明
div > p	選取所有 <div> 標籤擁有 <p> 子標籤，不含 <span> 子標籤下的 <p> 標籤
span > p	選取所有 <span> 標籤擁有 <p> 子標籤
div p	選取所有 <div> 標籤擁有 <p> 子標籤，包含 <span> 子標籤下的 <p> 標籤

✪ 兄弟選擇器

兄弟選擇器（Sibling Selector）可以選擇下一個兄弟 HTML 標籤或之後的所有兄弟 HTML 標籤，如下所示：

```
<ul id="friends">
  <li>張三豐</li>
  <li>李鴻章</li>
</ul>
<p>我的朋友都很棒!<br>但我更愛我的家人!!</p>
<h3>我們不是蟲!</h3>
<p><b>我們只是從網路找出我們需要的資料.</b></p>
```

上述 <ul> 標籤之後有 2 個 <p> 標籤，第 1 個是下一個鄰接的兄弟標籤，最後的 <p> 也是兄弟標籤，但不是鄰接的兄弟標籤，如下表所示：

CSS 選擇器	說明
ul + p	選取所有 <ul> 標籤之後鄰接的第 1 個 <p> 兄弟標籤
ul ~ p	選取所有 <ul> 標籤之後的 <p> 兄弟標籤

4-2-4 Pseudo-class 選擇器

CSS Level 3 的 Pseudo-class 選擇器可以讓我們依據標籤的位置順序來選取 HTML 標籤。請在 **CSS 選擇器互動測試工具**載入 Ch4_2_4.html 的測試標籤。

✪ :nth-child(n) 和 :nth-last-child(n) 選擇器

Pseudo-class 選擇器 :nth-child(n) 和 :nth-last-child(n) 可以選擇第 n 個子標籤（n 是從 1 開始），例如：<ul> 清單有 4 個 <li> 子標籤，如下所示：

```
<ul id="friends">
  <li>陳允傑</li>
  <li>王陽明</li>
  <li>李鴻章</li>
  <li>王美麗</li>
</ul>
```

上述清單有 4 個 <li> 標籤，我們可以使用 :nth-child(n) 和 :nth-last-child(n) 選擇器來選取 <li> 標籤，如下表所示：

CSS 選擇器	說明
li:nth-child(even)	選取所有偶數的 <li> 標籤
li:nth-child(odd)	選取所有奇數的 <li> 標籤
li:nth-child(1)	選取所有父 <ul> 標籤下的第 1 個 <li> 子標籤
li:nth-last-child(1)	選取所有父 <ul> 標籤下倒數第 1 個 <li> 子標籤

✪ :nth-of-type(n) 和 :nth-last-of-type(n) 選擇器

Pseudo-class 選擇器 :nth-of-type(n) 類似 :nth-child(n) 可以選擇第 n 個子標籤（n 是從 1 開始），例如：<table> 表格有 4 個 <tr> 子標籤：

```
<table>
   <tr><td>陳允傑</td></tr>
   <tr><td>王陽明</td></tr>
   <tr><td>李鴻章</td></tr>
   <tr><td>王美麗</td></tr>
</table>
```

上述表格有 4 個 <tr> 標籤，我們可以使用 :nth-of-type(n) 和 :nth-last-of-type(n) 選擇器來選取 <tr> 標籤，如下表所示：

CSS 選擇器	說明
tr:nth-of-type(2)	所有 <table> 標籤的 <tr> 子標籤中，選取第 2 個 <tr> 標籤
tr:nth-last-of-type(2)	所有 <table> 標籤的 <tr> 子標籤中，選取倒數第 2 個 <tr> 標籤

4-2-5 CSS 選擇器的語法整理

事實上，CSS 選擇器是一個範本在 HTML 網頁找出符合的 HTML 元素，在 CSS Level 1、2 和 3 版分別提供多種 CSS 選擇器。

✪ CSS Level 1 選擇器

CSS Level 1 選擇器的語法、範例和說明，如下表所示：

CSS Level 1 選擇器	範例	範例說明
.class	.test	選取所有 class="test" 的元素
#id	#name	選取 id="name" 的元素
element	p	選取所有 p 元素
element,element	div,p	選取所有 div 元素和所有 p 元素
element element	div p	選取所有是 div 後代子孫的 p 元素
:first-letter	p:first-letter	選取所有 p 元素的第 1 個字母
:first-line	p:first-line	選取所有 p 元素的第 1 行
:link	a:link	選取所有沒有拜訪過的超連結
:visited	a:visited	選取所有拜訪過的超連結
:active	a:active	選取所有可點選的超連結
:hover	a:hover	選取所有滑鼠游標在其上的超連結

請注意！上表使用「:」開頭的選擇器是 Pseudo-class 選擇器，這是用來定義 HTML 元素的特殊狀態，例如：a 超連結元素是否拜訪過、可點選或滑鼠游標位在其上。

✪ CSS Level 2 選擇器

CSS Level 2 選擇器的語法、範例和說明，如下表所示：

CSS Level 2 選擇器	範例	範例說明
*	*	選取所有元素
element>element	div>p	選取所有父元素是 div 元素的 p 元素
element+element	div+p	選取所有緊接著 div 元素之後的 p 兄弟元素
[attribute]	[count]	選取所有擁有 count 屬性的元素
[attribute=value]	[target=_blank]	選取所有擁有 target="_blank" 屬性的元素
[attribute~=value]	[title~=flower]	選取所有元素擁有 title 屬性且包含 "flower"
[attribute|=value]	[lang|=en]	選取所有元素擁有 lang 屬性且屬性值是 "en" 開頭
:focus	input:focus	選取取得焦點的 input 元素
:first-child	p:first-child	選取所有是第 1 個子元素的 p 元素
:before	p:before	插入在每一個 p 元素之前的擬元素（Pseudo-elements），這是一個沒有實際名稱或原來並不存在的元素，可以將它視為是一個新元素
:after	p:after	插入在每一個 p 元素之後的擬元素
:lang(value)	p:lang(it)	選取所有 p 元素擁有 lang 屬性，且屬性值是 "it" 開頭

✪ CSS Level 3 選擇器

CSS Level 3 選擇器的語法、範例和說明，如下表所示：

CSS Level 3 選擇器	範例	範例說明
element1~element2	p~ul	選取所有之前是 p 元素的 ul 兄弟元素
[attribute^=value]	a[src^="https"]	選取所有 a 元素的 src 屬性值是 "https" 開頭
[attribute$=value]	a[src$=".txt"]	選取所有 a 元素的 src 屬性值是 ".txt" 結尾
[attribute*=value]	a[src*="hinet"]	選取所有 a 元素的 src 屬性值包含 "hinet" 子字串

CSS Level 3 選擇器	範例	範例說明
:first-of-type	p:first-of-type	選取所有是第 1 個 p 子元素的 p 元素
:last-of-type	p:last-of-type	選取所有最後 1 個 p 子元素的 p 元素
:only-of-type	p:only-of-type	選取所有是唯一 p 子元素的 p 元素
:only-child	p:only-child	選取所有是唯一子元素的 p 元素
:nth-child(n)	p:nth-child(2)	選取所有是第 2 個子元素的 p 元素
:nth-last-child(n)	p:nth-last-child(2)	選取所有反過來數是第 2 個子元素的 p 元素
:nth-of-type(n)	p:nth-of-type(2)	選取所有是第 2 個 p 子元素的 p 元素
:nth-last-of-type(n)	p:nth-last-of-type(2)	選取所有反過來數是第 2 個 p 子元素的 p 元素
:last-child	p:last-child	選取所有最後 1 個 p 子元素的 p 元素
:root	:root	選取 HTML 網頁的根元素
:empty	p:empty	選取所有沒有子元素的 p 元素，包含文字節點
:enabled	input:enabled	選取所有作用中的 input 元素
:disabled	input:disabled	選取所有非作用中的 input 元素
:checked	input:checked	選取所有已選取的 input 元素
:not(selector)	:not(p)	選取所有不是 p 元素的元素

✪ CSS 的 Pseudo 元素

CSS 的 Pseudo 元素（Pseudo-elements）是使用「::」符號開頭，可以用來樣式化 HTML 元素的部分內容，如下表所示：

Pseudo 元素	範例	範例說明
::after	p::after	在每一個 p 元素的內容後插入一些東西
::before	p::before	在每一個 p 元素的內容前插入一些東西
::first-letter	p::first-letter	選取每一個 p 元素的第 1 個字母
::first-line	p::first-line	選取每一個 p 元素的第 1 行
::selection	p::selection	選取被使用者在 p 元素選取的部分內容

4-3 CSS 選擇器工具 - Selector Gadget

Selector Gadget 是 Chrome 瀏覽器的擴充功能，它是一套開放原始碼的免費工具，可幫助我們在 HTML 網頁選擇元素和產生 CSS 選擇器字串。

✪ 安裝 Selector Gadget

在 Chrome 瀏覽器安裝 Selector Gadget 需要進入「Chrome 線上應用程式商店」，其操作步驟如下：

1. 請啟動 Chrome 瀏覽器，輸入下列網址進入「Chrome 線上應用程式商店」，進入頁面後，在左上方欄位輸入 **Selector Gadget**，並按下 Enter 搜尋，即可在右邊看到搜尋結果。

https://chrome.google.com/webstore/category/extensions?hl=zh-TW

2. 第 1 個搜尋結果就是 Selector Gadget，請按下**加到 CHROME** 鈕，即會跳出權限說明對話視窗。

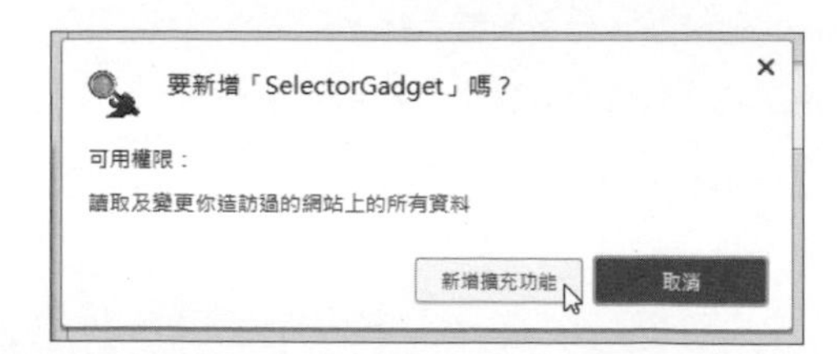

3 按新增擴充功能鈕安裝 Selector Gadget，稍等一下，即可看到已經在 Chrome 視窗的右上角工具列新增擴充功能圖示：

使用 Selector Gadget

當成功新增 Selector Gadget 擴充功能後，我們即可使用 Selector Gadget。例如：在旗標網站找出「Python 資料科學與人工智慧應用實務」一書封面圖片的 CSS 選擇器，此書位在**教科書 / 程式設計與演算法**的分類下，其網址如下所示：

http://www.flag.com.tw/books/school

1 請啟動 Chrome 瀏覽器進入上述網址，然後點選右上方工具列的 **Selector Gadget** 圖示，可以在下方看到 Selector Gadget 工具列。

2 此時游標會成為橙色方框來幫助我們選取元素，請移動至「Python 資料科學與人工智慧應用實務」圖書封面上，點選後可以看到背景成為綠色框線（選取），此時所有其他封面圖片背景會顯示黃色框線（同時選取），在下方 Selector Gadget 工具列也會顯示相關資訊：

img	Clear (46)	Toggle Position	XPath	?	X

上述工具列開頭顯示目前產生的 CSS 選擇器是 img，選取所有 <img> 標籤，第 2 個 **Clear (46)** 鈕可以清除選擇，括號數字 46 表示此 CSS 選擇器選取 46 個元素，**Toggle Position** 鈕可切換工具列的顯示位置，**XPath** 鈕是轉換 CSS 選擇器成為 XPath 表達式。

請注意！由於網站內容會隨時變動，所以實際操作 Selector Gadget 工具時，Clear() 中的數值會與書上不同。

3 因為選取的元素太多，我們需要縮小範圍，Selector Gadget 只需點選黃色背景的方框，即可刪除這些元素，首先點選旁邊的封面圖片，可以看到背景沒有黃色，目前 CSS 選擇器已經更改，而選取元素剩 12 個，如下圖所示：

4 接著選下方封面圖片來進一步縮小範圍，可以看到剩下 1 個，表示已經成功選取此封面圖片，如下圖所示：

5 在 Selector Gadget 工具列可以複製選取此封面圖片的 CSS 選擇器字串，如下所示：

```
tr:nth-child(6) td:nth-child(2) img
```

6 按 **XPath** 鈕，可以看到 Selector Gadget 轉換成的 XPath 表達式字串，如下所示：

```
//tr[(((count(preceding-sibling::*) + 1) = 6) and parent::*)]//
td[(((count(preceding-sibling::*) + 1) = 2) and parent::*)]//img
```

4-4 Google Chrome 開發人員工具

Google Chrome 瀏覽器內建**開發人員工具**（Developer Tools），可以幫助我們執行程式除錯，即時檢視 HTML 元素與屬性，或取得選擇元素的 CSS 選擇器字串和 XPath 表達式。

4-4-1 開啟「開發人員工具」

除了在 Chrome 視窗最右側按下 ⋮ 鈕，執行功能表的『**更多工具 / 開發人員工具**』命令開啟**開發人員工具**外，還有多種方法可以開啟。

✪ 在瀏覽器切換開啟 / 關閉「開發人員工具」

請啟動 Chrome 瀏覽器載入 HTML 網頁 Ch4_4.html 後，按 F12 或 Ctrl + Shift + I 鍵，即可切換開啟 / 關閉**開發人員工具**，如下圖所示：

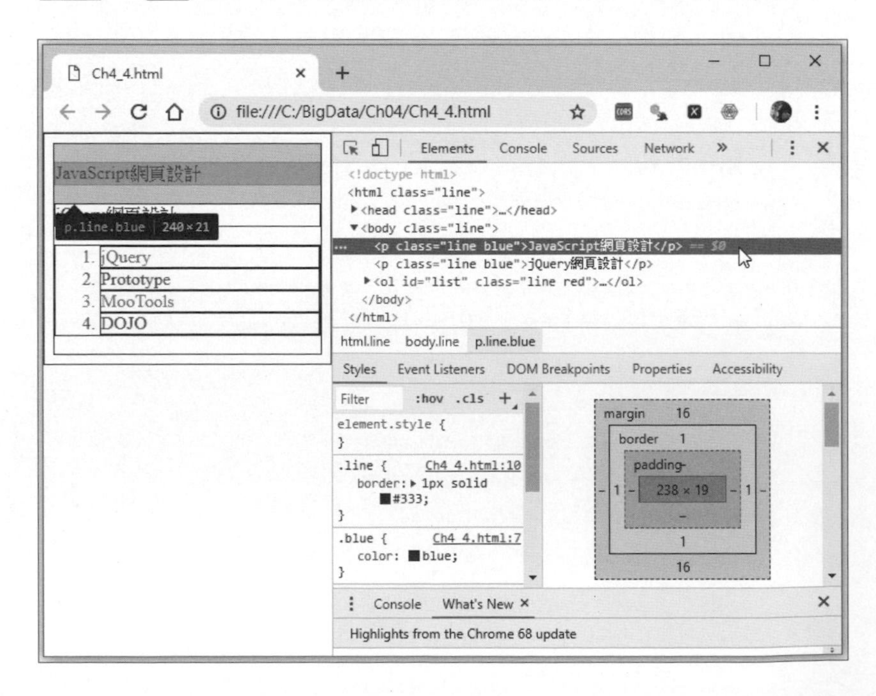

在 **Elements** 標籤選取 HTML 標籤 <p> 後，可以左邊顯示選取的網頁元素，並且使用黑底浮動框來顯示對應的 HTML 標籤和元素尺寸。位在下方的 **Styles** 標籤可以顯示元素套用的樣式清單（如果 Chrome 視窗夠寬，**Styles** 標籤是顯示在右邊）。

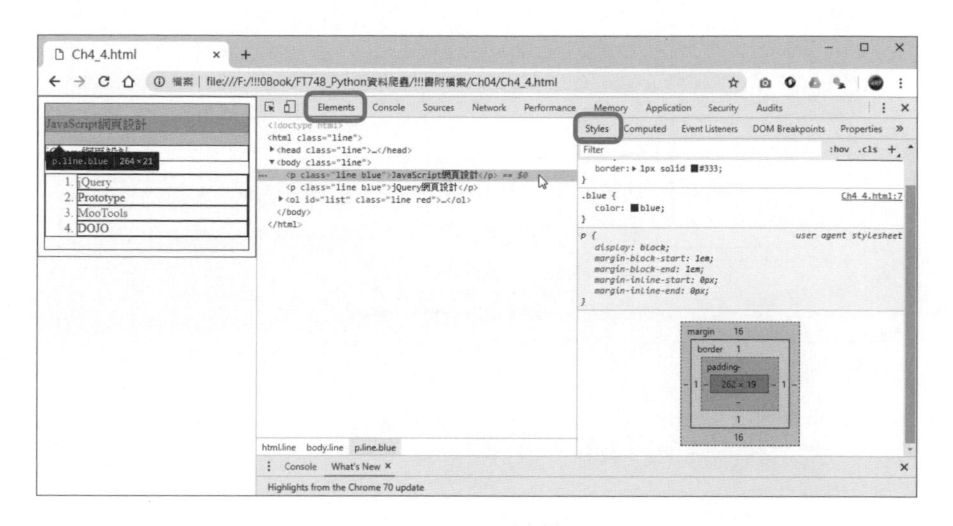

✪ 使用「檢查」命令開啟「開發人員工具」

在 Chrome 瀏覽器開啟 Ch4_4.html 網頁內容後，請在欲檢視的元素上，點選右鍵開啟快顯功能表，可以看到最後的**檢查**命令（執行**檢視網頁原始碼**命令可以顯示網頁的 HTML 標籤），如下圖所示：

執行**檢查**命令，即可開啟**開發人員工具**，顯示此元素對應的 HTML 標籤，以此例是 <p> 標籤，如下圖所示：

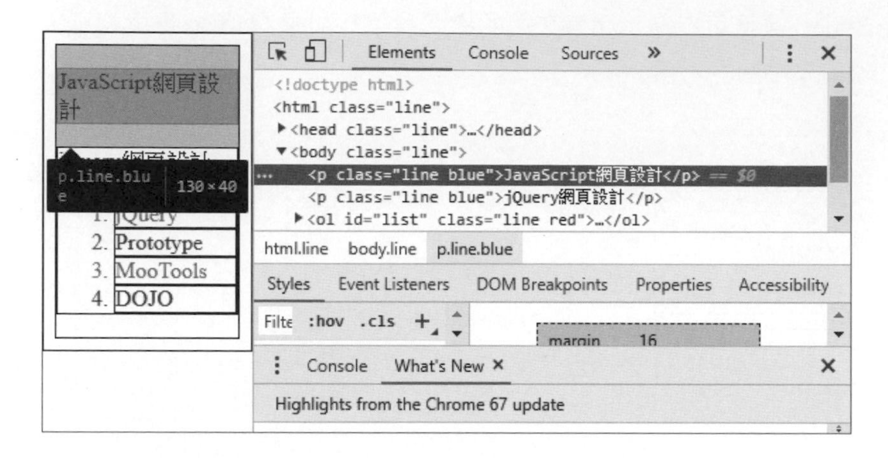

4-4-2　檢視 HTML 元素

Google Chrome 瀏覽器的**開發人員工具**提供多種方式來幫助我們檢視 HTML 元素。

✪ Elements 標籤頁

在**開發人員工具**選 **Elements** 標籤頁，可以顯示 HTML 元素的 HTML 標籤，我們可以在此檢視 HTML 元素，例如：點選第 2 個 <p> 標籤：

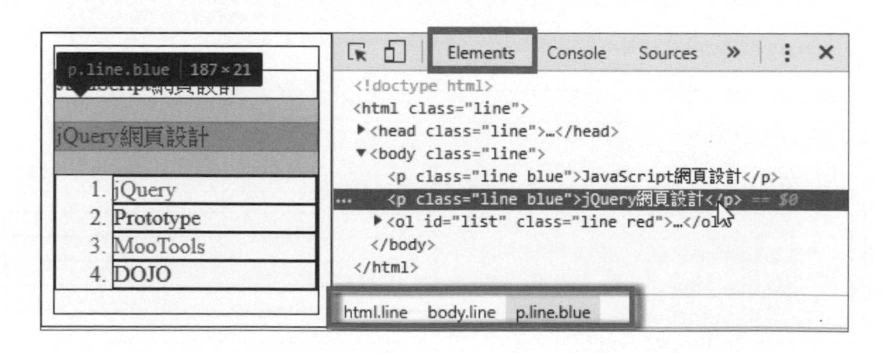

當選取 HTML 標籤，可以在左方顯示對應 HTML 標籤的網頁元素，位在下方的 **html.line body.line p.line.blue** 是 HTML 標籤的階層結構，「.」符號後的 blue 是此標籤的 class 屬性值。

✪ 選取 HTML 元素

開發者人員工具提供多種方法來選取 HTML 網頁中的元素，如下所示：

⁂ **使用游標在網頁內容選取**：請點選 **Elements** 標籤前方的箭頭鈕，就可以在左方網頁內容選取元素，當使用滑鼠移至欲選取元素的範圍時，就會在元素周圍顯示藍底，表示是欲選取的元素，在右方對應的 HTML 標籤也顯示淡藍的底色，此例點選的是 <li> 標籤：

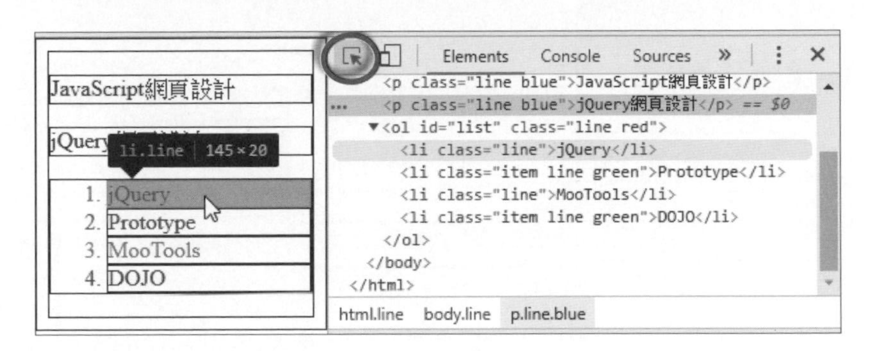

⁂ **在 Elements 標籤選取**：我們也可以直接展開 HTML 標籤的節點來選取指定的 HTML 元素：

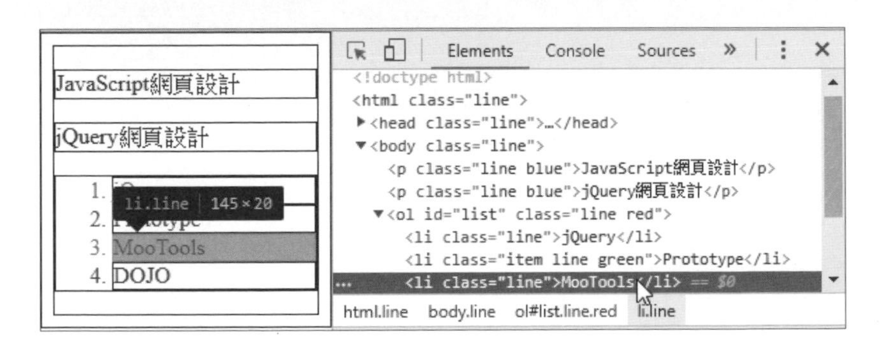

4-4-3 取得選取元素的網頁定位資料

在 HTML 網頁選取元素後，**開發人員工具**可以產生網頁定位資料的 CSS 選擇器或 XPath 表達式。

✪ 取得 CSS 選擇器字串

我們只需選取 HTML 元素，即可輸出此元素定位的 CSS 選擇器，例如：選取第 1 個 <p> 標籤，在選取元素上，按滑鼠右鍵執行快顯功能表的『**Copy/Copy selector**』命令：

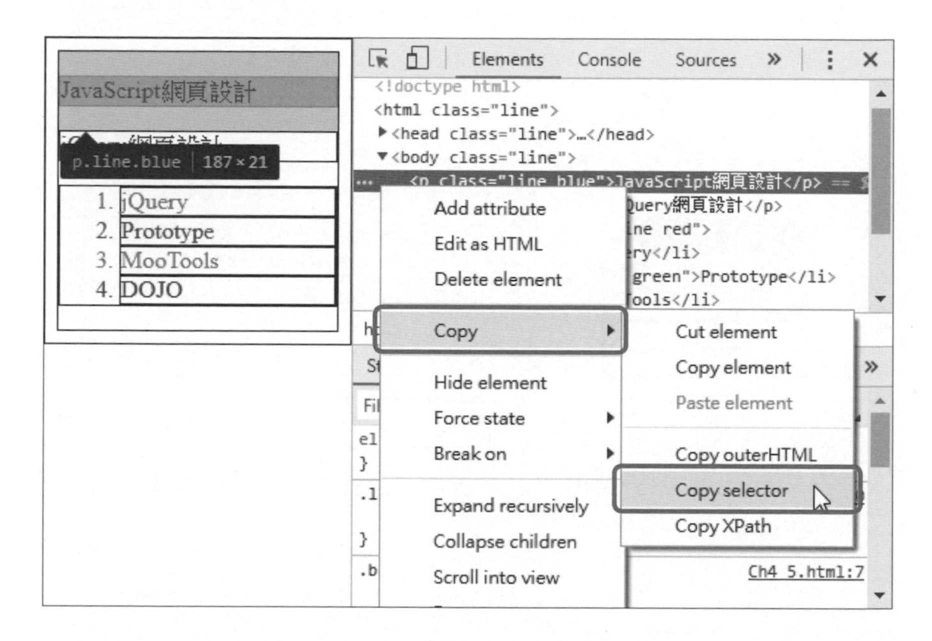

執行命令後，即可將 CSS 選擇器字串複製到剪貼簿，如下所示：

```
body > p:nth-child(1)
```

✪ 取得 XPath 表達式

同理，我們只需選取 HTML 元素，即可輸出此元素定位的 XPath 表達式，例如：選取最後 1 個 <li> 標籤，在選取元素上，按滑鼠右鍵執行快顯功能表的『**Copy/Copy XPath**』命令：

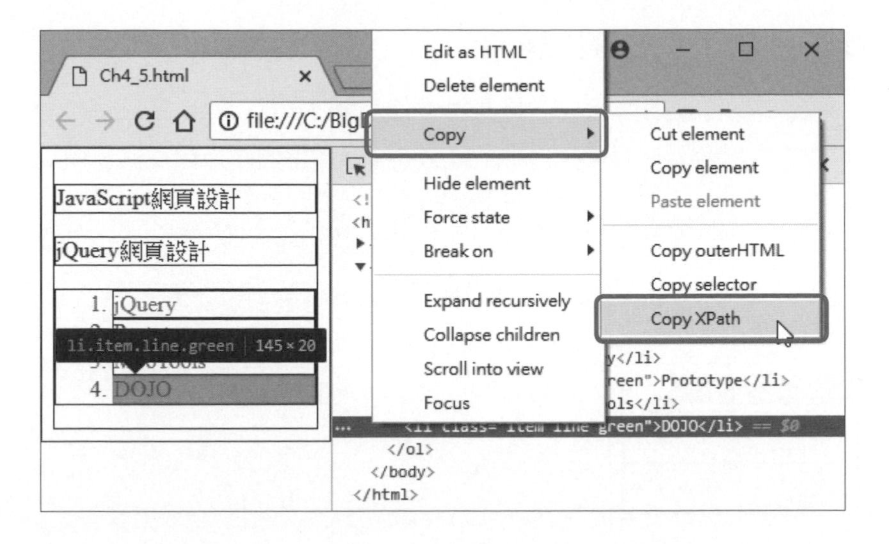

執行命令後，即可將 XPath 表達式字串複製到剪貼簿，如下所示：

```
//*[@id="list"]/li[4]
```

4-4-4 主控台標籤頁

在主控台標籤頁的互動介面可以執行 JavaScript 程式碼片段來測試執行 CSS 選擇器，也支援 XPath 表達式，請選 **Console** 標籤頁，如下圖所示：

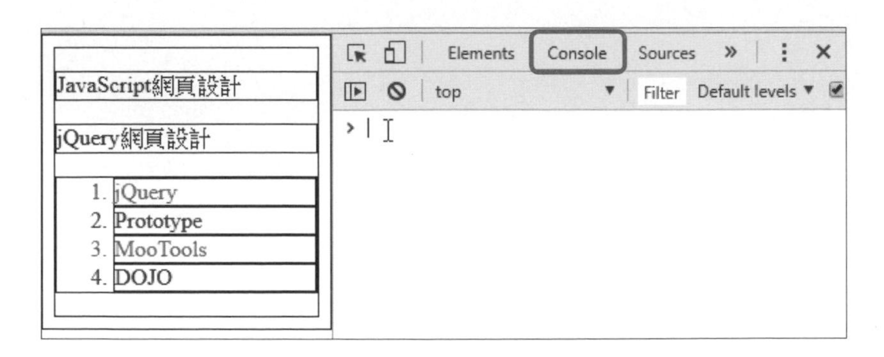

在上述 **Console** 標籤除了可以顯示紅色字的 JavaScript 程式錯誤訊息外，在「>」提示符號是 JavaScript 互動介面，可以輸入和執行 JavaScript 程式碼片段。

✪ 測試執行 CSS 選擇器

JavaScript 程式碼執行 CSS 選擇器是使用 document.querySelector() 函數，參數是 CSS 選擇器字串，例如：執行第 4-4-3 節取得的 CSS 選擇器，如下所示：

```
document.querySelector("body > p:nth-child(1)")
```

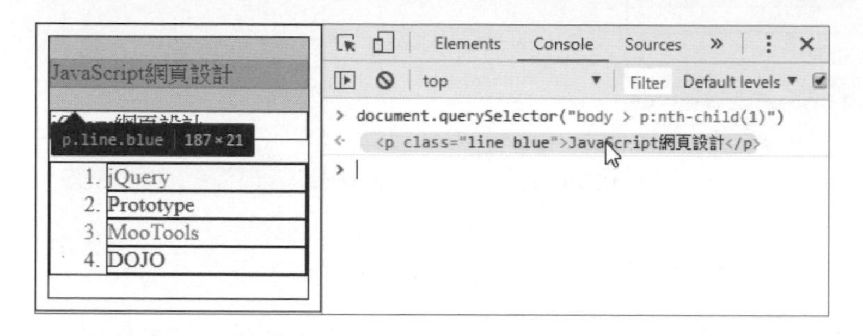

在輸入程式碼後，按 Enter 鍵，即可在下方看到執行結果，顯示選取的 HTML 元素，請將游標移至其上，即可在左邊看到選取的網頁元素。

✪ 測試執行 XPath 表達式

JavaScript 執行 XPath 表達式是使用 $x() 函數，參數是 XPath 表達式，例如：執行第 4-4-3 節取得的 XPath 表達式（**請注意！**因為 XPath 表達式中有「"」雙引號，所以 $x() 函數改用「'」單引號括起整個 XPath 表達式字串），如下所示：

```
$x('//*[@id="list"]/li[4]')
```

在輸入程式碼後，按 Enter 鍵，即可在下方看到執行結果，因為執行結果是多個元素的陣列，請展開後，將游標移至第 1 個元素（索引值 0），即可在左邊看到選取的網頁元素。

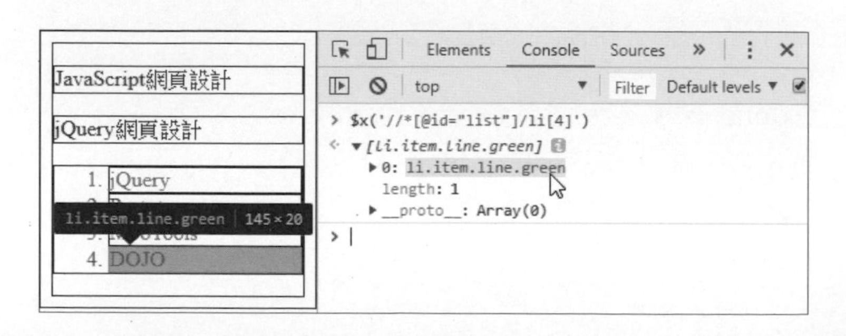

4-5 在 BeautifulSoup 使用 CSS 選擇器

CSS 選擇器（Selector）可以從 HTML 網頁選出哪些 HTML 標籤套用 CSS 樣式，BeautifulSoup 物件支援 CSS 選擇器，使用的是 select() 或 select_one() 函數。

我們可以在 Tag 和 BeautifulSoup 物件呼叫 select() 函數，只需傳入 CSS 選擇器字串，即可搜尋 HTML 網頁，傳回值是符合條件的 Tag 標籤物件清單。

> 請注意！ Beautiful Soup 並未完全支援 CSS 選擇器，例如：本書使用的版本只支援 nth-of-type()，不支援其他 nth-??()。

✪ 使用「開發人員工具」找出指定內容的 CSS 選擇器

Chrome **開發人員工具**在開啟 Example.html 選擇的指定網頁內容後，即可複製此資料所屬標籤的 CSS 選擇器字串，如下圖所示：

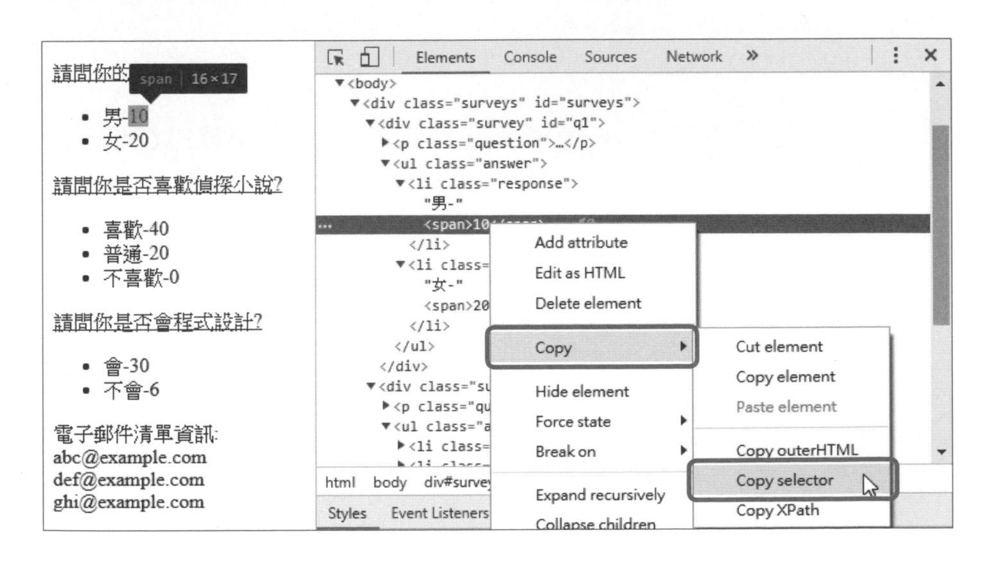

在選取第 1 題第 1 個選項的內容 10 後，可以看到定位是 <span> 標籤，請在標籤上，執行右鍵快顯功能表的『**Copy/Copy selector**』命令，取得此內容的 CSS 選擇器字串，如下所示：

```
#q1 > ul > li:nth-child(1) > span
```

> **請注意！**雖然**開發人員工具**可以很容易找出指定內容的 CSS 選擇器，但是因為 Beautiful Soup 不支援 nth-child()，我們需要自行改為 nth-of-type()：
>
> ```
> #q1 > ul > li:nth-of-type(1) > span
> ```

✪ 找出指定 CSS 選擇器字串和標籤名稱

Ch4_5.py

我們首先使用**開發人員工具**複製的 CSS 選擇器字串找出選項值 10，再找出 <title> 標籤，最後是第 3 題問題的 <div> 標籤，如下所示：

```
tag_item = soup.select("#q1 > ul > li:nth-of-type(1) > span")
print(tag_item[0].string)
tag_title = soup.select("title")
print(tag_title[0].string)
tag_first_div = soup.find("div")
tag_div = tag_first_div.select("div:nth-of-type(3)")
print(tag_div[0])
```

上述第 1 次呼叫 select() 函數是從**開發人員工具**複製的 CSS 選擇器字串（已經改為 nth-of-type(1)），因為傳回的清單，所以取出第 1 個 Tag 物件來顯示標籤內容 10，第 2 次是找 <title> 標籤內容，最後找到第 1 個 <div> 標籤後，在此 Tag 物件呼叫 select() 函數使用 nth-of-type(3) 找出第 3 個子 <div> 標籤，即第 3 題，其執行結果如下所示：

執行結果

```
10
測試資料擷取的HTML網頁
<div class="survey" id="q3">
<p class="question">
<a href="http://example.com/q3">請問你是否會程式設計?</a></p>
<ul class="answer">
<li class="response selected">會-<span>30</span></li>
<li class="response">不會-<span>6</span></li>
</ul>
</div>
```

✪ 找出指定標籤下的特定子孫標籤

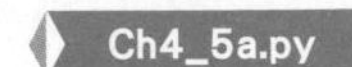

我們準備使用階層關係的 CSS 選擇器來搜尋 <title> 標籤，並搜尋 <div> 標籤下所有 <a> 子孫標籤，如下所示：

```
tag_title = soup.select("html head title")
print(tag_title[0].string)
tag_a = soup.select("body div a")
print(tag_a)
```

上述第 1 個 select() 函數的 CSS 選擇器字串是依序找到 <html>，下一層的 <head>，然後再下一層的 <title> 標籤，第 2 個是找到 <body> 標籤下的 <div> 標籤，最後搜尋所有 <a> 子孫標籤，其執行結果如下所示：

執行結果

```
測試資料擷取的HTML網頁
[<a href="http://example.com/q1">請問你的性別?</a>, <a href="http://example.
com/q2">請問你是否喜歡偵探小說?</a>, <a href="http://example.com/q3">請問你是
否會程式設計?</a>]
```

✪ 找出特定標籤下的「直接」子標籤

接著，要找出特定標籤下的直接子標籤，和使用 nth-of-type() 找出是第幾個標籤，或使用 id 屬性，如下所示：

```
tag_a = soup.select("p > a")
print(tag_a)
tag_li = soup.select("ul > li:nth-of-type(2)")
print(tag_li)
tag_span = soup.select("div > #email")
print(tag_span)
```

上述第 1 個 select() 函數找出所有 <p> 的子標籤是 <a>，第 2 個是所有 <ul> 的子標籤是 <li>，但只取出第 2 個，第 3 個是 <div> 標籤子標籤的 id 屬性值是 email，其執行結果如下所示：

執行結果

```
[<a href="http://example.com/q1">請問你的性別?</a>, <a href="http://example.
com/q2">請問你是否喜歡偵探小說?</a>, <a href="http://example.com/q3">請問你是
否會程式設計?</a>]
[<li class="response selected">女-<span>20</span></li>,
<li class="response selected">普通-<span>20</span></li>,
<li class="response">不會-<span>6</span></li>]
[<span class="survey" id="email">ghi@example.com</span>]
```

上述執行結果有 3 個清單，第 1 個清單項目都是 <a> 標籤，第 2 個是所有 <ul> 的第 2 個 <li> 標籤，第 3 個是 <body> 下第 2 個 <div> 標籤的 <span> 子標籤，因為 id 屬性值是 email。

✪ 找出兄弟標籤

Ch4_5c.py

我們可以使用 CSS 選擇器「~」搜尋之後的所有兄弟標籤，「+」是只有下一個兄弟標籤，首先使用 find() 函數找出第 1 題 q1 的題目字串，如下所示：

```
tag_div = soup.find(id="q1")
print(tag_div.p.a.string)
print("-----------")
tag_div = soup.select("#q1 ~ .survey")
for item in tag_div:
    print(item.p.a.string)
print("-----------")
tag_div = soup.select("#q1 + .survey")
for item in tag_div:
    print(item.p.a.string)
```

上述第 1 個 select() 函數使用「~」搜尋 id 屬性值 q1 之後所有 class 屬性值是 survey 的兄弟標籤，第 2 個只有第 1 個兄弟標籤，其執行結果如下所示：

執行結果

```
請問你的性別?
-----------
請問你是否喜歡偵探小說?
請問你是否會程式設計?
-----------
請問你是否喜歡偵探小說?
```

上述執行結果的第 1 個是第 1 題題目，第 2 部分是之後的 2 題，第 3 部分只有下一題。

✪ 找出 class 和 id 屬性值的標籤

Ch4_5d.py

在 select() 函數可以搜尋指定 class 和 id 屬性值的 HTML 標籤，前 2 個 select() 函數是搜尋 id 屬性值 q1，和 <span> 標籤且 id 屬性值是 email，如下所示：

```
tag_div = soup.select("#q1")
print(tag_div[0].p.a.string)
tag_span = soup.select("span#email")
print(tag_span[0].string)
tag_div = soup.select("#q1, #q2")  # 多個 id 屬性
for item in tag_div:
    print(item.p.a.string)
print("-----------")
tag_div = soup.find("div")         # 第 1 個 <div> 標籤
tag_p = tag_div.select(".question")
for item in tag_p:
    print(item.a["href"])
tag_li = soup.select("[class~=selected]")
for item in tag_li:
    print(item)
```

上述第 3 個 select() 函數同時搜尋 id 屬性值 q1 和 q2，for/in 迴圈顯示 2 題的題目，第 4 個 select() 函數在使用 find() 函數找到第 1 個 <div> 標籤後，搜尋所有 class 屬性值 question 的 <p> 標籤，for/in 迴圈顯示每一個 <a> 標籤的 href 屬性值。

最後一個 select() 函數是搜尋 class 屬性包含 selected 屬性值的 HTML 標籤，其執行結果如下：

執行結果

```
請問你的性別?
ghi@example.com
請問你的性別?
請問你是否喜歡偵探小說?
-----------
http://example.com/q1
http://example.com/q2
http://example.com/q3
<li class="response selected">女-<span>20</span></li>
<li class="response selected">普通-<span>20</span></li>
<li class="response selected">會-<span>30</span></li>
```

上述執行結果的第 1 ～ 2 列是前 2 個 select() 函數，接著 2 個題目字串是第 3 個，3 個網址是第 4 個，最後是 3 個 <li> 標籤值。

✪ 找出特定屬性值的標籤

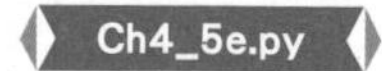

在 select() 函數也可以搜尋 HTML 標籤是否擁有指定屬性，或進一步指定屬性值來執行搜尋，如下所示：

```
tag_a = soup.select("a[href]")
print(tag_a)
tag_a = soup.select("a[href='http://example.com/q2']")
print(tag_a)
tag_a = soup.select("a[href^='http://example.com']")
print(tag_a)
tag_a = soup.select("a[href$='q3']")
print(tag_a)
tag_a = soup.select("a[href*='q']")
print(tag_a)
```

上述第 1 個 select() 函數搜尋擁有 href 屬性的 <a> 標籤，第 2 個指定屬性值，最後 3 個條件依序使用此屬性值是開頭、結尾和包含之後的值，其執行結果可以看到第 1 個清單是 3 個；第 2 個是 1 個，第 3 個有 3 個，第 4 個 1 個和第 5 個 3 個 <a> 標籤，如下所示：

執行結果

```
[<a href="http://example.com/q1">請問你的性別?</a>, <a href="http://example.com/q2">請問你是否喜歡偵探小說?</a>, <a href="http://example.com/q3">請問你是否會程式設計?</a>]
[<a href="http://example.com/q2">請問你是否喜歡偵探小說?</a>]
[<a href="http://example.com/q1">請問你的性別?</a>, <a href="http://example.com/q2">請問你是否喜歡偵探小說?</a>, <a href="http://example.com/q3">請問你是否會程式設計?</a>]
[<a href="http://example.com/q3">請問你是否會程式設計?</a>]
[<a href="http://example.com/q1">請問你的性別?</a>, <a href="http://example.com/q2">請問你是否喜歡偵探小說?</a>, <a href="http://example.com/q3">請問你是否會程式設計?</a>]
```

✪ 使用 select_one() 函數搜尋標籤

Ch4_5f.py

BeautifulSoupt 的 select_one() 函數和 select() 函數的使用方式相同，此函數只會傳回符合的第 1 筆標籤，而不是清單，如下所示：

```
tag_a = soup.select_one("a[href]")
print(tag_a)
```

上述 select_one() 函數只會傳回第 1 個符合 <a> 標籤的 Tag 物件，其執行結果如下：

執行結果

```
<a href="http://example.com/q1">請問你的性別?</a>
```

學習評量

1 請問什麼是 CSS 層級式樣式表？請舉例說明 CSS 基本語法？

2 請問什麼是 Selector Gadget 擴充功能？

3 請簡單說明什麼是 Google Chrome「開發人員工具」？

4 請說明下列 CSS 樣式碼是哪一種 CSS 選擇器，如下所示：

```
p {   }
.littlered {   }
#bodycolor {   }
div, p {   }
div p {   }
```

5 請使用 Chrome 瀏覽器進入 Google 首頁搜尋 Python 關鍵字，然後使用 Selector Gadget 找出第 1 個搜尋項目的 CSS 選擇器字串。

6 繼續第 5 題，在清除 Selector Gadget 的選擇器字串後，找出第 2 個搜尋項目的 CSS 選擇器字串。

7 繼續第 5 題，請改用 Chrome「開發人員工具」找出第 1 個搜尋項目的 CSS 選擇器字串。

8 請在 Chrome「開發人員工具」的主控台標籤頁測試第 5 ～ 7 題取得的 CSS 選擇器字串。

9 如果使用 CSS 選擇器，BeautifulSoup 物件可以呼叫__________或__________函數來找出目標的 HTML 標籤。

10 請建立 Python 程式開啟書附檔案「Ch04\index.html」，使用 CSS 選擇器來找出所有 class 屬性值是 "nav-item" 的 HTML 標籤。

5

CHAPTER

走訪 HTML 網頁取出資料與資料儲存

5-1　如何走訪 HTML 網頁

5-2　走訪 HTML 網頁取得資料

5-3　修改 HTML 網頁來爬取資料

5-4　將取得的資料儲存成 CSV 和 JSON 檔案

5-5　從網路下載圖檔

5-1 如何走訪 HTML 網頁

Beautiful Soup 除了相關函數外，還支援特定屬性來幫助我們走訪 HTML 網頁，我們可以在物件樹進行走訪，也可以使用上一個 / 下一個元素來走訪剖析 HTML 網頁的標籤順序。本章使用的範例網頁，在書附檔案的「Ch05\Example.html」下。

✪ 走訪 Python 物件樹

Beautiful Soup 會剖析 HTML 網頁成為一棵階層結構的 Python 物件樹，因為是階層結構，我們可以向上（父）、向下（子）和左右（兄弟）方向來進行走訪，例如：Example.html 第 2 題問題的 <div> 標籤，如下圖所示：

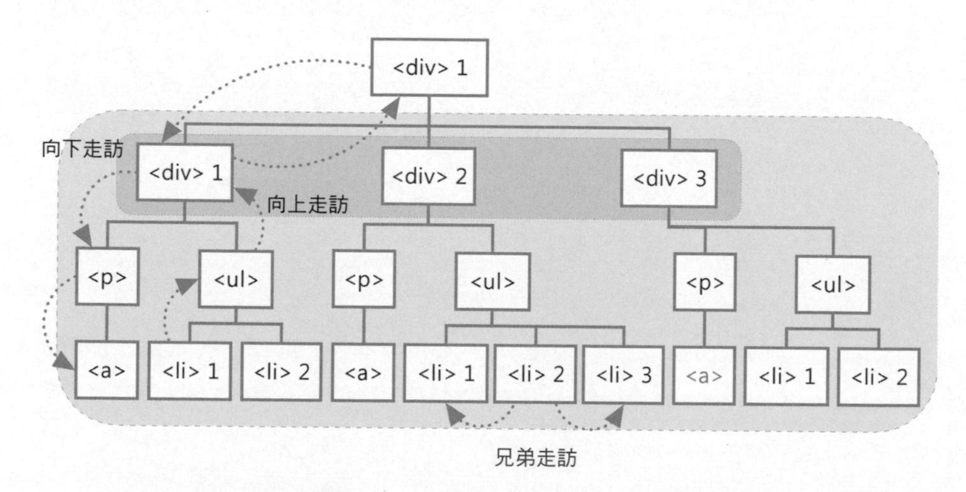

上圖的第 2 層 <div> 標籤是第 1 層 <div> 標籤的直接子標籤（Direct Child），整個灰色大框的所有標籤是其子孫標籤（Descendants）。Python 物件樹中各標籤走訪方式的說明，如下所示：

⁂ **向下走訪**：從 <div> → <div> → <p> → <a>。

⁂ **向上走訪**：從 <li> → <ul> → <div> → <div>。

⁂ **兄弟走訪**：對於 <ul> 標籤的同一層 <li> 子標籤，從 <li> 2 → <li> 1 和 <li> 2 → <li> 3 是兄弟走訪。

✪ 走訪前一個和下一個元素

Python 物件樹是類似階層上下樓梯方式來走訪標籤，我們也可以使用 HTML 網頁標籤剖析順序進行走訪，下一個元素是目前標籤物件立即的下一個物件，前一個元素是立即的前一個物件，如下圖所示：

```
... ▼<div class="survey" id="q2"> == $0
      ▼<p class="question">
         <a href="http://example.com/q2">請問你是否喜歡偵探小說?</a>
       </p>
      ▼<ul class="answer">
        ▼<li class="response">
           "喜歡-"
           <span>40</span>
         </li>
        ▶<li class="response selected">…</li>
        ▶<li class="response">…</li>
       </ul>
     </div>
```

上述 <div> 的下一個元素是 <p>，再下一個是 <ul>，再下一個是 <li>，其順序和樹狀結構的走訪不同。

✪ 再談 Beautiful Soup 剖析 HTML 網頁

當我們使用 Beautiful Soup 剖析 HTML 網頁，就是將所有 HTML 標籤建立成 Tag 物件；文字內容是建立成 NavigableString 物件，但是文字編排的 HTML 標籤大都有空白字元和新行字元「\n」，如下所示：

```
<div class="survey" id="q2">
          ⋮
 <ul class="answer">
  <li class="response">喜歡 -<span>40</span></li>
  <li class="response selected">普通 -<span>20</span></li>
  <li class="response">不喜歡 -<span>0</span></li>
 </ul>
</div>
```

上述是 Example.html 第 2 題的原始 <div> 標籤，可以看到標籤之間有空白字元，這些空白字元都會建立成 NavigableString 物件，所以，我們實際走訪的 Python 物件樹會多出很多 NavigableString 物件。

當 HTML 網頁在各標籤間沒有任何空白字元和新行字元，全部都連在一起，剖析 HTML 網頁的 Python 樹就是本節前圖例的樹狀結構。

例如：我們使用第 5-2-1 節的 children 屬性取得 <ul> 標籤下的所有子標籤（Python 程式：Ch5_1.py），如下所示：

```
tag_div = soup.select("#q2") # 找到第 2 題
tag_ul = tag_div[0].ul       # 走訪到之下的 <ul>
for child in tag_ul.children:
    print(type(child))
```

上述程式碼使用 select() 函數找到第 2 題的 <div> 標籤，然後取出 <ul> 子標籤，for/in 迴圈走訪 <ul> 標籤的所有子標籤，理論上來說應該只有 3 個 <li> 標籤，但是執行結果如下所示：

執行結果

```
<class 'bs4.element.NavigableString'>
<class 'bs4.element.Tag'>
<class 'bs4.element.NavigableString'>
<class 'bs4.element.Tag'>
<class 'bs4.element.NavigableString'>
<class 'bs4.element.Tag'>
<class 'bs4.element.NavigableString'>
```

上述執行結果共有 3 個 <li> 標籤的 Tag 物件，其他 NavigableString 物件是位在 <li> 標籤前後的空白字元和新行字元。我們可以使用 if 條件過濾掉這些多餘 NavigableString 物件，在 Python 程式需要匯入 NavigableString 物件：

```
from bs4.element import NavigableString
```

接著修改 Ch5_1.py，不顯示這些 NavigableString 物件（Python 程式：Ch5_1a.py），如下所示：

```
tag_div = soup.select("#q2") # 找到第 2 題
tag_ul = tag_div[0].ul       # 走訪到之下的 <ul>
for child in tag_ul.children:
    if not isinstance(child, NavigableString):
        print(child.name)
```

上述 if 條件使用 not 加上 isinstance() 函數判斷是否為 NavigableString 物件，如果不是，就是 Tag 物件，所以只顯示 3 個標籤名稱 li，執行結果如下：

執行結果

```
li
li
li
```

5-2 走訪 HTML 網頁取得資料

現在，我們已經學會使用 BeautifulSoup 物件的 find() 和 select() 函數來搜尋和定位 HTML 網頁，對於複雜資料的擷取，在縮小範圍後，如果無法馬上取出資料，或相關資料就在附近，我們可以透過走訪的方式來定位和取出所需的資料。

5-2-1 向下走訪

BeautifulSoup 和 Tag 物件可以直接使用子標籤名稱來向下走訪（Navigating Down），另一個方式是使用預設屬性來進行向下走訪。

✪ 使用子標籤名稱向下走訪

Ch5_2_1.py

我們可以從 Python 物件樹的階層順序，依序使用子標籤名稱來向下一層走訪，**請注意！**因為同名子標籤可能不只一個，這種方法只能走訪同名的第 1 個子標籤。例如：從 <html> 依序走訪至 <head> 下的 <title> 和 <meta> 子標籤，如下所示：

```
print(soup.html.head.title.string)
print(soup.html.head.meta["charset"])
```

上述第 1 個程式碼取出 <title> 標籤內容，第 2 個是 <meta> 標籤的 charset 屬性值，然後使用 div 屬性取得第 1 個 <div> 標籤，如下所示：

```
print(soup.html.body.div.div.p.a.string)
```

上述程式碼取得第 1 個 <div> 標籤下的第 1 個 <div> 標籤，**請注意！**使用屬性並無法走訪第 2 個 <div> 標籤，其執行結果如下：

執行結果

```
測試資料擷取的HTML網頁
utf-8
請問你的性別?
```

✪ 使用 contents 屬性取得所有子標籤

Ch5_2_1a.py

Beautiful Soup 可以使用 contents、children 和 descendants 三個屬性來取得之下的所有子標籤，首先是 contents 屬性，傳回的是子標籤清單：

```
tag_div = soup.select("#q2") # 找到第 2 題
tag_ul = tag_div[0].ul        # 走訪到之下的 <ul>
for child in tag_ul.contents:
    if not isinstance(child, NavigableString):
        print(child.span.string)
```

上述程式碼首先找到第 2 題的 <ul> 標籤，然後使用 for/in 迴圈走訪 contents 屬性取得的子標籤清單，並且判斷是否為 NavigableString，如果不是，就顯示 <span> 子標籤的內容，其執行結果如下：

執行結果

```
40
20
0
```

✪ 使用 children 屬性取得所有子標籤

Ch5_2_1b.py

Beautiful Soup 的 children 屬性和 contents 屬性基本上是相同的，只是傳回的不是清單，而是**清單產生器**（List Generator），類似 for 迴圈的 range() 函數。例如：因為 <li> 標籤內容是混合內容，擁有文字內容和 <span> 子標籤，我們準備取出 <li> 標籤的文字內容，如下所示：

```
tag_div = soup.select("#q2") # 找到第 2 題
tag_ul = tag_div[0].ul        # 走訪到之下的 <ul>
for child in tag_ul.children:
    if not isinstance(child, NavigableString):
        print(child.name)
```

```
    for tag in child:
        if not isinstance(tag, NavigableString):
            print(tag.name, tag.string)
        else:
            print(tag.replace('\n', ''))
```

上述程式碼是 2 層 for/in 迴圈，第 1 層走訪 children 屬性取得子標籤的清單產生器，if 條件判斷是否為 NavigableString，如果不是，即 <li> 標籤。

如果是 <li> 標籤，就再次使用 for/in 迴圈取出下一層文字內容的 NavigableString 和 <span> 子標籤的 Tag 物件，if/else 條件判斷是哪一種，Tag 物件就顯示標籤名稱和內容，NavigableString 就呼叫 replace() 函數取代「\n」新行字元，避免多顯示換行，其執行結果如下：

執行結果

```
li
喜歡-
span 40
li
普通-
span 20
li
不喜歡-
span 0
```

✪ 使用 descendants 屬性取得所有子孫標籤 Ch5_2_1c.py

Beautiful Soup 的 children 和 contents 屬性只能取出所有直接的子標籤，descendants 屬性可以取得之下的所有子孫標籤。例如：取得 <ul> 標籤之下的所有 <li> 子標籤和 <span> 孫標籤，如下所示：

```
tag_div = soup.select("#q2") # 找到第 2 題
tag_ul = tag_div[0].ul       # 走訪到之下的 <ul>
for child in tag_ul.descendants:
    if not isinstance(child, NavigableString):
        print(child.name)
```

上述程式碼使用 for/in 迴圈走訪 descendants 屬性取得子孫標籤，if 條件判斷是否為 NavigableString，如果不是，即顯示標籤名稱，其執行結果如下：

執行結果

```
li
span
li
span
li
span
```

✪ 使用 strings 屬性取得所有子孫的文字內容 Ch5_2_1d.py

Beautiful Soup 的 strings 屬性可以取得所有子孫的文字內容，例如：取得 <ul> 標籤之下的所有文字內容：

```
tag_div = soup.select("#q2")  # 找到第 2 題
tag_ul = tag_div[0].ul        # 走訪到之下的 <ul>
for string in tag_ul.strings:
    print(string.replace('\n', ''))
```

上述程式碼使用 for/in 迴圈走訪 strings 屬性取得子孫的文字內容，replace() 函數取代「\n」新行字元成為空字串，其執行結果如下：

執行結果

```

喜歡-
40

普通-
20

不喜歡-
0
```

上述執行結果有三列是空白列，因為有 3 個 NavigableString 物件是 <li> 標籤前的空白和新行字元。

5-2-2 向上走訪

Beautiful Soup 可以使用屬性和函數來向上走訪，即走訪上一層的父標籤，或是更上一層的所有祖先標籤。

✪ 向上走訪父標籤

Ch5_2_2.py

我們可以使用 parent 屬性和 find_parent() 函數走訪父標籤，如下所示：

```
tag_div = soup.select("#q2") # 找到第 2 題
tag_ul = tag_div[0].ul       # 走訪到之下的 <ul>
# 使用屬性取得父標籤
print(tag_ul.parent.name)
# 使用函數取得父標籤
print(tag_ul.find_parent().name)
```

上述程式碼首先找到第 2 題的 <ul> 標籤，然後分別使用 parent 屬性和 find_parent() 函數顯示父標籤名稱，其執行結果如下：

執行結果

```
div
div
```

✪ 向上走訪祖先標籤

Ch5_2_2a.py

如果不只需要父標籤，我們可以使用 parents 屬性和 find_parents() 走訪所有位在目前標籤之上的祖先標籤，如下所示：

```
tag_div = soup.select("#q2") # 找到第 2 題
tag_ul = tag_div[0].ul       # 走訪到之下的 <ul>
# 使用屬性取得所有祖先標籤
for tag in tag_ul.parents:
    print(tag.name)
# 使用函數取得所有祖先標籤
for tag in tag_ul.find_parents():
    print(tag.name)
```

上述程式碼首先找到第 2 題的 <ul> 標籤，然後分別使用 parents 屬性和 find_parents() 函數顯示所有上層的祖先標籤，直到 [document]，其執行結果如下所示：

執行結果

```
div
div
body
html
[document]
div
div
body
html
[document]
```

5-2-3 向左右進行兄弟走訪

Beautiful Soup 可以使用屬性和函數來向左右進行兄弟走訪，即走訪同一層的前一個兄弟標籤，或下一個兄弟標籤。

✪ 走訪下一個兄弟標籤

Ch5_2_3.py

我們可以使用 next_sibling 屬性和 find_next_sibling() 函數走訪下一個兄弟標籤，如下所示：

```
tag_div = soup.select("#q2") # 找到第 2 題
first_li = tag_div[0].ul.li  # 第 1 個 <li>
print(first_li)
# 使用 next_sibling 屬性取得下一個兄弟標籤
second_li = first_li.next_sibling.next_sibling
print(second_li)
```

上述程式碼首先找到第 2 題的 <ul> 標籤，然後使用 2 次 next_sibling 屬性走訪下一個兄弟標籤，因為有多個 NavigableString 物件。然後使用 find_next_sibling() 函數走訪下一個兄弟標籤（只需呼叫 1 次，因為此函數會自動跳過 NavigableString 物件），如下所示：

```
# 呼叫 next_sibling() 函數取得下一個兄弟標籤
third_li = second_li.find_next_sibling()
print(third_li)
print("----------------------------------------")
# 呼叫 next_siblings() 函數取得所有兄弟標籤
for tag in first_li.find_next_siblings():
    print(tag.name, tag.span.string)
```

上述程式碼最後呼叫 find_next_siblings() 函數取出所有之後的兄弟標籤，可以使用 for/in 迴圈顯示標籤名稱，和 <span> 子標籤的內容：

執行結果

```
<li class="response">喜歡-<span>40</span></li>
<li class="response selected">普通-<span>20</span></li>
<li class="response">不喜歡-<span>0</span></li>
----------------------------------------
li 20
li 0
```

上述執行結果首先顯示第 1 個 <li>，然後使用屬性走訪下一個兄弟標籤，所以是第 2 個 <li> 標籤，接著呼叫函數走訪下一個兄弟標籤，即第 3 個 <li> 標籤，最後顯示第 1 個 <li> 標籤之後的 2 個 <li> 標籤。

✪ 走訪前一個兄弟標籤

Ch5_2_3a.py

我們可以使用 previous_sibling 屬性和 find_previous_sibling() 函數走訪前一個兄弟標籤，首先找到第 2 題 <ul> 標籤的第 1 個 <li> 標籤，然後呼叫 2 次 find_next_sibling() 走訪至第 3 個 <li> 標籤，如下所示：

```
tag_div = soup.select("#q2")  # 找到第 2 題
tag_li = tag_div[0].ul.li      # 第 1 個 <li>
third_li = tag_li.find_next_sibling().find_next_sibling()
print(third_li)
# 使用 previous_sibling 屬性取得前一個兄弟標籤
second_li = third_li.previous_sibling.previous_sibling
print(second_li)
```

上述程式碼使用 2 次 previous_sibling 屬性走訪前一個兄弟標籤，因為有多個 NavigableString 物件。然後使用 find_previous_sibling() 函數走訪前一個兄弟標籤（只需呼叫 1 次，因為此函數會跳過 NavigableString 物件），其執行結果如下所示：

```
# 呼叫 previous_sibling() 函數取得前一個兄弟標籤
first_li = second_li.find_previous_sibling()
print(first_li)
print("---------------------------------------")
# 呼叫 previous_siblings() 函數取得所有兄弟標籤
for tag in third_li.find_previous_siblings():
    print(tag.name, tag.span.string)
```

上述程式碼最後呼叫 find_previous_siblings() 函數取出所有之前的兄弟標籤，可以使用 for/in 迴圈顯示標籤名稱，和 <span> 子標籤的內容：

執行結果

```
<li class="response">不喜歡-<span>0</span></li>
<li class="response selected">普通-<span>20</span></li>
<li class="response">喜歡-<span>40</span></li>
---------------------------------------
li 20
li 40
```

上述執行結果和之前相反，因為是從最後的 <li> 向前一個走訪兄弟標籤，最後顯示第 3 個 <li> 標籤之前的 2 個 <li> 標籤。

5-2-4 前一個和下一個元素

Beautiful Soup 也可以使用剖析 HTML 網頁的順序來進行走訪，我們可以使用 next_element 屬性走訪下一個元素，這是目前標籤物件立即的下一個物件，previous_element 屬性走訪前一個元素，即立即的前一個物件。

✪ 走訪前一個和下一個元素

Ch5_2_4.py

我們準備使用 Example.html 的 HTML 網頁為例，來說明前一個和下一個元素的走訪，如下所示：

```
<html lang="big5">
 <head>
  <meta charset="utf-8"/>
  <title> 測試資料擷取的 HTML 網頁 </title>
 </head>
 <body>
 ⋮
 </body>
</html>
```

以上述 HTML 標籤為例，我們準備從 <html> 標籤走訪至下一個元素至 <head> 標籤，<title> 標籤走訪至前一個 <meta> 標籤，如下所示：

```
tag_html = soup.html       # 找到第 <html> 標籤
print(type(tag_html), tag_html.name)
tag_next = tag_html.next_element.next_element
print(type(tag_next), tag_next.name)
tag_title = soup.title    # 找到第 <title> 標籤
print(type(tag_title), tag_title.name)
tag_previous = tag_title.previous_element.previous_element
print(type(tag_previous), tag_previous.name)
```

上述程式碼首先找到 <html> 標籤後，使用 next_element 走訪下一個元素，共使用 2 次，因為之間有多的 NavigableString 物件，可以走訪到下一個 <head> 標籤，然後找到 <title> 標籤，使用 2 次 previous_element 走訪前一個元素至 <meta> 標籤，其執行結果如下所示：

執行結果

```
<class 'bs4.element.Tag'> html
<class 'bs4.element.Tag'> head
<class 'bs4.element.Tag'> title
<class 'bs4.element.Tag'> meta
```

✪ 走訪所有的下一個元素

Ch5_2_4a.py

我們是使用 next_elements 屬性走訪所有下一個元素，例如：首先使用 id 屬性找到第 2 個 <div> 標籤，如下所示：

```
  ⋮
 <div class="emails" id="emails">
   <div class="question">電子郵件清單資訊：</div>
   abc@example.com
   <div class="survey" data-custom="important">def@example.com</div>
   <span class="survey" id="email">ghi@example.com</div>
 </div>
  ⋮
```

然後使用 next_elements 屬性顯示所有下一個元素的標籤名稱，如下所示：

```
tag_div = soup.find(id = "emails")
for element in tag_div.next_elements:
    if not isinstance(element, NavigableString):
        print(element.name)
```

上述 for/in 迴圈走訪所有下一個元素，使用 if 條件跳過 NavigableString 物件，其執行結果如下所示：

執行結果

```
div
div
span
```

✪ 走訪所有的前一個元素

Ch5_2_4b.py

我們可以使用 previous_elements 屬性走訪所有前一個元素。例如：先用 id 屬性找到第 1 個問題的 <div> 標籤，如下所示：

```
<html lang="big5">
 <head>
  <meta charset="utf-8"/>
  <title>測試資料擷取的 HTML 網頁</title>
 </head>
 <body>
```

```
<!-- Surveys -->
<div class="surveys" id="surveys">
 <div class="survey" id="q1">
  :
```

然後使用 previous_elements 屬性顯示所有前一個元素的標籤名稱：

```
tag_div = soup.find(id="q1")
for element in tag_div.previous_elements:
    if not isinstance(element, NavigableString):
        print(element.name)
```

上述 for/in 迴圈走訪所有前一個元素，使用 if 條件跳過 NavigableString 物件，其執行結果如下：

執行結果

```
div
body
title
meta
head
html
```

5-3 修改 HTML 網頁來爬取資料

因為 HTML 網頁的標籤元素可能不完整或沒有資料，為了順利擷取資料，有時需要修改 HTML 標籤和屬性來幫助我們順利執行 Python 爬蟲程式。

> 請注意！我們修改的是 Beautiful Soup 剖析 HTML 網頁建立的 Python 物件樹，並不會更改原始 HTML 網頁。

✪ 更改 HTML 標籤名稱和屬性 Ch5_3.py

我們可以直接更改 Tag 物件的標籤名稱和屬性，也可以使用 del 來刪除標籤的屬性，如下所示：

```
from bs4 import BeautifulSoup

soup = BeautifulSoup("<b class='score'>Joe</b>", "lxml")
tag = soup.b
tag.name = "p"
tag["class"] = "question"
tag["id"] = "name"
print(tag)
del tag["class"]
print(tag)
```

上述程式碼使用 HTML 標籤字串建立 BeautifulSoup 物件，在取得 <b> 標籤後，依序更改標籤名稱、class 屬性值和新增 id 屬性，最後刪除 class 屬性，其執行結果可以看到 HTML 標籤已經更改，如下所示：

執行結果

```
<p class="question" id="name">Joe</p>
<p id="name">Joe</p>
```

✪ 修改 HTML 標籤的文字內容

Ch5_3a.py

我們是使用 Tag 物件的 string 屬性來更改標籤的文字內容，如下所示：

```
from bs4 import BeautifulSoup
soup = BeautifulSoup("<b class='score'>Joe</b>", "lxml")
tag = soup.b
tag.string = "Mary"
print(tag)
```

上述程式碼在取得 <b> 標籤後，更改 string 屬性值，其執行結果可以看到 HTML 標籤內容已經更改，如下所示：

執行結果

```
<b class="score">Mary</b>
```

✪ 新增 HTML 標籤和文字內容

Ch5_3b.py

利用 NavigableString 物件可以新增文字內容，用 new_tag() 函數新增標籤：

```
soup = BeautifulSoup("<b></b>", "lxml")
tag = soup.b
tag.append("Joe")
print(tag)
new_str = NavigableString(" Chen")
tag.append(new_str)
print(tag)
new_tag = soup.new_tag("a", href="http://www.example.com")
tag.append(new_tag)
print(tag)
```

上述程式碼建立空的 <b> 標籤後，呼叫 append() 函數新增標籤內容，然後建立 NavigableString 物件來新增文字內容，最後使用 new_tag() 函數新增標籤，第 1 個參數是標籤名稱，之後是屬性值，其執行結果可以看到 HTML 標籤新增文字內容和 <a> 標籤：

執行結果

```
<b>Joe</b>
<b>Joe Chen</b>
<b>Joe Chen<a href="http://www.example.com"></a></b>
```

✪ 插入 HTML 標籤和清除標籤內容

Ch5_3c.py

除了 NavigableString 物件，我們也可以使用 new_string() 函數建立文字內容，insert_before() 函數是插入在前；insert_after() 函數是在之後，clear() 函數為清除標籤內容，如下所示：

```
from bs4 import BeautifulSoup

soup = BeautifulSoup("<p><b>One</b></p>", "lxml")
tag = soup.b
new_tag = soup.new_tag("i")
new_tag.string = "Two"
tag.insert_before(new_tag)
print(soup.p)
new_string = soup.new_string("Three")
tag.insert_after(new_string)
print(soup.p)
tag.clear()
print(soup.p)
```

上述程式碼取得 <b> 標籤後，建立 <i>Two</i> 標籤，然後呼叫 insert_before() 函數插入在 <b> 標籤之前，接著使用 new_string() 函數建立文字內容後，呼叫 insert_after() 函數插入在 <b> 標籤之後，最後呼叫 clear() 函數刪除 <b> 標籤的內容，其執行結果如下所示：

執行結果

```
<p><i>Two</i><b>One</b></p>
<p><i>Two</i><b>One</b>Three</p>
<p><i>Two</i><b></b>Three</p>
```

上述執行結果首先插入 <i> 標籤至 <b> 標籤之前，接著插入文字內容 "Three" 至 <b> 標籤之後，最後刪除 <b> 標籤的文字內容。

✪ 取代 HTML 標籤

我們可以使用 replace_with() 函數取代現存 HTML 標籤，如下所示：

```
from bs4 import BeautifulSoup

soup = BeautifulSoup("<p><b>One</b></p>", "lxml")
tag = soup.b
new_tag = soup.new_tag("i")
new_tag.string = "Two"
tag.replace_with(new_tag)
print(soup.p)
```

上述程式碼取得 <b> 標籤後，建立 <i>Two</i> 標籤，即可呼叫 replace_with() 函數將 <b> 標籤取代成 <i> 標籤，其執行結果如下：

執行結果

```
<p><i>Two</i></p>
```

5-4 將取得的資料儲存成 CSV 和 JSON 檔案

從 HTML 網頁擷取出所需資料後，我們可以將整理好的資料儲存成檔案，常用檔案格式有：CSV 和 JSON 檔案。

5-4-1 儲存成 CSV 檔案

CSV（Comma-Separated Values）檔案的內容是使用純文字表示的表格資料，這是一個文字檔案，其中的每一行是表格的一列，每一個欄位是使用「,」逗號來分隔。例如：現在有一個表格資料，我們準備將表格轉換成 CSV 資料，如下表所示：

Data1	Data2	Data3
10	33	45
5	25	56

將上述表格資料轉換成 CSV 格式，會如下所示：

```
Data1,Data2,Data3
10,33,45
5,25,56
```

上述 CSV 資料的每一列最後有新行字元「\n」來換行，每一個欄位是使用「,」逗號分隔，我們可以直接使用 Excel 開啟 CSV 檔案。

✪ 讀取 CSV 檔案 Ch5_4_1.py

Python 程式存取 CSV 檔案是使用 csv 模組，例如：讀取 Example.csv 檔案的內容（即前述表格資料），如下所示：

```
import csv

csvfile = "Example.csv"
with open(csvfile, 'r') as fp:
    reader = csv.reader(fp)
    for row in reader:
        print(','.join(row))
```

上述程式碼匯入 csv 模組後，呼叫 open() 函數開啟檔案，然後使用 csv.reader() 函數讀取檔案內容，for/in 迴圈讀取每一列資料，我們是呼叫 join() 函數建立「,」逗號分隔的字串，其執行結果可以顯示檔案內容：

執行結果

```
Data1,Data2,Data3
10,33,45
5,25,56
```

✪ 將資料寫入 CSV 檔案

Ch5_4_1a.py

我們也可以將網路資料建立成 CSV 資料的清單，然後將清單寫入 CSV 檔案。例如：將 CSV 清單寫入 Example2.csv 檔案，如下所示：

```
import csv

csvfile = "Example2.csv"
list1 = [[10,33,45], [5, 25, 56]]
with open(csvfile, 'w+', newline='') as fp:
    writer = csv.writer(fp)
    writer.writerow(["Data1","Data2","Data3"])
    for row in list1:
        writer.writerow(row)
```

上述程式碼呼叫 open() 函數開啟檔案，參數 newline=' ' 是刪除每一列多餘的換行，然後使用 csv.writer() 函數寫入檔案，writerow() 函數是寫入一列 CSV 資料，其參數是清單，for/in 迴圈可以將清單 list1 的每一個元素寫入檔案，其執行結果可以看到 Excel 開啟的檔案內容，如下圖所示：

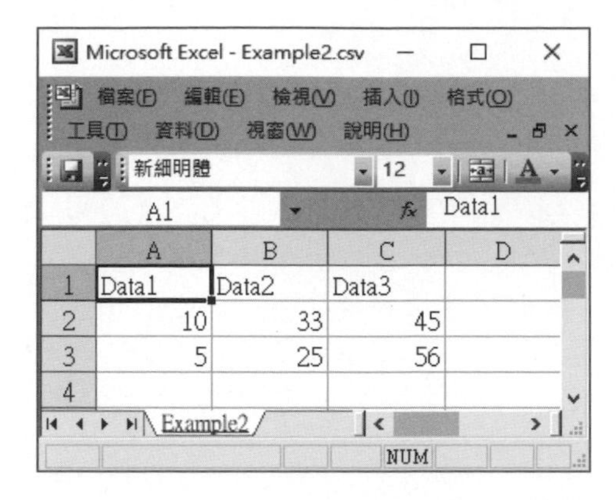

✪ 從 W3Shool 網站取出表格資料寫入 CSV 檔案 Ch5_4_1b.py

在了解 CSV 檔案的讀寫後，我們可以將網頁的 HTML 表格資料存入 CSV 檔案。例如：W3School 網站的 Audio Format 說明表格，請連到以下網頁：

https://www.w3schools.com/html/html_media.asp

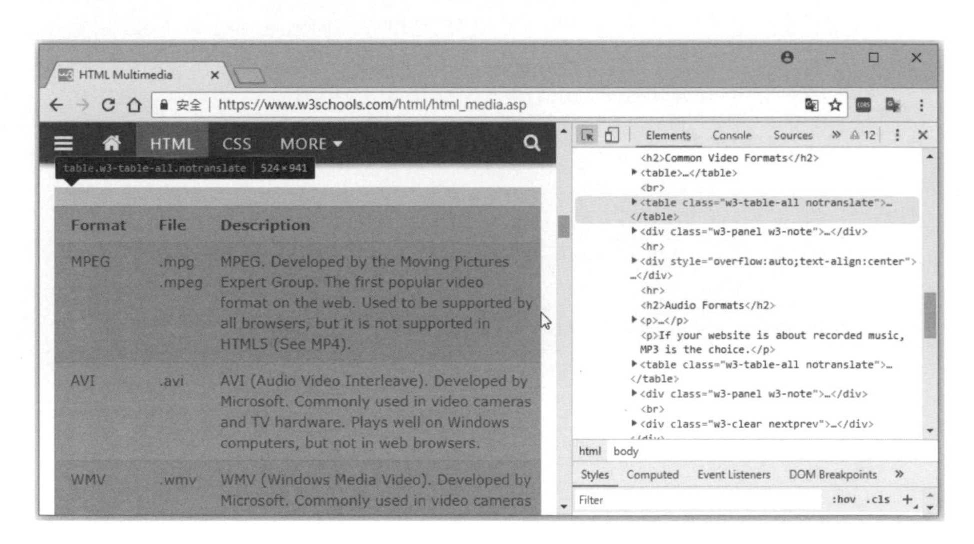

上圖是使用 Chrome **開發人員工具**找出 <table> 表格標籤（請從表格的右邊框線來選取），可以看到 class 屬性值是 "w3-table-all"，接著可以建立 Python 程式，搜尋 HTML 網頁來取出表格資料並存入 CSV 檔案，如下所示：

```
import requests
from bs4 import BeautifulSoup
import csv

url = "https://www.w3schools.com/html/html_media.asp"
csvfile = "VideoFormat.csv"
r = requests.get(url)
r.encoding = "utf8"
soup = BeautifulSoup(r.text, "lxml")
tag_table = soup.find(class_="w3-table-all") # 找到<table>
rows = tag_table.findAll("tr")               # 找出所有<tr>
```

上述程式碼匯入相關模組後，使用 BeautifulSoup 物件的 find() 函數找到第 1 個 <table> 標籤，然後使用 findAll() 函數找出表格的所有 <tr> 標籤。接著開啟 CSV 檔案準備寫入擷取出的資料，如下所示：

```
with open(csvfile, 'w+', newline='', encoding="utf-8") as fp:
   writer = csv.writer(fp)
   for row in rows:
      rowList = []
      for cell in row.findAll(["td", "th"]):
         rowList.append(cell.get_text().replace("\n", "").replace("\r", ""))
      writer.writerow(rowList)
```

上述 open() 函數指定編碼是 utf-8，row 清單變數是所有 <tr> 標籤的表格列，第一層 for/in 迴圈取出每一列，第二層 for/in 迴圈取出每一個儲存格。

在內層 for/in 迴圈的 findAll() 函數可以找出此列的所有 <td> 和 <th> 標籤，我們是使用 append() 函數將 get_text() 函數取得的標籤內容新增至清單，replace() 函數刪除 "\n" 和 "\r" 字元，最後呼叫 writerow() 函數寫入每一列資料至 CSV 檔案：VideoFormat.csv。

Python 程式的執行結果，會建立 VideoFormat.csv 檔案，利用 Excel 開啟，其內容如下圖所示：

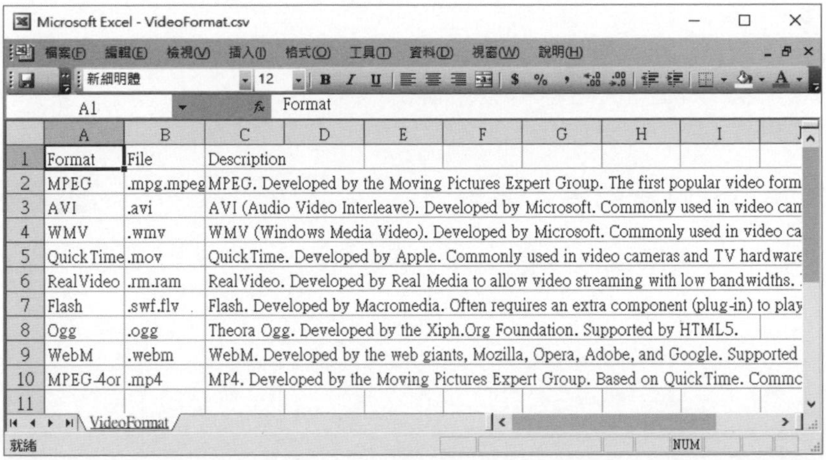

Microsoft Excel - VideoFormat.csv

	A	B	C
1	Format	File	Description
2	MPEG	.mpg.mpeg	MPEG. Developed by the Moving Pictures Expert Group. The first popular video form
3	AVI	.avi	AVI (Audio Video Interleave). Developed by Microsoft. Commonly used in video cam
4	WMV	.wmv	WMV (Windows Media Video). Developed by Microsoft. Commonly used in video ca
5	QuickTime	.mov	QuickTime. Developed by Apple. Commonly used in video cameras and TV hardware
6	RealVideo	.rm.ram	RealVideo. Developed by Real Media to allow video streaming with low bandwidths.
7	Flash	.swf.flv	Flash. Developed by Macromedia. Often requires an extra component (plug-in) to play
8	Ogg	.ogg	Theora Ogg. Developed by the Xiph.Org Foundation. Supported by HTML5.
9	WebM	.webm	WebM. Developed by the web giants, Mozilla, Opera, Adobe, and Google. Supported
10	MPEG-4or	.mp4	MP4. Developed by the Moving Pictures Expert Group. Based on QuickTime. Commc
11			

5-4-2 儲存成 JSON 檔案

Python 的 JSON 處理是使用 json 模組，只需配合檔案處理即可將 JSON 資料寫入檔案，和讀取 JSON 檔案內容

✪ JSON 和 Python 字典的轉換

Ch5_4_2.py

在 json 模組的 dumps() 函數可以將 JSON 字典轉換成 JSON 字串，loads() 函數從 JSON 字串轉換成 JSON 字典，如下所示：

```
import json

data = {
    "name": "Joe Chen",
    "score": 95,
    "tel": "0933123456"
}

json_str = json.dumps(data)
print(json_str)
data2 = json.loads(json_str)
print(data2)
```

上述程式碼首先呼叫 dumps() 函數，將字典轉換成 JSON 資料內容的字串，然後呼叫 loads() 函數，再將字串轉換成字典，其執行結果如下：

執行結果

```
{"name": "Joe Chen", "score": 95, "tel": "0933123456"}
{'name': 'Joe Chen', 'score': 95, 'tel': '0933123456'}
```

✪ 將 JSON 資料寫入檔案

Ch5_4_2a.py

我們可以使用 json 模組的 dump() 函數將 Python 字典寫入 JSON 檔案：

```
import json

data = {
   "name": "Joe Chen",
   "score": 95,
   "tel": "0933123456"
}

jsonfile = "Example.json"
with open(jsonfile, 'w') as fp:
    json.dump(data, fp)
```

上述程式碼建立字典 data 後，使用 open() 函數開啟寫入檔案，然後呼叫 dump() 函數將第 1 個參數的 data 字典寫入第 2 個參數的檔案，可以在 Python 程式的目錄看到建立的 Example.json 檔案。

✪ 讀取 JSON 檔案

Ch5_4_2b.py

在此使用 json 模組的 load() 函數將 JSON 檔案內容讀取成 Python 字典：

```
import json

jsonfile = "Example.json"
with open(jsonfile, 'r') as fp:
    data = json.load(fp)
json_str = json.dumps(data)
print(json_str)
```

上述程式碼開啟 JSON 檔案 Example.json 後，呼叫 load() 函數讀取 JSON 檔案轉換成字典，接著轉換成 JSON 字串後顯示 JSON 內容，其執行結果如下：

執行結果

```
{"name": "Joe Chen", "score": 95, "tel": "0933123456"}
```

✪ 將 Google 圖書查詢的 JSON 資料寫入檔案 Ch5_4_2c.py

Google 圖書查詢的 Web 服務可以讓我們輸入書名的關鍵字來查詢圖書資訊，如下所示：

```
https://www.googleapis.com/books/v1/volumes?maxResults=5&q=Python&projection=lite
```


https://www.googleapis.com/books/v1/volumes?maxResults...
{
 "kind": "books#volumes",
 "totalItems": 569,
 "items": [
  {
   "kind": "books#volume",
   "id": "wqeVv09Y6hIC",
   "etag": "nF0/Opy7bpQ",
   "selfLink": "https://www.googleapis.com/books/v1/volumes/wqeVv09Y6hIC",
   "volumeInfo": {
    "title": "Python",
    "subtitle": "A Study of Delphic Myth and Its Origins",
    "authors": [
     "Joseph Eddy Fontenrose"
    ],
    "publisher": "Univ of California Press",
    "publishedDate": "1959",
    "readingModes": {
     "text": false,
     "image": true
    },
    "maturityRating": "NOT_MATURE",

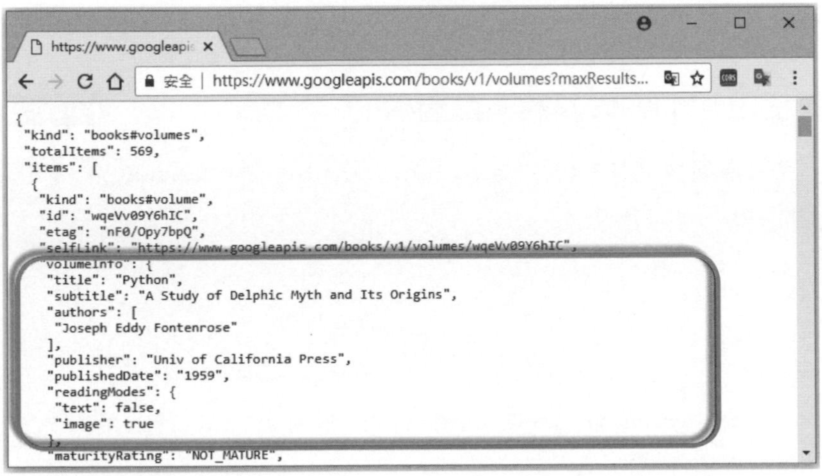

上述 URL 參數 q 是關鍵字；maxResults 參數是最多傳回幾筆；projection 參數值 lite 是傳回精簡版的查詢資料。Python 程式如下所示：

```
import json
import requests

url = "https://www.googleapis.com/books/v1/volumes?maxResults=5&q=Python&projection=lite"
jsonfile = "Books.json"
r = requests.get(url)
r.encoding = "utf8"
json_data = json.loads(r.text)
with open(jsonfile, 'w') as fp:
    json.dump(json_data, fp)
```

上述程式碼使用 requests.get() 函數送出 HTTP 請求後，呼叫 json.loads() 函數將讀取的資料轉換成字典，然後開啟寫入檔案，呼叫 json.dump() 函數寫入 JSON 檔案，可以在 Python 程式的目錄看到建立的 Books.json 檔案。

5-5 從網路下載圖檔

Python 程式可以使用 requests 模組和內建 urllib 模組開啟串流來下載圖檔，也就是將 Web 網站顯示的圖片下載儲存成本機電腦的圖檔。

✪ 使用 requests 模組下載圖檔

Ch5_5.py

我們準備從網址 http://hueyanchen.myweb.hinet.net/fchart05.png 下載 PNG 格式的圖檔，如下所示：

```
import requests

url = "http://hueyanchen.myweb.hinet.net/fchart05.png"
path = "fchart05.png"
response = requests.get(url, stream=True)
if response.status_code == 200:
    with open(path, 'wb') as fp:
        for chunk in response:
            fp.write(chunk)
    print("圖檔已經下載")
else:
    print("錯誤！ HTTP 請求失敗...")
```

上述程式碼使用 requests 送出 HTTP 請求，第 1 個參數是圖檔的 URL 網址，第 2 個參數 stream=True 表示回應的是串流，if/else 條件判斷請求是否成功，成功就開啟二進位的寫入檔案，檔案處理的 with 程式區塊，如下所示：

```
with open(path, 'wb') as fp:
    for chunk in response:
        fp.write(chunk)
```

上述 for/in 迴圈讀取 response 回應串流，和呼叫 write() 函數寫入檔案，其執行結果表示成功在 Python 程式所在目錄下載名為 fchart05.png 的圖檔。

執行結果

```
圖檔已經下載
```

✪ 使用 urllib 模組下載圖檔 Ch5_5a.py

Python 的 urllib 模組也可以送出 HTTP 請求和下載圖檔（本書是使用 requests 套件），為了增加圖檔的下載效率，在 Python 程式是使用緩衝區方式進行圖檔下載，首先匯入 urllib.request 模組後，呼叫 urlopen() 函數送出 HTTP 請求，參數是圖檔的 URL 網址，如下所示：

```
import urllib.request

url = "http://hueyanchen.myweb.hinet.net/fchart05.png"
response = urllib.request.urlopen(url)
fp = open("fchart06.png", "wb")
size = 0
while True:
    info = response.read(10000)
    if len(info) < 1:
        break
    size = size + len(info)
    fp.write(info)
print(size, "個字元下載...")
fp.close()
response.close()
```

上述 while 迴圈每次呼叫回應的 response.read() 函數下載 10000 個字元，和寫入二進位檔案，可以計算出共下載了多少個字元，如果資料長度小於 1，就跳出 while 迴圈結束圖檔下載，其執行結果可以顯示下載多少個字元：

執行結果

```
54402 個字元下載...
```

上述訊息表示成功在 Python 程式所在目錄下載名為 fchart06.png 的圖檔，圖檔尺寸是 54402 個字元。

✪ 下載 Google 網站的 Logo 圖檔 Ch5_5b.py

現在，我們準備整合正規表達式和圖檔下載，直接從網路下載 Google 網站的 Logo 圖檔，其網址為：http://www.google.com.tw。

首先，使用 Chrome **開發人員工具**找到 Logo 圖檔的 id 屬性值是 hplogo，Python 程式：Ch5_5c.py 使用 BeautifulSoup 物件的 find() 函數取得 <img> 標籤，如下所示：

```
<img alt="Google" height="92" id="hplogo" onload="window.lol&amp;&amp;lol()"
src="/images/branding/googlelogo/1x/googlelogo_white_background_
color_272x92dp.png" style="padding:28px 0 14px" width="272"/>
```

上述標籤的圖檔路徑可以使用正規表達式將圖檔路徑取出來，如下所示：

```
"(/[^/#?]+)+\.(?:jpg|gif|png)"
```

上述正規表達式的範本字串是從字串中取出圖檔的完整路徑，Python 程式分成兩大部分，首先送出 HTTP 請求，剖析 HTML 網頁來找到 id 屬性值 hplogo 的 <div> 標籤，如下所示：

```
import re
import requests
from bs4 import BeautifulSoup

url = "http://www.google.com.tw"
path = "logo.png"
r = requests.get(url)
r.encoding = "utf8"
soup = BeautifulSoup(r.text, "lxml")
tag_a = soup.find(id="hplogo")
```

上述程式碼匯入相關模組後，使用 requests 送出 HTTP 請求，和使用 BeautifulSoup 物件剖析回應文件，即可使用 find() 函數取出 <div> 標籤字串，然後使用正規表達式取出 Logo 圖片的圖檔路徑，如下所示：

```
match = re.search(r"(/[^/#?]+)+\.(?:jpg|gif|png)", str(tag_a))
print(match.group())
url = url + str(match.group())
response = requests.get(url, stream=True)
if response.status_code == 200:
    with open(path, 'wb') as fp:
        for chunk in response:
            fp.write(chunk)
    print("圖檔 logo.png 已經下載")
else:
    print("錯誤！ HTTP 請求失敗...")
```

上述程式碼使用 search() 函數比對路徑字串，在加上 Google 網址後，即可使用源自 Ch5_5.py 的程式碼來下載圖檔，其執行結果如下所示：

執行結果

```
/images/branding/googlelogo/1x/googlelogo_white_background_
color_272x92dp.png
圖檔logo.png已經下載
```

上述執行結果的第一列是正規表達式取出的圖檔路徑，然後顯示 logo.png 圖檔已經下載，如下圖所示：

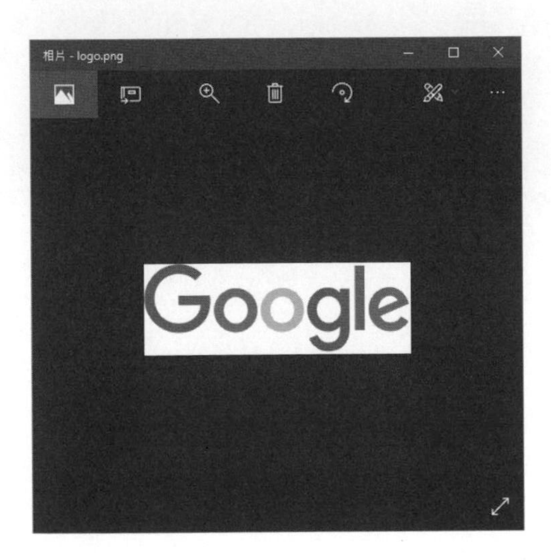

學習評量

1. 請使用圖例說明 Python 物件樹？為什麼 Example.html 建立的物件樹和第 5-1 節的圖例不同？

2. 請問 Python 如何使用 Beautiful Soup 走訪 HTML 網頁？

3. 請簡單說明為什麼我們要用 Beautiful Soup 來修改 HTML 網頁？

4. 請問 Beautiful Soup 可以使用哪些屬性取得所有子標籤？各屬性之間的差異為何？

5. 請舉例說明 CSV 檔案為何？ Python 如何儲存資料成為 CSV 檔案？

6. 請簡單說明 Python 如何將爬取資料儲存成 JSON 檔案？

7. 請建立 Python 程式開啟書附檔案「Ch05\index.html」，首先找出 class 屬性值 "nav-item" 的第 1 個 <li> 標籤，然後使用向上走訪找出上一層的 <ul> 標籤，即可使用向下走訪，顯示所有的清單項目，即 <li> 標籤的內容。

8. 請自行在 Web 網站找一張有趣的圖片，然後建立 Python 程式從網路下載這張圖片檔案。

使用 XPath 表達式與 lxml 套件建立爬蟲程式

6-1 XPath 與 lxml 套件的基礎

XPath 表達式是一種 XML 技術的查詢語言，可以讓我們在 XML 文件中找出所需的節點，也適用於 HTML 網頁，所以，我們可以使用 XPath 表達式定位 HTML 網頁，找出指定的 HTML 標籤與屬性。

6-1-1 認識 XPath

XPath（XML Path Language）語言是在 1999 年 11 月 16 日成為 W3C 建議規格，我們是使用 XPath 位置路徑（Location Path），稱為 Path 表達式（Path Expressions）來找出所需的節點。

✪ XPath 表達式簡介

XPath 是一種表達式語言（Expression Language），可以在 XML 文件走訪和標示節點位置，我們可以使用 XPath 表達式描述 XML 元素或屬性的位置，如同 Windows 作業系統要指定資料夾的檔案路徑，如下所示：

```
C:\BigData\Ch06\index.html
```

上述路徑指出檔案 index.html 的位置，相同觀念，XPath 可以指出 XML 元素或屬性在 XML 文件的位置，XPath **資料模型**（Data Model，參考 6-3 節）是將 XML 文件轉換成擁有 7 種節點的樹狀結構，XPath 表達式就是指出 XML 元素在 XML 樹狀結構中的節點位置。

基本上，因為 HTML 就是一種特殊版本的 XML，所以 XPath 表達式一樣適用於 HTML 網頁，可以幫助我們定位 HTML 網頁資料。

✪ 為什麼使用 XPath 表達式來定位資料

在討論為什麼使用 XPath 表達式，而不是使用 CSS 選擇器定位資料前，我們需要先了解 CSS 選擇器在使用上的限制，因為 CSS 選擇器的目的是選出 HTML 標籤來套用 CSS 樣式，其基本單位是 HTML 標籤，並無法依據 HTML 標籤內容來進行搜尋（在第 3 章是使用正規表達式搜尋標籤內容），雖然 CSS Level 4 選擇器支援標籤內容搜尋，但主要瀏覽器都尚未支援 CSS Level 4。

請注意！因為 CSS 選擇器無法直接搜尋內容，我們使用 CSS 選擇器有時無法取得擁有資料的目標 HTML 標籤，只能縮小範圍擷取出包含資料的 HTML 標籤集合後，再使用 Beautiful Soup 套件的走訪功能來找出資料。XPath 表達式可以解決 CSS 選擇器做不到的功能，如下所示：

- 選擇 HTML 標籤集的第 1 個標籤，CSS 的 :nth-child 和 :nth-of-type 只能取出相對父標籤的第 1 個子標籤。
- 直接依據 HTML 標籤內容來搜尋網頁內容。
- 直接傳回符合 HTML 元素的內容和屬性值（CSS 選擇器需要使用 Beautiful Soup 套件的 Tag 物件）。

說明

目前的 Beautiful Soup 並不支援 XPath 表達式，在本書第 7 和 8 章的 Selenium 和 Scrapy 等進階網路爬蟲函式庫都支援使用 XPath 表達式來定位網頁資料。

以下是一些 CSS 選擇器對應相同功能的 XPath 表達式：

選取描述說明	CSS 選擇器	XPath 表達式
選取所有超連結標籤	a	//a
選取 class 屬性值 home 的 <div> 標籤	div.home	//div[@class='home']
選取 id 屬性值 test 的 <span> 標籤	span#test	//span[@id='test']
選取所有擁有 class 屬性值 test 的 <div> 標籤	div[class*='test']	//div[contains(@class, 'test')]
選取所有 <div> 標籤擁有 <p> 或 <a> 子標籤	div p, div a	//div[p | a]

6-1-2 lxml 套件

Python 語言的 lxml 套件是一套功能強大，用來處理 XML 和 HTML 的函式庫，可以將 XML 文件和 HTML 網頁轉換成**元素樹**（Element Tree），然後使用 XPath 表達式和 CSS 選擇器來找出符合的元素。

基本上，lxml 套件的底層是連結 C 語言的 libxml2 和 libxslt 函式庫，提供原生的 Python API 來快速剖析和處理 XML 文件，這是一套相容著名 ElementTree API 的 XML/HTML 剖析器，可以輕鬆走訪 XML/HTML 元素、擷取內容和屬性值，和處理沒有良好格式的 HTML 網頁，將之轉換成良好格式的 HTML 網頁，例如：沒有開始或結束標籤的 HTML 元素。

6-2 使用 Requests 和 lxml 套件

在第 3 ～ 5 章是使用 Requests 和 Beautiful Soup 套件進行靜態 HTML 網頁的資料擷取，Beautiful Soup 使用的剖析器就是 lxml。換言之，我們也可以直接使用 Requests 和 lxml 套件來建立 Python 爬蟲程式，首先需要匯入 requests 套件和 lxml 套件的 html 剖析器，如下所示：

```
Import requests
from lxml import html
```

✪ 下載與剖析 HTML 網頁

Ch6_2.py

我們準備使用第 4-3 節的範例，從旗標網站找出「Python 資料科學與人工智慧應用實務」一書的封面圖片和書名，其網址如下所示：

http://www.flag.com.tw/books/school_code_n_algo

Python 程式在匯入上述套件後，即可送出 HTTP 請求和剖析回應的 HTML 網頁，如下所示：

```
r = requests.get("http://www.flag.com.tw/books/school_code_n_algo")
tree = html.fromstring(r.text)
print(tree)
```

上述程式碼送出 HTTP 請求後，呼叫 html.fromstring() 函數來剖析回應的內容，其執行結果可以看到剖析成 html 為根元素的節點樹，如下所示：

執行結果

```
<Element html at 0x17c43177c28>
```

然後，我們可以呼叫 getchildren() 函數取得 html 元素的子元素，如果是呼叫 getiterator() 函數，可以取回所有子孫元素，如下所示：

```
for ele in tree.getchildren():
    print(ele)
```

上述程式碼取回 html 元素的子元素，即 head 和 body 元素，其執行結果如下所示：

執行結果

```
<Element head at 0x17c43a3ac28>
<Element body at 0x17c43a3ac78>
```

✪ 使用 lxml 套件定位網頁元素

Ch6_2a.py

lxml 套件可以使用 XPath 表達式和 CSS 選擇器來定位網頁元素，XPath 是使用 xpath() 函數；CSS 選擇器是 cssselect() 函數。首先檢視圖書目錄的 HTML 標籤，這是 section 元素下的 table 表格，如下圖所示：

請使用 Chrome **開發人員工具**來取得圖書封面 <img> 標籤的 XPath 表達式，如下所示：

```
/html/body/section[2]/table/tbody/tr[2]/td[1]/a/img
```

位在下方書名的 <p> 標籤，其 XPath 表達式如下所示：

```
/html/body/section[2]/table/tbody/tr[2]/td[1]/a/p
```

Python 程式在匯入相關套件後，即可送出 HTTP 請求和剖析回應的 HTML 網頁，如下所示：

```
r = requests.get("http://www.flag.com.tw/books/school_code_n_algo")
tree = html.fromstring(r.text)

tag_img = tree.xpath("/html/body/section[2]/table/tr[2]/td[1]/a/img")[0]
print(tag_img)
print(tag_img.tag)
print(tag_img.attrib["src"])
```

上述程式碼呼叫 xpath() 函數定位 <img> 標籤，請注意！經筆者測試 lxml 在剖析 table 元素時，並沒有 tbody 子元素，所以 XPath 表達式請刪除 tbody，xpath() 函數傳回的是符合條件的元素清單，[0] 可以取得第 1 個標籤，tag 屬性是標籤名稱；attrib 屬性是標籤屬性清單的字典，其執行結果如下所示：

執行結果

```
<Element img at 0x17c43a3acc8>
img
http://www.flag.com.tw/assets/img/bookpic/FT745.jpg
```

然後是位在圖書封面下方書名的 <p> 標籤，XPath 表達式同樣請刪除 tbody，如下所示：

```
tag_p = tree.xpath("/html/body/section[2]/table/tr[2]/td[1]/a/p")[0]
print(tag_p)
print(tag_p.tag)
print(tag_p.text_content())
```

上述程式碼可以取回第 1 個 <p> 標籤，然後呼叫 text_content() 函數取得 <p> 標籤的內容，其執行結果如下：

執行結果

```
<Element p at 0x2b9a1733ea8>
p
Python 資料科學與人工智慧應用實務
```

請注意！由於網站內容會隨時變動，所以在實際執行 Python 程式時可能會爬取到不同的圖書資料。

在 lxml 套件使用 CSS 選擇器需要先安裝 cssselect 套件，請執行『**開始 / Anaconda3(64-bit)/Anaconda Prompt**』命令，開啟 **Anaconda Prompt** 視窗後，輸入以下指令即可：

```
pip install cssselect Enter
```

Python 程式 Ch6_2b.py 和 Ch6_2a.py 功能完全相同，只是改用 CSS 選擇器定位網頁元素（**請注意！** CSS 選擇器同樣需要刪除 tbody）。

✪ 使用 lxml 套件走訪網頁元素 Ch6_2c.py

除了 xpath() 和 cssselect() 函數，lxml 套件支援多種走訪函數，可以走訪父元素、前一個和下一個元素，如下所示：

```
tag_img = tree.xpath("/html/body/section[2]/table/tr[2]/td[1]/a/img")[0]
print(tag_img.tag)
print(tag_img.getparent().tag)
print(tag_img.getnext().tag)
print("------------------")
tag_p = tree.xpath("/html/body/section[2]/table/tr[2]/td[1]/a/p")[0]
print(tag_p.tag)
print(tag_p.getprevious().tag)
```

上述程式碼的 getparent() 函數是父元素；getnext() 函數是下一個元素，getprevious() 函數是前一個元素，其執行結果如下：

執行結果

```
img
a
p
------------------
p
img
```

上述執行結果 img 元素的父元素是 a，下一個元素是 p，p 元素的前一個是 img 元素，如果需要取得兄弟元素，請在父元素 a 呼叫 getchildren() 函數（Python 程式：Ch6_2d.py），如下所示：

```
for ele in tag_img.getparent().getchildren():
    print(ele.tag)
```

6-3 XPath 資料模型

XPath **資料模型**（Data Model）是將 XML/HTML 視為一棵邏輯的樹狀結構，將 XML/HTML 視為各種不同節點的集合。

6-3-1 XPath 資料模型

XPath 資料模型是由**節點**（Nodes）、**單元值**（Atomic Values）和**項目**（Items）組成的類別結構。XPath 資料模型的類別圖，如下圖所示：

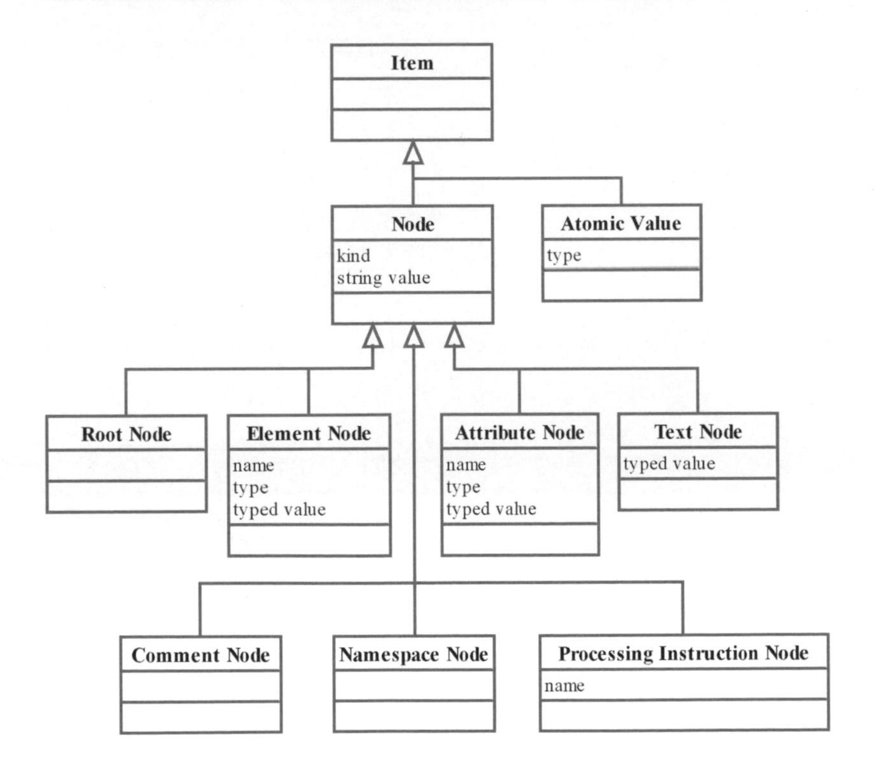

上述圖例的節點 Node 和單元值 Atomic Values 是繼承自項目 Item，XML/HTML 的 Root、Element、Attribute、Text、Comment、Namespace 和 Processing Instruction 節點是繼承自 Node 節點。

✪ 節點

XPath 資料模型的**節點**（Nodes）將 XML/HTML 分成 7 種節點，各節點擁有**節點名稱**（Node Name）和**字串值**（String Value）。XPath 資料模型的 7 種節點說明如下：

節點種類	說明
根節點（Root Node）	根節點就是文件本身，其子節點有：註解、PI 節點和文件的根元素
元素節點（Element Node）	元素節點即 XML/HTML 元素，其子節點有：子元素、文字節點、註解節點和 PI 節點。元素節點還可以包含命名空間和屬性，不過這些並不是元素節點的子節點
屬性節點（Attribute Node）	元素的屬性
文字節點（Text Node）	在標籤、註解和 PI 符號之間沒有可剖析的文字內容
註解節點（Comment Node）	註解文字
PI 節點（Processing Instruction Node）	PI（Processing Instruction）
命名空間節點（Namespace Node）	元素的命名空間，這是 XML 文件為了避免名稱重複的範圍機制

XPath 資料模型並不包含實體參考、CDATA 區段和 DTD。XPath 節點的名稱和值，如下表所示：

節點種類	節點名稱	命名空間	字串值
根節點	N/A	N/A	整份 XML/HTML 的文字節點內容
元素節點	元素名稱，不含字首	元素的 URI	此元素之子樹的文字節點內容
屬性節點	屬性名稱，不含字首	屬性的 URI	屬性值
文字節點	N/A	N/A	文字節點的內容
註解節點	N/A	N/A	註解節點的內容
PI 節點	PI 目標名稱	N/A	PI 資料的內容
命名空間節點	命名空間字首	N/A	URI

✪ 單元值

單元值（Atomic Values）是獨立資料值的節點，並不屬於任何元素或屬性節點，而且單元值沒有父節點和子節點。單元值可能是文字內容的值、XPath 函數或節點值等。一些單元值的範例，如下所示：

```
Python 程式設計
650
"P001"
```

上述單元值擁有資料型態，即 XML Schema 內建資料型態，例如：xs:string 或 xs:integer 等。

✪ 項目

項目（Items）就是單元值或節點。

6-3-2 XPath 資料模型範例

XPath 資料模型是一種樹狀結構的節點架構，在這一節筆者準備使用 XML 文件範例來說明 XPath 資料模型。

XML 文件

Ch6_3_2.xml

在 XML 文件定義三本電腦書的圖書資料。

文件內容

```
01: <?xml version="1.0" encoding="Big5"?>
02: <!-- 文件範例: Ch6 _ 3 _ 2.xml -->
03: <library>
04:   <book code="P001">
05:     <title>C語言程式設計範例教本</title>
06:     <author>陳允傑</author>
07:     <price>650</price>
08:     <year>2016</year>
```

```
09:    </book>
10:    <book code="P002">
11:      <title>Python程式設計範例教本</title>
12:      <author>陳允傑</author>
13:      <price>650</price>
14:      <year>2017</year>
15:    </book>
16:    <book code="P003">
17:      <title>PHP網頁設計範例教本</title>
18:      <author>陳會安</author>
19:      <price>600</price>
20:      <year>2018</year>
21:    </book>
22: </library>
```

上述 XML 文件對於 XPath 資料模型來說，就是一棵各節點組合成的樹狀結構，如下圖所示：

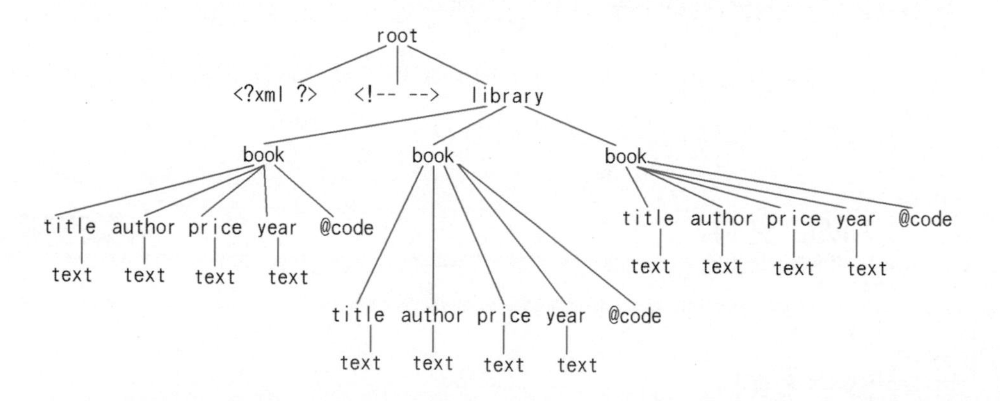

上述樹狀結構的根節點是 root，其下有 3 個子節點：PI 節點、註解和根元素 library。在 library 元素節點擁有 3 個 book 子節點，每一個 book 節點擁有 4 個子節點和一個屬性節點 code（圖例使用 @code 來區分元素節點），最後是 text 文字節點。

✪ 節點種類

在 XPath 資料模型樹狀結構的節點種類，如下表所示：

節點種類	說明
根節點	整份 XML 文件，即 root 節點
元素節點	元素節點有：library、book、title、author、price 和 year 節點
屬性節點	在 book 元素擁有屬性節點 code
文字節點	元素節點如果不是空元素，就是擁有文字節點，例如：所有 text 節點
PI 節點	XML 文件宣告是一個 PI 節點，例如：<?xml?>
註解節點	在 root 節點擁有一個註解子節點，即 <!-- -->
命名空間節點	XML 文件並沒有命名空間節點

✪ 節點關係

在 XPath 資料模型的樹狀結構，可以清楚描述節點之間的前後關係，各節點擁有的關係說明，如下所示

- **父關係**（Parent）：元素和屬性節點擁有父節點，例如：author 節點的父節點是 book。
- **子關係**（Children）：元素節點可以擁有零、一或多個子節點，例如：library 節點擁有 3 個 book 子節點。
- **兄弟關係**（Siblings）：節點擁有相同的父節點，稱為兄弟節點，例如：title、author、price 和 year 擁有相同的父節點 book，所以他們是兄弟節點。
- **祖先關係**（Ancestors）：一個節點的父節點和其父節點的父節點稱為祖先節點，例如：title 節點的祖先節點有 book 和 library 節點。
- **子孫關係**（Descendants）：一個節點的子節點和子節點的子節點稱為子孫節點，例如：library 節點的子孫節點有 book，book 的子節點 title、author、price 和 year。

6-4 XPath 基本語法

XPath 是用來描述節點相對其他節點的位置，也就是選擇哪些符合條件的節點，稱為**位置路徑**（Location Path）。

6-4-1 認識 XPath 基本語法

XPath 位置路徑是在 XML/HTML 選擇 1 到多個節點位置，可以描述上下文節點之間的關係。

✪ 位置路徑的語法

XPath 位置路徑是使用「/」符號分隔的一系列**位置步驟**（Location Steps），其基本語法如下：

```
/位置步驟1/位置步驟2/…
位置步驟1/位置步驟2/…
```

上述位置路徑如果是「/」開始，這是 XML/HTML 的根節點，稱為**絕對位置路徑**（Absolute Location Path）。整個位置路徑在經過數個位置步驟的運算後，可以在 XML/HTML 文件選出符合條件的節點。

在 XPath 位置路徑的每一個位置步驟就是一個過濾節點的過程，即上下文節點之間的關係，以便定位指定元素的位置。

✪ 位置步驟的語法

位置步驟是使用**軸**、**節點測試**和**謂詞**所組成，基本語法如下：

```
軸::節點測試[謂詞]
```

上述語法使用**軸**（Axis）開始，在之後使用「::」符號連接**節點測試**（Node Test），也就是在此軸符合的節點有哪些節點，在「[]」方括號中是**謂詞**（Predicates），這是進一步的過濾條件。

✪ XPath 位置路徑的運算過程

XPath 位置路徑的運算過程就是依序執行每一個位置步驟，每一個步驟過濾出與目前節點相關（上下文節點相關）的節點集合，這些節點集合經過每一個位置步驟的過濾後，直到完成整個運算來找出所需的節點資料。

例如：查詢 XML 文件 Ch6_3_2.xml 的 XPath 位置路徑，如下所示：

```
/child::library/child::book[2]/child::author
```

上述位置路徑是從「/」XML 文件的根節點開始執行每一個位置步驟的運算，其說明如下所示：

- **位置步驟 child:library**：**軸**是 child 子節點，**節點測試**是 library，沒有**謂詞**，在此步驟選取 XML 文件 root 節點下的 library 根元素節點。
- **位置步驟 child::book[2]**：**軸**是 child 子節點，**節點測試**是 book，**謂詞**是 [2]，在此步驟是從 library 根元素節點開始，取出 book 子節點，使用謂詞進一步過濾出第 2 個 book 子元素節點（索引從 1 開始）。
- **位置步驟 child::author**：**軸**是 child 子節點，**節點測試**是 author，沒有**謂詞**，此步驟是從第 2 個 book 子元素節點開始，取出 author 子元素節點：

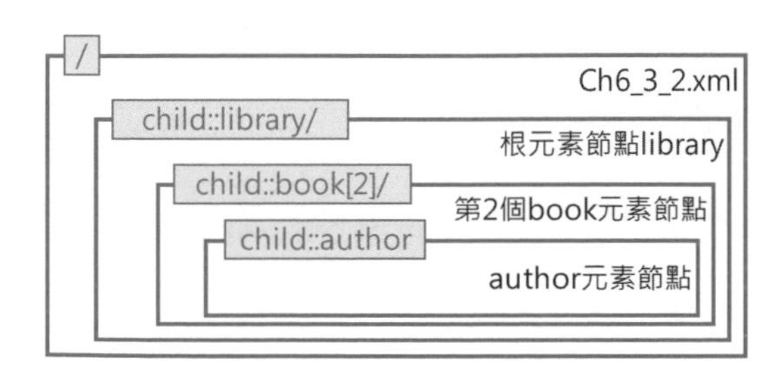

上述完整 XPath 位置路徑可以取出 library 根元素節點第 2 個子元素節點 book 的子元素節點 author，其值是作者：陳允傑。

6-4-2 軸

在位置步驟的軸（Axis）是用來定義目前位置和下一個位置之間的關係，簡單的說，軸可以指出節點的搜尋方向，以便在 XML/HTML 文件找尋所需的節點。

如果在位置步驟沒有指定軸，其預設值是 child 子節點。位置步驟共有 13 種軸，其說明如下表：

軸	說明
self	節點本身，即自己
child	目前節點位置的子節點
parent	目前節點位置的父節點
descendant	目前節點位置的所有下一層子孫節點
descendant-or-self	目前節點位置的節點本身和所有下一層子孫節點
ancestor	目前節點位置的所有上一層的祖先節點
ancestor-or-self	目前節點位置的節點本身和所有上一層祖先節點
following	目前節點位置之後的所有節點，包含子節點和兄弟節點，但不包含孫節點
following-sibling	目前節點位置之後的所有兄弟節點，但是不包含孫節點
preceding	目前節點位置之前的所有節點，包含父節點和兄弟節點，但是不包含祖先節點
preceding-sibling	目前節點位置之前的所有兄弟節點，但是不包含祖先節點
attribute	目前節點的屬性
namespace	目前節點的命名空間

在 HTML 網頁使用清單標籤

Ch6_4_2.html

在 HTML 網頁使用清單標籤定義 5 本圖書的書號和書價資料。

內容

```
01: <!DOCTYPE html>
02: <!-- 文件範例: Ch6_4_2.html -->
03: <html>
04: <head>
05: <meta charset="utf-8"/>
06: <title>XPath測試的HTML網頁</title>
07: </head>
08: <body>
09: <div>
10:   <ul>
11:     <li id="P679">
12:       <span class="money">650</span>
13:     </li>
14:     <li id="P697">
15:       <span class="money">650</span>
16:     </li>
17:     <li id="P716">
18:       <span class="money">600</span>
19:     </li>
20:     <li id="S728">
21:       <span class="money">590</span>
22:     </li>
23:     <li id="P717">
24:       <span class="money">680</span>
25:     </li>
26:   </ul>
27: </div>
28: </body>
29: </html>
```

上述 HTML 網頁使用 <ul> 和 <li> 標籤顯示 5 本圖書的定價資料，我們可以用網路上的 XML 視覺化工具來測試 XPath 表達式，其網址如下：

http://chris.photobooks.com/xml/default.htm

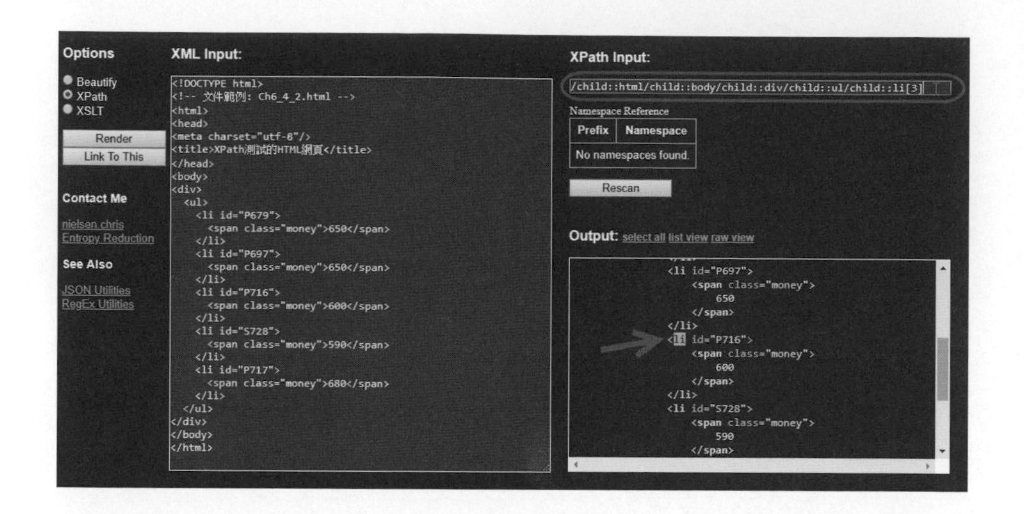

請複製 Ch6_4_2.html 的內容至上述 **XML Input** 區塊中，最左邊的 **Options** 請點選 **XPath**，然後在右上方輸入書號 P716 的 li 元素的 XPath 位置路徑：

```
/child::html/child::body/child::div/child::ul/child::li[3]
```

按下 Enter 鍵，可以看到下方 <li> 標籤反白顯示，表示選取此 HTML 標籤。因為軸的預設值是 child，我們可以省略每一個步驟的 child::。

```
/html/body/div/ul/li[3]
```

當然，我們也可以在 Chrome **開發人員工具的 Console** 標籤輸入 JavaScript 程式碼來測試 XPath 表達式，如下所示：

```
$x("/html/body/div/ul/li[3]")
```

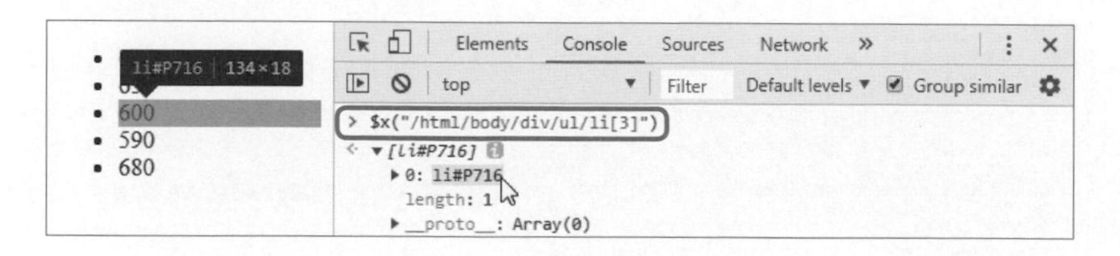

上述位置路徑可以選擇 HTML 網頁的第 3 個 li 元素節點。現在，我們就可以使用 Ch6_4_2.html 來測試各種軸選取的元素節點，**請注意！**在下表的 XPath 位置路徑只有列出最後一個位置步驟，例如：「self::*」的完整 XPath 位置路徑，如下所示：

```
/child::html/child::body/child::div/child::ul/child::li[3]/self::*

或

/html/body/div/ul/li[3]/self::*
```

XPath 位置路徑各種軸選取的元素節點，如下表所示：

XPath位置路徑	選取的元素節點
self::*	第 3 個 li 元素節點
child::*	下一層的 span 子元素節點
parent::*	上一層的 ul 父元素節點
descendant::*	span 元素節點
descendant-or-self::*	li 和 span 元素節點
ancestor::*	ul、div、body 和根節點 html
ancestor-or-self::*	li、ul、div、body 和根節點 html
following::*	第 4 和 5 個 li 元素節點和其 span 子元素節點
following-sibling::*	第 4 和 5 個 li 元素節點
preceding::*	第 1 和 2 個 li 元素節點和其 span 子元素節點
preceding-sibling::*	第 1 和 2 個 li 素節點
attribute::*	屬性 id 節點值 P716

6-4-3 節點測試

節點測試（Node Test）是當位置步驟定義好軸的上下文節點關係後，指定選擇哪些節點，如果有下一步的位置步驟，就是選出下一步所需的節點範圍。節點測試包含「節點名稱」、「節點種類」和「萬用字元」。

✪ 節點名稱

在**節點測試**可以使用元素或屬性名稱來取得指定節點，稱為**節點名稱**（Node Name），如下表所示：

節點測試	說明
節點名稱	指定元素或屬性名稱，如果有**命名空間**字首，也需一併加上。 **請注意！**屬性名稱只能使用 attribute 軸

例如：在 XML 文件 Ch6_3_2.xml 選取所有 price 元素節點，我們可以從「/」根節點開始，透過每一步位置步驟的節點測試，使用節點名稱來選取 XML 元素節點。例如：所有 book 子元素節點（省略 child 軸），如下所示：

```
/library/book
library/book
```

上述位置路徑分別是從根節點和根元素節點開始，使用預設 child 軸選取所有 book 子孫元素節點，如下圖所示：

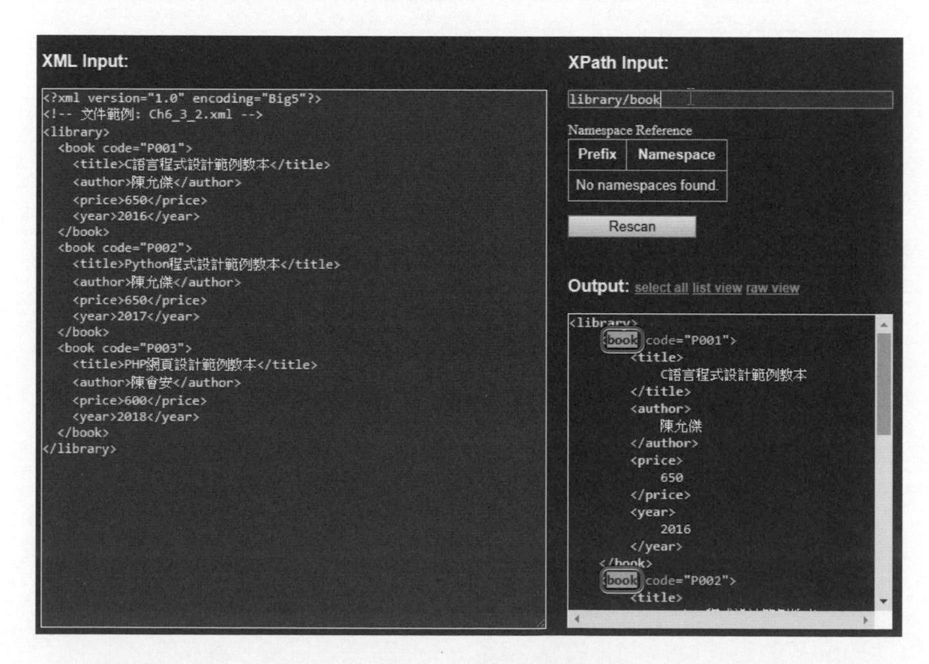

另一種方式是使用 descendant-or-self 軸，如下所示：

```
/descendant-or-self::price
```

上述位置路徑可以取得根節點下所有 price 元素節點，在 XML 文件只要擁有 price 元素節點都符合位置路徑。對於 XML 元素的屬性，在找到指定元素節點後，可以使用 attribute 軸和屬性名稱來取得屬性節點，如下所示：

```
/library/book/attribute::code
```

上述位置路徑是從根節點開始，一層一層向下找尋子元素節點 book，最後找到所有 code 屬性節點。

✪ 節點種類

XPath 節點測試可以使用**節點種類**（Node Kind）的相關函數來取得節點的內容，如下表所示：

節點測試	說明
text()	任何的文字節點
node()	任何節點

在 XML 文件如果需要選取 XPath 資料模型指定種類的節點內容時，我們可以使用上表 XPath 相關函數來取得節點內容，如下所示：

```
/descendant-or-self::text()
/descendant-or-self::node()
```

上述位置路徑可以選取所有文字節點和所有節點。

✪ 萬用字元

XPath 節點測試可以使用**萬用字元**（Wildcard）「*」選取所有元素和屬性節點，如下表所示：

節點測試	說明
*	萬用字元，表示所有符合的元素和屬性節點
字首:*	擁有命名空間字首的萬用字元，表示所有符合擁有字首的元素和屬性節點，適用 XML

以 Ch6_4_2.html 為例，萬用字元的節點測試範例，如下表所示：

XPath 位置路徑範例	說明
/html/body/div/ul/child::*	選取 ul 元素節點下所有 li 子元素節點
html/body/div/ul/child::*	選取 ul 元素節點下所有 li 子元素節點
/*/*/*/*/*/child::span	選取所有前面有 5 層的 span 元素節點
/descendant-or-self::*	選取所有元素節點，包含根元素節點
/descendant-or-self::span/attribute::*	選取所有 span 元素的屬性節點

6-4-4 謂詞

在位置步驟可以使用 0 到多個**謂詞**（Predicates）來進一步過濾節點測試選取的節點，以便找出所需的節點資料，或節點包含的特定值。

謂詞是在「[」和「]」符號之間定義的過濾條件，可以使用 XPath 運算子進行元素或屬性值的比較，或使用 XPath 函數建立過濾條件。

✪ 使用比較運算子

謂詞可以使用比較運算子建立過濾條件，詳細 XPath 運算子說明請參閱第 6-5-1 節。以 Ch6_4_2.html 為例的 XPath 位置路徑範例，如下表所示：

XPath 位置路徑範例	說明
/descendant-or-self::li/span[attribute::class]	選擇 li 元素擁有屬性 class 的所有 span 子元素
/descendant-or-self::li[attribute::id='S728']	選擇 li 元素擁有 id 屬性值是 S728
/descendant-or-self::li[child::span > 600]	所有子元素 span 值大於 600 的 li 元素

✪ 使用索引位置

在謂詞可以使用數字指定子節點的索引位置，索引值是從 1 開始，例如：在 Ch6_4_2.html 取出第 3 個 li 元素的 span 子元素，如下所示：

```
/html/body/div/ul/li[3]/span
```

上述位置路徑取出第 3 個 li 元素的 span 子元素，在倒數第 2 個位置步驟的謂詞使用索引值 3，可以找出第 3 個 li 子節點。

以 Ch6_4_2.html 為例的 XPath 位置路徑範例，如下表所示：

XPath 位置路徑範例	說明
/descendant-or-self::li[1]	選擇第 1 個 li 元素
/descendant-or-self::li[3]	選擇第 3 個 li 元素

✪ 使用 position() 和 last() 函數

XPath 可以使用 position() 函數傳回目前節點的索引位置，last() 函數是傳回目前取得的節點數，即最後一個子節點的索引位置。以 Ch6_4_2.html 為例的 XPath 位置路徑範例，如下表所示：

XPath 位置路徑範例	說明
/descendant-or-self::li[position() <= 2]	使用 postion() 函數取得索引位置小於等於 2 的 li 子節點
/descendant-or-self::li[last()]	使用 last() 函數選取最後 1 個 li 節點
/descendant-or-self::li[last()-1]	使用 last() 函數選取倒數第 2 個 li 節點

✪ 多重謂詞

在 XPath 位置步驟可以同時使用多個謂詞來建立過濾條件，其運算順序是從左至右進行運算。底下是以 Ch6_4_2.html 為例的 XPath 位置路徑範例：

XPath位置路徑範例	說明
/descendant-or-self::li[position() > 1][span = 650]	選取索引位置大於 1 的 li 節點，而且其 span 子節點值為 650
/descendant-or-self::span[attribute::class='money'][3]	選擇 span 節點擁有 class 屬性值為 money，且為第 3 個 span 節點

6-4-5 XPath 表達式的縮寫表示法

XPath 位置路徑如果完整使用軸、節點測試和謂詞來撰寫位置步驟，整個 XPath 位置路徑將十分冗長，所以，XPath 提供縮寫表示法來簡化位置路徑。本節使用的 XML 文件範例是 Ch6_4_5.xml，其內容如下所示：

內容

```
01: <?xml version="1.0" encoding="Big5"?>
02: <!-- 文件範例: Ch6_4_5.xml -->
03: <glossary>
04:   <item>
05:     <title lang="EN">eXtensible Markup Language</title>
06:     <definition>可擴充標記語言<title>XML</title>
07:     </definition>
08:     <num>1000</num>
09:   </item>
10:   <item>
11:     <title lang="TW">encoding</title>
12:     <definition>字碼集</definition>
13:     <num>1020</num>
14:   </item>
15:   <item>
16:     <title lang="EN">Uniform Resource Identifier</title>
17:     <definition>統一資源識別符號<title>URI</title>
18:     </definition>
19:     <num>2000</num>
20:   </item>
21: </glossary>
```

上述 XML 文件的根元素是 glossary，其下擁有 3 個 item 子元素的名詞定義資料。

XPath 位置路徑提供縮寫表示法，可以使用運算子符號來代替位置步驟的軸，如下表所示：

運算子	說明	相當位置路徑的軸
none	沒有使用運算子，表示是其子節點，預設值	child::
//	遞迴下層路徑運算子，指出所有在節點下層的符合節點，不只是子節點，可以是下下層的子節點	/descendant-or-self::
.	目前的節點	self::
..	父節點	parent::
@	元素的屬性	attribute::

XPath 位置路徑使用縮寫表示法的範例，如下表所示：

XPath 位置路徑範例	說明
/glossary	選取根元素 glossary
glossary/item	選取所有 glossary 子元素 item
/glossary/item/*	選取 /glossary/item 下的所有元素
//item	選取所有 item 元素
/glossary/item//title	選取所有 item 元素之下的 title 子孫元素
//item/.	選取所有 item 元素
//item/..	選取 item 元素的父元素 glossary
/*/*/*/title	選取所有前面有三層的 title 元素
//*	選取所有的元素
/glossary/item[1]/title	選取第 1 個 item 元素的 title 子元素
/glossary/item[2]/title	選取第 2 個 item 元素的 title 子元素
/glossary/item[last()]/title	選取最後 1 個 item 元素的 title 子元素
/glossary/item/title[@lang]	選取 item 元素下擁有屬性 lang 的所有 title 元素
/glossary/item/title[@*]	選取 item 元素下擁有任何屬性的所有 title 元素
/glossary/item/title[@lang='TW']	選取 item 元素下擁有屬性 lang 值為 TW 的所有 title 元素
/glossary/item[num > 1000]	選取 item 元素的 num 子元素大於 1000 的所有 item 元素
/glossary/item[num > 1500]/title	選取 item 元素的 num 子元素大於 1500 的所有 title 元素

6-4-6 組合的位置路徑

XPath 位置路徑如果不只一個，我們可以使用組合運算子「|」來組合多個位置路徑，也稱為**管道**，其語法如下所示：

```
位置路徑 1 | 位置路徑 2 | ……
```

以 Ch6_4_5.xml 的 XPath 組合位置路徑範例，如下表所示：

XPath 位置路徑範例	說明
//item/title | // item/num	選取所有 item 的 title 和 num 子元素
//title | //definition	選取所有 item 和 definition 元素

6-5 XPath 運算子與函數

XPath 位置路徑可以使用運算子或 XPath 函數來選取所需的節點，XPath 運算子支援基本數學和比較運算。

6-5-1 XPath 運算子

XPath 表達式可以使用 XPath 運算子執行計算或比較來建立條件，XPath 運算子說明如下表：

運算子	說明	範例	傳回值
+	加法	8 + 3	11
-	減法	8 - 3	5
*	乘法	5 * 4	20
div	除法	6 div 3	2
=	等於	price = 550	如果 price 元素值是 550 傳回 true，否則為 false
!=	不等於	price != 550	如果 price 元素值不是 550 傳回 true，否則為 false
<	小於	price < 550	如果 price 元素值小於 550 傳回 true，否則為 false
<=	小於等於	price <= 550	如果 price 元素值小於等於 550 傳回 true，否則為 false
>	大於	price > 550	如果 price 元素值大於 550 傳回 true，否則為 false
>=	大於等於	price >= 550	如果 price 元素值大於等於 550 傳回 true，否則為 false
or	或	price=550 or price=650	如果 price 元素值等於 550 或等於 650 傳回 true，否則為 false
and	且	price>550 and price<650	如果 price 元素值大於 550 且小於 650 傳回 true，否則為 false
mod	餘數	9 mod 2	1

6-5-2 XPath 函數

XPath 位置路徑可以使用 XPath 函數取得所需的節點，XPath 提供多種函數來執行節點測試、布林、字串處理和數學運算。

節點測試相關函數

XPath 函數	說明
position()	傳回元素的位置索引，從 1 開始
last()	傳回選取的節點數，也就是最後一個節點的索引位置
count(node-test)	傳回參數選取的節點數量

以下是 XPath 位置路徑關於節點測試的範例（以 Ch6_4_5.xml 為例）：

XPath 位置路徑範例	說明
//*[count(title)=1]	所有元素擁有 1 個 title 子元素
//*[count(*)>=2]	所有元素擁有大於等於 2 個子元素
//item[position() mod 2 = 1]	所有奇數位置索引的 title 元素
/glossary/item[position()=2]	第 2 個 item 子元素，如同 item[2]

布林值、字串和數學的相關函數

XPath 函數	說明
boolean(object)	傳回參數轉換成的布林值
not(boolean)	參數 true 傳回 false，false 傳回 true
true()	傳回 true
false()	傳回 false
string(object)	傳回參數轉換成的字串值
concat(str1, str2..)	傳回結合所有參數的字串
contains(str1, str2)	如果 str1 包含 str2 傳回 true，否則為 false
starts-with(str1, str2)	如果 str1 是由 str2 開始傳回 true，否則為 false

XPath 函數	說明
substring(str, n1, n2)	傳回參數 str 字串從 n1 到 n2 的子字串，如果沒有 n2，就是從 n1 到最後
string-length(str)	傳回參數 str 的 Unicode 字元數
normalize-space(str)	刪除參數 str 前後的空白字元
translate(str1, str2, str3)	在 str1 找尋 str2，將它取代成 str3
number(object)	傳回參數轉換成的數值
sum(node-set)	傳回參數節點測試的節點值總和
floor(n)	傳回小於等於參數 n 的最大整數
ceiling(n)	傳回大於等於參數 n 的最小整數
round(n)	傳回最接近參數 n 的整數

6-6 XPath Helper 工具

XPath Helper 是 Chrome 瀏覽器擴充功能，可以讓我們輕鬆產生、編輯和測試 XPath 表達式來查詢 HTML 網頁。

安裝 XPath Helper

要在 Chrome 瀏覽器安裝 XPath Helper，需要進入 **Chrome 線上應用程式商店**，其步驟如下：

1. 請啟動 Chrome 瀏覽器輸入下列網址，即可進入 **Chrome 線上應用程式商店**，如下所示：

https://chrome.google.com/webstore/category/extensions?hl=zh-TW

2. 在左上方欄位輸入 **XPath Helper** 搜尋商店，可以在右邊看到搜尋結果，第 1 個就是 XPath Helper，請按下**加到 CHROME** 鈕，可以看到權限說明對話視窗。

3. 按下**新增擴充功能**鈕，安裝 XPath Helper，稍等一下，即可看到已經在工具列新增擴充功能的圖示，如下圖所示：

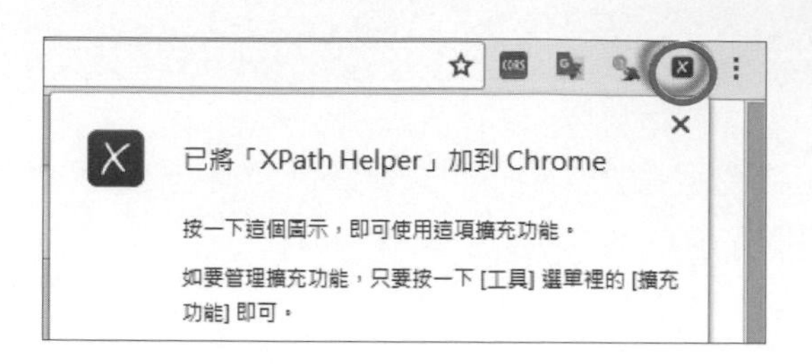

✪ 使用 XPath Helper

在成功新增 XPath Helper 擴充功能後，我們就可以使用 XPath Helper 來取得 XPath 表達式。例如：在旗標網站找出「Python 資料科學與人工智慧應用實務」一書封面圖片和書名文字的 XPath 表達式，此書是位在**程式設計與演算法**分類，其網址如下：

http://www.flag.com.tw/books/school_code_n_algo

1. 請啟動 Chrome 瀏覽器進入上述網址，然後點選右上方工具列的 **XPath Helper** 圖示，可以在視窗上方看到 XPath Helper 工具列，XPath Helper 是按住 Shift 鍵，然後移動游標來選取 HTML 元素。

2. 首先按住 Shift 鍵且移動游標至圖書表格的外面，可以看到背景顯示黃色，在上方 XPath Helper 工具列顯示產生的 XPath 表達式，右邊 RESULTS(1) 括號的數字 1，表示選取 1 個。

3 繼續按住 Shift 鍵，和移動游標至「Python 資料科學與人工智慧應用實務」圖書的儲存格，可以看到背景顯示黃色，上方 XPath Helper 工具列同步更改產生的 XPath 表達式。

4 請繼續按住 Shift 鍵，移動游標至「Python 資料科學與人工智慧應用實務」圖書的封面圖片，可以看到目前的 XPath 表達式已經更改，如下圖所示：

5 我們已經成功選取此書的封面圖片，請放開 Shift 鍵，在 XPath Helper 工具列複製選取此封面圖片的 XPath 表達式，如下所示：

```
/html/body[@class='homepage']/section[@class='allbooks']/table[@class='rwd-table']/tbody/tr[4]/td[3]/a/img/@src
```

請注意！經筆者測試 lxml 剖析 table 元素時，並沒有 tbody 子元素，table 元素的子元素是 tr 元素，如下所示：

```
/html/body[@class='homepage']/section[@class='allbooks']/table[@class='rwd-table']/tr[4]/td[3]/a/img/@src
```

6 接著是位在封面下方的書名，請再次按住 Shift 鍵，移動游標至「Python 資料科學與人工智慧應用實務」圖書封面下方的書名文字，可以看到目前的 XPath 表達式馬上同步更改，如下圖所示：

7 我們已經成功選取圖書的書名，請放開 Shift 鍵，在 XPath Helper 工具列複製選取此封面圖片的 XPath 表達式，如下所示：

```
/html/body[@class='homepage']/section[@class='allbooks']/table[@class='rwd-table']/tbody/tr[4]/td[3]/a/p
```

✪ 編輯 XPath 表達式

在 XPath Helper 工具列可以直接編輯 XPath 表達式來測試 XPath 的查詢結果。例如：修改 XPath 表達式查詢所有 td 元素，可以看到選取 91 個，如下圖所示：

```
/html/body[@class='homepage']/section[@class='allbooks']//td
```

QUERY
/html/body[@class='homepage']/section[@class='allbooks']//td
RESULTS (91)
實用 C 語言程式設計入門
Python 神乎其技 - 精要剖析語法精髓，大幅提升程式功力！
從零開始！邁向數據分析 SQL 資料庫語法入門

學習評量

1. 請舉例說明什麼是 XPath 語言？什麼是 lxml 套件？

2. 請簡單說明如何使用 Requests 和 lxml 套件來定位網頁元素？

3. 請使用圖例說明 XPath 資料模型。

4. 請說明 XPath 語言的基本語法？在位置步驟如果沒有指定軸，其預設值是 ＿＿＿＿＿＿。

5. 請問什麼是「謂詞」？在 XPath 節點測試可以使用 ＿＿＿＿＿＿ 選取所有元素和屬性節點。

6. 請寫出兩種不同 XPath 位置路徑，可以在 XML 文件 Ch6_3_2.xml 選取所有 price 元素節點。

7. 請使用第 6-4-2 節的 XML 視覺化工具，在貼上 Ch6_4_2.html 的 XML 文件後，測試第 6-4-2 ～ 6-4-4 節各表格說明的 XPath 位置路徑範例。

8. 請使用第 6-4-2 節的 XML 視覺化工具，在貼上 Ch6_4_5.xml 的 XML 文件後，測試第 6-4-5 節的 XPath 位置路徑範例。

7

CHAPTER

Selenium 表單互動與動態網頁擷取

7-1 認識動態網頁與 Selenium

動態網頁是指 Web 網站會因使用者互動、時間或各種參數來決定回應的網頁內容。Selenium 可以幫助我們爬取動態網頁內容。

7-1-1 動態網頁的基礎

動態網頁（Dynamic Web Pages）就是指動態內容（Dynamic Content），也就是說，我們每一次瀏覽網頁的內容可能都不同，例如：每日更新的股市資訊、商品價格和當日新聞等，或因使用者不同的互動，輸入不同的關鍵字，而回傳不同的查詢結果。基本上，動態網頁可以分成兩種：**客戶端動態網頁和伺服端動態網頁**。

✪ 客戶端動態網頁

客戶端動態網頁是在瀏覽器使用客戶端腳本語言（Client-side Scripting），例如：JavaScript，建立產生的動態網頁內容，**請注意！**網頁內容是在使用者的電腦產生內容，並不是在 Web 伺服器，其產生 HTML 網頁內容的過程有兩種，如下所示：

- 從 Web 伺服器下載內含 JavaScript 程式碼的 HTML 網頁後，瀏覽器執行 JavaScript 程式碼產生最後顯示的網頁內容，並與使用者互動。
- 從 Web 伺服器下載內含 JavaScript 程式碼的 HTML 網頁後，JavaScript 程式會依使用者互動，才使用 AJAX 技術從背景送出 HTTP 請求來取得產生網頁內容的資料。

說明

AJAX 是 Asynchronous JavaScript And XML 的縮寫，即非同步 JavaScript 和 XML 技術。AJAX 可以讓 Web 應用程式在瀏覽器建立出如同桌上型 Windows 應用程式般的使用介面，除了第 1 頁網頁，其他網頁內容都是背景送出 HTTP 請求取得資料（大部分是 JSON 資料），和使用 JavaScript 程式碼來產生網頁內容。

✪ 伺服端動態網頁

在 Web 伺服器使用伺服端腳本語言（Server-side Scripting），例如：PHP、ASP.NET 和 JSP 等，在伺服器執行伺服端腳本程式來產生回應至客戶端的 HTML 網頁內容，例如：登入表單、留言版、商品清單和購物車等。

7-1-2 認識 Selenium

對於網路爬蟲來說，動態內容是指使用 JavaScript 程式碼產生的 HTML 網頁內容，這些網頁內容在瀏覽器檢視原始程式碼時，是看不到對應的 HTML 標籤，所以無法使用 Beautiful Soup 或 lxml 來爬取資料。

✪ Selenium 自動瀏覽器

Selenium 是開放原始碼 Web 應用程式的軟體測試框架，一組跨平台的自動瀏覽器（Automates Browsers），其本來目的是幫助我們自動測試開發的 Web 應用程式。對於網路爬蟲來說，Selenium 可以幫助我們擷取動態內容和與 HTML 表單或網頁進行互動，其官方網址是：https://www.seleniumhq.org/。

基本上，Selenium 是啟動真實瀏覽器來進行網站操作自動化，不只可以使用 CSS 選擇器和 XPath 表達式定位網頁資料來擷取即時的內容，包含 JavaScript 程式碼產生的 HTML 標籤，也適用 AJAX 技術的客戶端動態網頁資料的擷取。

不只如此，Selenium 更可以直接與網頁元素進行即時互動，讓我們使用程式碼控制瀏覽器操作來進行互動，例如：在登入表單輸入使用者名稱和密碼來登入網站，也就是說，我們可以使用程式碼來控制 HTML 表單欄位資料的輸入、介面選擇和送出表單等使用者互動操作過程。

✪ Selenium 自動瀏覽器的元件

Selenium 自動瀏覽器並不是單一元件，而是由多種元件組成的完整自動測試套件，其簡單說明如下：

- **Selenium 整合開發環境**（Selenium IDE）：這是 Firefox 附加元件和 Chrome 擴充功能，一套建立 Selenium 測試的整合開發環境，可以錄製、編輯和除錯我們建立的 Selenium 測試。

- **Selenium 客戶端 API**（Selenium Client API）：Selenium 支援使用 Java、C#、Ruby、JavaScript 和 Python 語言來建立 Selenium 測試，程式碼是使用 Selenium 客戶端 API 的函數呼叫來與 Selenium 進行通訊，即 Selenium WebDriver。

- **Selenium WebDriver**：Selenium WebDriver 可以接收 Selenium 客戶端 API 方法送出的命令來控制 Web 瀏覽器，支援 Firefox、Chrome、Internet Explorer、Safari 或 Microsoft Edge 瀏覽器。

以 Python 語言來說，我們是建立 Python 程式使用 Selenium 客戶端 API 送出命令至 Selenium WebDriver，可以控制 Chrome 瀏覽器瀏覽網頁內容來擷取所需的資料。

7-2 安裝 Selenium

Selenium 的安裝分成兩部分，一是 Python 語言的 Selenium 客戶端 API，二是針對指定瀏覽器的驅動程式，在本書是使用 Chrome 瀏覽器。

✪ 安裝 Python 語言的 Selenium 客戶端 API

Python 語言的 Selenium 客戶端 API 稱為 Python Bindings for Selenium，請執行『**開始 /Anaconda3 (64-bits)/Anaconda Prompt**』命令開啟 **Anaconda Prompt** 命令提示字元視窗後，輸入指令來安裝 Selenium 客戶端 API：

```
(base) C:\Users\JOE>pip install selenium  Enter
```

輸入此指令

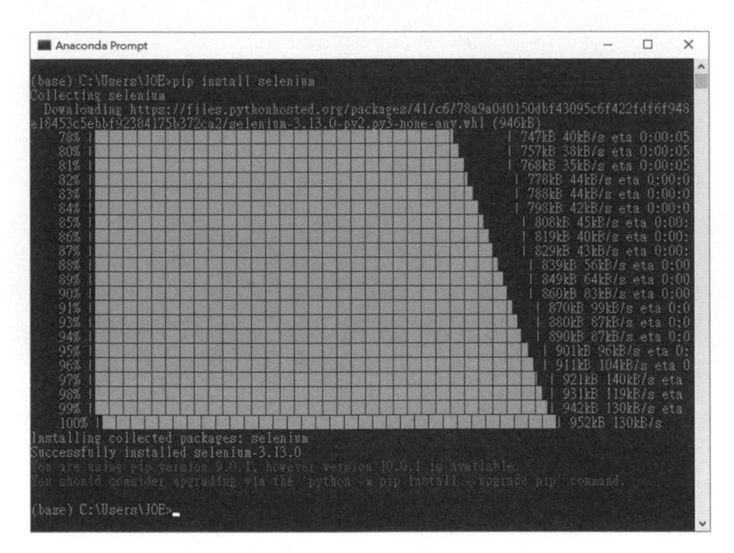

在成功安裝 Python Bindings for Selenium 模組後，Python 程式可以匯入 webdriver 模組，如下所示：

```
from selenium import webdriver
```

✪ 下載和安裝指定瀏覽器的驅動程式

Selenium 可以透過驅動程式來控制真實的瀏覽器，我們需要依使用的瀏覽器來下載和安裝指定的驅動程式，如下表所示：

瀏覽器	驅動程式
Chrome	https://sites.google.com/a/chromium.org/chromedriver/downloads
Edge	https://developer.microsoft.com/en-us/microsoft-edge/tools/webdriver/
Firefox	https://github.com/mozilla/geckodriver/releases
Safari	https://webkit.org/blog/6900/webdriver-support-in-safari-10/

以本書為例是下載 Chrome 瀏覽器的驅動程式，請啟動瀏覽器進入上表的下載網址，如下圖所示：

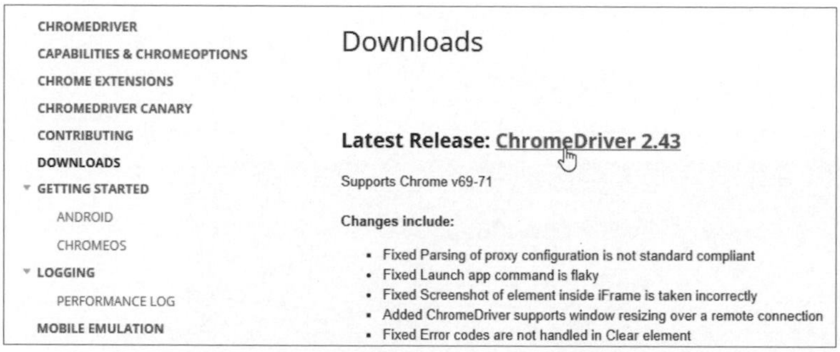

CHROMEDRIVER
CAPABILITIES & CHROMEOPTIONS
CHROME EXTENSIONS
CHROMEDRIVER CANARY
CONTRIBUTING
DOWNLOADS
GETTING STARTED
ANDROID
CHROMEOS
LOGGING
PERFORMANCE LOG
MOBILE EMULATION

Downloads

Latest Release: ChromeDriver 2.43

Supports Chrome v69-71

Changes include:

- Fixed Parsing of proxy configuration is not standard compliant
- Fixed Launch app command is flaky
- Fixed Screenshot of element inside iFrame is taken incorrectly
- Added ChromeDriver supports window resizing over a remote connection
- Fixed Error codes are not handled in Clear element

點選 **ChromeDriver 2.43** 超連結，可以看到下載檔案清單，如下圖所示：

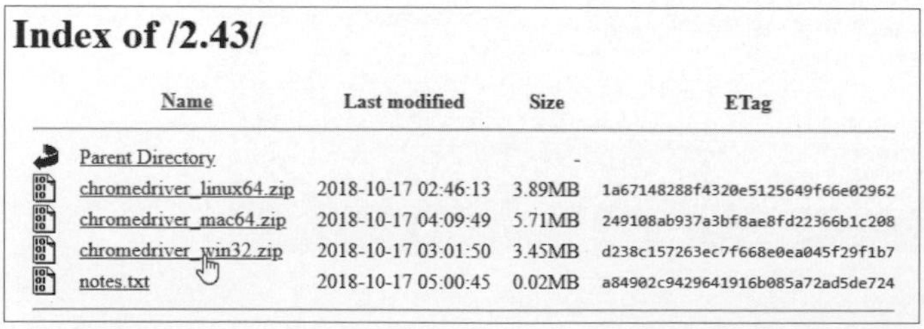

Index of /2.43/

Name	Last modified	Size	ETag
Parent Directory		-	
chromedriver_linux64.zip	2018-10-17 02:46:13	3.89MB	1a67148288f4320e5125649f66e02962
chromedriver_mac64.zip	2018-10-17 04:09:49	5.71MB	249108ab937a3bf8ae8fd22366b1c208
chromedriver_win32.zip	2018-10-17 03:01:50	3.45MB	d238c157263ec7f668e0ea045f29f1b7
notes.txt	2018-10-17 05:00:45	0.02MB	a84902c9429641916b085a72ad5de724

請點選 **chromedriver_win32.zip** 下載 Windows 作業系統的驅動程式。成功下載 Chrom 瀏覽器的驅動程式檔案後，請解壓縮 ZIP 檔案至書附檔案的「Ch07」資料夾下，即位在和本書 Python 程式相同的目錄，可以在目錄下看到 **chromedriver.exe** 驅動程式的執行檔。

7-3 Selenium 的基本用法

在 Anaconda 成功安裝 Selenium 和瀏覽器驅動程式後，我們就可以使用 Selenium 啟動 Chrome 瀏覽器來控制瀏覽器的網頁瀏覽。

✪ 使用 Selenium 啟動 Chrome 瀏覽器 Ch7_3.py

在 Python 程式匯入 webdriver 模組後，我們就可以建立指定瀏覽器物件：

```
from selenium import webdriver
import time

driver = webdriver.Chrome("./chromedriver")
time.sleep(5)
driver.quit()
```

上述程式碼匯入 webdriver 和 time 模組後，呼叫 Chrome() 函數啟動 Chrome 瀏覽器（Firefox 是呼叫 Firefox() 函數），參數是 chromedriver.exe 驅動程式路徑，以此例是和 Python 程式位在相同目錄，然後呼叫 sleep() 函數暫停 5 秒後，即可呼叫 quit() 或 close() 函數來關閉瀏覽器視窗，其說明如下表：

函數	說明
webdriver.close()	關閉 WebDriver 目前開啟的瀏覽器視窗
webdriver.quit()	此函數就是呼叫 dispose() 函數關閉所有開啟的瀏覽器視窗和安全結束交談期間

當執行 Python 程式，可以看到啟動瀏覽器視窗，在等待 5 秒鐘後，會自動關閉視窗，如下圖所示：

上述瀏覽器的上方顯示「Chrome 目前受到自動測試軟體控制」的訊息列，因為這是 Selenium 控制的瀏覽器視窗。

✪ 取得 HTML 網頁的原始內容

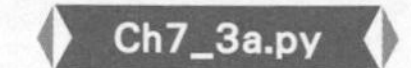

當 Selenium 啟動瀏覽器後，我們可以瀏覽指定網址來載入網頁，使用的是 get() 函數，如下所示：

```
from selenium import webdriver

driver = webdriver.Chrome("./chromedriver")
driver.implicitly_wait(10)
driver.get("http://example.com")
print(driver.title)
html = driver.page_source
print(html)
driver.quit()
```

上述程式碼呼叫 get() 函數取得 http://example.com 網站的首頁，並且在之前呼叫 implicitly_wait(10) 函數隱含等待 10 秒鐘，以便等待瀏覽器成功載入 HTML 網頁，參數 10 秒是等待時間，當成功載入就會馬上結束等待，當然有可能等待更長時間，因為這會等到成功取得相關屬性值為止。

瀏覽器在成功載入 HTML 網頁建立 DOM 後，因為網頁內容已經載入，所以使用 title 屬性取得 <title> 標籤內容，page_source 屬性可以取得 HTML 原始碼，其執行結果會先啟動 Chrome 瀏覽器載入和顯示網頁內容：

然後在 Spyder 的 IPython console 可以看到 page_source 屬性值的 HTML 標籤，第 1 列是 <title> 標籤的內容，如下所示：

執行結果

```
Example Domain
<!DOCTYPE html><html xmlns="http://www.w3.org/1999/xhtml"><head>
    <title>Example Domain</title>
⋮
</head>

<body>
<div>
    <h1>Example Domain</h1>
    ⋮
</div>

</body></html>
```

✪ 剖析儲存成 HTML 網頁檔案

Ch7_3b.py

因為 Selenium 取得的是瀏覽器即時產生的 HTML 標籤碼，在 Python 程式可以配合 Beautiful Soup 剖析取得的 HTML 標籤碼，和將它輸出儲存成 HTML 網頁檔案，以便進一步使用**開發人員工具**來分析 HTML 標籤，如下所示：

```
from selenium import webdriver
from bs4 import BeautifulSoup

driver = webdriver.Chrome("./chromedriver")
driver.implicitly_wait(10)
driver.get("http://example.com")
print(driver.title)
```

上述程式碼啟動瀏覽器載入 http://example.com 的首頁後，首先顯示 <title> 標籤後，在下方建立 BeautifulSoup 物件，其參數 page_source 屬性取得即時 HTML 標籤字串，如下所示：

```
soup = BeautifulSoup(driver.page_source, "lxml")
fp = open("index.html", "w", encoding="utf8")
fp.write(soup.prettify())
```

```
print("寫入檔案index.html...")
fp.close()
driver.quit()
```

上述程式碼建立 BeautifulSoup 物件後，呼叫 open() 函數開啟檔案，write() 函數使用 prettify() 函數來格式化輸出剖析的 HTML 網頁，可以儲存成 index.html 檔案，其執行結果如下：

執行結果

```
Example Domain
寫入檔案index.html...
```

在 Python 程式的同一目錄可以看到新增的 index.html 檔案。

> **請注意！** index.html 檔案和網頁實際 HTML 原始程式碼不一定相同，因為有些 HTML 標籤可能是 JavaScript 程式碼產生的網頁內容。

✪ 使用 Selenium 定位網頁資料

Ch7_3c.py

Selenium 支援定位 HTML 網頁資料的相關函數，我們可以呼叫 find_element_by_tag_name() 函數定位 <h1> 和 <p> 標籤（更多定位函數的說明請參閱第 7-4 節）：

```
h1 = driver.find_element_by_tag_name("h1")
print(h1.text)
p = driver.find_element_by_tag_name("p")
print(p.text)
driver.quit()
```

上述程式碼首先呼叫函數定位 <h1> 標籤，再用 text 屬性取得標籤內容（取得屬性值是呼叫 get_attribute() 函數），接著是 <p> 標籤，執行結果如下：

執行結果

```
Example Domain
This domain is established to be used for illustrative examples in
documents. You may use this domain in examples without prior
coordination or asking for permission.
```

請注意！text 屬性取得的是標籤內容，如果需要取得 <h1> 標籤的原始 HTML 標籤（不含 <h1> 標籤本身），請呼叫 get_attribute() 函數取得 "innerHTML" 屬性值，如下所示：

```
html_h1 = h1.get_attribute("innerHTML")
```

如果 HTML 標籤需要包含 <h1> 標籤本身，請使用 "outerHTML" 屬性：

```
html_h1 = h1.get_attribute("outerHTML")
```

✪ 使用 Beautiful Soup 定位網頁資料 Ch7_3d.py

除了使用 Selenium 的定位函數外，我們一樣可以使用 Selenium 取得 HTML 標籤字串後，搭配 Beautiful Soup 來剖析和擷取資料，如下所示：

```
soup = BeautifulSoup(driver.page_source, "lxml")
tag_h1 = soup.find("h1")
print(tag_h1.string)
tag_p = soup.find("p")
print(tag_p.string)
driver.quit()
```

上述程式碼建立 BeautifulSoup 物件剖析 HTML 標籤字串後，呼叫 find() 函數分別找出 <h1> 和 <p> 標籤，再用 string 屬性取得標籤內容：

執行結果

```
Example Domain
This domain is established to be used for illustrative examples in
documents. You may use this
    domain in examples without prior coordination or asking for
permission.
```

與 Python 程式 Ch7_3c.py 的執行結果相比較，可以發現 BeautifulSoup 剖析的 <p> 標籤內容會保留新行字元「\n」，和多餘空白字元。

7-4 定位網頁資料與例外處理

Selenium 支援多種網頁資料定位函數，可以讓我們使用 id 屬性、class 屬性、標籤名稱、CSS 選擇器和 XPath 表達式來定位網頁資料。

7-4-1 認識 Selenium 網頁資料定位函數

Selenium 除了搭配 Beautiful Soup 函式庫來定位和搜尋網頁資料外，其本身也支援兩組網頁資料定位函數，如下所示：

- **find_element_by_??() 函數**：函數使用 find_element_by 開頭，可以取出 HTML 網頁中符合的第 1 筆 HTML 元素，就算有符合多筆，也只會取回第 1 筆。

- **find_elements_by_??() 函數**：函數使用 find_elements_by 開頭（**請注意！**是 elements），可以取回符合的 HTML 元素清單。

Selenium 網頁資料定位函數

接著，將使用 find_element_by_??() 函數為例，來說明 Selenium 的網頁資料定位函數，如下表所示：

網頁資料定位函數	說明
find_element_by_id()	使用 id 屬性值定位網頁資料
find_element_by_name()	使用 name 屬性值定位網頁資料
find_element_by_xpath()	使用 XPath 表達式定位網頁資料
find_element_by_link_text()	使用超連結文字定位網頁資料
find_element_by_partial_link_text()	使用部分超連結文字定位網頁資料
find_element_by_tag_name()	使用標籤名稱定位網頁資料
find_element_by_class_name()	使用 class 屬性值定位網頁資料
find_element_by_css_selector()	使用 CSS 選擇器定位網頁資料

✪ 在本節使用的範例 HTML 網頁檔案

在第 7-4 節使用的範例 HTML 網頁檔案是 Ch7_4.html，如下所示：

```
<!DOCTYPE html>
<html>
<head>
  <meta charset="utf-8"/>
  <title>定位函數測試的HTML網頁檔案</title>
</head>
<body>
  <h3 class="content">請輸入名稱和密碼登入網站...</h3>
  <form id="loginForm">
   名稱:
   <input type="text" name="username" id="loginName"/><br/>
   密碼:
   <input type="text" name="password" id="loginPwd"/><br/>
   <input type="submit" name="continue" value="登入"/>
   <input type="button" name="continue" value="清除"/>
  </form>
  <p class="question">確認執行登入操作?</p>
  <a href="continue.html">Continue</a>
  <a href="cancel.html">取消</a>
</body>
</html>
```

7-4-2 使用網頁資料定位函數

為了方便測試第 7-4-1 節 Selenium 網頁資料定位函數，在本節的 Python 程式是載入本機 HTML 檔案來進行測試，如下所示：

```
from selenium import webdriver
import os

driver = webdriver.Chrome("./chromedriver")
html_path = "file:///" +os.path.abspath("Ch7_4.html")
driver.implicitly_wait(10)
driver.get(html_path)
```

上述程式碼匯入 webdriver 和 os 模組後，建立本機 Ch7_4.html 的 HTML 檔案路徑後，呼叫 get() 函數載入 HTML 檔案內容，接著就可以測試執行 Selenium 網頁資料定位函數。

✪ 使用 id 屬性定位網頁資料

Ch7_4_2.py

我們可以呼叫 find_element_by_id() 函數使用 id 屬性值來定位網頁資料，**請注意！**因為 HTML 網頁的 id 屬性值是唯一，所以沒有對應的 find_elements_by_id() 函數，如下所示：

```
form = driver.find_element_by_id("loginForm")
print(form.tag_name)
print(form.get_attribute("id"))
```

上述程式碼使用 id 屬性值 "loginForm" 找到 HTML 元素後，使用 tag_name 屬性取得標籤名稱，get_attribute() 函數取得參數 id 屬性值，執行結果如下：

執行結果

```
form
loginForm
```

✪ 使用 name 屬性定位網頁資料

Ch7_4_2a.py

一般來說，HTML 表單欄位都會有 name 屬性值，所以我們可以使用 find_element_by_name() 函數以 name 屬性值來定位網頁資料，如下所示：

```
user = driver.find_element_by_name("username")
print(user.tag_name)
print(user.get_attribute("type"))
```

上述程式碼使用 name 屬性值 "username" 找到 HTML 元素後，使用 tag_name 屬性取得標籤名稱，get_attribute() 函數取得參數 id 屬性值，其執行結果如下：

執行結果

```
input
text
```

因為 name 屬性值並非唯一值，所以支援 find_elements_by_name() 函數（**請注意！**是 elements）找出所有同名的 name 屬性值，如下所示：

```
eles = driver.find_elements_by_name("continue")
for ele in eles:
    print(ele.get_attribute("type"))
```

上述程式碼使用 name 屬性值 "continue" 找出同名的所有 HTML 元素後，使用 for/in 迴圈顯示每一個 HTML 元素的 type 屬性值，其執行結果如下所示：

執行結果

```
submit
button
```

✪ 使用 XPath 表達式定位網頁資料

Ch7_4_2b.py

Selenium 支援 XPath 表達式定位網頁資料，使用的是 find_elements_by_xpath() 函數，首先定位 <form> 標籤，如下所示：

```
form1 = driver.find_element_by_xpath("/html/body/form[1]")
print(form1.tag_name)
form2 = driver.find_element_by_xpath("//form[1]")
print(form2.tag_name)
form3 = driver.find_element_by_xpath("//form[@id='loginForm']")
print(form3.tag_name)
```

上述程式碼使用 XPath 表達式分別找出第 1 個 <form> 標籤，和 id 屬性值 "loginForm" 的 <form> 標籤後，使用 tag_name 屬性取得標籤名稱：

執行結果

```
form
form
form
```

接著，找出密碼欄位的 <input> 標籤，如下所示：

```
pwd1 = driver.find_element_by_xpath("//form/input[2][@name='password']")
print(pwd1.get_attribute("type"))
pwd2 = driver.find_element_by_xpath("//form[@id='loginForm']/input[2]")
print(pwd2.get_attribute("type"))
pwd3 = driver.find_element_by_xpath("//input[@name='password']")
print(pwd3.get_attribute("type"))
```

上述程式碼使用 XPath 表達式分別找出 <form> 標籤的第 2 個 <input> 子標籤，和 name 屬性值是 "password" 的 <input> 標籤後，使用 get_attribute() 函數取得參數 type 屬性值，其執行結果如下所示：

執行結果

```
text
text
text
```

最後是找出清除按鈕的 <input> 標籤，如下所示：

```
clear1 = driver.find_element_by_xpath("//input[@name='continue']
[@type='button']")
print(clear1.get_attribute("type"))
clear2 = driver.find_element_by_xpath("//form[@id='loginForm']/input[4]")
print(clear2.get_attribute("type"))
```

上述程式碼使用 XPath 表達式，透過 name 和 type 屬性值找出 <input> 標籤，和定位第 4 個 <input> 標籤後，使用 get_attribute() 函數取得參數 type 屬性值，其執行結果如下所示：

執行結果

```
button
button
```

✪ 使用超連結文字定位網頁資料 Ch7_4_2c.py

find_element_by_link_text() 和 find_element_by_partial_link_text() 函數可以使用超連結的文字內容或部分文字內容來定位網頁資料，如下所示：

```
link1 = driver.find_element_by_link_text('Continue')
print(link1.text)
link2 = driver.find_element_by_partial_link_text('Conti')
print(link2.text)
link3 = driver.find_element_by_link_text('取消')
print(link3.text)
link4 = driver.find_element_by_partial_link_text('取')
print(link4.text)
```

上述程式碼分別使用英文和中文超連結的文字內容或部分文字內容來定位 <a> 標籤，text 屬性可以顯示標籤內容，其執行結果如下所示：

執行結果

```
Continue
Continue
取消
取消
```

✪ 使用標籤名稱定位網頁資料 Ch7_4_2d.py

我們可以用 find_element_by_tag_name() 函數以標籤名稱來定位網頁資料：

```
h3 = driver.find_element_by_tag_name("h3")
print(h3.text)
p = driver.find_element_by_tag_name("p")
print(p.text)
```

上述程式碼是使用標籤名稱來找出 <h3> 和 <p> 標籤後，使用 text 屬性取得標籤內容，其執行結果如下：

執行結果

```
請輸入名稱和密碼登入網站...
確認執行登入操作?
```

✪ 使用 class 屬性定位網頁資料

Ch7_4_2e.py

我們可以呼叫 find_element_by_class_name() 函數，使用 class 屬性值來定位網頁資料，如下所示：

```
content = driver.find_element_by_class_name("content")
print(content.text)
```

上述程式碼找出 class 屬性值 "content" 的 HTML 標籤後，使用 text 屬性取得標籤內容，其執行結果如下所示：

執行結果

```
請輸入名稱和密碼登入網站...
```

✪ 使用 CSS 選擇器定位網頁資料

Ch7_4_2f.py

我們可以呼叫 find_element_by_css_selector() 函數使用 CSS 選擇器來定位網頁資料，如下所示：

```
content = driver.find_element_by_css_selector("h3.content")
print(content.text)
p = driver.find_element_by_css_selector("p")
print(p.text)
```

上述程式碼使用 CSS 選擇器定位 <h3> 和 <p> 標籤後，使用 text 屬性取得標籤內容，其執行結果如下：

執行結果

```
請輸入名稱和密碼登入網站...
確認執行登入操作?
```

7-4-3 Selenium 例外物件

Selenium 常用的例外物件說明，如下表所示：

例外物件	說明
ElementNotSelectableException	選取的是不允許被選取的元素
ElementNotVisibleException	元素存在，但是不可見
ErrorInResponseException	伺服端回應錯誤
NoSuchAttributeException	選取元素的指定屬性並不存在
NoSuchElementException	選取的元素不存在
TimeoutException	超過時間期限

✪ 元素不存在的例外處理

Ch7_4_3.py

當 Selenium 呼叫 find_element_by_??() 函數，定位到不存在的 HTML 元素時，就會丟出 NoSuchElementException 例外物件，如下所示：

```
from selenium import webdriver
from selenium.common.exceptions import NoSuchElementException
import os
```

上述程式碼匯入 NoSuchElementException 後，載入 Ch7_4.html 的本機 HTML 網頁檔案，如下所示：

```
driver = webdriver.Chrome("./chromedriver")
html_path = "file:///" +os.path.abspath("Ch7_4.html")
driver.implicitly_wait(10)
driver.get(html_path)
try:
    content = driver.find_element_by_css_selector("h2.content")
    print(content.text)
except NoSuchElementException:
    print("選取的元素不存在...")
driver.quit()
```

上述 try/except 例外處理，可以處理 NoSuchElementException 例外，因為 h2 元素不存在，所以丟出例外顯示 except 區塊的錯誤訊息，如下所示：

執行結果

```
選取的元素不存在...
```

7-5 與 HTML 表單進行互動

Selenium 是 Web 應用程式的自動測試工具，我們可以建立 Python 程式，使用程式碼來模擬使用者與 HTML 表單進行的互動過程。

7-5-1 與 Google 搜尋表單進行互動

Selenium 可以使用 send_keys() 函數送出鍵盤按鍵來模擬使用者在瀏覽器的操作，例如：使用 Google 搜尋 XPath 關鍵字，其步驟如下：

1. 啟動 Chrome 瀏覽器進入 https://www.google.com，如下圖所示：

2. 在搜尋欄位輸入關鍵字 **XPath** 後，按下 Enter 鍵，馬上可以看到 Google 回應搜尋結果的網址清單，如下圖所示：

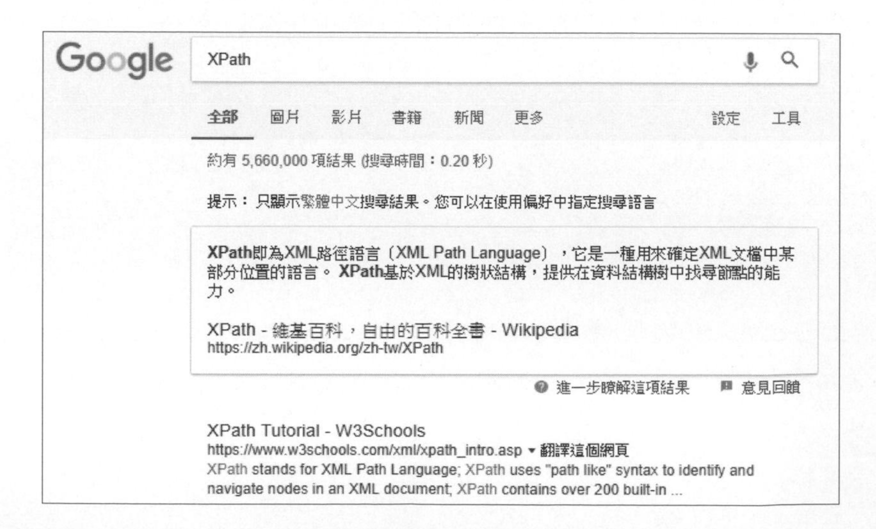

✪ 定位 Google 搜尋欄位和搜尋結果項目

使用者在瀏覽器執行 Google 搜尋的步驟，可以建立 Python 程式使用 Selenium 來模擬執行。首先，需要定位輸入關鍵字欄位的 HTML 元素，請使用第 4 章介紹過的 Selector Gadget 找出輸入欄位的 CSS 選擇器：

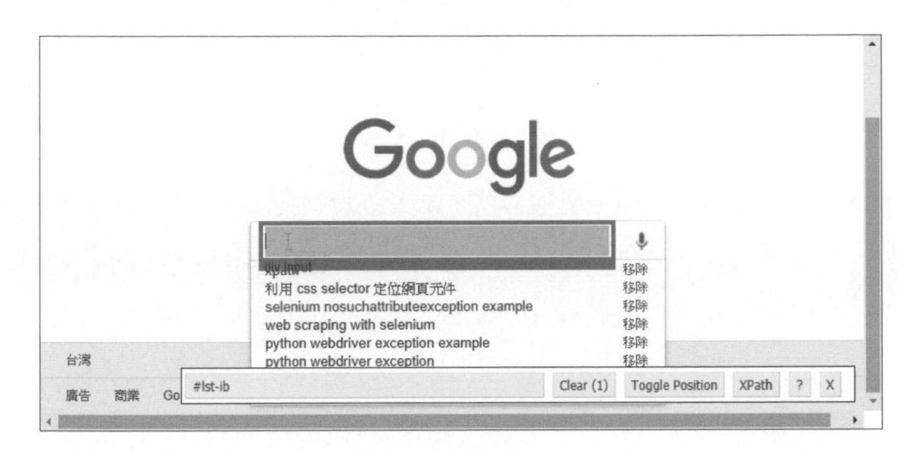

上述 Selector Gadget 找出的 CSS 選擇器是 **#lst-ib**。然後，我們使用**開發人員工具**定位搜尋結果的清單，如下圖所示：

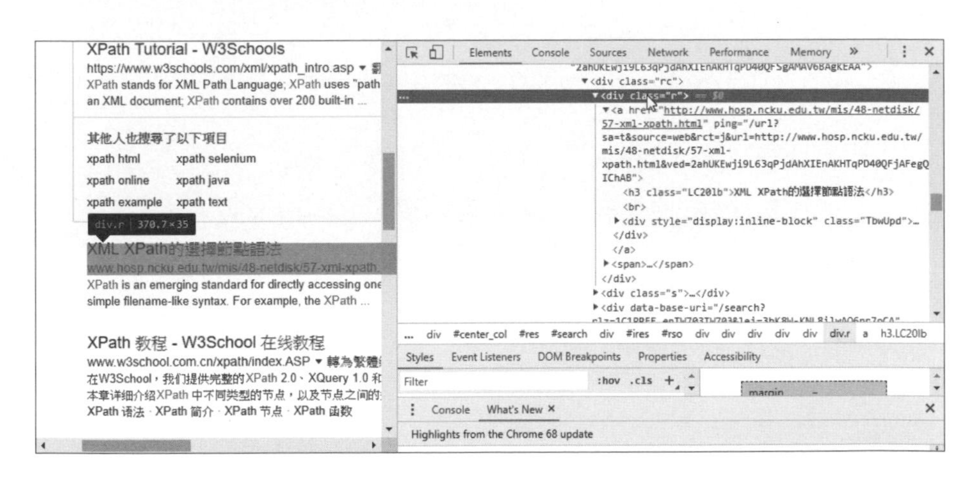

上述游標在選取超連結文字後，在**開發人員工具**可以看到是一個 <div> 標籤，我們可以複製出 XPath 表達式，如下所示：

```
//*[@id="rso"]/div[2]/div/div[3]/div/div/div[1]
```

上述表達式只有定位第 1 個搜尋結果，因為每一個搜尋結果的項目是 <div> 標籤，如下所示：

```
<div class="r">
  <a href="http://www.w3school.com.cn/xpath/index.ASP" ping="/url?sa=t&amp;s
ource=web&amp;rct=j&amp;url=http://www.w3school.com.cn/xpath/index.ASP&amp;v
ed=2ahUKEwji9L63qPjdAhXIEnAKHTqPD40QFjAGegQICRAB">
  <h3 class="LC20lb">XPath 教程 - W3School 在教程</h3>
⋮
</div>
```

從上述 <div class="r"> 標籤，我們可以改寫 XPath 表達式定位出所有搜尋結果清單的項目，接著即可取出之下 <h3> 標籤的名稱和 <a> 超連結的網址，如下所示：

```
//div[@class='r']
```

✪ 使用 Selenium 模擬執行 Google 搜尋（一） Ch7_5_1.py

現在，我們可以撰寫 Python 程式，使用 Selenium 模擬執行 Google 搜尋：

```
from selenium import webdriver
from selenium.webdriver.common.keys import Keys
```

上述程式碼除了匯入 webdriver 外，還匯入 Keys，這是 send_keys() 函數常用的按鍵常數，然後載入 Google 搜尋網頁，如下所示：

```
driver = webdriver.Chrome("./chromedriver")
driver.implicitly_wait(10)
url = "https://www.google.com"
driver.get(url)

keyword = driver.find_element_by_css_selector("#lst-ib")
keyword.send_keys("XPath")
keyword.send_keys(Keys.ENTER);
```

上述程式碼首先使用 find_element_by_css_selector() 函數找到關鍵字輸入欄位，然後呼叫 send_keys() 函數送出關鍵字 "XPath"，如同使用鍵盤在欄位輸入 XPath，最後按下 Enter 鍵開始搜尋，即 Keys.ENTER 常數。

常用的按鍵常數有：ENTER、SHIFT、LEFT_SHIFT、CONTROL、LEFT_CONTROL、ALT、LEFT_ALT、SPACE 等，完整的按鍵常數清單，請參考下列網址：

https://seleniumhq.github.io/selenium/docs/api/java/org/openqa/selenium/Keys.html

接著，Google 搜尋在回應搜尋結果後，我們可以使用 XPath 表達式取回所有搜尋結果的項目名稱和網址，如下所示：

```
items = driver.find_elements_by_xpath("//div[@class='r']")

for item in items:
    h3 = item.find_element_by_tag_name("h3")
    print(h3.text)
    a = item.find_element_by_tag_name("a")
    print(a.get_attribute("href"))

driver.quit()
```

上述程式碼呼叫 find_elements_by_xpath() 函數取回所有項目清單，然後使用 for/in 迴圈一一取出項目，再找出之下的 <h3> 名稱和 <a> 標籤的 href 屬性值，即網址，其執行結果如下：

執行結果

```
XPath - 維基百科,自由的百科全書 - Wikipedia
https://zh.wikipedia.org/zh-tw/XPath
XPath - 維基百科,自由的百科全書 - Wikipedia
https://zh.wikipedia.org/zh-tw/XPath
XPath Tutorial - W3Schools
https://www.w3schools.com/xml/xpath _ intro.asp
XML XPath的選擇節點語法
http://www.hosp.ncku.edu.tw/mis/48-netdisk/57-xml-xpath.html
XPath 教程 - W3School 在教程
http://www.w3school.com.cn/xpath/index.ASP
Nightwatch101 #6:使用Xpath 定位網頁元素- iT 邦幫忙::一起幫忙解決 ...
https://ithelp.ithome.com.tw/articles/10191811
XPath Examples - MSDN - Microsoft
https://msdn.microsoft.com/en-us/library/ms256086(v=vs.110).aspx
```

執行結果

```
xpath cover page - W3C
https://www.w3.org/TR/xpath/all/
XPath | MDN
https://developer.mozilla.org/en-US/docs/Web/XPath
Free Online XPath Tester / Evaluator - FreeFormatter.com
https://www.freeformatter.com/xpath-tester.html
```

✪ 使用 Selenium 模擬執行 Google 搜尋（二）

Ch7_5_1a.py

Python 程式 Ch7_5_1.py 是使用按鍵 Keys.ENTER 送出表單，因為關鍵字欄位下方有一個 **Google 搜尋**鈕，我們也可以使用 Selenium 模擬按下此按鈕來送出表單，如下所示：

```
keyword = driver.find_element_by_css_selector("#lst-ib")
keyword.send_keys("XPath")
button = driver.find_element_by_css_selector("input[type='submit']")
button.click()
```

上述程式碼找到關鍵字欄位和輸入 XPath 關鍵字後，呼叫 find_element_by_css_selector() 函數選取下方的送出按鈕，即可呼叫 click() 函數模擬按下此按鈕，其執行結果和 Ch7_5_1.py 完全相同。

7-5-2 與 GitHub 網站登入表單進行互動

在第 2-4-4 節我們是使用 Requests 送出認證 HTTP 請求來使用 API 介面登入 GitHub 網站，這一節我們準備撰寫 Python 程式改用 Selenium 直接模擬登入 https://github.com/ 網站。

請注意！測試本節 Python 程式前，請先註冊 GitHub 取得使用者名稱和密碼。

✪ GitHub 網站的登入表單

GitHub 網站登入表單的網址為：https://github.com/login，如下圖所示：

上述 2 個欄位和按鈕的 CSS 選擇器，如下表所示：

HTML元素	CSS選擇器
Username 欄位	#login_field
Password 欄位	#password
Sign in 按鈕	input.btn.btn-primary.btn-block

✪ 使用 Selenium 模擬登入 GitHub 網站 Ch7_5_2.py

我們準備建立 Python 程式使用 Selenium 模擬登入 GitHub 網站後，擷取出網頁上方功能表的四個選項：Pull requests、Issues、Marketplace 和 Explore，如下圖所示：

我們在呼叫 get() 函數載入 GitHub 網站的登入表單後，即可開始登入程序，如下所示：

```
from selenium import webdriver

driver = webdriver.Chrome("./chromedriver")
driver.implicitly_wait(10)
url = "https://github.com/login"
driver.get(url)

username = "hueyan@ms2.hinet.net"
password = "********"
user = driver.find_element_by_css_selector("#login_field")
user.send_keys(username)
pwd = driver.find_element_by_css_selector("#password")
pwd.send_keys(password)
button=driver.find_element_by_css_selector("input.btn.btn-primary.btn-block")
button.click()
```

上述程式碼首先使用 CSS 選擇器選擇使用者欄位，呼叫 send_keys() 函數送出使用者名稱後，接著送出密碼，最後取得 **Sign in** 鈕，呼叫 click() 函數登入網站。

在成功登入網站後，我們可以擷取網站資料，使用的是 XPath 表達式，如下所示：

```
items = driver.find_elements_by_xpath("//header/div/div[2]/div[1]/ul/li/a")

for item in items:
    print(item.text)
    print(item.get_attribute("href"))

driver.quit()
```

上述程式碼使用 XPath 表達式取得選單項目的 a 元素後，使用 for/in 迴圈一一顯示名稱和網址，其執行結果如下：

執行結果

```
Pull requests
https://github.com/pulls
Issues
https://github.com/issues
Marketplace
https://github.com/marketplace
Explore
https://github.com/explore
```

7-5-3 Selenium 動作鏈

Selenium **動作鏈**（Action Chains）可以建立一序列低階的網頁自動操作，例如：移動滑鼠、滑鼠左右鍵或快顯功能表等。換句話說，我們可以使用動作鏈來模擬點選網站的功能表選項。

Selenium 動作鏈的相關函數

Selenium 動作鏈的相關函數說明如下表：

函數	說明
click()	點選元素
click_and_hold()	在元素上按住滑鼠左鍵
context_click()	在元素上按住滑鼠右鍵
double_click()	按二下元素
move_to_element()	移動滑鼠游標至元素的中間
key_up()	放開鍵盤的某一按鍵
key_down()	按下鍵盤的某一按鍵
perform()	執行所有儲存的動作
send_keys()	送出按鍵至目前的元素
release()	在元素上鬆開滑鼠按鍵

✪ 使用動作鏈點選下拉式功能表的選項

在此要用 Python 程式使用 Selenium 動作鏈，點選 python.org 網站下拉式功能表的選項，如下圖所示：

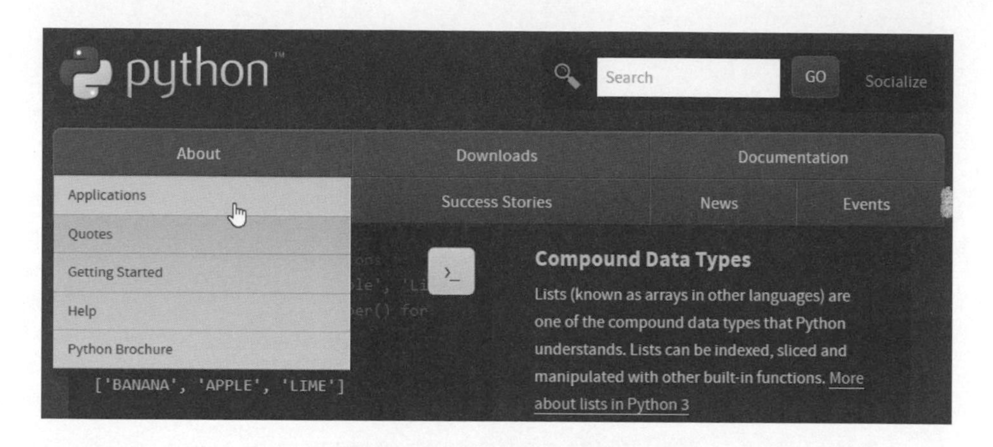

我們將滑鼠游標移到 **About** 後，點選第 1 個選項的 **Applications**，即可進入 https://www.python.org/about/apps/，如下圖所示：

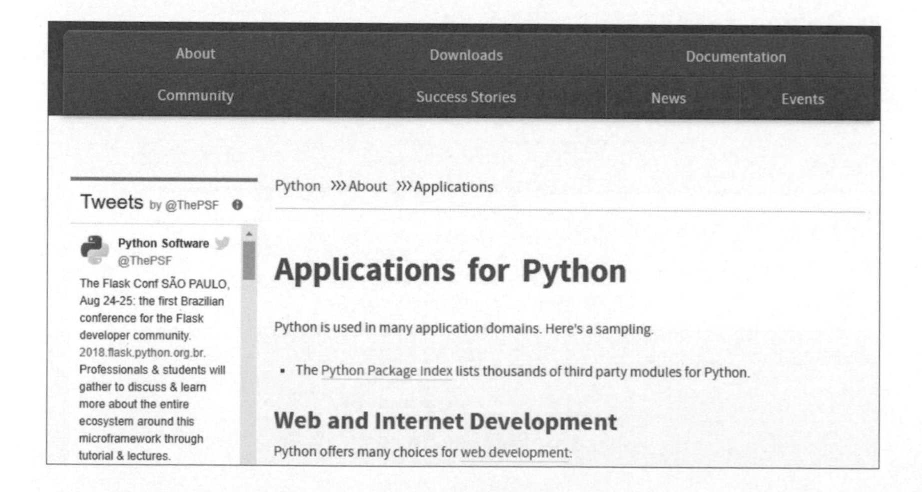

上述 About 和 Application 的 CSS 選擇器，如下表所示：

HTML 元素	CSS 選擇器
About	#about
Applications	#about>ul>li.tier-2.element-1

Python 程式碼在匯入 ActionChains 後，可以整合相關函數建立動作鏈來點選下拉式功能表的選項，如下所示：

```
from selenium import webdriver
from selenium.webdriver.common.action_chains import ActionChains
import time

driver = webdriver.Chrome("./chromedriver")
driver.implicitly_wait(10)
url = "https://www.python.org/"
driver.get(url)
```

上述程式碼匯入相關模組後，載入 Python 官網的首頁，即可定位功能表和項目的 HTML 元素，如下所示：

```
menu = driver.find_element_by_css_selector("#about")
item = driver.find_element_by_css_selector("#about>ul>li.tier-2.element-1")

actions = ActionChains(driver)
actions.move_to_element(menu)
actions.click(item)
actions.perform()
time.sleep(5)
driver.quit()
```

上述程式碼使用 CSS 選擇器選取 About 選單，和 Applications 選項後，建立 ActionChains 動作鏈 actions，依序執行 move_to_element()、click() 和 perform() 函數，執行結果可以看到與之前相同的步驟，點選下拉式功能表的選項進入 Applications 網頁。

Python 程式 Ch7_5_3.py 是一步一步呼叫函數來建立 ActionChains 動作鏈，我們也可以直接在同一列依序串鏈呼叫這些函數（Python 程式：Ch7_5_3a.py），如下所示：

```
ActionChains(driver).move_to_element(menu).click(item).perform()
```

7-6 JavaScript 動態網頁擷取

Selenium 不只可以與 HTML 表單進行互動，還可以幫助我們從 JavaScript 產生的動態網頁擷取出所需資料。簡單地說，Selenium 可以讓我們取得瀏覽器即時產生的 HTML 網頁內容，包含執行 JavaScript 程式後修改的 DOM。

7-6-1 擷取「Hahow 好學校」的課程資訊

「Hahow 好學校」的課程資訊會公佈在其網站上，其網址如下：

https://hahow.in/courses

上述網頁的每一個方框是一門開課資訊，當我們檢視網頁的 HTML 原始碼時，如下圖所示：

```
1 <!DOCTYPE html><html lang="zh-TW"><head><meta charset="utf-8"><meta name="viewport" content="width=device-width,initial-
scale=1"><title>Hahow 好學校 | 最有趣的線上課程平台 | 自學那些學校沒教的事</title><link rel="shortcut icon"
href="https://hahow.in/favicon.ico"><link rel="apple-touch-icon" href="https://hahow.in/highres-icon.png"><link rel="apple-
touch-icon" href="https://hahow.in/apple-touch-icon.png"><link rel="mask-icon" href="https://hahow.in/website icon.svg"
color="#eb5e00"><script type="text/javascript">!function(){var t=window.analytics=window.analytics||
[];if(!t.initialize)if(t.invoked)window.console&&console.error&&console.error("Segment snippet included
twice.");else{t.invoked=!0,t.methods=
["trackSubmit","trackClick","trackLink","trackForm","pageview","identify","reset","group","track","ready","alias","debug","page
","once","off","on"],t.factory=function(e){return function(){var n=Array.prototype.slice.call(arguments);return
n.unshift(e),t.push(n),t}};for(var e=0;e<t.methods.length;e++){var n=t.methods[e];t[n]=t.factory(n)}t.load=function(t){var
e=document.createElement("script");e.type="text/javascript",e.async=!0,e.src=
("https:"===document.location.protocol?"https://":"http://")+"cdn.segment.com/analytics.js/v1/"+t+"/analytics.min.js";var
n=document.getElementsByTagName("script")[0];n.parentNode.insertBefore(e,n)},t.SNIPPET_VERSION="4.0.0"}}()</script>
<script>!function(t,h,e,j,s,n){t.hj=t.hj||function(){(t.hj.q=t.hj.q||[]).push(arguments)},t._hjSettings=
{hjid:301739,hjsv:6},s=h.getElementsByTagName("head")[0],
(n=h.createElement("script")).async=1,n.src="https://static.hotjar.com/c/hotjar-"+t._hjSettings.hjid+".js?
sv="+t._hjSettings.hjsv,s.appendChild(n)}(window,document)</script><link href="https://hahow.in/static/css/main.f52dffe2.css"
rel="stylesheet"></head><body><div id="fb-root"></div><script>!function(e,t,n){var o,c=e.getElementsByTagName(t)
[0];e.getElementById(n)||
((o=e.createElement(t)).id=n,o.src="//connect.facebook.net/zh_TW/sdk.js#xfbml=1&version=v2.9&appId=1287520694621477",c.parentNo
de.insertBefore(o,c))}(document,"script","facebook-jssdk")</script><div id="root"></div><script
src="//fast.wistia.com/assets/external/E-v1.js" async></script><script type="text/javascript"
src="https://hahow.in/static/js/main.515805be.js"></script></body></html>
```

上述 HTML 原始碼大部分是 JavaScript 程式碼，根本看不到課程資訊的 HTML 標籤，因為網頁內容是使用 JavaScript 動態產生的網頁。

✪ 儲存「Hahow」課程資訊的動態網頁 Ch7_6_1.py

為了分析動態網頁內容，我們可以使用 Selenium 取得 JavaScript 產生的網頁內容，即儲存成靜態網頁。請修改 Python 程式 Ch7_3b.py，改儲存 https://hahow.in/courses 課程資料的網頁內容，如下所示：

```
from selenium import webdriver
from bs4 import BeautifulSoup

driver = webdriver.Chrome("./chromedriver")
driver.implicitly_wait(10)
driver.get("https://hahow.in/courses")
print(driver.title)
soup = BeautifulSoup(driver.page_source, "lxml")
fp = open("hahow.html", "w", encoding="utf8")
fp.write(soup.prettify())
print("寫入檔案hahow.html...")
fp.close()
driver.quit()
```

上述程式碼載入 Hahow 網站的課程資訊後，使用 Beautiful Soup 剖析儲存成 hahow.html 的 HTML 網頁檔案，其執行結果如下所示：

執行結果

```
探索課程 - Hahow 好學校
寫入檔案hahow.html...
```

✪ 分析 Hahow 課程資訊的靜態網頁內容

在成功將 Hahow 網站的課程資訊儲存成 hahow.html 網頁檔案後，這是一份靜態網頁，我們可以啟動 Chrome 開啟 HTML 網頁檔案，和使用**開發人員工具**來分析網頁內容（當 Chrome 開啟本機網頁檔案時，我們無法使用 Selector Gadget 和 XPath Helper 工具）。**請注意！**由於 Hahow 網站會隨時更新內容，所以您看到的畫面會與書上的不同：

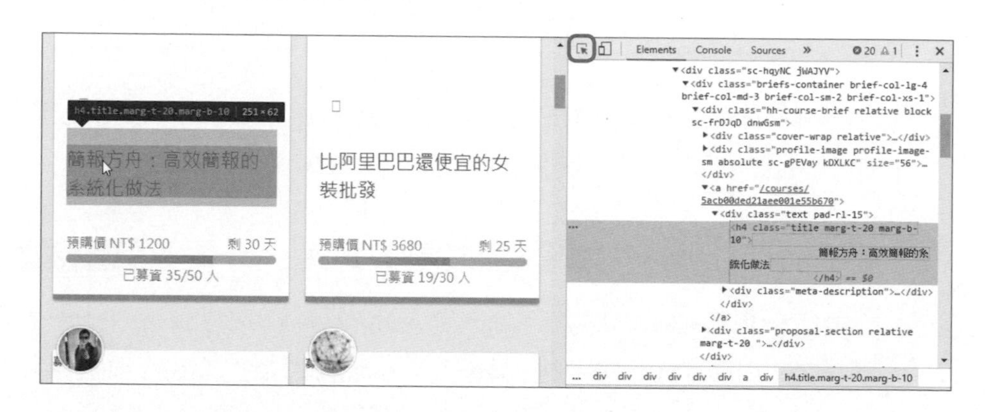

請點選 **Elements** 標籤前方箭頭鈕，可以在左方網頁選取 HTML 元素，以此例是選方框中的課程名稱，其 HTML 標籤如下所示：

```
<h4 class="title marg-t-20 marg-b-10">
    簡報方舟：高效簡報的系統化做法
</h4>
```

上述課程名稱是 <h4> 標籤，class 屬性值有 title、marg-t-20 marg-b-10，在分析後可知每一門課程名稱都是 <h4> 標籤，選取所有課程名稱的 CSS 選擇器，如下所示：

```
h4.title
```

✪ Selenium 的 JavaScript 動態網頁擷取 Ch7_6_1a.py

現在，我們可以建立 Python 程式擷取 JavaScript 動態產生的網頁內容，即取出 https://hahow.in/courses 網頁的所有課程名稱，如下所示：

```
from selenium import webdriver

driver = webdriver.Chrome("./chromedriver")
driver.implicitly_wait(10)
url = "https://hahow.in/courses"
driver.get(url)

items = driver.find_elements_by_css_selector("h4.title")

for item in items:
    print(item.text)

driver.quit()
```

上述程式碼載入課程網頁後，呼叫 find_elements_by_css_selector() 函數取出所有課程名稱的 HTML 元素 <h4>，然後用 for/in 迴圈一一顯示課程名稱：

執行結果

```
簡報方舟:高效簡報的系統化做法
比阿里巴巴還便宜的女裝批發
會聲會影7堂課,人人都是剪接師
從生活認識微積分:基礎觀念篇(1)
伸縮自如的字體課:從基本功到創意風格
 ⋮
斜槓世代必學|自拍自剪影片養成計畫
After Effects 基礎合成應用實例 I
印花樂一自製手感印花好禮
三小時教你怎麼講道德不輸人
設計師接案學一業界求生必備守則
【精良日本製作】零基礎電繪實例教學課程
```

7-6-2 使用 Selenium 擷取下一頁資料

如果爬取的資料是有很多分頁的表格資料，而且每一頁分頁都是 JavaScript 動態產生的網頁內容，Selenium 可以模擬按下一頁鈕切換表格的分頁，和抓取下一頁表格資料。例如：NBA 官網球員以得分排序的統計資料是分頁的 HTML 表格（以此例共 11 頁），其網址如下所示：

http://stats.nba.com/players/traditional/?sort=PTS&dir=-1

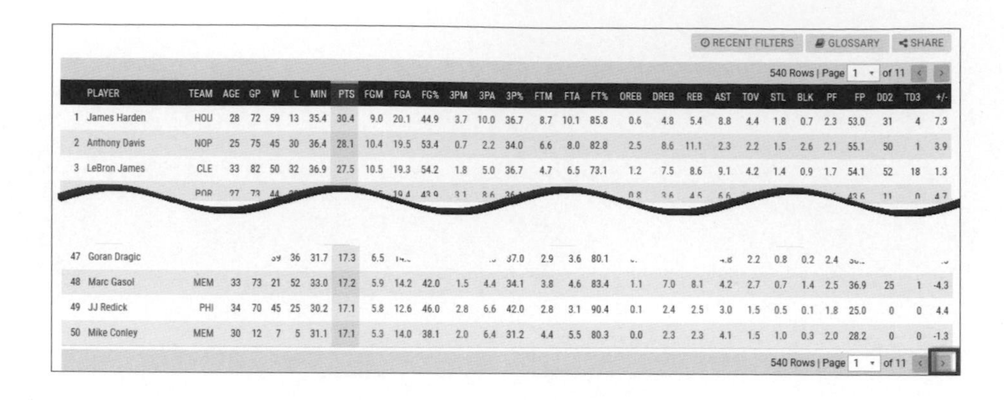

	PLAYER	TEAM	AGE	GP	W	L	MIN	PTS	FGM	FGA	FG%	3PM	3PA	3P%	FTM	FTA	FT%	OREB	DREB	REB	AST	TOV	STL	BLK	PF	FP	DD2	TD3	+/-
1	James Harden	HOU	28	72	59	13	35.4	30.4	9.0	20.1	44.9	3.7	10.0	36.7	8.7	10.1	85.8	0.6	4.8	5.4	8.8	4.4	1.8	0.7	2.3	53.0	31	4	7.3
2	Anthony Davis	NOP	25	75	45	30	36.4	28.1	10.4	19.5	53.4	0.7	2.2	34.0	6.6	8.0	82.8	2.5	8.6	11.1	2.3	2.2	1.5	2.6	2.1	55.1	50	1	3.9
3	LeBron James	CLE	33	82	50	32	36.9	27.5	10.5	19.3	54.2	1.8	5.0	36.7	4.7	6.5	73.1	1.2	7.5	8.6	9.1	4.2	1.4	0.9	1.7	54.1	52	18	1.3
47	Goran Dragic	[illegible]	[illegible]	[illegible]	[illegible]	36	31.7	17.3	6.5	[illegible]	[illegible]	[illegible]	[illegible]	37.0	2.9	3.6	80.1	[illegible]	[illegible]	[illegible]	[illegible]	2.2	0.8	0.2	2.4	[illegible]	[illegible]	[illegible]	[illegible]
48	Marc Gasol	MEM	33	73	21	52	33.0	17.2	5.9	14.2	42.0	1.5	4.4	34.1	3.8	4.6	83.4	1.1	7.0	8.1	4.2	2.7	0.7	1.4	2.5	36.9	25	1	-4.3
49	JJ Redick	PHI	34	70	45	25	30.2	17.1	5.8	12.6	46.0	2.8	6.6	42.0	2.8	3.1	90.4	0.1	2.4	2.5	3.0	1.5	0.5	0.1	1.8	25.0	0	0	4.4
50	Mike Conley	MEM	30	12	7	5	31.1	17.1	5.3	14.0	38.1	2.0	6.4	31.2	4.4	5.5	80.3	0.0	2.3	2.3	4.1	1.5	1.0	0.3	2.0	28.2	0	0	-1.3

在上述分頁 HTML 表格按右下方箭頭鈕，就會使用 JavaScript 程式碼切換至下一頁的分頁表格，請參考第 7-6-1 節使用 Chrome **開發人員工具**取得 HTML 表格的 CSS 選擇器和 **>** 鈕的 XPath 表達式。

✪ 使用 Selenium 擷取下一頁資料 Ch7_6_2.py

這個 Python 程式可以爬取所有 NBA 球員每場賽事平均的統計資料，程式是使用 Selenium 自動按表格的下一頁鈕，因為是分頁的 HTML 表格，所以直接使用第 12 章 Pandas 套件的 read_html() 函數來爬取 HTML 表格資料。首先匯入相關模組和套件，如下所示：

```
from selenium import webdriver
from bs4 import BeautifulSoup
import pandas as pd
import time

driver = webdriver.Chrome("./chromedriver")
driver.implicitly_wait(10)
driver.get("http://stats.nba.com/players/traditional/?sort=PTS&dir=-1")
```

上述程式碼匯入 Pandas 套件和 time 模組，然後載入 NBA 統計資料的網頁後，使用下方 while 迴圈擷取全部 11 頁分頁的 HTML 表格資料，如下所示：

```
pages_remaining = True
page_num = 1
while pages_remaining:
    soup = BeautifulSoup(driver.page_source, "lxml")
    table = soup.select_one("...div.nba-stat-table__overflow > table")
    df = pd.read_html(str(table))
```

```
df[0].to_csv("ALL_players_stats" + str(page_num) + ".csv")
print("儲存頁面:", page_num)
```

上述 pages_remaining 變數判斷是否還有下一頁，while 迴圈在使用 Beautiful Soup 剖析 HTML 網頁後使用 select_one() 函數取得表格標籤，然後呼叫 Pandas 的 read_html() 函數，傳回值是所有表格資料的清單（有可能不只一個表格），然後呼叫 df[0].to_csv() 函數將取得的第 1 個表格資料寫成 CSV 檔案，檔名加上 page_num 變數的頁碼。

在下方 try/catch 例外處理，處理沒有找到 HTML 元素的例外，我們是在 try 程式區塊處理 Selenium 模擬按下一頁鈕，當使用 find_element_by_xpath() 函數取得按鈕 a 元素後（沒有找到 a 元素即丟出例外），呼叫 click() 函數模擬按下按鈕，在等待 5 秒切換至下一頁後，即可繼續執行 while 迴圈擷取下一頁 HTML 表格資料，如下所示：

```
try:
    next_link = driver.find_element_by_xpath('…div/div/a[2]')
    next_link.click()
    time.sleep(5)
    if page_num < 11:
        page_num = page_num + 1
    else:
        pages_remaining = False
except Exception:
    pages_remaining = False
```

上述 except 程式區塊是當例外發生時，即按鈕元素不存在（表示沒有下一頁），因為 NBA 網站的下一頁鈕不會消失，所以是使用 if/else 條件判斷是否已擷取 11 頁，其執行結果如下：

執行結果

```
儲存頁面: 1
儲存頁面: 2
⋮
儲存頁面: 10
儲存頁面: 11
```

在 Python 程式的同一目錄，可以看到新增共 11 個 CSV 檔案。

學習評量

1. 請簡單說明什麼是「動態網頁」內容？動態網頁內容可以分成哪兩種？
2. 請說明 Selenium 是什麼？Selenium 自動瀏覽器的元件有哪些？
3. Python 程式使用 Selenium 擷取動態網頁是使用 ________ 送出命令至 ____________，可以控制 Chrome 瀏覽器瀏覽網頁來擷取我們所需的資料。
4. 請參考第 7-2 節的說明，在 Windows 系統安裝 Selenium？
5. 請問 Selenium 支援哪兩組網頁資料定位函數？
6. Selenium 可以使用 text 屬性取得標籤內容，如果需要取得原始 HTML 標籤，我們需要使用 ___________ 函數，如果不包含標籤本身，參數是 ________，包含標籤本身的參數是 _________。
7. 請簡單說明什麼是 Selenium 動作鏈（Action Chains）？
8. 請參考第 7-5-1 節的步驟，建立 Python 程式使用 Selenium 在網路商店網站輸入 Apple 關鍵字來執行搜尋，可以取回搜尋結果的商品清單。
9. 請參考第 7-5-2 節的範例，建立 Python 程式使用 Selenium 輸入使用者名稱和密碼來登入你的 Web 電子郵件系統。
10. 請參考第 7-6-2 節的範例，找一個擁有分頁的 Web 網站，然後建立 Python 程式使用 Selenium 自動按下一頁鈕，來擷取下一頁網頁資料。

Scrapy 爬蟲框架

8-1 Scrapy 爬蟲框架的基礎

Scrapy 是一套開放原始碼的**框架**（Framework），可以快速、簡單地幫助我們從 Web 網站擷取所需的資料，即建立 Python 爬蟲程式。

8-1-1 認識 Scrapy

Scrapy 是一套開發大型網路爬蟲的 Python 框架，提供多種工具從 Web 網站擷取資料，我們不只可以擷取資料，還可以處理和儲存成指定資料結構和格式。換句話說，Scrapy 不單純只是擷取幾頁 HTML 網頁，而是輕鬆爬取整個 Web 網站的資料。

Scrapy 是 Scrapinghub 公司（網址：https://scrapy.org）使用 Python 語言開發的一套完整的「網路爬蟲框架」（Web Scraping Framework），其原始設計目的就是為了建立網路爬蟲，Scrapy 支援 CSS 選擇器和 XPath 表達式的資料擷取 API，可以幫助我們定位和爬取 HTML 網頁的指定資料。

說 明

框架（Framework）是一組類別集合，可以提供特定類型軟體的一組服務，支援可重複使用的詳細設計和程式碼。簡單地說，框架提供特定類型軟體的功能，我們只需繼承和使用框架的元件，就可以快速建立出特定類型的軟體程式。例如：使用 Scrapy 爬蟲框架快速建立 Python 爬蟲程式。

基本上，Scrapy 提供建立 Python 網路爬蟲所需的所有功能，我們可以使用 Scrapy 管理 HTTP 請求、Session 期間和輸出管道（Output Pipelines），更可以使用 Scrapy 剖析和爬取網頁內容。有了 Scrapy，就能快速且完整建立自己的 Python 爬蟲程式，輕鬆爬取整個目標 Web 網站的內容。

8-1-2 安裝 Scrapy

Scrapy 支援 Python 2.7 和 Python 3.4 以上版本，因為本書是使用 Anaconda 套件，建議使用 Conda-forge 頻道（Conda-forge Channel）來安裝最新版本的 Scrapy 套件，在本書是安裝 1.5 版。

請執行『**開始 /Anaconda3 (64-bits)/Anaconda Prompt**』命令開啟 **Anaconda Prompt** 命令提示字元視窗後，即可輸入 conda 指令來安裝 Scrapy，如下所示：

```
(base) C:\Users\JOE>conda install -c conda-forge scrapy Enter
```

輸入此指令來安裝

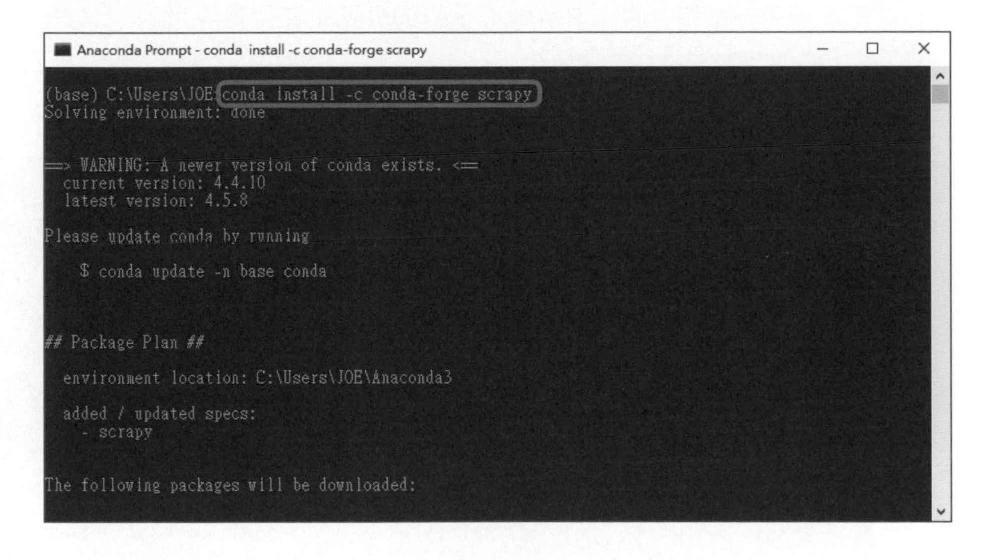

當執行 conda 指令後，conda-forge 頻道會開始檢查目前環境，然後列出套件計劃（Package Plan）顯示需要下載安裝的套件清單，如下圖所示：

```
Anaconda Prompt - conda install -c conda-forge scrapy
    automat:          0.7.0-py36_0          conda-forge
    constantly:       15.1.0-py_0           conda-forge
    cssselect:        1.0.3-py_0            conda-forge
    hyperlink:        17.3.1-py_0           conda-forge
    incremental:      17.5.0-py_0           conda-forge
    parsel:           1.4.0-py36_0
    pyasn1:           0.4.3-py_0            conda-forge
    pyasn1-modules:   0.2.1-py_0            conda-forge
    pydispatcher:     2.0.5-py_1            conda-forge
    pytest-runner:    4.2-py_0              conda-forge
    queuelib:         1.5.0-py36_0
    scrapy:           1.5.1-py36_0          conda-forge
    service_identity: 17.0.0-py_0           conda-forge
    twisted:          17.5.0-py36_0
    w3lib:            1.19.0-py36_0
    zope.interface:   4.5.0-py36hfa6e2cd_0 conda-forge

The following packages will be UPDATED:

    certifi:          2018.1.18-py36_0                --> 2018.1.18-py36_0 conda-forge
    libxml2:          2.9.7-h79bbb47_0                --> 2.9.7-vc14_0     conda-forge [vc14]
    libxslt:          1.1.32-hf6f1972_0               --> 1.1.32-vc14_0    conda-forge [vc14]

Proceed ([y]/n)?
```

請輸入 Y 鍵確認下載和安裝相關套件，稍等一下，可以看到各套件一一完成下載和安裝，當再次看到提示符號且沒有任何錯誤訊息，就表示已經成功安裝 Scrapy，如下圖所示：

8-2 使用 Scrapy Shell

Scrapy 提供和 Python 相同的 Shell 交談介面，可以讓我們建立 Scrapy 爬蟲程式前，先測試相關 Python 爬蟲程式碼，特別適用在測試 XPath 表達式和 CSS 選擇器，以確認是否可以正確定位資料，而不用頻繁修改 Scrapy 專案的 Python 程式碼。

✪ 啟動 / 離開 Scrapy Shell

請執行『**開始/Anaconda3 (64-bits)/Anaconda Prompt**』命令開啟 **Anaconda Prompt** 命令提示字元視窗後，輸入 **scrapy shell** 指令啟動 Shell 交談介面：

```
(base) C:\Users\JOE>scrapy shell Enter
```

輸入此指令

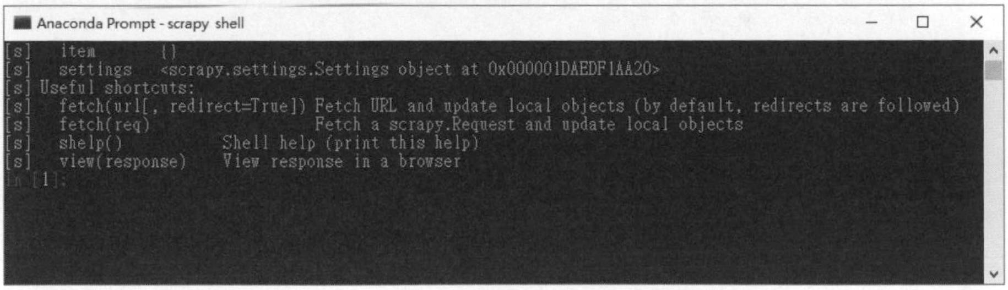

```
Anaconda Prompt - scrapy shell
[s]   item       {}
[s]   settings   <scrapy.settings.Settings object at 0x000001DAEDF1AA20>
[s] Useful shortcuts:
[s]   fetch(url[, redirect=True]) Fetch URL and update local objects (by default, redirects are followed)
[s]   fetch(req)                  Fetch a scrapy.Request and update local objects
[s]   shelp()           Shell help (print this help)
[s]   view(response)    View response in a browser
In [1]:
```

當成功啟動 Scrapy Shell 交談介面後，可以看到提示符號 **In [1]:**，表示成功進入交談介面，我們可以輸入 Python 程式碼來測試執行。

在 Scrapy Shell 提示符號後輸入 **quit** 指令，可以離開 Scrapy Shell 交談介面，如下所示：

```
In [1]: quit
```

✪ 認識「批踢踢實業坊」(PTT BBS)

由於待會兒我們會示範從**批踢踢實業坊**（PTT BBS）抓取資料，所以在此先帶您瀏覽 PTT。PTT 是國內著名的 BBS 討論空間，裡面有多個看板的討論區。例如：NBA 看板 https://www.ptt.cc/bbs/NBA/index.html：

上述網頁顯示發文的標題清單，我們準備使用此網頁為例，說明如何使用 Scrapy Shell 取得發文的相關資訊，包含：標題文字、推文數和作者。

✪ 下載 PTT BBS 的 NBA 看板網頁

請在 Scrapy Shell 輸入以下指令，下載指定網址的網頁是使用 fetch() 函數，參數是網址：

```
In [?]: fetch("https://www.ptt.cc/bbs/NBA/index.html") Enter
```

Anaconda Prompt - scrapy shell

```
In [1]: fetch("https://www.ptt.cc/bbs/NBA/index.html")
2018-07-25 14:53:49 [scrapy.core.engine] INFO: Spider opened
2018-07-25 14:53:50 [scrapy.core.engine] DEBUG: Crawled (200) <GET https://www.ptt.cc/
bbs/NBA/index.html> (referer: None)

In [2]:
```

上述訊息顯示「DEBUG: Crawled (200)」回應碼 200 表示請求成功，可以傳回 response 物件的回應資料，其內容就是下載回來的 HTML 網頁內容。

✪ 顯示下載的網頁內容

我們可以使用 view() 函數顯示下載的 HTML 網頁內容，參數是 response：

```
In [?]: view(response) Enter
```

當執行上述指令，就會啟動瀏覽器顯示下載的 HTML 網頁內容，這是和前述圖例相同的網頁內容，**請注意！瀏覽器的網址是本機 HTML 網頁檔案：**

```
file:///C:/Users/JOE/AppData/Local/Temp/tmplnv42914.html
```

如果想檢視下載網頁內容的 HTML 標籤，請使用 response.text 屬性：

```
In [?]: print(response.text) Enter
```

✪ 使用 CSS 選擇器定位和擷取網頁資料

在實際剖析 HTML 網頁前，我們需要先分析 HTML 網頁找出爬蟲欲擷取的目標 HTML 標籤，請在 Chrome 瀏覽器按 F12 鍵開啟**開發人員工具：**

上述 HTML 網頁是發文的文章清單，請點選工具列 **Elements** 標籤前的第 1 個圖示 (箭頭)，然後移至**看板 NBA**，可以取得看板名稱的 CSS 選擇器：

```
#topbar > a.board
```

Scrapy 的 response 物件是呼叫 css() 函數來使用 CSS 選擇器定位網頁元素，在 CSS 選擇器後的「::text」是 Pseudo 元素（Pseudo-elements），可以取得標籤的文字內容，如果沒有「::text」，傳回的是完整 HTML 標籤，如下所示：

```
In [?]: response.css("#topbar > a.board::text").extract() Enter
In [?]: response.css("#topbar > a.board::text").extract_first() Enter
```

上述指令分別使用 extract() 函數取回符合條件的清單，如果使用 extract_first() 函數只會取回符合條件的第 1 個標籤內容，其執行結果如下圖：

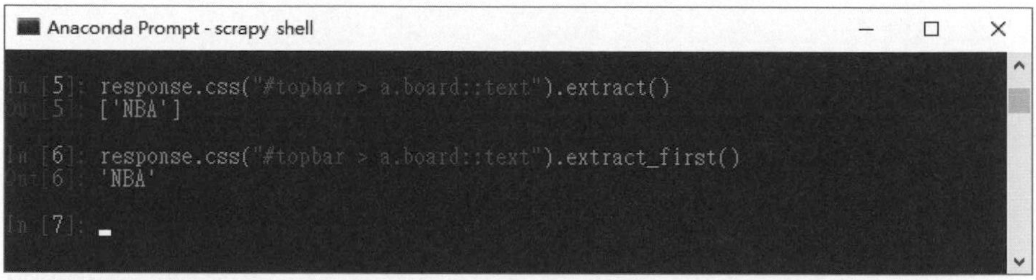

```
Anaconda Prompt - scrapy shell

In [5]: response.css("#topbar > a.board::text").extract()
Out[5]: ['NBA']

In [6]: response.css("#topbar > a.board::text").extract_first()
Out[6]: 'NBA'

In [7]:
```

上述執行結果可以看到第 1 個是清單，第 2 個是 'NBA' 字串。取得 HTML 標籤屬性是使用 Pseudo 元素「::attr(href)」，如下所示：

```
In [?]: response.css("#topbar > a.board::attr(href)").extract_first() Enter
```

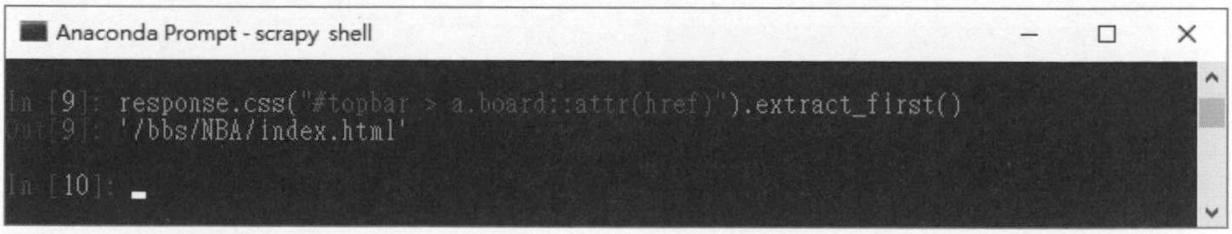

```
Anaconda Prompt - scrapy shell

In [9]: response.css("#topbar > a.board::attr(href)").extract_first()
Out[9]: '/bbs/NBA/index.html'

In [10]:
```

上述執行結果顯示 <a> 標籤的 href 屬性值。接著取出所有 BBS 文章的標題文字，因為 BBS 每一篇發文項目是一個 <div class="r-ent"> 標籤，標題文字位在 <div class="title"> 子標籤的 <a> 子標籤，如下所示：

```
<div class="r-list-container" …>
   <div class="r-ent">
      <div class="title">
       <a href=" 文章的 URL 網址 "> 文章的標題文字 </a>
      </div>
   </div>
   <div class="r-ent">…</div>
   <div class="r-ent">…</div>
    ⋮
</div>
 ⋮
```

依據上述 HTML 標籤結構，我們可以找出定位文章標題文字的 CSS 選擇器，如下所示：

```
div.r-ent > div.title > a::text
```

請在 **Anaconda Prompt** 命令提示字元視窗，輸入下列指令來取出所有發文的標題文字，如下所示：

```
In [?]: response.css("div.r-ent > div.title > a::text").extract() Enter
```

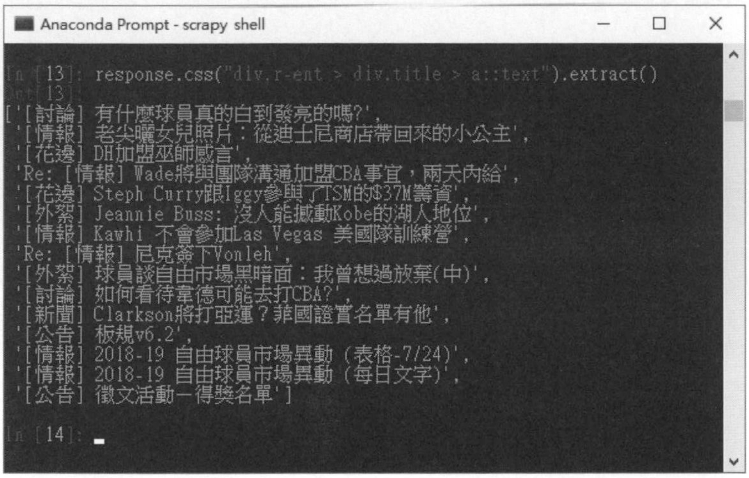

```
Anaconda Prompt - scrapy shell
In [13]: response.css("div.r-ent > div.title > a::text").extract()
Out[13]:
['[討論] 有什麼球員真的白到發亮的嗎?',
 '[情報] 老尖曬女兒照片：從迪士尼商店帶回來的小公主',
 '[花邊] DH加盟巫師感言',
 'Re: [情報] Wade將與團隊溝通加盟CBA事宜，兩天內給',
 '[花邊] Steph Curry跟Iggy參與了TSM的$37M籌資',
 '[外絮] Jeannie Buss: 沒人能撼動Kobe的湖人地位',
 '[情報] Kawhi 不會參加Las Vegas 美國隊訓練營',
 'Re: [情報] 尼克簽下Vonleh',
 '[外絮] 球員談自由市場黑暗面：我曾想過放棄(中)',
 '[討論] 如何看待韋德可能去打CBA?',
 '[新聞] Clarkson將打亞運？菲國證實名單有他',
 '[公告] 板規v6.2',
 '[情報] 2018-19 自由球員市場異動 (表格-7/24)',
 '[情報] 2018-19 自由球員市場異動 (每日文字)',
 '[公告] 徵文活動－得獎名單']

In [14]:
```

由於 PTT 討論區隨時都有新的 PO 文，所以您看到的畫面會與上圖不同。

✪ 使用 XPath 表達式定位和擷取網頁資料

Scrapy 也支援 XPath 表達式來定位和擷取網頁資料，使用的是 response.xpath() 函數，我們將繼續在 NBA 看板取出發文的推文數和文章的作者。

首先取出發文的推文數，推文數是位在 <div class="nrec"> 子標籤的 <span> 子標籤。取出推文數的 XPath 表達式，如下所示：

```
//div[@class='nrec']/span/text()
```

請在 **Anaconda Prompt** 命令提示字元視窗，輸入下列指令來取出各文章的推文數清單，如下所示：

```
In [?]: response.xpath("//div[@class='nrec']/span/text()").extract() Enter
```

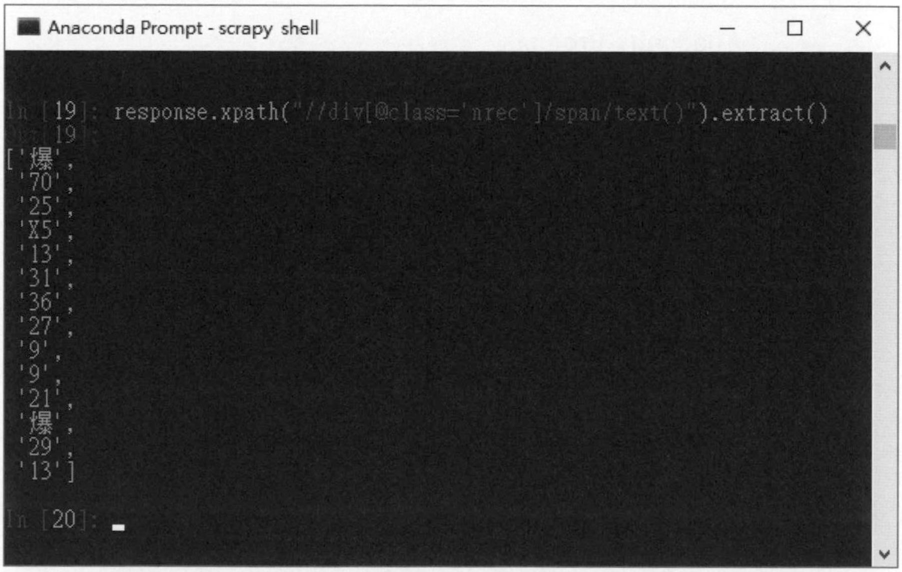

```
Anaconda Prompt - scrapy shell

In [19]: response.xpath("//div[@class='nrec']/span/text()").extract()
Out[19]:
['爆',
 '70',
 '25',
 'X5',
 '13',
 '31',
 '36',
 '27',
 '9',
 '9',
 '21',
 '爆',
 '29',
 '13']

In [20]:
```

接著，要列出發文的文章作者，這是位在 <div class="meta"> 標籤的 <div class="author"> 子標籤。取出文章作者的 XPath 表達式，如下所示：

```
//div[@class='meta']/div[1]/text()
```

請在 **Anaconda Prompt** 命令提示字元視窗，輸入下列指令來取出各文章的作者清單，如下所示：

```
In [?]: response.xpath("//div[@class='meta']/div[1]/text()").extract()  Enter
```

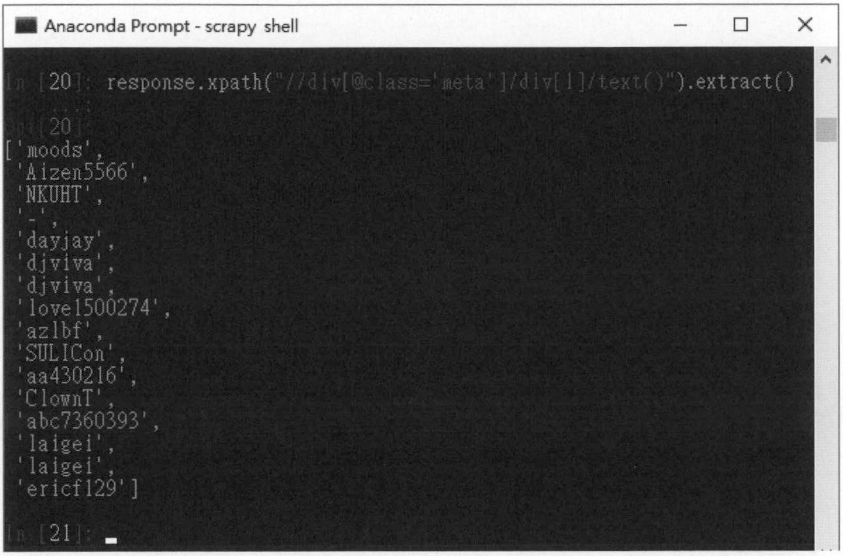

```
Anaconda Prompt - scrapy shell
In [20]: response.xpath("//div[@class='meta']/div[1]/text()").extract()
    ...:
Out[20]:
['moods',
 'Aizen5566',
 'NKUHT',
 '-',
 'dayjay',
 'djviva',
 'djviva',
 'love1500274',
 'azlbf',
 'SULICon',
 'aa430216',
 'ClownT',
 'abc7360393',
 'laigei',
 'laigei',
 'ericf129']

In [21]:
```

✪ 在 Scrapy 選擇器使用正規表達式

Scrapy 選擇器支援 CSS 選擇器和 XPath 表達式，其擴充功能更支援正規表達式（Regular Expression），Scrapy 選擇器可以呼叫 re() 函數來使用正規表達式的參數來取出文字內容。

我們準備使用本機 Ch8_2.html 檔案，來測試在 Scrapy 選擇器使用正規表達式，其 HTML 標籤如下所示：

```
<html>
<head><title>範例網站</title></head>
<body>
 <div id='images'>
  <a href='img1.html'>Name: 圖片 1<img src='img1_thumb.jpg'/></a>
  <a href='img2.html'>Name: 圖片 2<img src='img2_thumb.jpg'/></a>
  <a href='img3.html'>Name: 圖片 3<img src='img3_thumb.jpg'/></a>
  <a href='img4.html'>Name: 圖片 4<img src='img4_thumb.jpg'/></a>
  <a href='img5.html'>Name: 圖片 5<img src='img5_thumb.jpg'/></a>
 </div>
</body>
</html>
```

在 **Anaconda Prompt** 命令提示字元視窗，一樣可以使用 fetch() 函數來載入本機 HTML 檔案 Ch8_2.html，如下所示：

```
In [?]: fetch("file:///C:/BigData/Ch08/Ch8_2.html")
```

請讀者輸入自己電腦中，書附檔案的位置

接著，我們可以呼叫 response.xpath() 函數，使用 XPath 表達式取出所有 <a> 標籤的超連結文字，如下所示：

```
In [?]: response.xpath("//a[contains(@href,'img')]/text()").extract()
```

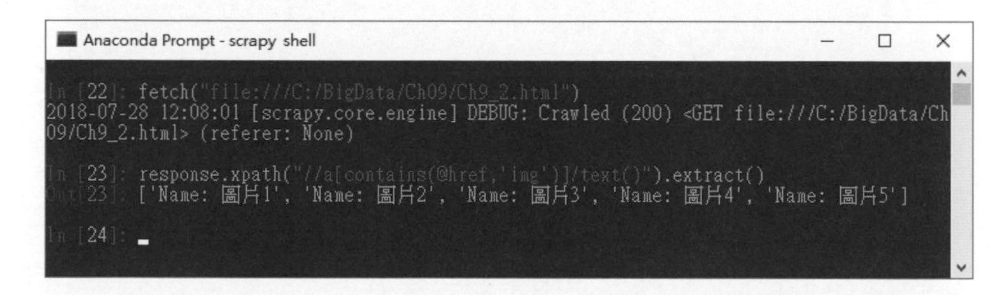

然後，改用正規表達式取出超連結文字，只有「Name:」後的文字內容，如下所示：

```
In [?]: response.xpath("//a[contains(@href,'img')]/text()").re("Name:\s*(.*)")
```

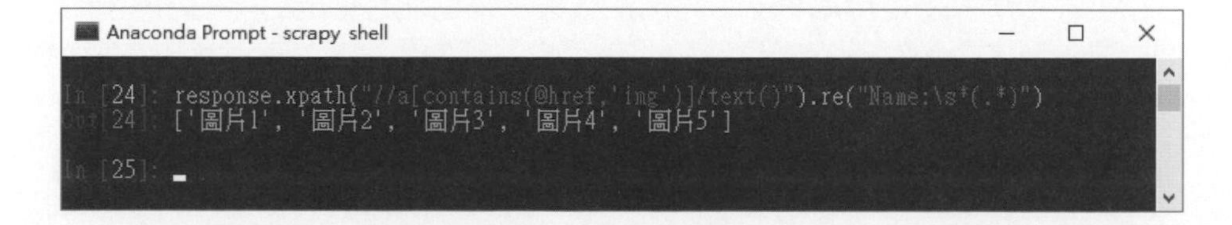

當然，response.css() 函數的 CSS 選擇器也可以呼叫 re() 函數，如下所示：

```
In [?]: response.css("a::text").re("Name:\s*(.*)")
```

```
Anaconda Prompt - scrapy shell
In [25]: response.css("a::text").re("Name:\s*(.*)")
Out[25]: ['圖片1', '圖片2', '圖片3', '圖片4', '圖片5']
In [26]:
```

8-3 建立 Scrapy 專案的爬蟲程式

在了解 Scrapy Shell 的使用和測試所需的資料擷取操作後，我們可以開始建立 Scrapy 專案，使用 Scrapy 建立 Python 爬蟲程式。

8-3-1 建立 Scrapy 專案

本書第一個 Scrapy 專案是建立 PTT NBA 看板的爬蟲程式，即使用第 8-2 節 Scrapy Shell 測試結果，取出每一篇發文的標題文字、推文數和作者資料。

基本上，Scrapy 相關操作是使用命令列指令，我們需要在 **Anaconda Prompt** 命令提示字元視窗下達這些指令，主要指令有四個，如下表所示：

命令列指令	說明
scrapy shell	啟動 Scrapy Shell 交談介面，已在第 8-2 節說明
scrapy startproject	建立全新 Scrapy 專案
scrapy genspider	在 Scrapy 專案新增爬蟲程式
scrapy crawl	執行 Scrapy 專案的爬蟲程式

✪ 新增 Scrapy 專案

請執行『**開始 /Anaconda3(64-bits)/Anaconda Prompt**』命令開啟 **Anaconda Prompt** 命令提示字元視窗後，輸入 **cd** 指令切換至欲新增專案的工作目錄，筆者是放在「\BigData\Ch08」資料夾，請依自己的狀況切換資料夾，若要切換到其他磁碟機，請在 **cd** 之後輸入 **/d**，切換到工作目錄後，再輸入 **scrapy startproject** 指令新增 Scrapy 專案，在之後的參數是專案名稱 Ch8_3，如下所示：

```
(base) C:\Users\JOE>cd \BigData\Ch08 Enter
(base) C:\BigData\Ch08>scrapy startproject Ch8_3 Enter
```

```
Anaconda Prompt
(base) C:\Users\JOE>cd \BigData\Ch08

(base) C:\BigData\Ch08>scrapy startproject Ch8_3
New Scrapy project 'Ch8_3', using template directory 'C:\\Users\\JOE\\Anaconda3\\l
ib\\site-packages\\scrapy\\templates\\project', created in:
    C:\BigData\Ch08\Ch8_3

You can start your first spider with:
    cd Ch8_3
    scrapy genspider example example.com

(base) C:\BigData\Ch08>
```

在成功新增 Ch8_3 專案後，就會在工作目錄「\BigData\Ch08」新建同名 Ch8_3 專案目錄。Scrapy 專案的目錄與檔案結構，如下圖所示：

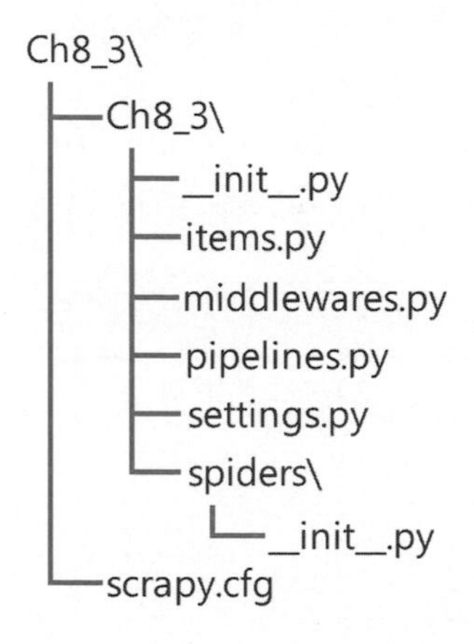

上述 Scrapy 專案使用 items.py 檔案決定爬取網頁的哪些資料項目，settings.py 定義如何爬取資料，pipelines.py 用來處理爬取內容，其簡單說明如下所示：

- **items.py**：此檔案定義爬取資料的 Item 項目，即需要擷取的欄位資料，詳見第 8-4-2 節的說明。
- **settings.py**：Scrapy 專案設定檔，可設定專案的延遲時間和輸出方式等。
- **pipelines.py**：客製化資料處理，我們可以自行撰寫程式碼來處理取得的 Item 項目資料，詳見第 8-4-3 節的說明。

- **spiders 目錄**：實際 Python 爬蟲程式是位在此目錄，當使用 scrapy crawl 指令執行爬蟲程式，就是在此目錄搜尋對應的 Python 程式。

✪ 新增 Python 爬蟲程式

Ch8_pttnba.py

在成功新增 Ch8_3 專案後，我們需要在「spiders\」目錄新增 Python 爬蟲程式，請使用 cd 指令切換至專案目錄 Ch8_3，然後輸入 **scrapy genspider** 指令新增 Python 爬蟲程式，如下所示：

```
(base) C:\BigData\Ch08>cd Ch8_3 Enter
(base) C:\BigData\Ch08\Ch8_3>scrapy genspider pttnba ptt.cc Enter
```

上述指令的第 1 個參數 pttnba 是爬蟲名稱，專案會在「spiders\」目錄新增同名 pttnba.py 程式檔案，最後是欲爬取的網域，其執行結果如下圖：

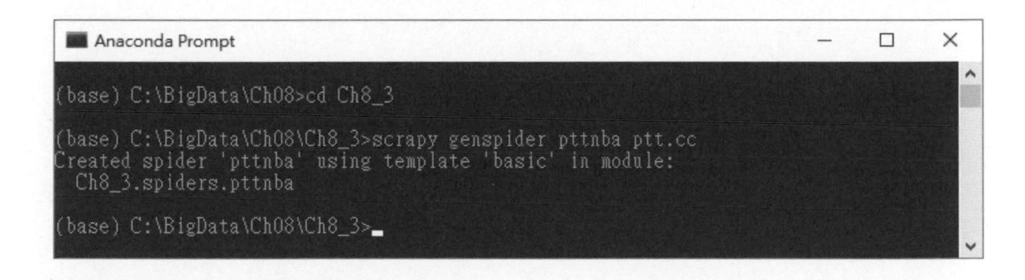

簡單地說，我們是使用 scrapy genspider 指令建立名為 pttnba 的 Python 爬蟲程式 pttnba.py，目標是爬取 ptt.cc 網域。接著，請啟動 **Spyder** 開啟「Ch08\Ch8_3\Ch8_3\spiders\pttnba.py」的 Python 程式檔案，如下圖所示：

Editor - C:\BigData\Ch08\Ch8_3\Ch8_3\spiders\pttnba.py

untitled1.py | pttnba.py

```
1  # -*- coding: utf-8 -*-
2  import scrapy
3
4
5  class PttnbaSpider(scrapy.Spider):
6      name = 'pttnba'
7      allowed_domains = ['ptt.cc']
8      start_urls = ['http://ptt.cc/']
9
10     def parse(self, response):
11         pass
12
```

上述 Scrapy 爬蟲程式的基本結構是繼承 scrapy.Spider 類別，常用的類別屬性和方法說明，如下所示：

- **name 屬性**：爬蟲程式的名稱，在 Scrapy 稱為蜘蛛 Spider。
- **allowed_domains 屬性**：定義允許爬取的網域清單，沒有定義，表示任何網域都可以爬取。
- **start_urls 屬性**：開始爬取的網址清單。
- **parse() 函數**：此函數是實際爬取資料的 Python 程式碼。

✪ 撰寫爬蟲程式擷取資料

在新增 pttnba.py 爬蟲程式後，我們可以開始撰寫 parse() 函數來取出每一篇發文的標題文字、推文數和作者，如下所示：

```
import scrapy

class PttnbaSpider(scrapy.Spider):
    name = 'pttnba'
    allowed_domains = ['ptt.cc']
    start_urls = ['https://www.ptt.cc/bbs/NBA/index.html']

    def parse(self, response):
        ⋮
```

上述 PttnbaSpider 類別的 name 屬性值是 'pttnba'，這是爬蟲程式名稱，之後需要使用此名稱來執行爬蟲程式，然後是 allowed_domains 屬性的允許網域清單，和 start_urls 屬性的開始爬蟲的網址，最後是 parse() 函數：

```
def parse(self, response):
    titles = response.css("div.r-ent > div.title > a::text").extract()
    votes = response.xpath("//div[@class='nrec']/span/text()").extract()
    authors = response.xpath("//div[@class='meta']/div[1]/text()").extract()
    for item in zip(titles, votes, authors):
        scraped_info = {
                "title" : item[0],
                "vote"  : item[1],
                "author": item[2]
        }
        yield scraped_info
```

上述函數參數是回應的 response 物件，我們可以使用 css() 或 xpath() 函數取出標題文字、推文數和作者，在 for/in 迴圈使用 zip() 函數先將取回資料打包成元組後，再一一取出資料建立成 scraped_info 字典，即從每一篇發文取出的資料，最後呼叫 yield 傳回 scraped_info 字典，如下所示：

```
yield scraped_info
```

上述 yield 是 Python 關鍵字，類似函數的 return 關鍵字可以回傳資料，只是傳回的是**產生器**（Generator），如同 for/in 迴圈的 range() 函數。

說　明

因為 Scrapy 爬蟲程式的 parse() 函數會依序傳回多個字典的爬取資料，以此例是網頁多篇 scraped_info 字典的發文資料，所以 parse() 函數是使用 yield 回傳，而不是 return 關鍵字。

✪ 執行爬蟲程式

在完成爬蟲程式 pttnba.py 的撰寫後，我們可以執行爬蟲程式，請在 **Anaconda Prompt** 切換至 Scrapy 專案目錄 Ch8_3 後，輸入 **scrapy crawl** 指令執行爬蟲程式，如下所示：

```
(base) C:\BigData\Ch08\Ch8_3>scrapy crawl pttnba [Enter]
```

輸入此指令

當執行上述指令，可以顯示我們擷取出的發文資料，如下圖所示：

✪ 輸出至 JSON 檔案

在 scrapy crawl 指令中，可以使用「**-o**」選項指定輸出格式的檔案，例如：輸出 JSON 格式檔案，如下所示：

```
(base) C:\BigData\Ch08\Ch8_3>scrapy crawl pttnba -o pttnba.json Enter
```

上述指令的執行結果會在專案目錄新增名為 pttnba.json 的 JSON 檔案，當使用 PSPad（純文字編輯軟體）開啟檔案，可以看到內容如下所示：

執行結果

```
[
{"title": "[BOX ] 2018-19\u71b1\u8eab\u8cfd Pacers 111:102 Cavaliers",
"vote": "15", "author": "kenny1300175"},
{"title": "[\u82b1\u908a] \u85dd\u8853\u5bb6\u5236\u4f5cJames\u7b49\u7403\
u661f\u65b0\u79c0\u8cfd\u5b63\u8207\u73fe\u5728\u7684", "vote": "41",
"author": "fack3170"},
⋮
]
```

上述內容的亂碼是中文編碼問題，請開啟 settings.py 新增一列編碼設定，如下所示：

```
FEED_EXPORT_ENCODING = "utf-8"
```

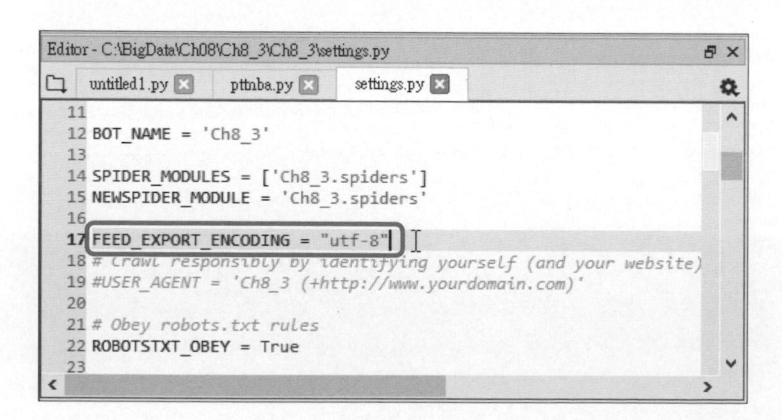

請先刪除專案目錄的 pttnba.json 檔案（不然，爬取資料會新增至檔案最後），然後，再執行一次 scrapy crawl 指令，即可正確的顯示中文內容，如下圖所示：

```
12 {"title": "[花邊] 夢想成真！KD賽前與過生日的小球迷合影", "vote": "30", "author": "bigDwinsch"},
13 {"title": "[BOX ] 2018-19熱身賽 Maccabi 100:132 Kings", "vote": "13", "author": "kenny1300175"},
14 {"title": "[BOX ] 2018-19熱身賽 Suns 117:109 Warriors", "vote": "59", "author": "kenny1300175"},
15 {"title": "[外絮] Kerr在被逐出場時跟裁判揮手說掰掰", "vote": "20", "author": "pneumo"},
16 {"title": "[情報] Embiid:要打破大個子賣不出簽名鞋的陳舊", "vote": "11", "author": "whj0530"},
17 {"title": "[專欄] 活塞開季分析---我不當老九啦!東區!", "vote": "11", "author": "ClownT"},
18 {"title": "[新聞]新賽季挑戰3連霸 柯瑞:不怕談論這話題", "vote": "8", "author": "seacore07"},
19 {"title": "[新聞] 指導新秀Young 林書豪：他也能幫助我", "vote": "4", "author": "kenny1300175"},
20 {"title": "[花邊] Kerr笑談被罰出場：我想第一個去吃自助餐", "vote": "3", "author": "Yui5"},
21 {"title": "[專欄] 太陽制服組大地震 被Sarver老闆支配的恐懼再現？", "vote": "爆", "author": "josephhou"},
22 {"title": "[公告] 板規v6.2", "vote": "33", "author": "abc7360393"},
23 {"title": "[情報] 2018-19 自由球員市場異動 (表格-9/13)", "vote": "20", "author": "laigei"},
24 {"title": "[情報] 2018-19 自由球員市場異動 (每日文字)", "vote": "9", "author": "laigei"}
25 ]
2:1/25 [1875]   { 123 $007B   Text   UNIX   代碼頁：UTF-8
```


8-3-2 處理「下一頁」的資料

我們準備在 Scrapy 專案 Ch8_3 新增第 2 個爬蟲程式，可以透過超連結爬取網站的多頁網頁，範例網站是官方文件使用的勵志格言網站：http://quotes.toscrape.com，如下圖所示：

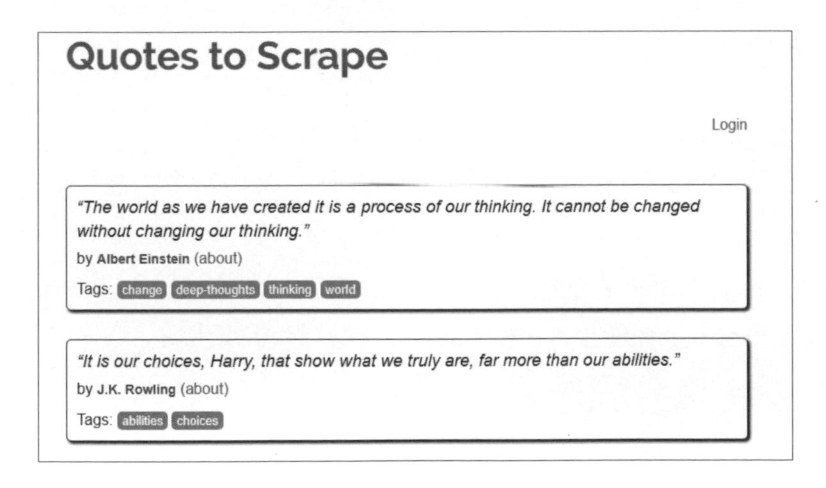

上述每一個方框是一句格言，我們準備取出格言的內容和作者，其 HTML 標籤如下所示：

```
<div class="quote" itemscope="" …>
   <span class="text" itemprop="text"> “The person, be it …</span>
   <span>by <small class="author" itemprop="author">Jane Austen</small>
      <a href="/author/Jane-Austen">(about)</a>
   </span>
   <div class="tags">
      ⋮
   </div>
</div>
```

上述每一個方框是一個 <div> 標籤，格言內容是第 1 個 <span> 子標籤，作者是位在第 2 個 <span> 的 <small> 子標籤，我們可以使用 Scrapy Shell 找出格言和作者資料的 XPath 表達式和 CSS 選擇器，如下所示：

```
fetch("http://quotes.toscrape.com")
response.css("div.quote span.text::text").extract()
response.xpath("//div[@class='quote']//small/text()").extract()
```

上述 Scrapy Shell 指令依序取得 response 物件、格言和作者資料。

✪ 建立 Python 爬蟲程式

Ch8_quotes.py

當然我們可以使用 scrapy genspider 指令在 Scrapy 專案新增第 2 個爬蟲程式，事實上，我們也可以自行在「spiders\」目錄新增 Python 爬蟲程式 quotes.py，首先匯入 scrapy 套件，如下所示：

```
import scrapy

class QuotesSpider(scrapy.Spider):
    name = 'quotes'
    allowed_domains = ['quotes.toscrape.com']
    start_urls = ['http://quotes.toscrape.com/']
```

上述 QuotesSpider 類別繼承 scrapy.Spider 類別，然後指定 name、allowed_domains 和 start_urls 屬性，下方是 parse() 函數，如下所示：

```
    def parse(self, response):
        for quote in response.css("div.quote"):
            text = quote.css("span.text::text").extract_first()
            author = quote.xpath(".//small/text()").extract_first()
            scraped_quote = {
                "text" : text,
                "author": author
            }
            yield scraped_quote
```

上述 parse() 函數使用 for/in 迴圈取出每一個方框的格言，這是呼叫 response.css() 使用 CSS 選擇器選出所有方框的 div 元素，因為 Scrapy 的選擇器傳回的也是選擇器物件，所以可以再次呼叫 css() 或 xpath() 函數來定位網頁資料，如下所示：

```
text = quote.css("span.text::text").extract_first()
author = quote.xpath(".//small/text()").extract_first()
```

上述 quote 是每一個 div 元素的格言，我們需要再次呼叫 css() 函數取回格言內容，作者是使用 XPath 表達式，最後建立 scraped_quote 字典後，使用 yield 回傳此字典。

✪ 執行爬蟲程式輸出 JSON 檔案

請在 **Anaconda Prompt** 命令提示字元視窗，輸入 scrapy crawl 指令，並加上「**-o**」選項指定輸出 JSON 格式檔案：

```
(base) C:\BigData\Ch08\Ch8_3>scrapy crawl quotes -o quotes.json Enter
```

輸入此指令

上述指令的執行結果可以在專案目錄建立 quotes.json 檔案，其內容是我們取回首頁的所有格言內容和作者資料，如下圖所示：

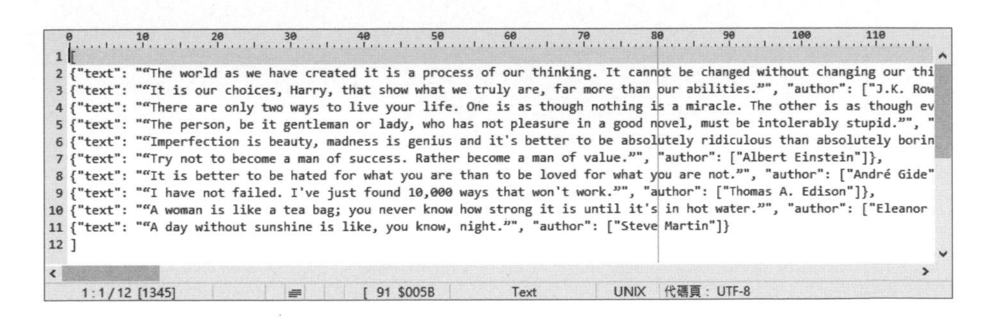

✪ 處理「下一頁」的超連結

目前我們只有取回第 1 頁首頁的格言內容和作者，因為每一頁的格言方框的最後有 1 個 **Next →** 鈕，如下圖所示：

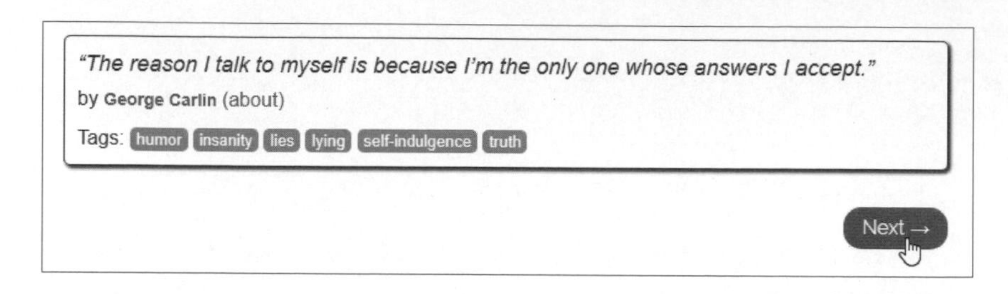

上述 **Next →** 鈕是位在 <li> 清單項目的 <a> 子標籤，如下所示：

```
<li class="next">
   <a href="/tag/humor/page/2/">Next <span …>→</span></a>
</li>
```

上述 <a> 超連結標籤的 href 屬性是下一頁超連結的相對路徑，Scrapy Shell 可以使用 XPath 表達式取出超連結的網址，如下所示：

```
response.xpath("//li[@class='next']/a/@href").extract()
```

接著，請修改 quotes.py 的 parse() 函數，新增處理「下一頁」超連結的程式碼，如下所示：

```
def parse(self, response):
    for quote in response.css("div.quote"):
        text = quote.css("span.text::text").extract_first()
        author = quote.xpath(".//small/text()").extract_first()
        scraped_quote = {
            "text" : text,
            "author": author
        }
        yield scraped_quote

    nextPg = response.xpath("//li[@class='next']/a/@href").extract_first()
    if nextPg is not None:
        nextPg = response.urljoin(nextPg)
        yield scrapy.Request(nextPg, callback=self.parse)
```

上述程式碼使用 response.xpath() 函數取得「下一頁」超連結 <a> 標籤的 href 屬性值，if 條件判斷是否有取得 href 屬性值，如果有，就呼叫 response.urljoin() 函數將相對路徑的網址轉換成完整的絕對路徑，最後使用 yield 回傳 Request 物件的請求，如下所示：

```
yield scrapy.Request(nextPg, callback=self.parse)
```

上述程式碼是建立 Request 物件的 HTTP 請求，第 1 個參數是網址，在 callback 參數指定剖析回應資料需呼叫的**回撥函數**（Callback Function），以此例是呼叫自己的 parse() 函數。

簡單地說，這一列程式碼就是呼叫 parse() 函數繼續剖析「下一頁」HTTP 請求的回應資料，直到沒有「下一頁」超連結為止。

✪ 再次執行爬蟲程式輸出 JSON 檔案

請刪除專案下的 quotes.json 檔案後，再次使用 scrapy crawl 指令加上「**-o**」選項輸出 JSON 格式檔案，如下所示：

```
(base) C:\BigData\Ch08\Ch8_3>scrapy crawl quotes -o quotes.json Enter
```

上述指令的執行結果因為是爬取整個網站，請稍待一會兒，等到再次看到提示符號後，即可在專案目錄建立 quotes.json 檔案，其內容是從整個網站取回的格言內容和作者資料，而不是只有首頁的格言內容和作者資料。

8-3-3 合併從多個頁面爬取的資料

在第 8-3-2 節的第 2 個爬蟲程式可以爬取網站的多頁資料，使用的是 Request 物件，我們可以使用 response.follow() 函數建立更簡潔的方式，來處理「下一頁」的超連結資料物件，並且合併從多個頁面爬取的資料。

✪ 使用 response.follow() 函數

在 Scrapy 爬蟲程式可以直接呼叫 response.follow() 函數來傳回 Request 物件，Scrapy 專案 Ch8_3 的爬蟲程式是 quotes2.py，如下所示：

```
nextPg = response.xpath("//li[@class='next']/a/@href").extract_first()
if nextPg is not None:
    yield response.follow(nextPg, callback=self.parse)
```

上述 response.follow() 函數的第 1 個參數因為支援相對路徑，所以不用再呼叫 response.urljoin() 函數處理 URL 路徑，函數的傳回值就是 Request 物件。

請利用 scrapy crawl 指令執行 quotes2 爬蟲，輸出 JSON 檔案 quotes2.json：

```
(base) C:\BigData\Ch08\Ch8_3>scrapy crawl quotes2 -o quotes2.json Enter
```

✪ 合併作者頁面的作者生日資料

現在，我們已經成功取得格言內容和作者資料，除了作者姓名外，還希望取得作者的生日資料，連接作者頁面的 <a> 超連結標籤，如下所示：

```
<span>by <small class="author" itemprop="author">Jane Austen</small>
  <a href="/author/Jane-Austen">(about)</a>
</span>
```

上述作者姓名 <small> 標籤的下一個 <a> 標籤是作者頁面的超連結。選取作者頁面超連結，和在作者頁面取得生日的 CSS 選擇器，如下表所示：

CSS選擇器	說明
.author + a::attr(href)	在 <div class="quote"> 標籤下選取作者超連結的 href 屬性值
.author-born-date::text	在作者頁面選取 <span> 標籤的作者生日

在 Scrapy 專案 Ch8_3 的爬蟲程式是 quotes3.py，其 parse() 和 parse_author() 函數如下所示：

```
def parse(self, response):
    for quote in response.css("div.quote"):
        text = quote.css("span.text::text").extract_first()
        author = quote.xpath(".//small/text()").extract_first()
        scraped_quote = {
            "text" : text,
            "author": author,
            "birthday": None
        }
        authorHref = quote.css(".author + a::attr(href)").extract_first()
        authorPg = response.urljoin(authorHref)
        yield scrapy.Request(authorPg,meta={"item": scraped_quote},
                             callback=self.parse_author)
```

上述 scraped_quote 字典新增 birthday 鍵值的欄位，其值是 None 沒有值，在取得作者超連結的 href 屬性值和建立絕對路徑的網址後，使用 authorPg 的網址建立 Request 物件（此時不可使用 response.follow() 函數），meta 參數傳遞格言資料的字典至回撥函數 parse_author()。在下方使用 response.follow() 函數處理「下一頁」超連結的 HTTP 請求，如下所示：

```
    nextPg = response.xpath("//li[@class='next']/a/@href").extract_first()
    if nextPg is not None:
        yield response.follow(nextPg, callback=self.parse)

def parse_author(self, response):
    item = response.meta["item"]
    b = response.css(".author-born-date::text").extract_first().strip()
    item["birthday"] = b
    return item
```

上述 parse_author() 函數使用 response.meta() 函數取得傳遞的字典資料後，使用 response.css() 函數取得作者的生日資料，然後填入字典的 birthday 鍵值，即可傳回完整格言資料的 item 字典。

✪ 執行爬蟲程式

請執行下列 scrapy crawl 指令執行 quotes3 爬蟲，如下所示：

```
(base) C:\BigData\Ch08\Ch8_3>scrapy crawl quotes3 -o quotes3.json Enter
```

上述執行結果可以建立 quote3.json 檔案，我們可以看到每一個格言新增作者的生日，如下所示：

執行結果

```
{
"text": "“I have not failed. I've just found 10,000 ways that won't work.”",
"author": "Thomas A. Edison",
"birthday": "February 11, 1847"
}
```

8-3-4 最佳化 Scrapy 爬蟲程式設定

因為 Scrpay 專案預設支援同一網域最多同步 16 個檔案下載和在下載之間並沒有任何延遲，這是非常快速的網頁瀏覽，而且很容易就讓 Web 伺服器偵測到是網路爬蟲，不是正常瀏覽器的網頁瀏覽，所以有可能被拒絕存取。

為了最佳化 Scrapy 爬蟲程式，建議在 Scrapy 專案的 settings.py 設定檔指定同步下載的檔案數和下載檔案之間的延遲時間，如下所示：

```
CONCURRENT_REQUESTS_PER_DOMAIN = 1
DOWNLOAD_DELAY = 5
```

上述程式碼是新增至 settings.py 設定檔，可以設定同步下載檔案數是 1 個，延遲時間是 5 秒。

8-4 在專案使用 Item 和 Item Pipeline

在第 8-3 節的 Scrapy 專案是使用 Python 字典儲存爬取資料，我們可以在專案建立 Item 項目物件來儲存爬取資料，並且使用 Item Pipeline 項目管道來處理取得資料。

8-4-1 認識 Item 和 Item Pipeline

Scrapy 的 Item 項目類別是專案的資料模型（Model），可以用來定義取得的資料，Item Pipeline 項目管道是資料處理機制，可以讓我們進一步處理資料，例如：更改資料格式、資料檢查和刪除多餘字元或空白字元。

✪ Item 項目與 items.py 檔案

在 Scrapy 專案的 items.py 檔案是專案的資料模型（Model），可以讓我們定義欄位來儲存擷取資料。請新增 Scrapy 專案 Ch8_4_1 和第 8-3-1 節相同的 pttnba.py 爬蟲程式，預設 items.py 檔案的內容，如下所示：

```
import scrapy


class NBAItem(scrapy.Item):
    # define the fields for your item here like:
    # name = scrapy.Field()
    pass
```

上述 NBAItem 是繼承 Item 的類別，我們可以使用 scrapy.Field() 函數來新增擷取欄位。

✪ Item Pipeline 項目管道與 pipelines.py 檔案

Item Pipeline 項目管道是處理爬取 Item 項目資料的機制，當管道收到爬取項目，Item Pipeline 項目管道可以決定繼續處理、捨棄或停止處理此項目。基本上，我們可以使用 Item Pipeline 項目管道來處理下列工作：

- 如果收到的項目重複，刪除重複的項目資料。
- 清理、檢查或處理項目資料。
- 將項目資料存入資料庫。

我們是在 pipelines.py 檔案建立所需的項目處理，預設的檔案內容如下：

```
class PttPipeline(object):
    def process_item(self, item, spider):
        return item
```

上述 process_item() 函數是處理項目資料的函數，而 Item Pipeline 項目管道就是呼叫此函數來處理資料，其他常用函數的說明，如下表所示：

函數	說明
open_spider(self, spider)	當啟動爬蟲程式時呼叫
close_spider(self, spider)	當結束爬蟲程式時呼叫

8-4-2 在 Scrapy 專案定義 Item 項目

本節 Scrapy 專案 Ch8_4_2 已經建立和專案 Ch8_3 相同的 pttnba.py 爬蟲程式，我們準備修改 Python 程式改用 Item 項目物件來儲存取得資料。

✪ Item 項目物件與 Python 字典

Scrapy 爬蟲程式的爬取結果可以使用 Python 字典或 Item 項目物件，在本節前的爬蟲範例都是使用 Python 字典，對於 Scrapy 初學者來說，已經足以完成基本爬蟲應用。但是，對於大型爬蟲程式來說，建議使用 Scrapy 的 Item 項目物件儲存爬取資料，以便使用第 8-4-3 節的 Item Pipeline 項目管道來清理、驗證和處理取得的資料。

✪ Python 程式 〈Ch8_items.py〉

請啟動 Spyder 開啟 Scrapy 專案 Ch8_4_2 的 items.py 程式檔案，如下所示：

```
import scrapy

class NBAItem(scrapy.Item):
    # 定義 Item 的欄位
    title = scrapy.Field()
    vote = scrapy.Field()
    author = scrapy.Field()
```

上述程式碼宣告 NBAItem 類別，我們共使用 scrapy.Field() 定義 title、vote 和 author 三個欄位。

✪ Python 程式 〈Ch8_pttnba.py〉

在定義 NBAItem 類別的欄位後，我們可以修改 pttnba.py 程式，改用 Item 項目物件儲存取得資料。首先匯入 Ch8_4_2 專案 Ch8_4_2.items 模組的 NBAItem 類別，如下所示：

```
import scrapy
from Ch8_4_2.items import NBAItem

class PttnbaSpider(scrapy.Spider):
    name = 'pttnba'
    allowed_domains = ['ptt.cc']
    start_urls = ['https://www.ptt.cc/bbs/NBA/index.html']

    def parse(self, response):
        for sel in response.css(".r-ent"):
            item = NBAItem()
            item["title"] = sel.css("div.title > a::text").extract_first()
            item["vote"]  = \
             sel.xpath("./div[@class='nrec']/span/text()").extract_first()
            item["author"] = \
             sel.xpath("./div[@class='meta']/div[1]/text()").extract_first()
            yield item
```

上述程式碼使用 response.css() 函數取得所有發文 <div class="r-ent"> 標籤後，再使用 for/in 迴圈一一取得 NBAItem 物件的欄位值，因為 response.css() 函數傳回的是選擇器物件，所以可以再次呼叫 css() 或 xpath() 函數來向下取出標題、推文數和作者，最後使用 yield 傳回 item 項目物件。

✪ 執行爬蟲程式

請利用下列 scrapy crawl 指令執行 pttnba 爬蟲，即可以輸出 JSON 檔案 pttnba.json，如下所示：

```
(base) C:\BigData\Ch08\Ch8_4_2>scrapy crawl pttnba -o pttnba.json Enter
```

上述指令可以在 Scrapy 專案 Ch8_4_2 的專案目錄下新增名為 pttnba.json 檔案，其執行結果和第 8-3-1 節完全相同。

8-4-3 使用 Item Pipeline 項目管道清理資料

我們可以使用 Item Pipeline 項目管道來過濾、驗證、轉換和清理爬取的 Item 資料，例如：將推文數從字串改為整數；"爆"改為整數 500，或只保留熱門發文，即推文數是"爆"的發文等。

✪ Python 程式

Ch8_pipelines.py

請啟動 **Spyder** 開啟 Scrapy 專案 Ch8_4_3 的 pipelines.py 程式檔案：

```
from scrapy.exceptions import DropItem

class PttPipeline(object):
    def process_item(self, item, spider):
        if item["vote"]:
            if item["vote"] == "爆":
                item["vote"] = 500
            else:
                item["vote"] = int(item["vote"]) + 5
            return item
        else:
            raise DropItem("沒有推文數：%s" % item)
```

上述程式碼匯入 Scrapy 的例外物件 DropItem 後，在 PttPipeline 類別建立 process_item() 函數，參數是 Item 物件和爬蟲 Spider 物件，函數是使用兩層 if/else 條件來驗證和處理推文數的 vote 欄位，如下所示：

- **外層 if/else 條件**：檢查是否有推文數的 vote 欄位，如果有，就進行內層 if/else 條件的資料處理後，傳回 item 物件，否則使用 raise 丟出 DropItem 例外。
- **內層 if/else 條件**：檢查欄位值是否是 " 爆 "，如果是，就改為整數 500，否則在型別轉換成「整數」後，加上 5 次。

✪ Python 程式

在 Scrapy 專案建立 Item Pipeline 項目管道的 PttPipeline 類別後，我們需要在 settings.py 檔案啟用 Item Pipeline 項目管道，使用的是 ITEM_PIPELINES 設定值，如下所示：

```
ITEM_PIPELINES = {
    'Ch8_4_3.pipelines.PttPipeline': 300
}
```

上述 ITEM_PIPELINES 設定值是 Python 字典，鍵是 Item Pipeline 項目管道類別的完整名稱，值 300 是用來決定當啟用多個 Item Pipeline 項目管道時，其執行順序，從低執行至高，其範圍是 0 ～ 1000。

✪ 執行爬蟲程式

請利用下列 scrapy crawl 指令執行 pttnba 爬蟲，可以輸出 JSON 檔案 pttnba.json，如下所示：

```
(base) C:\BigData\Ch08\Ch8_4_3>scrapy crawl pttnba -o pttnba.json Enter
```

上述指令可以在 Scrapy 專案 Ch8_4_3 的專案目錄下新增名為 pttnba.json 檔案，其執行結果在和第 8-4-2 節的 pttnba.josn 比較後，可以看出推文數已經改為整數，且推文數增加 5，原來推文數是 " 爆 " 也改為整數 500。

8-5 輸出 Scrapy 爬取的資料

在本節前是使用 scrapy crawl 指令以參數來輸出爬取資料，實務上，我們可以直接在 settings.py 檔案設定 Scrapy 專案的輸出方式。

8-5-1 設定 Scrapy 專案的輸出

在 Scrapy 專案可以修改專案的 settings.py 設定檔來指定輸出的檔案格式、檔名和編碼方式。

✪ 指定 Scrapy 專案的輸出方式 Ch8_settings.py

請使用 **Spyder** 開啟「Ch08\Ch8_5_1\Ch8_5_1\settings.py」的 Python 程式：

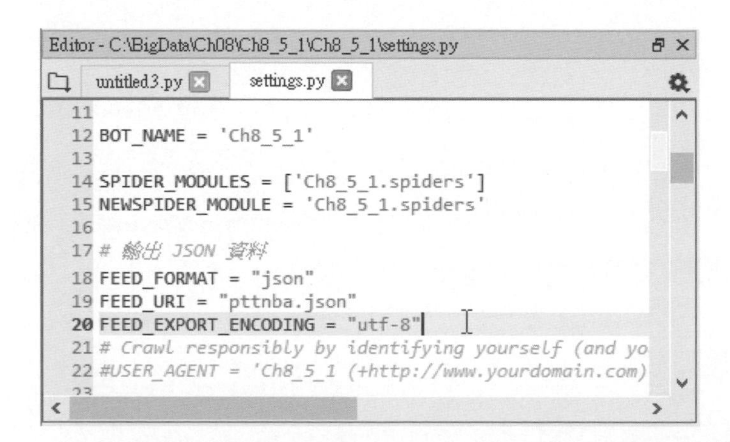

然後輸入下列程式碼來指定 Scrapy 專案輸出 JSON 格式的檔案：

```
# 輸出 JSON 資料
FEED_FORMAT = "json"
FEED_URI = "pttnba.json"
FEED_EXPORT_ENCODING = "utf-8"
```

上述程式碼的 FEED_FORMAT 指定成輸出格式 json 是 JSON、csv 是 CSV 和 xml 是 XML，在 FEED_URI 指定輸出的檔案名稱，JSON 的副檔名是 .json；CSV 是 .csv；XML 是 .xml，最後使用 FEED_EXPORT_ENCODING 指定使用的編碼是 utf-8。

✪ 輸出爬取資料至 JSON 檔案

在設定 Scrapy 專案的輸出格式是 JSON 檔案和編碼是 utf-8 後，執行爬蟲程式 pttnba 就不需指定「-o」輸出參數，如下所示：

```
(base) C:\BigData\Ch08\Ch8_5_1>scrapy crawl pttnba Enter
```

上述指令的執行結果會在專案目錄 Ch8_5_1 新增名為 pttnba.json 的 JSON 檔案，當使用 PSPad（純文字編輯軟體）開啟 JSON 檔案，可以看到內容是我們從 PPT 爬取出的發文資料，如下圖所示：

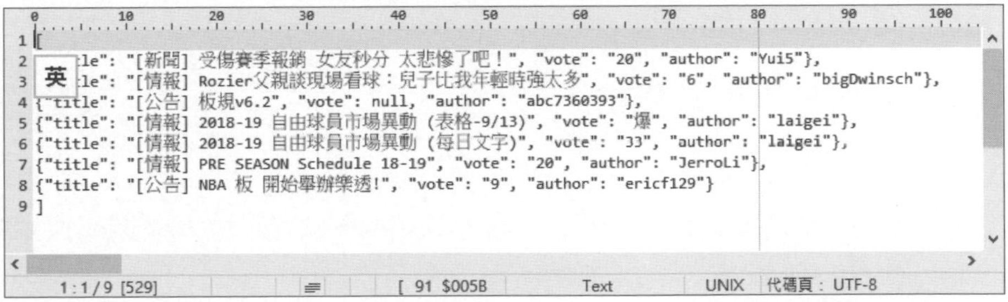

```
[
英 le": "[新聞] 受傷賽季報銷 女友秒分 太悲慘了吧！", "vote": "20", "author": "Yui5"},
   le": "[情報] Rozier父親談現場看球：兒子比我年輕時強太多", "vote": "6", "author": "bigDwinsch"},
{"title": "[公告] 板規v6.2", "vote": null, "author": "abc7360393"},
{"title": "[情報] 2018-19 自由球員市場異動 (表格-9/13)", "vote": "爆", "author": "laigei"},
{"title": "[情報] 2018-19 自由球員市場異動 (每日文字)", "vote": "33", "author": "laigei"},
{"title": "[情報] PRE SEASON Schedule 18-19", "vote": "20", "author": "JerroLi"},
{"title": "[公告] NBA 板 開始舉辦樂透!", "vote": "9", "author": "ericf129"}
]
```

1:1/9 [529]　[91 $005B　Text　UNIX　代碼頁：UTF-8

8-5-2 Windows 作業系統輸出 CSV 格式的問題

Scrapy 專案 Ch8_5_2 是複製第 8-3-2 節專案的 quotes.py 爬蟲程式，我們已經編輯 settings.py 檔案和指定輸出格式是 CSV，檔名是 quotes.csv。

✪ Scrapy 專案輸出 CSV 格式的問題

當執行 Scrapy 專案 Ch8_5_2 的 quotes 爬蟲程式輸出 CSV 檔案後，使用編輯器開啟 CSV 檔案，會發現輸出的每一列下方都多出一列額外的空白列，如下圖所示：

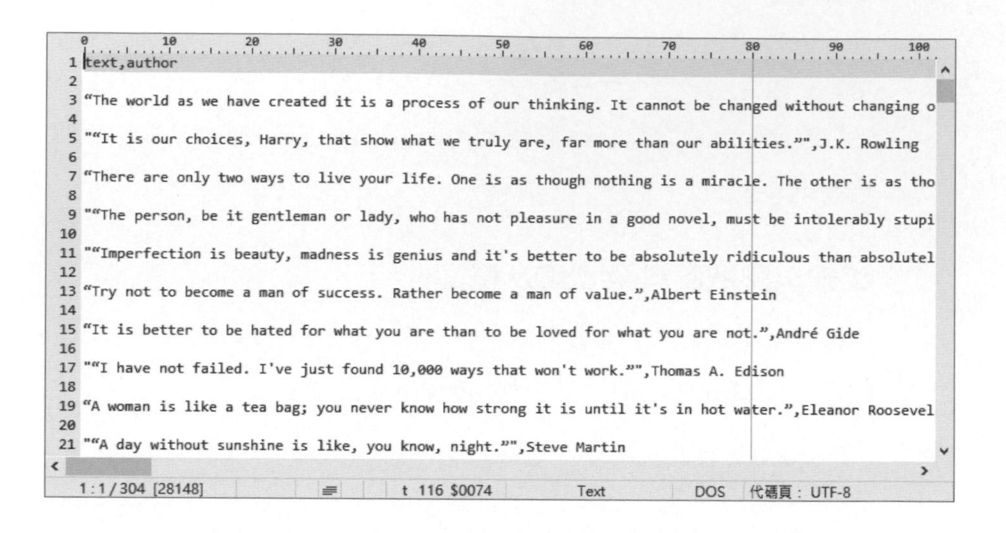

請注意！上述問題是 Windows 作業系統才有的問題，為了解決此問題，我們需要修改 Scrapy 安裝套件的 Python 程式 exporters.py。

修改 Python 程式

Ch8_exporters.py

因為本書是使用 Anaconda 安裝 Scrapy 套件，Anaconda 套件是安裝在 Windows 作業系統的使用者目錄，例如：筆者 Windows 電腦的使用者名稱是 JOE，Anaconda 3 的安裝路徑，如下所示：

```
「C:\使用者\JOE\Anaconda3」
```

我們安裝的 Scrapy 套件是位在其「pkgs」子目錄，如下所示：

```
「Anaconda3\pkgs\scrapy-1.5.1-py36_0\Lib\site-packages\scrapy」
```

請啟動 Spyder 或 PSPad 等編輯器開啟位在此目錄下的 exporters.py 檔案，然後找到第 217 列程式碼，如下圖所示：

```
206 class CsvItemExporter(BaseItemExporter):
207
208     def __init__(self, file, include_headers_line=True, join_multivalued=',', **kwargs):
209         self._configure(kwargs, dont_fail=True)
210         if not self.encoding:
211             self.encoding = 'utf-8'
212         self.include_headers_line = include_headers_line
213         self.stream = io.TextIOWrapper(
214             file,
215             line_buffering=False,
216             write_through=True,
217             encoding=self.encoding
218         ) if six.PY3 else file
219         self.csv_writer = csv.writer(self.stream, **kwargs)
220         self._headers_not_written = True
221         self._join_multivalued = join_multivalued
222
```

請將第 217 列程式碼 encoding=self.encoding 的最後加上「,」符號後，再加上 newline='' ，其中「''」是空字串，如下圖所示：

```
encoding=self.encoding, newline=''
```

```
213         self.stream = io.TextIOWrapper(
214             file,
215             line_buffering=False,
216             write_through=True,
217             encoding=self.encoding, newline=''
218         ) if six.PY3 else file
219         self.csv_writer = csv.writer(self.stream, **kwargs)
220         self._headers_not_written = True
221         self._join_multivalued = join_multivalued
```

在儲存 exporters.py 檔案後，請重新執行 Scrapy 專案 Ch8_5_2 的 quotes 爬蟲程式（記得先刪除原來 quotes.csv 檔案），即可看到多出的額外空白列已經刪除。

學習評量

1. 請簡單說明 Scrapy 爬蟲框架？
2. 請問什麼是 Scrapy Shell？和簡單說明 Scrapy 專案的目錄結構？
3. 請舉例說明 Scrapy 爬蟲程式如何處理「下一頁」超連結？
4. 請舉例說明 Scrapy 爬蟲程式如何合併從多個頁面爬取的資料？
5. 請簡單說明 Item Pipeline 項目管道是什麼？
6. 請開啟 **Anaconda Prompt** 命令提示字元視窗，輸入指令建立名為 majortests 的 Scrapy 專案。
7. 請繼續學習評量 6，使用 majortests.com 單字清單網站在 Scrapy 專案 majortests 新增爬蟲程式 wordlists.py，其網址如下：

```
https://www.majortests.com/word-lists/
```

8. 請繼續學習評量 7，撰寫 Python 程式 wordlists.py 爬取 Intermediate word lists 共 10 頁超連結的單字清單，包含單字和說明，如下所示：

word	meaning
Abhor	hate
Bigot	narrow-minded, prejudiced person
⋮	

9. 請繼續學習評量 8，在 Scrapy 專案定義 Item 項目 word 和 meaning。
10. 請繼續學習評量 9，設定 Scrapy 專案輸出 JSON 檔案。

Python 爬蟲程式
實作案例

9-1 Python 爬蟲程式的常見問題

Python 爬蟲程式是向 Web 伺服器送出 HTTP 請求後，從回傳的 HTML 網頁擷取出內容。但是，目前網站很多都內建「防爬機制」，連線時可能會遇到一些問題，在實作爬蟲之前我們先來看看常見的問題。

✪ 選擇適合的 Python 網路爬蟲函式庫和定位技術

Python 網路爬蟲函式庫和網頁定位方式有很多種。基本上，如果我們只需爬取 Web 網站的數頁網頁，請使用 Beautiful Soup；如果需要爬取 JavaScript 產生的動態網頁，或與表單進行互動，請使用 Selenium；若準備爬取整個 Web 網站的大量資料，請使用 Scrapy 框架。

在網頁定位技術部分，如果是定位特定 HTML 標籤，我們可以使用 CSS 選擇器或 XPath 表達式，也可以使用各函式庫提供的相關方法，如果需要搜尋網頁中 HTML 標籤的文字內容，即使用標籤內容作為條件，建議使用 XPath 表達式，否則我們只能使用 CSS 選擇器搭配正規表達式來進行搜尋。

✪ 更改 HTTP 標頭偽裝成瀏覽器送出請求 Ch9_1.py

在第 2-3-1 節的 Ch2_3_1b.py 可以看出如果使用 Requests 物件送出 HTTP 請求，Web 網站可以知道是 Python 程式送出的請求，並不是瀏覽器。例如：Ch9_1.py 送出 HTTP 請求至 **momo 購物網**，如下所示：

```
import requests

URL = "https://www.momoshop.com.tw/search/"

r = requests.get(URL+"searchShop.jsp?keyword=HTC")
if r.status_code == requests.codes.ok:
    r.encoding = "big5"
    print(r.text)
else:
    print("HTTP 請求錯誤 ..." + url)
```

上述程式碼使用 requests 送出 HTTP 請求，執行結果會看到連線錯誤：

執行結果

```
 ⋮
ConnectionError: ('Connection aborted.', OSError("(10054, 'WSAECONNRESET')",))
```

要避免剛才的狀況，我們可以利用 2-4-2 節介紹過的更改標頭資訊方式，假裝從瀏覽器送出 HTTP 請求（Python 程式：Ch9_1a.py），如下所示：

```
import requests

URL = "https://www.momoshop.com.tw/search/"

headers = {'user-agent': 'Mozilla/5.0 (Windows NT 10.0; Win64; x64)'
           'AppleWebKit/537.36 (KHTML, like Gecko)'
           'Chrome/63.0.3239.132 Safari/537.36'}
r = requests.get(URL+"searchShop.jsp?keyword=HTC", headers=headers)
if r.status_code == requests.codes.ok:
    r.encoding = "big5"
    print(r.text)
else:
    print("HTTP 請求錯誤 ..." + url)
```

上述程式碼因為更改 HTTP 請求的標頭資訊，所以，執行結果可以看到成功取回 HTML 網頁。

✪ 在多次 HTTP 請求之間加上延遲時間

Ch9_1b.py

因為 Python 爬蟲程式很可能需要在極短的時間內，針對同一網站密集的送出 HTTP 請求。例如：在 1 秒內送出超過 10 次請求，為了避免被駭客攻擊，網站大都有預防密集請求的保護機制。

所以，**爬蟲程式應該避免在短時間密集送出 HTTP 請求，而是在每一次請求之間等待幾秒鐘**，如下所示：

```
import time
import requests

URL = "http://www.majortests.com/word-lists/word-list-0{0}.html"

for i in range(1, 10):
    url = URL.format(i)
    r = requests.get(url)
    print(r.status_code)
    print("等待 5 秒鐘 ...")
    time.sleep(5)
```

上述程式碼匯入 time 模組，for 迴圈一共送出 9 次 HTTP 請求，在每一次請求之間呼叫 time.sleep(5) 函數暫停幾秒鐘，以此例而言參數是 5 秒，也就是每等 5 秒鐘才送出一次 HTTP 請求。

✪ 處理例外的 HTML 標籤

Ch9_1c.py

當分析 HTML 網頁找到目標 HTML 標籤後，撰寫 Python 爬蟲程式時需要注意一些例外情況來進行特別處理，否則在爬蟲時可能中斷在這些例外情況。例如：PTT BBS 的 NBA 版的 HTML 標籤，發文的標題文字是 <div class="title"> 下的 <a> 標籤，如下圖所示：

```
<div class="r-ent">
    <div class="nrec"><span class="hl f1">爆</span></div>
    <div class="mark"></div>
    <div class="title">

        <a href="/bbs/NBA/M.1516935092.A.270.html">[討論] 皇老爺的大腿 要靠誰接上？</a>

    </div>
    <div class="meta">
        <div class="date"> 1/26</div>
        <div class="author">TsukimiyaAyu</div>
    </div>
</div>
```

上述 <div class="r-ent"> 標籤是一篇發文，位在 <div class="title"> 下的 <a> 標籤是 BBS 發文的標題文字，如果是刪除的發文，如下圖所示：

```
<div class="r-ent">
    <div class="nrec"><span class="hl f2">8</span></div>
    <div class="mark"></div>
    <div class="title">

        (本文已被刪除) [mikemiao1492]

    </div>
    <div class="meta">
        <div class="date"> 1/26</div>
        <div class="author">-</div>
    </div>
</div>
```

上述 <div class="title"> 標籤只有文字內容，沒有 <a> 標籤，這是發文 HTML 標籤的例外情況，當發生時，有兩種處理方式，如下所示：

- **方法一**：使用 if 條件判斷 <div class="title"> 下是否有 <a> 標籤，沒有 <a> 標籤就跳過不處理，第 9-2-4 節是使用這種方法。
- **方法二**：使用 BeautifulSoup 物件建立替代 <a> 標籤，如果沒有就使用替代標籤來代替，在這小節是使用此方法。

Python 程式 Ch9_1c.py 可以爬取 PTT NBA 版的發文，首先建立 DELETED 變數，使用 BeautifulSoup 物件建立 <a> 標籤，如下所示：

```
import requests
from bs4 import BeautifulSoup

URL = "https://www.ptt.cc/bbs/NBA/index.html"
DELETED = BeautifulSoup("<a href='Deleted'>本文已刪除</a>", "lxml").a
```

上述程式碼建立 <a> 標籤的 BeautifulSoup 物件，最後的 .a 是取得此標籤物件，然後送出 HTTP 請求，如下所示：

```
r = requests.get(URL)
if r.status_code == requests.codes.ok:
    r.encoding = "utf8"
    soup = BeautifulSoup(r.text, "lxml")
    tag_divs = soup.find_all("div", class_="r-ent")
    for tag in tag_divs:
        tag_a = tag.find("a") or DELETED
```

```
        print(tag_a["href"])
        print(tag_a.text)
        print(tag.find("div", class_="author").string)
else:
    print("HTTP 請求錯誤 ..." + url)
```

上述程式碼使用 find_all() 函數找出所有發文的 <div> 標籤後，使用 for/in 迴圈取出每一篇發文的標題文字，即 <a> 標籤，如下所示：

```
tag_a = tag.find("a") or DELETED
```

上述程式碼使用 find() 函數搜尋 <a> 標籤，沒有找到就指定成 DELETED 變數的 <a> 標籤物件，執行結果可以看到顯示「本文已刪除」(**請注意！不是每次都有刪除文章**)，這是已刪除的發文，如下所示：

執行結果

```
/bbs/NBA/M.1534227995.A.D36.html
[公告] 分身水桶
Vedan
/bbs/NBA/M.1534229488.A.0A2.html
[討論] 火箭還是很強阿 哪有變弱了
seabox
/bbs/NBA/M.1534236843.A.BE2.html
[花邊] 上演雙手爆扣  Hayward復出再進一步
thnlkj0665
/bbs/NBA/M.1534238225.A.48C.html
[新聞] 批評雷納德惹禍上身 包溫丟快艇球評工作
Yui5
Deleted
本文已刪除
```

✪ 網站內容分級規定

Ch9_1d.py

因為很多網站內容都有分級規定，有些網站在進入前會詢問是否年滿 18 歲，例如：PTT BBS 的 Gossiping 版，如下圖所示：

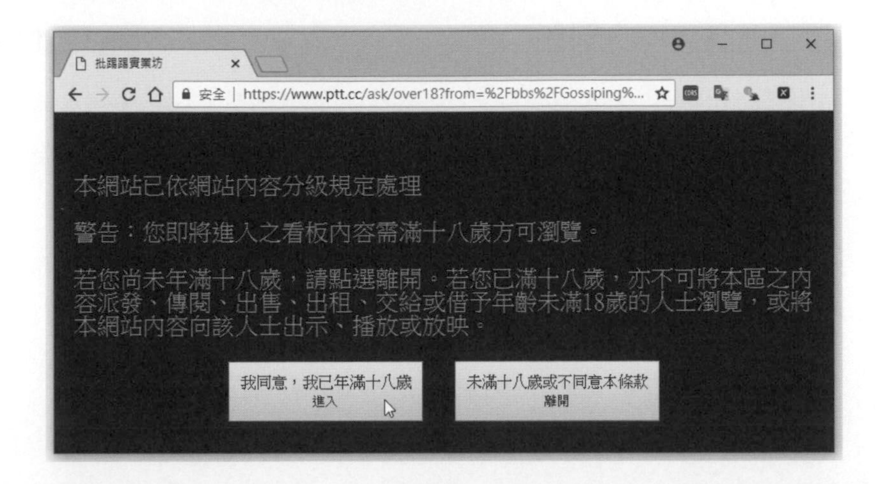

上圖需按下**我同意，我已年滿十八歲 進入**鈕才能進入網頁。因為 PTT BBS 是使用 Cookie 儲存是否年滿十八歲，我們可以在 requests 請求指定 Cookie 來跳過網站分級規定的畫面，如下所示：

```
import requests
from bs4 import BeautifulSoup

URL = "https://www.ptt.cc/bbs/Gossiping/index.html"

r = requests.get(URL, cookies={"over18": "1"})
if r.status_code == requests.codes.ok:
    r.encoding = "utf8"
    soup = BeautifulSoup(r.text, "lxml")
    tag_divs = soup.find_all("div", class_="r-ent")
    for tag in tag_divs:
        if tag.find('a'):   # 是否有 <a> 標籤
            tag_a = tag.find("a")
            print(tag_a["href"])
            print(tag_a.text)
            print(tag.find("div", class_="author").string)
else:
    print("HTTP 請求錯誤 ..." + url)
```

上述 request.get() 函數的第 2 個參數指定 cookies 來跳過網站內容分級規定，for/in 迴圈是使用 if 條件判斷是否找到 <a> 標籤，而不是使用 Ch9_1c.py 的自訂標籤來處理例外情況。另一種方式是使用 Selenium 模擬執行按下**我同意**按鈕。

✪ 建立爬蟲目標的網址

Ch9_1e.py

如果爬蟲目標的網址不只一個，而是有很多個網址時，Python 爬蟲程式需要先建立這些網址，Python 程式 Ch9_1b.py 是使用字串 format() 函數建立多個網址。

因為 Python 語言的 urllib.parse 模組是用來處理網址，我們可以使用此模組的 urljoin() 函數結合建立所需的網址：

```
from urllib.parse import urljoin

URL = "http://www.majortests.com/word-lists/word-list-01.html"
PTT = "https://wwww.ptt.cc/bbs/movie/index.html"

catalog = ["movie", "NBA", "Gossiping"]

for i in range(1, 5):
    url = urljoin(URL, "world-list-0{0}.html".format(i))
    print(url)
for item in catalog:
    url = urljoin(PTT, "../{0}/index.html".format(item))
    print(url)
```

上述程式碼首先匯入 urljoin() 函數，第 1 個 for 迴圈呼叫 urljoin() 函數結合第 1 個參數的網址和第 2 個參數的檔名，可以建立 word-list-01.html~world-list-04.html 的網址，其執行結果如下：

執行結果

```
http://www.majortests.com/word-lists/world-list-01.html
http://www.majortests.com/word-lists/world-list-02.html
http://www.majortests.com/word-lists/world-list-03.html
http://www.majortests.com/word-lists/world-list-04.html
```

在第 2 個 for/in 迴圈是建立 PPT 各版的網址，使用清單和「../」路徑來取代上一層的目錄，其執行結果可以看到建立 movie、NBA 和 Gossiping 版的 URL 路徑，如下所示：

執行結果

```
https://wwww.ptt.cc/bbs/movie/index.html
https://wwww.ptt.cc/bbs/NBA/index.html
https://wwww.ptt.cc/bbs/Gossiping/index.html
```

9-2 用 Beautiful Soup 爬取股價、電影、圖書等資訊

這一節我們準備使用 Requests 和 Beautiful Soup 函式庫，實作一些 Python 爬蟲程式的案例。

9-2-1 實作案例：爬取 Yahoo 股價資訊

在 Yahoo 股價資訊網頁可以查詢股票資訊，其網址為：https://tw.stock.yahoo.com/q/q?s=3711，如下圖所示：

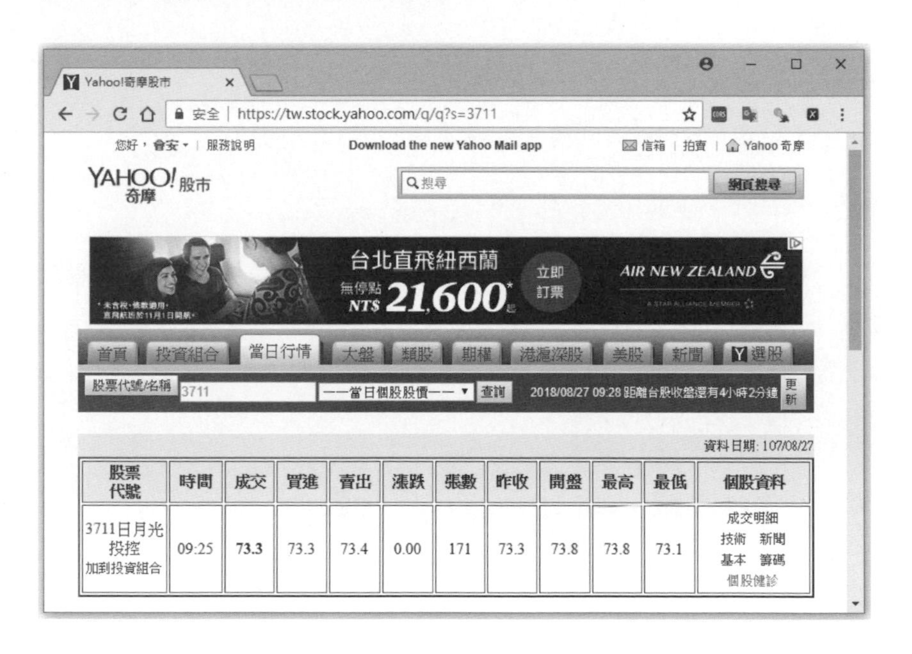

上述 URL 參數 s 是股票代碼 3711（日月光投控），這是使用 HTML 表格顯示的股票資訊。我們準備建立 Ch9_2\yahoo_stock_crawler.py 程式爬取股票資訊，執行結果可以建立 3 檔股票資訊的 CSV 檔案：stocks.csv。

在 Python 程式首先匯入相關模組與套件，和建立基底網址的變數：

```
import time
import requests
import csv
from bs4 import BeautifulSoup

# 目標 URL 網址
URL = "https://tw.stock.yahoo.com/q/q?s="
```

✪ Python 爬蟲主程式

在 if 條件判斷 __name__ 是否是 __main__，這個 if 條件的程式區塊就是 Python 主程式，如下所示：

```
if __name__ == "__main__":
    urls = generate_urls(URL, ["3711", "2330", "2454"])
    # print(urls)
    stocks = web_scraping_bot(urls)
    for stock in stocks:
        print(stock)
    save_to_csv(stocks, "stocks.csv")
```

上述程式碼呼叫 generate_urls() 函數建立目標網址清單，第 1 個參數是基底 URL，第 2 個參數是股票代碼清單，然後呼叫 web_scraping_bot() 函數以參數的 URL 清單來爬取資料，回傳的是各檔股票的資訊，最後呼叫 save_to_csv() 函數儲存成 CSV 檔案。

✪ Python 函數：generate_urls() 函數

在 generate_urls() 函數是使用參數的基底 URL 和股票代碼清單來建立 URL 清單，如下所示：

```
def generate_urls(url, stocks):
    urls = []
    for stock in stocks:
        urls.append(url + stock)
    return urls
```

上述程式碼使用 for/in 迴圈建立回傳的 URL 清單，也就是在基底網址的最後加上股票代碼的 s 參數值。

✪ Python 函數：web_scraping_bot() 函數

web_scraping_bot() 函數是用來爬取股票資料，因為是 URL 清單，所以使用 for/in 迴圈來一一爬取每一個 URL，首先使用 split() 函數取得股票代碼 stock_id，如下所示：

```
def web_scraping_bot(urls):
    stocks = [["代碼","名稱","狀態","股價","昨收","張數","最高","最低"]]

    for url in urls:
        stock_id = url.split("=")[-1]
        print("抓取: " + stock_id + " 網路資料中...")
        r = get_resource(url)
        if r.status_code == requests.codes.ok:
            soup = parse_html(r.text)
            stock = get_stock(soup, stock_id)
            stocks.append(stock)
            print("等待5秒鐘...")
            time.sleep(5)
        else:
            print("HTTP請求錯誤...")

    return stocks
```

上述 for/in 迴圈呼叫 get_resouce() 函數送出 HTTP 請求，if/else 條件判斷請求是否成功，成功，就呼叫 parse_html() 函數使用 Beautiful Soup 剖析 HTML 網頁，即可使用 get_stock() 函數取得這一檔股票的資訊，接著呼叫 append() 函數將參數股票資訊清單新增至巢狀清單，在等待 5 秒鐘後，執行迴圈的下一檔股票資訊爬取。

✪ Python 函數：get_resouce() 函數

get_resouce() 函數單純只是使用 requests 物件，以自訂 HTTP 標頭來送出 HTTP 請求，如下所示：

```
def get_resource(url):
    headers = {"user-agent": "Mozilla/5.0 (Windows NT 10.0; Win64; x64)"
               "AppleWebKit/537.36 (KHTML, like Gecko)"
               "Chrome/63.0.3239.132 Safari/537.36"}
    return requests.get(url, headers=headers)
```

✪ Python 函數：parse_html() 函數

在 parse_html() 函數傳回 Beautiful Soup 剖析的 HTML 網頁，如下所示：

```
def parse_html(html_str):
    return BeautifulSoup(html_str, "lxml")
```

✪ Python 函數：get_stock() 函數

在 get_stock() 函數使用 find_all() 函數找出第 1 個表格的 HTML 標籤後，使用 select() 函數以 CSS 選擇器取出指定儲存格的股票資料，如下所示：

```
def get_stock(soup, stock_id):
    table = soup.findAll(text="成交")[0].parent.parent.parent
    status = table.select("tr")[0].select("th")[2].text
    name =   table.select("tr")[1].select("td")[0].text
    price =  table.select("tr")[1].select("td")[2].text
    yclose = table.select("tr")[1].select("td")[7].text
    volume = table.select("tr")[1].select("td")[6].text
    high =   table.select("tr")[1].select("td")[9].text
    low  =   table.select("tr")[1].select("td")[10].text

    return [stock_id,name[4:-6],status,price,yclose,volume,high,low]
```

上述程式碼重複呼叫 select() 函數依序取出股票狀態（status）、名稱（name）、股價（price）、昨收（yclose）、成交張數（volume）、最高（high）和最低（low）股價，最後傳回股票資料的清單。

✪ Python 函數：save_to_csv() 函數

在 save_to_csv() 函數是將 Python 巢狀清單輸出成 CSV 檔案，如下所示：

```
def save_to_csv(items, file):
    with open(file, "w+", newline="", encoding="utf-8") as fp:
        writer = csv.writer(fp)
        for item in items:
            writer.writerow(item)
```

9-2-2 實作案例：爬取 Yahoo 本週電影新片資訊

在 Yahoo 本週電影新片網頁是本週上映的新片資訊，其網址為：https://movies.yahoo.com.tw/movie_thisweek.html?page=1，如下圖所示：

上述 URL 參數 page 是頁碼（可能有多頁），可以查詢本週上映的新片資訊，每一個方框是一部新片資訊。我們將建立 Ch9_2\yahoo_movie_crawler.py 程式爬取本週新片資訊，其執行結果可以建立 CSV 檔案：movies.csv。

因為 Python 程式結構和第 9-2-1 節相似，筆者只準備說明主要函數。Python 程式的基底 URL 有一個 {0} 參數，如下所示：

```
URL = "https://movies.yahoo.com.tw/movie_thisweek.html?page={0}"
```

上述 URL 變數是在 generate_urls() 函數產生 1 ～ 5 分頁的 URL 清單（最多 5 頁，大多只有 2 頁），然後呼叫 web_scraping_bot() 函數爬取各分頁的本週新片資料。

✪ Python 函數：generate_urls() 函數

在 generate_urls() 函數是使用參數的基底 URL、開始和結束頁數來建立 URL 清單，如下所示：

```
def generate_urls(url, start_page, end_page):
    urls = []
    for page in range(start_page, end_page+1):
        urls.append(url.format(page))
    return urls
```

✪ Python 函數：web_scraping_bot() 函數

在 web_scraping_bot() 函數中，使用 for/in 迴圈來一一爬取參數的 URL 清單，每次爬取一頁分頁，如下所示：

```
def web_scraping_bot(urls):
    all_movies=[["中文片名","英文片名","期待度","海報圖片","上映日"]]
    page = 1

    for url in urls:
        print("抓取: 第" + str(page) + "頁 網路資料中...")
        page = page + 1
        r = get_resource(url)
        if r.status_code == requests.codes.ok:
            soup = parse_html(r.text)
            movies = get_movies(soup)
            all_movies = all_movies + movies
            print("等待5秒鐘...")
            if soup.find("li", class_="nexttxt disabled"):
                break   # 已經沒有下一頁
            time.sleep(5)
        else:
            print("HTTP 請求錯誤...")

    return all_movies
```

上述程式碼使用變數 page 記錄爬取的分頁數，使用 get_movies() 函數取得此分頁本週新片資訊的 Python 清單，然後將各分頁的巢狀清單使用加法結合成一個 Python 巢狀清單。

✪ Python 函數：get_movies() 函數

在 get_movies() 函數，首先呼叫 find_all() 函數，取出所有此分頁的本週新片資訊，即每一個方框的 <div> 標籤，如下所示：

```
def get_movies(soup):
    movies = []
    rows = soup.find_all("div", class_="release_info_text")
    for row in rows:
        movie_name_div = row.find("div", class_="release_movie_name")
        cht_name = movie_name_div.a.text.strip()
        eng_name = movie_name_div.find("div", class_="en").a.text.strip()
        expectation = row.find("div", class_="leveltext").span.text.strip()
        photo = row.parent.find_previous_sibling(
                "div", class_="release_foto")
        poster_url = photo.a.img["src"]
        release_date = format_date(row.find('div', 'release_movie_time').text)

        movie= [cht_name,eng_name,expectation,
                poster_url,release_date]
        movies.append(movie)
    return movies
```

上述 for/in 迴圈取出每一部新片來爬取中文名稱（cht_name）、英文名稱（eng_name）、期待度（expectation）、海報網址（poster_url）和上映日（release_date），日期呼叫 format_data() 函數取出字串中的日期，在建立每一部新片的 movie 清單後，新增至巢狀清單 moives。

✪ Python 函數：format_data() 函數

在 format_data() 函數是使用正規表達式取出參數字串中的日期資料：

```
def format_date(date_str):
    # 取出上映日期
    pattern = '\d+-\d+-\d+'
    match = re.search(pattern, date_str)
    if match is None:
        return date_str
    else:
        return match.group(0)
```

9-2-3 實作案例：爬取博客來圖書資訊

博客來是國內著名的網路書店，其搜尋圖書的網址為：http://search.books.com.tw/search/query/key/ 演算法 /cat/all，如下圖所示：

上述是一個路由，在 key 後是關鍵字，可以看到查詢結果的圖書清單。我們準備建立 Ch9_2\books_crawler.py 程式爬取查詢結果的圖書資訊，其執行結果可以建立 CSV 檔案：booklist.csv。

因為 Python 程式結構和第 9-2-2 節相似，筆者只準備說明主要函數。Python 程式的基底 URL，如下所示：

```
URL = "http://search.books.com.tw/search/query/key/{0}/cat/all"
```

上述 URL 變數是用來在 generate_search_url() 函數產生網址後，呼叫 web_scraping_bot() 函數來爬取查詢結果的圖書資訊。

✪ Python 函數：generate_search_url() 函數

在 generate_search_url() 函數的參數是基底 URL 和關鍵字，我們是呼叫 format() 函數建立搜尋圖書關鍵字的網址，如下所示：

```
def generate_search_url(url, keyword):
    url = url.format(keyword)

    return url
```

✪ Python 函數：web_scraping_bot() 函數

在 web_scraping_bot() 函數的參數中，只有 1 個目標網址，因為本節爬蟲程式需要從多頁網頁取得資料，所以判斷 HTTP 請求是否成功移至 parse_html() 函數，如下所示：

```
def web_scraping_bot(url):
    booklist = [["書名","ISBN","網址","書價"]]
    print("抓取網路資料中...")
    soup = parse_html(get_resource(url))
    if soup != None:
        # print(soup)
        tag_item = soup.find_all(class_="item")
        for item in tag_item:
            book = []
            book.append(item.find("img")["alt"])
            book.append(get_ISBN(item.find("a")["href"]))
            book.append("http:" + item.find("a")["href"])
            price = item.find(class_="price").find_all("b")
```

上述程式碼呼叫 parse_html() 函數成功剖析網頁後，呼叫 find_all() 函數取出所有圖書清單的 HTML 標籤，然後使用 for/in 迴圈一一爬取每一本圖書資料，依序是書名、ISBN、網址，ISBN 是再呼叫 get_ISBN() 函數來取得，參數是圖書頁面的 URL。接著，在下方取得圖書價格，如下所示：

```
            if len(price) == 1:
                book.append(price[0].string)
            else:
                book.append(price[1].string)
            booklist.append(book)
            print("等待2秒鐘...")
            time.sleep(2)

    return booklist
```

上述 if/else 條件判斷定價是否存在（因為可能有定價或優惠價），在取得圖書資訊 book 清單後，呼叫 append() 函數新增至 booklist 巢狀清單。

✪ Python 函數：parse_html() 函數

在 parse_html() 函數的參數是 Requests 物件，if/else 條件判斷是否請求成功，成功，就傳回 Beautiful Soup 剖析的 HTML 網頁，如下所示：

```
def parse_html(r):
    if r.status_code == requests.codes.ok:
        r.encoding = "utf8"
        soup = BeautifulSoup(r.text, "lxml")
    else:
        print("HTTP 請求錯誤 ..." + url)
        soup = None

    return soup
```

✪ Python 函數：get_ISBN() 函數

在 get_ISBN() 函數首先呼叫 parse_html() 函數，取得圖書資料網址的 Beautiful Soup 物件，即可尋找 ISBN 的標籤，如下所示：

```
def get_ISBN(url):
    soup = parse_html(get_resource("http:" + url))
    if soup != None:
        try:
            isbn = soup.find(itemprop="productID")["content"][5:]
        except:
            isbn = "0000"
    else:
        isbn = "1111"
    return isbn
```

上述 try/except 是取得圖書的 ISBN，如果找到的話就傳回 ISBN 碼；沒有找到的話就傳回 0000；剖析失敗會傳回 1111。

9-2-4 實作案例：爬取 PTT BBS 當日的討論板發文

批踢踢 PTT BBS 是國內著名的 BBS 討論空間，在第 8 章我們已經使用 Scrapy 爬取 NBA 看板，這一節準備使用 Requests 和 Beautiful Soup 來爬取 Food 板（本節程式也適用其他 PTT BBS 看板）。

我們準備建立 Ch9_2\ptt_bbs_crawler.py 程式爬取今天 Food 看板的發文資訊，其執行結果可以建立 JSON 檔案：articles.json。Python 程式的基底 URL 和看板名稱，如下所示：

```
URL = "https://www.ptt.cc"
TOPIC = "Food"
```

上述 URL 變數是基底網址；TOPIC 的看板名稱，在本節的範例程式並沒有產生 URL 的函數，而是在主程式建立目標 URL，如下所示：

```
url = URL + "/bbs/" + TOPIC + "/index.html"
print(url)
articles = web_scraping_bot(url)
```

上述程式碼建立指定看板的 URL 後，呼叫 web_scraping_bot() 函數爬取發文資訊。

✪ Python 函數：web_scraping_bot() 函數

在 web_scraping_bot() 函數的參數只有 1 個目標網址，使用和第 9-2-3 節相同的 parse_html() 函數來剖析網頁，如下所示：

```
def web_scraping_bot(url):
    articles = []
    print("抓取網路資料中 ...")
    soup = parse_html(get_resource(url))
    if soup:
        # 取得今天日期, 去掉開頭 '0' 符合 PTT 的日期格式
        today = time.strftime("%m/%d").lstrip('0')
        # 取得目前頁面的今日文章清單
        current_articles, prev_url = get_articles(soup, today)
```

上述 if/else 條件判斷是否成功剖析網頁，成功就取得今天日期，然後呼叫 get_articles() 函數爬取今天的發文，回傳值 current_articles 是此頁發文的 Python 字典清單，prev_url 是前一頁的網址。在下方 while 迴圈判斷是否有取得發文的 Python 字典清單，如下所示：

```
    while current_articles:
        articles += current_articles
        print("等待 2 秒鐘 ...")
        time.sleep(2)
         # 剖析上一頁繼續尋找是否有今日的文章
        soup = parse_html(get_resource(URL + prev_url))
        current_articles, prev_url = get_articles(soup, today)

    return articles
```

上述 while 迴圈如果有爬取到的文章，就使用加法結合至 articles 清單，在等待 2 秒鐘後，剖析上一頁網頁，繼續尋找是否有今天的發文。

✪ Python 函數：get_articles() 函數

在 get_articles() 函數中，是取出此頁所有今天的發文，第 2 個參數是今天的日期，如下所示：

```
def get_articles(soup, date):
    articles = []
    # 取得上一頁的超連結
    paging_div = soup.find("div", class_="btn-group btn-group-paging")
    paging_a = paging_div.find_all("a", class_="btn")
    prev_url = paging_a[1]["href"]
```

上述程式碼首先取得上一頁超連結 <a> 標籤的 URL，然後在下方呼叫 find_all() 函數取得此頁發文清單的每一篇發文，如下所示：

```
    tag_divs = soup.find_all("div", class_="r-ent")
    for tag in tag_divs:
        # 判斷文章的日期
        if tag.find("div",class_="date").text.strip() == date:
            push_count = 0     # 取得推文數
            push_str = tag.find("div", class_="nrec").text
            if push_str:
```

```
            try:
                push_count = int(push_str)  # 轉換成數字
            except ValueError:  # 轉換失敗，可能是 '爆' 或 'X1','X2'
                if push_str == '爆':
                    push_count = 99
                elif push_str.startswith('X'):
                    push_count = -10
```

上述 for/in 迴圈使用 if 條件判斷是否是今日，如果是，首先取得推文數 push_count，因為推文數可能是文字 '爆'，如果轉換失敗，就改為整數 99，如果是 'X' 開頭，就指定成 -10。在下方取得文章的超連結和標題文字：

```
        # 取得發文的超連結和標題文字
        if tag.find("a"):    # 有超連結，表示文章存在
            href = tag.find("a")["href"]
            title = tag.find("a").text
            author = tag.find("div", class_="author").string
            articles.append({
                "title": title,
                "href": href,
                "push_count": push_count,
                "author": author
            })

    return articles, prev_url
```

上述 if 條件判斷是否有超連結，有，就表示文章存在，即可取得發文的超連結（href）、標題文字（title）和作者（author），最後建立 Python 字典，和新增至 articles 清單。函數傳回值有 2 個，依序是 articles 字典清單和 prev_url 前一頁的 URL。

✪ Python 函數：save_to_json() 函數

在 save_to_json() 函數中，可以將 Python 字典清單輸出成 JSON 檔案：

```
def save_to_json(items, file):
    with open(file, "w", encoding="utf-8") as fp: # 寫入 JSON 檔案
        json.dump(items,fp,indent=2,sort_keys=True,ensure_ascii=False)
```

9-2-5 實作案例：爬取 NBA 球隊的陣容

BASKETBALL Reference 是籃球資訊網，裡面有各球隊的相關資訊，其網址為：https://www.basketball-reference.com/teams/GSW/2018.html：

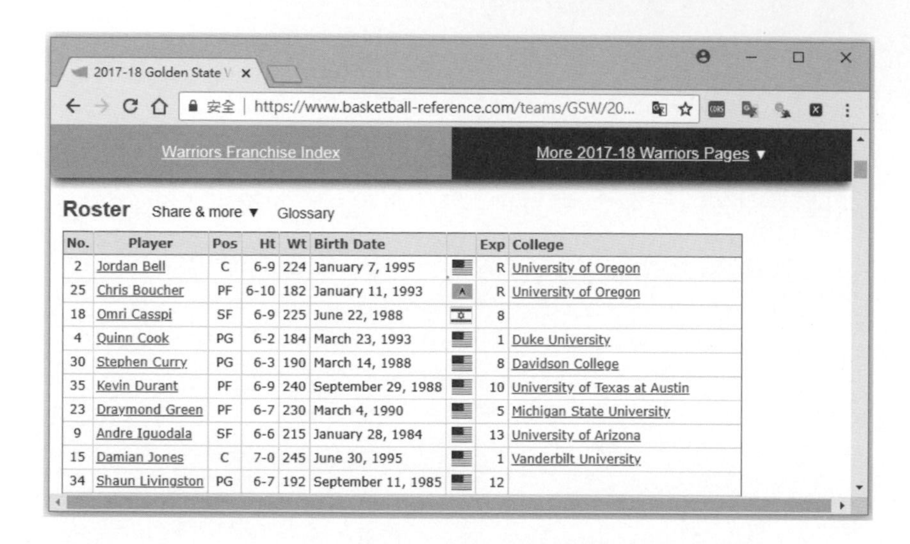

No.	Player	Pos	Ht	Wt	Birth Date		Exp	College
2	Jordan Bell	C	6-9	224	January 7, 1995		R	University of Oregon
25	Chris Boucher	PF	6-10	182	January 11, 1993		R	University of Oregon
18	Omri Casspi	SF	6-9	225	June 22, 1988		8	
4	Quinn Cook	PG	6-2	184	March 23, 1993		1	Duke University
30	Stephen Curry	PG	6-3	190	March 14, 1988		8	Davidson College
35	Kevin Durant	PF	6-9	240	September 29, 1988		10	University of Texas at Austin
23	Draymond Green	PF	6-7	230	March 4, 1990		5	Michigan State University
9	Andre Iguodala	SF	6-6	215	January 28, 1984		13	University of Arizona
15	Damian Jones	C	7-0	245	June 30, 1995		1	Vanderbilt University
34	Shaun Livingston	PG	6-7	192	September 11, 1985		12	

上述 URL 是路由，在 teams 後是 NBA 球隊的縮寫關鍵字，GSW 是金州勇士隊；HOU 是休士頓火箭隊等，使用 HTML 表格顯示此隊的球員資訊。我們準備建立 Ch9_2\nba_player_crawler.py 程式爬取球員資訊，其執行結果可以建立 CSV 檔案：players.csv。

因為 Python 程式結構和第 9-2-1 節相似，筆者只準備說明主要函數。Python 程式的基底 URL 和球隊縮寫清單，如下所示：

```
URL = "https://www.basketball-reference.com/teams/{0}/2018.html"
TEAMS = ["CLE", "HOU", "GSW"]
```

上述 2 個變數是用來在 generate_urls() 函數產生 3 個球隊的網址清單後，呼叫 web_scraping_bot() 函數爬取各隊的球員資訊。

✪ Python 函數：web_scraping_bot() 函數

在 web_scraping_bot() 函數，使用 for/in 迴圈來一一爬取參數的 URL 清單：

```
def web_scraping_bot(urls):
    count = 0
    total_players=[["球隊","背號","姓名","位置","體重","生日","經驗","大學"]]

    for url in urls:
        team_name = TEAMS[count]
        count = count + 1;
        print("抓取:" + team_name + " 網路資料中...")
        r = get_resource(url)
        if r.status_code == requests.codes.ok:
            soup = parse_html(r.text)
            players = get_players(soup, team_name)
            total_players = total_players + players
            print("等待 5 秒鐘...")
            time.sleep(5)
        else:
            print("HTTP 請求錯誤...")

    return total_players
```

上述 if/else 條件判斷請求是否成功，成功，就剖析網頁，然後呼叫 get_players() 函數取出參數球隊的球員資料。

✪ Python 函數：get_players() 函數

在 get_players() 函數首先呼叫 find() 函數找到球員資料的 HTML 表格，然後使用 for/in 迴圈走訪每一列的 <tr> 標籤，如下所示：

```
def get_players(soup, team):
    team_players = []
    table = soup.find(id="roster")    # 找到表格
    # HTML 表格的所有列
    for row in table.find("tbody").find_all("tr"):
        no = row.th.text                 # 背號
        cols = row.findAll("td")
        # 球隊, 背號, 姓名, 位置, 體重, 生日, 經驗, 大學
        team_players.append([team, no, cols[0].text, cols[1].text,
                             cols[3].text, cols[4].text,
                             cols[6].text, cols[7].text])

    return team_players
```

上述 for/in 迴圈取出此表格列所有儲存格的 <td> 標籤後，依序依照儲存格索引來取出球隊、背號、姓名、位置、體重、生日、經驗和大學資料，並且新增至 team_players 巢狀清單。

9-3 用 Selenium 爬取旅館、食譜資訊

第 9-2 節的實作案例是使用 Requests 和 Beautiful Soup 爬取靜態網頁，這一節是使用 Selenium 與表單進行互動來爬取動態網頁內容。

9-3-1 實作案例：爬取旅館資訊

Hotels.com 是旅館訂房網站，我們要使用 Selenium 在表單輸入地點、入住和退房時間後，取回搜尋結果的旅館資訊。網址為：https://tw.hotels.com。

✪ 在 Hotels.com 搜尋旅館資訊

Selenium 可以使用程式碼來模擬使用者的操作，我們要從頭開始實際在網站搜尋旅館資訊。首先，進入 Hotels.com 網站：

在上述表單輸入搜尋地點，選擇入住和退房日期，按搜尋鈕或按 Enter 鍵，可以看到搜尋到的旅館清單，如下圖所示：

然後移動滑鼠游標至網頁右上角的**價格**，可以顯示選單，請點選**價格 (由低至高)** 選項，將價格改為從低至高排序來顯示清單，我們準備建立 Python 程式取回此頁搜尋結果的旅館清單。

✪ Python 程式

Ch9_3\hotels_spider.py

在 Python 程式首先載入相關模組與套件，和指定目標網址：

```
import csv
import time
from lxml import html
from selenium import webdriver
from selenium.webdriver.common.keys import Keys
from selenium.webdriver.common.action_chains import ActionChains
# 目標 URL 網址
URL = "https://tw.hotels.com/"
# 搜尋條件
KEY = " 台北市 "
CHECKIN = "2018-12-27"
CHECKOUT = "2018-12-29"
```

上述變數 KEY 是搜尋城市，CHECKIN 是入住；CHECKOUT 是退房日期。下方的 start_driver() 和 close_driver() 函數分別是啟動和結束 WebDriver：

```
driver = None

def start_driver():
    global driver
    print("啟動 WebDriver...")
    driver = webdriver.Chrome("./chromedriver")
    driver.implicitly_wait(10)

def close_driver():
    global driver
    driver.quit()
    print("關閉 WebDriver...")

def get_page(url):
    global driver
    print("取得網頁...")
    driver.get(url)
    time.sleep(2)
```

上述 get_page() 函數呼叫 get() 函數取得網頁內容，就可以呼叫 search_hotels() 函數模擬輸入搜尋表單操作，首先使用 XPath 表達式取得 3 個表單的 HTML 欄位元素，如下所示：

```
def search_hotels(searchKey, checkInDate, checkOutDate):
    global driver
    # 找出表單的 HTML 元素
    searchEle = driver.find_elements_by_xpath('//input[…]')
    checkInEle = driver.find_elements_by_xpath('//input[...]')
    checkOutEle = driver.find_elements_by_xpath('//input[…]')

    if searchEle and checkInEle and checkOutEle:
        actions = ActionChains(driver)      # 關閉彈出框
        actions.send_keys(Keys.TAB)
        actions.send_keys(Keys.TAB)
        actions.send_keys(Keys.TAB)
        actions.send_keys(Keys.TAB)
        actions.send_keys(Keys.ENTER)
        actions.perform()
```

上述 if 條件判斷是否找到 3 個 HTML 元素，找到，就建立動作鏈關閉 JavaScript 彈出框（因為網站有時會有廣告框），然後送出各欄位輸入的搜尋條件和日期，按 Enter 鍵執行搜尋，如下所示：

```
    searchEle[0].send_keys(searchKey)              # 輸入搜尋條件
    searchEle[0].send_keys(Keys.TAB)
    checkInEle[0].clear()
    checkInEle[0].send_keys(checkInDate)
    checkOutEle[0].clear()
    checkOutEle[0].send_keys(checkOutDate)

    checkOutEle[0].send_keys(Keys.ENTER)           # 送出搜尋

    time.sleep(15)
    menu = driver.find_elements_by_xpath('//*[…]/li[5]/a')
    if menu:
        actions = ActionChains(driver)             # 選排序選單
        actions.move_to_element(menu[0])
        actions.perform()
        # 找出價格從低至高排序
        price=driver.find_elements_by_xpath('//*[…]/li[2]/a')
        if price:
            price[0].click()
            time.sleep(10)
            return True
return False
```

上述 time.sleep() 函數在暫停 15 秒後，也就是等到成功進入搜尋結果頁面後，即可取得選單的 HTML 元素，if 條件判斷是否有找到，找到，建立動作鏈移至此元素上，即可顯示選單，然後點選第 2 個選項，將價格改為從低至高排序。

在下方 grab_hotels() 函數是使用 lxml 剖析 HTML 網頁來取出旅館資訊，首先使用 XPath 取出所有旅館的 hotels 清單，如下所示：

```
def grab_hotels():
    global driver
    # 使用 lxml 剖析 HTML 文件
    tree = html.fromstring(driver.page_source)
    hotels = tree.xpath('//div[@class="hotel-wrap"]')
    found_hotels = [["旅館名稱","價格","星級","地址","電話"]]

    for hotel in hotels:
        hotelName = hotel.xpath('.//h3/a')
        if hotelName:
            hotelName = hotelName[0].text_content()
        price = hotel.xpath('.//div[@class="price"]/a//ins')
        if price:
            price = price[0].text_content().replace(",","").strip()
        else:
            price = hotel.xpath('.//div[@class="price"]/a')
            if price:
                price = price[0].text_content().replace(",","").strip()
        rating = hotel.xpath('//div[@class="star-rating-text"]')
        if rating:
            rating = rating[0].text_content()
```

上述 for/in 迴圈在取出每間旅館後，依序取出旅館名稱（hotelName）、價格（price）、星級（rating）。底下是地址（locality+address）和電話（tel）：

```
        address = hotel.xpath('.//span[contains(@class,"p-street-address")]')
        if address:
            address = address[0].text_content().split(",")[0]
        locality = hotel.xpath('.//span[contains(@class,"locality")]')
        if locality:
            locality = locality[0].text_content().replace(",","").strip()
        tel = hotel.xpath('//p[@class="p-tel"]')
        if tel:
            tel = tel[0].text_content().replace(",","").strip()

        item = [hotelName, price, rating, locality+address, tel]
        found_hotels.append(item)

    return found_hotels
```

上述程式碼取得各旅館資訊後，建立 item 清單，即可呼叫 append() 函數新增至 found_hotels 巢狀清單。

底下的 parse_hotels() 函數是執行爬取旅館資訊的主要函數：

```
def parse_hotels(url, searchKey, checkInDate, checkOutDate):
    start_driver()
    get_page(url)
    # 是否成功執行旅館搜尋
    if search_hotels(searchKey, checkInDate, checkOutDate):
        hotels = grab_hotels()
        close_driver()
        return hotels
    else:
        print("搜尋旅館錯誤...")
        return []
```

上述函數的參數是網址、關鍵字、入住和退房日期，依序呼叫 start_driver() 函數啟動 WebDriver，和 get_page() 函數取得網頁，即可呼叫 search_hotels() 函數搜尋旅館資訊，成功搜尋，呼叫 grab_hotels() 函數取得旅館清單，最後呼叫 close_driver() 函數關閉 WebDriver。

底下程式是儲存成 CSV 檔案的 save_to_csv() 函數，和主程式的 if 條件：

```
def save_to_csv(items, file):
    with open(file, "w+", newline="", encoding="utf-8") as fp:
        writer = csv.writer(fp)
        for item in items:
            writer.writerow(item)

if __name__ == '__main__':
    hotels = parse_hotels(URL, KEY, CHECKIN, CHECKOUT)
    for hotel in hotels:
        print(hotel)
    save_to_csv(hotels, "hotels.csv")
```

上述主程式呼叫 parse_hotels() 函數爬取旅館資訊，save_to_csv() 函數儲存成 CSV 檔案：hotels.csv。

9-3-2 實作案例：爬取食譜資訊

MUNCHERY 是一個食譜網站，我們只需輸入電子郵件地址和郵遞區號，即可顯示食譜資訊，其網址為：https://munchery.com/。

✪ 進入 MUNCHERY 網站取得食譜資訊

Selenium 可以使用程式碼來模擬使用者的操作，我們準備從頭開始實際進入 MUNCHERY 網站來取得食譜資訊，請連到 MUNCHERY 網站：

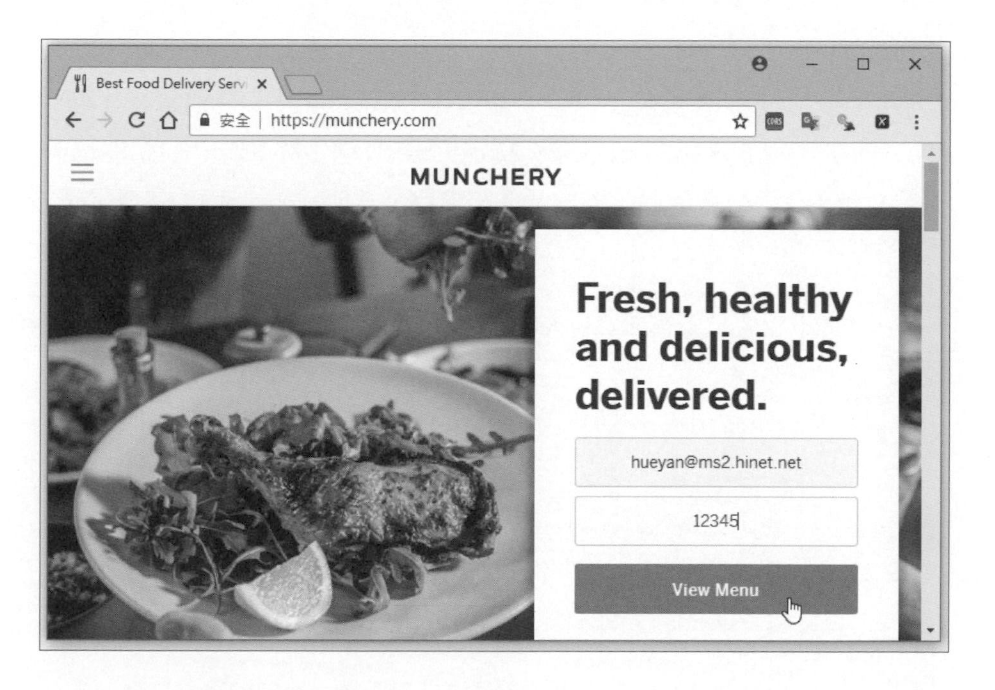

在上述表單輸入電子郵件地址和郵遞區號，按 **View Menu** 鈕，可以看到範例的食譜清單，如下圖所示：

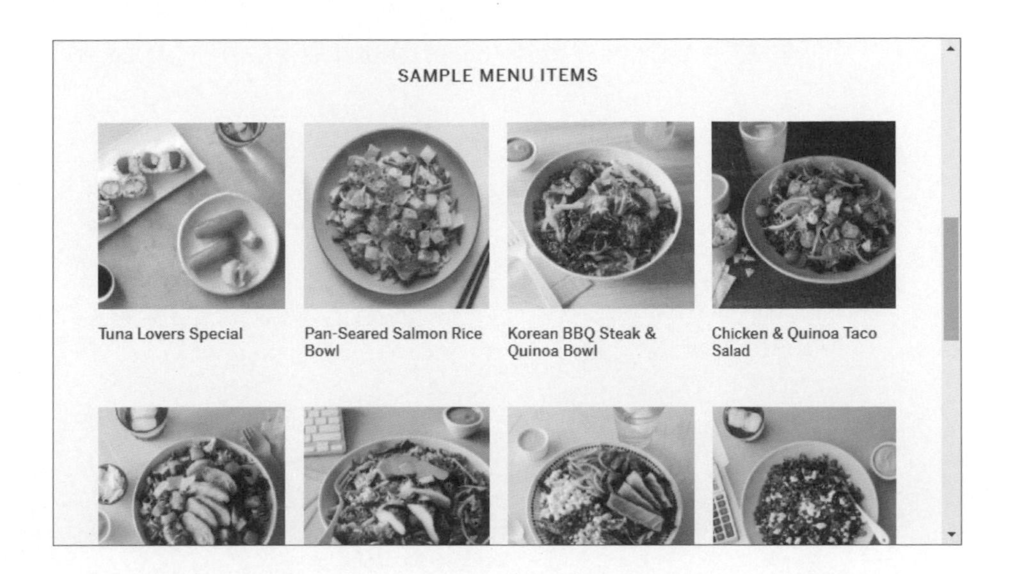

我們將建立 Python 程式取回上述範例食譜清單的項目。

✪ Python 程式

Ch9_3\munchery_spider.py

在 Python 程式首先載入相關模組與套件，和指定目標網址，如下所示：

```
URL = "https://munchery.com/"
```

本節的 Python 程式和 9-3-1 節不同，我們是建立 Python 爬蟲類別 DishesSpider，如下所示：

```
class DishesSpider():
    def __init__(self, url):
        self.url_to_crawl = url
        self.all_items = [["名稱","網址","圖片"]]

    def start_driver(self):
        print("啟動 WebDriver...")
        self.driver = webdriver.Chrome("./chromedriver")
        self.driver.implicitly_wait(10)
```

上述類別建構子初始網址 url_to_crawl 和回傳食譜項目 all_items，然後用 start_driver() 函數啟動 WebDriver。

底下是關閉 WebDriver 的 close_driver() 函數和取得網頁的 get_page() 函數：

```
def close_driver(self):
    self.driver.quit()
    print("關閉 WebDriver...")

def get_page(self, url):
    print("取得網頁 ...")
    self.driver.get(url)
    time.sleep(2)

def login(self):
    print("登入網站 ...")
    try:
        form = self.driver.find_element_by_xpath('//*[…]')
        email = form.find_element_by_xpath('.//*[...]')
        email.send_keys('hueyan@ms2.hinet.net')
        zipcode = form.find_element_by_xpath('.//*[...]')
        zipcode.send_keys('12345')
        button = form.find_element_by_xpath('.//button[…]')
        button.click()
        print("成功登入網站 ...")
        time.sleep(5)
        return True
    except Exception:
        print("登入網站失敗 ...")
        return False
```

上述 login() 函數是登入網站，在取得表單元素後，再取得電子郵件和郵遞區號的 HTML 欄位，即可送出資料，最後按下按鈕來顯示食譜。

在下方 grab_dishes() 函數爬取範例的食譜項目，在取得每一道食譜的 <div> 標籤後，使用 for/in 迴圈一一呼叫 process_item() 函數來取得食譜項目的資訊，如下所示：

```
def grab_dishes(self):
    print("開始爬取食譜項目 ...")
    for div in self.driver.find_elements_by_xpath('//a[…]'):
        item = self.process_item(div)
        if item:
            self.all_items.append(item)

def process_item(self, div):
    item = []
```

```
    try:
        url = div.get_attribute("href")
        image = div.find_element_by_xpath(
                  './/img[...]').get_attribute("src")
        title = div.find_element_by_xpath('.//div[…]').text
        item = [title, image, url]

        return item
    except Exception:
        return False
```

上述 process_item() 函數使用 try/except 依序取得食譜的網址（url）、食譜圖片（image）和食譜名稱（title）。

底下的 parse_dishes() 函數就是呼叫上述函數來爬取食譜資訊的項目：

```
def parse_dishes(self):
    self.start_driver()      # 開啟 WebDriver
    self.get_page(self.url_to_crawl)
    if self.login():         # 是否成功登入
        self.grab_dishes()   # 爬取食譜
    self.close_driver()      # 關閉 WebDriver
    if self.all_items:
        return self.all_items
    else:
        return []
```

9-4 用 Scrapy 爬取 Tutsplus 教學文件及 PTT 看板資訊

Scrapy 是完整 Python 爬蟲框架，只需少少程式碼就可以輕鬆爬取整個 Web 網站的資料，或下載整個 BBS 看板的圖片。

9-4-1 實作案例：爬取 Tutsplus 的教學文件資訊

Tutsplus 是線上教學與課程網站，提供上千個免費教學文件和線上課程，其網址為：https://code.tutsplus.com/tutorials。

✪ Tutsplus 的教學文件資訊

Tutsplus 網站提供超過 587 個分頁的上千個免費教學文件，在分頁中的每個方框是一篇教學文件，如下圖所示：

我們準備使用 Scrapy 專案建立爬蟲程式，將 Tutsplus 網站所有教學文件資訊都爬回來。請參考第 8-3-1 節的說明，建立 Scrapy 專案 Ch9_4 和爬蟲程式 tutsplus.py，執行 Scrapy 專案的 tutsplus 爬蟲程式的指令，如下所示：

```
(base) C:\BigData\Ch9\Ch9_4>scrapy crawl tutsplus Enter
```

✪ Python 程式

Ch9_4\spiders\tutsplus.py

在 Scrapy 爬蟲程式 tutsplus.py，首先匯入 scrapy、re 和 items.py 的 TutsplusItem 物件：

```
# -*- coding: utf-8 -*-
import scrapy
import re
from Ch9_4.items import TutsplusItem

class TutsplusSpider(scrapy.Spider):
    name = 'tutsplus'
    allowed_domains = ['code.tutsplus.com']
    start_urls = ['https://code.tutsplus.com/tutorials']
```

上述 TutsplusSpder 類別繼承 scrapy.Spider，依序指定 name、allowed_domains 和 start_urls 屬性值後，即可建立 parse() 函數，如下所示：

```
    def parse(self, response):
        # 取得目前頁面所有的超連結
        links = response.xpath('//a/@href').extract()

        crawledLinks = []
        # 取出符合條件的超連結，即其他頁面
        linkPattern = re.compile("^\/tutorials\?page=\d+")
        for link in links:
            if linkPattern.match(link) and not link in crawledLinks:
                link = "http://code.tutsplus.com" + link
                crawledLinks.append(link)
                yield scrapy.Request(link, self.parse)
```

上述 parse() 函數，首先使用 XPath 表達式，取得此分頁所有超連結 <a> 標籤的 href 屬性值，然後建立教學文件分頁網址的正規表達式 linkPattern，for/in 迴圈的 if 條件判斷網址是否符合正規表達式的條件，而且不在 crawledLinks 的網址清單中，成立，就新增 URL 至 crawledLinks 清單，和建立此 URL 的 Request 物件的 HTTP 請求，第 2 個參數的回撥函數是自己 parse() 函數。

在下方取得每一分頁的詳細教學文件資訊，這是使用 for/in 迴圈取得此分頁每一篇文件的 <li> 標籤：

```
# 取得每一頁的詳細課程資訊
for tut in response.css("li.posts__post"):
    item = TutsplusItem()

    item["title"] = tut.css(
       ".posts__post-title > h1::text").extract_first()
    item["author"] = tut.css(
       ".posts__post-author-link::text").extract_first()
    item["category"] = tut.css(
       ".posts__post-primary-category-link::text").extract_first()
    item["date"] = tut.css(
       ".posts__post-publication-date::text").extract_first()
    yield item
```

上述程式碼建立 TutsplusItem 物件 item 後，使用 CSS 選擇器取得課程資料的名稱（title）、作者（author）、分類（category）和日期（date）欄位後，使用 yield 關鍵字回傳 item 物件。

✪ Python 程式

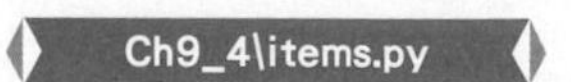

在 items.py 宣告 TutsplusItem 類別，定義 title、author、category 和 date 欄位來儲存擷取的教學文件資料，如下所示：

```
import scrapy

class TutsplusItem(scrapy.Item):
    title = scrapy.Field()
    author = scrapy.Field()
    category = scrapy.Field()
    date = scrapy.Field()
```

✪ Python 程式

Ch9_4\settings.py

接著，在 settings.py 指定 Scrapy 專案輸出 CSV 格式的檔案 tutsplus.csv，編碼是 utf-8：

```
# 輸出 CSV 資料
FEED_FORMAT = "csv"
FEED_URI = "tutsplus.csv"
FEED_EXPORT_ENCODING = "utf-8"
```

9-4-2 實作案例：爬取 PTT BBS 看板和圖片下載

在 PTT BBS 的 Beauty 看板是分享漂亮圖片的園地，其網址為：https://www.ptt.cc/bbs/Beauty/index.html。我們準備使用 Scrapy 專案的 FilesPipeline 自動下載 BBS 看板的圖片。

參考 8-3-1 節的說明，建立 Scrapy 專案 Ch9_4a 和爬蟲程式 pttbeauty.py，執行 Scrapy 專案的 pttbeauty 爬蟲程式的指令，如下所示：

```
(base) C:\BigData\Ch9\Ch9_4a>scrapy crawl pttbeauty Enter
```

✪ Python 程式

Ch9_4a\spiders\pttbeauty.py

在 Scrapy 爬蟲程式 pttbeauty.py 中，首先匯入 scrapy、datetime 和 items.py 的 BeautyItem 物件，如下所示：

```
import scrapy
from Ch9_4a.items import BeautyItem
from datetime import datetime

class PttbeautySpider(scrapy.Spider):
    name = "pttbeauty"
    allowed_domains = ["ptt.cc"]
    start_urls = ["https://www.ptt.cc/bbs/Beauty/index.html"]
```

上述 PttbeautySpder 類別繼承 scrapy.Spider，依序指定 name、allowed_domains 和 start_urls 屬性值後，接著是建構子和 parse() 函數，在建構子指定最大頁數和初始目前已經爬取的頁數，如下所示：

```
    def __init__(self):
        self.max_pages = 50          # 最大頁數
        self.num_of_pages = 0        # 目前已爬取的頁數

    def parse(self, response):
        for href in response.css(".r-ent > div.title > a::attr(href)"):
            url = response.urljoin(href.extract())
            yield scrapy.Request(url, callback=self.parse_post)
        self.num_of_pages = self.num_of_pages + 1
```

上述 parse() 函數的 for/in 迴圈使用 CSS 選擇器取出每一篇文章超連結 <a> 標籤的 href 屬性值，然後使用 urljoin() 函數建立網址後，使用此網址建立 Requests 物件送出 HTTP 請求，第 2 個參數的回撥函數是 parse_post() 函數，然後將目前已爬取的頁數加 1。

在下方外層的 if/else 條件判斷是否已經到達最大頁數，如果沒有，就使用 XPath 表達式取得前一頁的網址，如下所示：

```
        # 是否已經到達最大頁數
        if self.num_of_pages < self.max_pages:
            prev_page = response.xpath(
                 '//div[…]//a[contains(text(), "上頁")]/@href')
            if prev_page:    # 是否有上一頁
                url = response.urljoin(prev_page[0].extract())
                yield scrapy.Request(url, self.parse)
            else:
                print("已經是最後一頁, 總共頁數: ", self.num_of_pages)
        else:
            print("已經到達最大頁數: ", self.max_pages)
```

上述內層 if/else 條件判斷是否有上一頁，如果有，使用 urljoin() 函數建立網址後，使用此網址建立 Requests 物件送出 HTTP 請求，第 2 個參數的回撥函數是 parse() 函數自己。

在下方 parse_post() 函數可以取得每一篇文章的資訊，首先建立 BeautyItem 物件 item，如下所示：

```
def parse_post(self, response):
    item = BeautyItem()

    item["author"] = response.css(".article…value::text").extract_first()
    item["title"] = response.css(".article…-value::text").extract_first()

    datetime_str = response.css(".article…value::text").extract_first()
    item["date"] = datetime.strptime(
                datetime_str, '%a %b %d %H:%M:%S %Y')
```

上述程式碼使用 CSS 選擇器取得作者（author）、文章標題（title）和日期（date）欄位，使用 datetime.strptime() 函數轉換日期時間格式。

在底下計算發文的分數，首先取得所有回應發文，如下所示：

```
    score = 0
    num_of_pushes = 0
    comments = response.xpath('//div[@class="push"]')
    for comment in comments:
        push = comment.css("span.push-tag::text")[0].extract()
        if "推" in push:
            score = score + 1
            num_of_pushes = num_of_pushes + 1
        elif "噓" in push:
            score = score - 1
```

上述 for/in 迴圈取出每一篇回應發文後，即可取出推文數，如果是 " 推 "，將分數加 1；如果是 " 噓 " 將分數減 1，然後在下方指定分數（score）、推文數（pushes）和回應數（comments）欄位值，如下所示：

```
    item["score"] = score
    item["pushes"] = num_of_pushes
    item["comments"] = len(comments)
    item["url"] = response.url
    img_urls = response.xpath('//a[…]/@href').extract()
    if img_urls:
        img_urls = [url for url in img_urls if url.endswith(".jpg")]
        item["images"] = len(img_urls)
        item["file_urls"] = img_urls
    else:
        item["images"] = 0
        item["file_urls"] = []

    yield item
```

上述程式碼指定 url 欄位是目前網址後，取得發文所有上傳圖檔的網址，if/else 條件判斷此篇發文是否有貼圖，如果有，在網址加上 ".jpg" 副檔名後，指定圖檔數（images）和 file_urls 的圖檔 URL 清單，最後使用 yield 關鍵字回傳 item 物件。

✪ Python 程式

在 items.py 宣告 BeautyItem 類別，定義 title、author、date、score、pushes、comments、url、images 和 file_urls 欄位來儲存擷取的發文資料，如下所示：

```
import scrapy

class BeautyItem(scrapy.Item):
    title = scrapy.Field()
    author = scrapy.Field()
    date = scrapy.Field()
    score = scrapy.Field()
    pushes = scrapy.Field()
    comments = scrapy.Field()
    url = scrapy.Field()
    images = scrapy.Field()
    file_urls = scrapy.Field()
```

上述程式碼在最後新增 file_urls 欄位，此欄位內容是下載圖檔的網址清單，因為有 file_urls 欄位（預設欄位名稱，不可更改），當 Scrapy 專案開啟 FilesPipeline，Scrapy 就會自動替我們下載此欄位清單的檔案。

✪ Python 程式

Ch9_4a\settings.py

在 settings.py 指定 Scrapy 專案輸出 JSON 格式的檔案 pttbeauty.json，編碼是 utf-8，如下所示：

```
# 輸出 JSON 資料
FEED_FORMAT = "json"
FEED_URI = "pttbeauty.json"
FEED_EXPORT_ENCODING = "utf-8"

ITEM_PIPELINES = {
   'scrapy.pipelines.files.FilesPipeline': 1
}
FILES_STORE = 'images'

CONCURRENT_REQUESTS_PER_DOMAIN = 1
DOWNLOAD_DELAY = 5
```

上述 ITEM_PIPELINES 開啟 FilesPipeline 自動下載檔案，FILES_STORE 設定檔案儲存的目錄（位在專案目錄下），並且設定同步下載檔案數是 1 個，延遲時間是 5 秒。

學 習 評 量

1. 請簡單說明 Python 爬蟲程式如何選擇爬蟲函式庫和定位技術？

2. 請問如何更改 HTTP 標頭偽裝成瀏覽器送出請求？

3. 請問 Python 程式如何解決網站內容分級規定？

4. 請用 Selenium 改寫 Python 程式 Ch9_1d.py，讓 Python 程式按下按鈕來解決網站內容分級規定。

5. 請參考第 9-3-2 節的 Python 爬蟲程式，將第 9-3-1 節的 Python 程式改寫成 Python 類別來實作。

6. 請改用 Scrapy 改寫第 9-2-3 節和第 9-2-5 節的 Python 爬蟲程式。

10

CHAPTER

將爬取的資料存入 MySQL資料庫

10-1 Python 字串處理

通常，我們從網頁擷取的資料大多有多餘字元（多餘的空白和新行字元）、不一致的格式、不同斷行、拼字錯誤和資料遺失等問題，在將資料存入檔案或資料庫前，需要先用 Python 字串函數和正規表達式來執行資料清理。

10-1-1 建立字串

Python「字串」（Strings）是使用「'」單引號或「"」雙引號括起的一序列 Unicode 字元，這是一種不允許更改（Immutable）內容的資料型態，所有字串的變更事實上都是建立全新的字串。

✪ 建立 Python 字串

Ch10_1_1.py

我們可以指定 Python 變數的值是一個字串，如下所示：

```
str1 = "學習 Python 語言程式設計"
str2 = 'Hello World!'
ch1 = "A"
```

上述前 2 列程式碼是建立字串，最後 1 列是字元（在 Python 只有 1 個字元的字串，就是字元），我們也可以使用物件建立字串，如下所示：

```
name1 = str()
name2 = str("陳會安")
```

上述第 1 列程式碼建立空字串，第 2 列建立內容是"陳會安"的字串物件。在建立字串後，可以使用 print() 函數輸出字串變數，如下所示：

```
print(str1)
print(str2)
```

在 print() 函數也可以使用字串連接運算式來輸出字串變數，因為是字串變數，所以不需要呼叫 str() 函數轉換成字串型態，如下所示：

```
print("ch1 = " + ch1)
print("name1 = " + name1)
print("name2 = " + name2)
```

執行結果

```
學習Python語言程式設計
Hello World!
ch1 = A
name1 =
name2 = 陳會安
```

✪ 走訪 Python 字串的每一個字元

Ch10_1_1a.py

字串是一序列的 Unicode 字元，可以使用 for 迴圈來走訪顯示每一個字元，正式的說法是**迭代**（Iteration），如下所示：

```
str3 = 'Hello'

for e in str3:
    print(e)
```

上述 for 迴圈在 in 關鍵字後的是字串 str3，每執行一次 for 迴圈，就從字串第 1 個字元開始，取得一個字元指定給變數 e，並且移至下一個字元，直到最後 1 個字元為止，其操作如同從字串的第 1 個字元走訪至最後 1 個字元，可以依序輸出 H、e、l、l 和 o。

執行結果

```
H
e
l
l
o
```

10-1-2 字串函數

Python 提供多種字串函數來幫助我們處理字串，在物件使用字串函數，需要使用物件變數加上「.」句號來呼叫函數，如下所示：

```
str1 = 'welcome to python'
print(str1.islower())
```

上述程式碼建立字串 str1 後，呼叫 islower() 函數檢查是否都是小寫英文字母，Python 字串函數不只可以使用在字串變數，也可以直接使用在字串字面值來呼叫（因為都是物件），如下所示：

```
print("1000".isdigit())
```

✪ Python 內建的字串函數 Ch10_1_2.py

Python 語言內建一些字串函數可以取得字串長度、在字串中的最大和最小字元，其說明如下表所示：

字串函數	說明
len()	傳回參數字串的長度，例如：len(str1)
max()	傳回參數字串的最大字元，例如：max(str1)
min()	傳回參數字串的最小字元，例如：min(str1)

✪ 檢查字串內容函數 Ch10_1_2a.py

字串物件提供檢查字串內容的相關函數，其說明如下表所示：

字串函數	說明
isalnum()	如果字串內容是英文字母或數字，傳回 True；否則為 False，例如：str1.isalnum()
isalpha()	如果字串內容只有英文字母，傳回 True；否則為 False，例如：str1.isalpha()
isdigit()	如果字串內容只有數字，傳回 True；否則為 False，例如：str1.isdigit()
isidentifier()	如果字串內容是合法的識別字，傳回 True；否則為 False，例如：str1.isidentifier()

字串函數	說明
islower()	如果字串內容是小寫英文字母，傳回 True；否則為 False 例如：str1.islower()
isupper()	如果字串內容是大寫英文字母，傳回 True；否則為 False 例如：str1.isupper()
isspace()	如果字串內容是空白字元，傳回 True；否則為 False，例如：str1.isspace()

✪ 搜尋子字串函數

Ch10_1_2b.py

字串物件關於搜尋子字串的函數，其說明如下表所示：

字串函數	說明
endswith(str1)	如果字串內容是以參數字串 str1 結尾，傳回 True；否則為 False， 例如：str2.endswith(str1)
startswith(str1)	如果字串內容是以參數字串 str1 開頭，傳回 True；否則為 False， 例如：str2.startswith(str1)
count(str1)	傳回字串內容出現多少次參數字串 str1 的整數值，例如：str2.count(str1)
find(str1)	傳回字串內容出現參數字串 str1 的最小索引位置值，沒有找到傳回 -1， 例如：str2.find(str1)
rfind(str1)	傳回字串內容出現參數字串 str1 的最大索引位置值，沒有找到傳回 -1， 例如：str2.rfind(str1)

✪ 轉換字串內容的函數

Ch10_1_2c.py

字串物件支援轉換字串內容的相關函數，可以輸出英文大小寫轉換的字串，或取代字串內容，其說明如下表所示：

字串函數	說明
capitalize()	傳回只有第 1 個英文字母大寫的字串，例如：str1.capitalize()
lower()	傳回小寫英文字母的字串，例如：str1.lower()
upper()	傳回大寫英文字母的字串，例如：str1.upper()
title()	傳回字串中每 1 個英文字的第 1 個英文字母大寫的字串， 例如：str1.title()
swapcase()	傳回英文字母大寫變小寫；小寫變大寫的字串， 例如：str1.swapcase()
replace(old, new)	將字串中參數 old 的舊子字串取代成參數 new 的新字串， 例如：str1.replace(old_str, new_str)

10-1-3 字串切割運算子

Python 不只可以使用「[ ]」索引運算子取出指定索引位置的字元，索引運算子還是一種**切割運算子**（Slicing Operator），可以從原始字串切割出所需的子字串。

✪ 使用「索引運算子」取得字元

Ch10_1_3.py

Python 字串可以使用「[ ]」**索引運算子**取出指定位置的字元，索引值是從 0 開始，而且可以是負值，如下所示：

```
str1 = 'Hello'

print(str1[0])    # H
print(str1[1])    # e
print(str1[-1])   # o
print(str1[-2])   # l
```

上述程式碼依序顯示字串 str1 的第 1 和第 2 個字元，-1 是最後 1 個，-2 是倒數第 2 個。

✪ 切割字串

Ch10_1_3a.py

Python 切割運算子（Slicing Operator）的基本語法，如下所示：

```
str1[start:end]
```

上述 [] 語法中使用「:」冒號分隔 2 個索引位置，可以取回字串 str1 從索引位置 start 開始到 end-1 之間的子字串，如果沒有 start，就是從 0 開始；沒有 end 就是到字串的最後 1 個字元。例如底下範例字串 str1 的字串內容：

```
str1 = 'Hello World!'
```

上述字串的索引位置值可以是正，也可以是負值，如下圖所示：

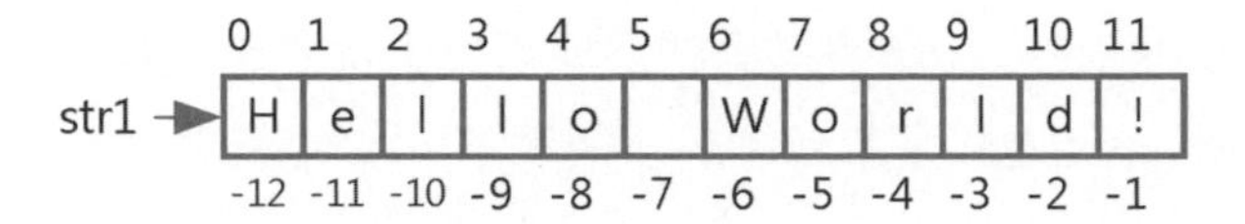

現在，就讓我們來看一些切割 Python 字串的範例，如下表所示：

切割字串	索引值範圍	取出的子字串
str1[1:3]	1～2	"el"
str1[1:5]	1～4	"ello"
str1[:7]	0～6	"Hello W"
str1[4:]	4～11	"o World!"
str1[1:-1]	1～(-2)	"ello World"
str1[6:-2]	6～(-3)	"Worl"

執行結果

```
str1 = Hello World!
str1[1:3] = el
str1[1:5] = ello
str1[:7] = Hello W
str1[4:] = o World!
str1[1:-1] = ello World
str1[6:-2] = Worl
```

10-1-4 切割字串成為清單和合併字串

Python 字串可以使用 split() 函數將字串切換成清單，反過來，我們可以使用 join() 函數將清單以指定連接字串合併成一個字串。

✪ 切割字串成為清單：split() 函數

Ch10_1_4.py

字串物件提供相關函數可以使用分隔字元，將字串內容以分隔字元切割字串成為清單，其說明如下表所示：

字串函數	說明
split()	沒有參數是使用空白字元切割字串成為清單，我們也可以指定參數的分隔字元
splitlines()	使用新行字元「\n」切割字串成為清單

例如：我們可以使用 split() 函數將一個英文句子的每一個單字切割成清單，如下所示：

```
str1 = "This is a book."
list1 = str1.split()
print(list1)              # ['This', 'is', 'a', 'book.']
```

我們也可以指定 split() 函數使用參數「,」的分隔字元來切割字串成為清單，如下所示：

```
str2 = "Tom,Bob,Mary,Joe"
list2 = str2.split(",")
print(list2)              # ['Tom', 'Bob', 'Mary', 'Joe']
```

如果是從檔案讀取的字串，因為其中的每一行是使用「\n」新行字元來分隔，除了呼叫 split("\n") 函數，我們也可以直接呼叫 splitlines() 函數，將字串切割成清單，如下所示：

```
str3 = "23\n12\n45\n56"
list3 = str3.splitlines()
print(list3)              # ['23', '12', '45', '56']
```

上述字串內容是使用「\n」新行字元分隔的數字資料，在切割字串建立成清單後，可以看到清單項目都是數值字串，並不是整數。

執行結果

```
['This', 'is', 'a', 'book.']
['Tom', 'Bob', 'Mary', 'Joe']
['23', '12', '45', '56']
['23', '12', '45', '56']
```

✪ 合併清單成為字串：join() 函數

Ch10_1_4a.py

Python 字串的 join() 函數可以將清單的每一個元素使用連接字串連接成單一字串，如下所示：

```
str1 = "-"
list1 = ['This', 'is', 'a', 'book.']
print(str1.join(list1))   # 'This-is-a-book.'
```

上述程式碼的 str1 是連接字串，list1 是欲連接的清單，可以顯示連接後的字串內容：'This-is-a-book.'。

執行結果

```
This-is-a-book.
```

10-2 資料清理

資料清理（Clean the Data）的主要工作是處理從爬蟲取得的資料，這些都是字串資料，我們可以用 Python 字串函數和運算子來處理取得的資料。

10-2-1 使用 Python 字串函數處理文字內容

因為從網頁取得的資料都是字串型態，我們可以使用 Python 字串函數將取得的資料處理後再存入檔案或資料庫。例如：刪除字串中的多餘字元，和不需的符號字元等。

✪ 切割與合併文字內容 Ch10_2_1.py

我們可以呼叫 split() 函數將字串使用分割字元切割成清單，然後呼叫 join() 函數將清單轉換成 CSV 字串，如下所示：

```
str1 = """Python is a programming language that lets you work quickly
and integrate systems more effectively."""

list1 = str1.split()
print(list1)

str2 = ",".join(list1)
print(str2)
```

上述程式碼建立字串變數 str1 後，呼叫 split() 函數使用空白字元分割成清單，然後使用 "," 作為連接字元，即可呼叫 join() 函數結合成 CSV 字串：

執行結果

```
['Python', 'is', 'a', 'programming', 'language', 'that', 'lets', 'you',
'work', 'quickly', 'and', 'integrate', 'systems', 'more', 'effectively.']
Python,is,a,programming,language,that,lets,you,work,quickly,and,integrate
,systems,more,effectively.
```

✪ 刪除不需要的字元

Ch10_2_1a.py

從網頁取得的資料常常有一些不需要的字元，我們可以使用 replace() 函數刪除這些字元，例如：'\n' 和 "\r"，和呼叫 strip() 函數刪除前後的空白字元，如下所示：

```
str1 = "  Python is a \nprogramming language.\n\r   "

str2 = str1.replace("\n", "").replace("\r", "")
print("'" + str2 + "'")
print("'" + str2.strip() + "'")
```

上述程式碼的 str1 字串前後有空白字元，內含 '\n' 和 "\r" 字元，首先呼叫 replace() 函數將第 1 個符號字元取代成第 2 個空字串，即刪除這些字元，然後呼叫 strip() 函數刪除前後空白字元，其執行結果如下所示：

執行結果

```
'  Python is a programming language.   '
'Python is a programming language.'
```

請注意！ replace(" ", "") 函數會刪除所有空白字元，如果只想刪除過多的空白字元，只保留一個，請使用第 10-2-2 節的正規表達式來處理。

✪ 刪除標點符號字元

Ch10_2_1b.py

如果想刪除字串中多餘的標點符號字元，可以使用 string.punctuation 取得所有的標點符號字元後，呼叫 strip() 函數刪除這些標點符號字元：

```
import string

str1 = "#$%^Python -is- *a* $%programming_ language.$"

print(string.punctuation)
list1 = str1.split(" ")
for item in list1:
    print(item.strip(string.punctuation))
```

上述程式碼匯入 string 模組，因為字串變數 str1 擁有很多標點符號，首先我們使用 split() 函數以空白字元分隔字串，然後一一刪除各項目中的標點符號字元，其執行結果如下所示：

執行結果

```
!"#$%&'()*+,-./:;<=>?@[\]^_`{|}~
Python
is
a
programming
language
```

✪ 處理 URL 網址

Ch10_2_1c.py

因為從網頁內容抓取的網址格式，可能因為相對或絕對路徑，而有不一致的格式，我們需要將網址整理成一致的格式。首先是基底網址和測試的網址清單，如下所示：

```
baseUrl = "http://example.com"
list1 = ["http://www.example.com/test", "http://example.com/word",
         "media/ex.jpg", "http://www.example.com/index.html"]

def getUrl(baseUrl, source):
    if source.startswith("http://www."):
        url = "http://" + source[11:]
    elif source.startswith("http://"):
        url = source
    elif source.startswith("www"):
        url = source[4:]
        url = "http://" + source
    else:
        url = baseUrl + "/" + source

    if baseUrl not in url:
        return None
    return url
```

上述 getUrl() 函數使用 if/elsif/else 多選一條件敘述，判斷網址的開頭是什麼，即可處理成一致格式的網址。在下列 for/in 迴圈測試清單的網址：

```
for item in list1:
    print(getUrl(baseUrl, item))
```

上述程式碼呼叫 getUrl() 函數，第 1 個參數是基底網址，第 2 個參數可以測試不一致的網址，其執行結果如下：

執行結果

```
http://example.com/test
http://example.com/word
http://example.com/media/ex.jpg
http://example.com/index.html
```

10-2-2 使用正規表達式處理文字內容

Python 正規表達式 re 模組可以使用 sub() 函數取代符合範本字串的子字串成為其他字串，我們一樣可以使用正規表達式來處理網頁取得的文字內容。

✪ 刪除不需要的字元

Ch10_2_2.py

類似第 10-2-1 節的刪除多餘字元，我們也可以改用 re 模組呼叫 sub() 函數來刪除不需要的 "\n"，和多餘空白字元，如下所示：

```
import re

str1 = "  Python, is   a, \nprogramming, \n\nlanguage.\n\r   "

list1 = str1.split(",")
for item in list1:
    item = re.sub(r"\n+", "", item)
    item = re.sub(r" +", " ", item)
    item = item.strip()
    print("'" + item + "'")
```

上述程式碼的 str1 字串是測試字串，當使用 split() 函數分割成清單後，呼叫 2 次 sub() 函數刪除不需要的字元，第 1 次是刪除 1 至多個 "\n" 字元，第 2 次是刪除多餘的空白字元，但會保留 1 個，最後使用 strip() 函數刪除前後的空白字元，其執行結果如下所示：

執行結果

```
'Python'
'is a'
'programming'
'language.'
```

✪ 處理電話號碼字串

Ch10_2_2a.py

如果資料擁有固定格式，例如：金額或電話號碼，我們可以使用 re 模組的 sub() 函數來進行處理，如下所示：

```
import re

phone = "0938-111-4567 # Pyhone Number"

num = re.sub(r"#.*$", "", phone)
print(num)
num = re.sub(r"\D", "", phone)
print(num)
```

上述電話號碼中有 "-" 字元，之後是類似 Python 的註解文字，第 1 次的 sub() 函數刪除之後的註解文字符號「#」，第 2 次是刪除所有非數字的字元，其執行結果如下所示：

執行結果

```
0938-111-4567
09381114567
```

✪ 處理路徑字串

Ch10_2_2b.py

同樣的技巧，可以使用 re 模組的 sub() 函數來處理路徑字串，如下所示：

```
import re

list1 = ["", "/", "path/", "/path", "/path/", "//path/", "/path///"]

def getPath(path):
    if path:
        if path[0] != "/":
```

```
            path = "/" + path
        if path[-1] != "/":
            path = path + "/"
        path = re.sub(r"/{2,}", "/", path)
    else:
        path = "/"

    return path

for item in list1:
    item = getPath(item)
    print(item)
```

上述 getPath() 函數使用巢狀 if/else 條件敘述判斷路徑前後的 "/" 字元，以便決定是否需要補上 "/" 字元，呼叫 sub() 函數可以刪除多餘的 "/" 字元，其執行結果如下所示：

執行結果

```
/
/
/path/
/path/
/path/
/path/
/path/
```

10-3 MySQL 資料庫

關聯式資料庫系統（Relational Database System）是資料庫系統的主流，市面上大部分資料庫管理系統都是**關聯式資料庫管理系統**（Relational Database Management System），例如：Access、MySQL、SQL Server 和 Oracle 等。

10-3-1 認識 MySQL 資料庫

MySQL 是開放原始碼的關聯式資料庫管理系統，原本是由 MySQL AB 公司開發與提供技術支援（目前已經被 Oracle 公司購併），這是 David Axmark、Allan Larsson 和 Michael Monty Widenius 在瑞典設立的公司，其官方網址為：http://www.mysql.com。

MySQL 是使用 C/C++ 語言開發的資料庫管理系統，支援多種作業系統，不但可以在 Linux/UNIX 作業系統安裝，更提供 Windows 作業系統版本，我們在 Linux 和 Windows 環境都可以安裝和使用 MySQL。

MySQL 關聯式資料庫管理系統是目前市面上最快的資料庫伺服器產品之一，這是一套**多執行緒**（Multi-threaded）、**多使用者**（Multi-user）和使用標準 SQL 語言的資料庫伺服器，提供資料庫設計師多種選項和各種語言的資料庫函式庫。

10-3-2 MySQL 資料庫的基本使用

在本書是使用 Viewer for PHP 在本機架設 MySQL 資料庫系統，然後使用 HeidiSQL 管理工具來管理 MySQL 資料庫。

✪ 啟動與停止 MySQL 資料庫系統

Viewer for PHP 是一套免安裝的 PHP+MySQL 套件，可以快速建立 PHP 開發環境，在本書是使用內附 MySQL 資料庫系統，只需將書附檔案中的「Tools」資料夾下的 PHPViewer.zip 解壓縮至指定資料夾，例如：「C:\PHPViewer」資料夾，即完成安裝。

啟動 MySQL 資料庫系統就是啟動 Viewer for PHP，請開啟安裝的目錄，按兩下 **viewer_for_php.exe** 執行 Viewer for PHP，如果看到 **Windows 安全性警訊**對話方塊，請按**允許存取**鈕，第 1 個是 MySQL 資料庫伺服器的安全性警訊，如下圖所示：

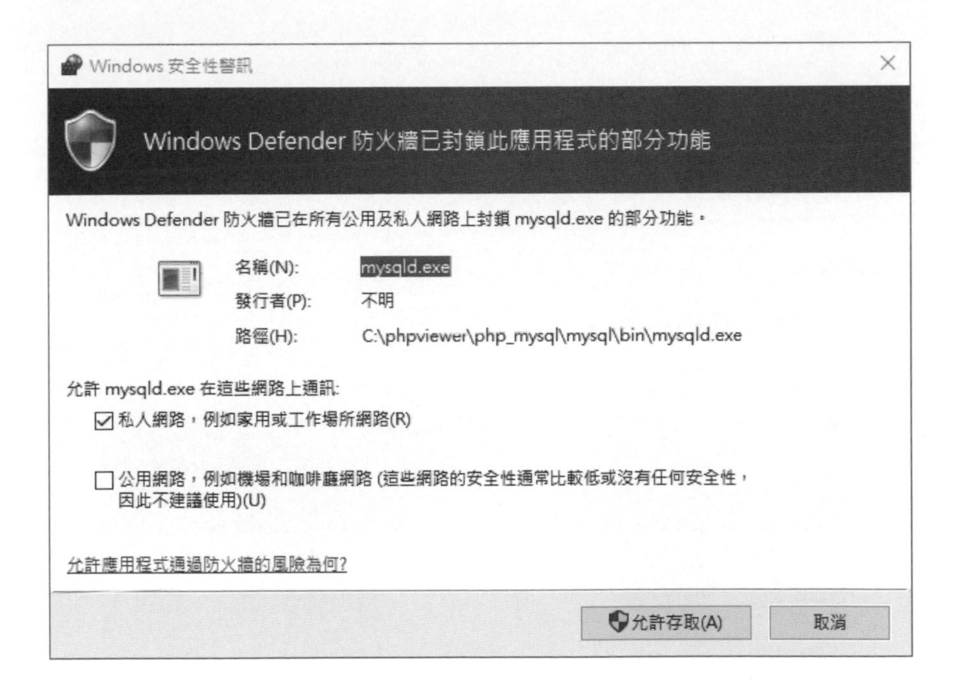

接著，跳出的第 2 個對話方塊，才是 Viewer for PHP 本身的 **Windows 安全性警訊**對話方塊。

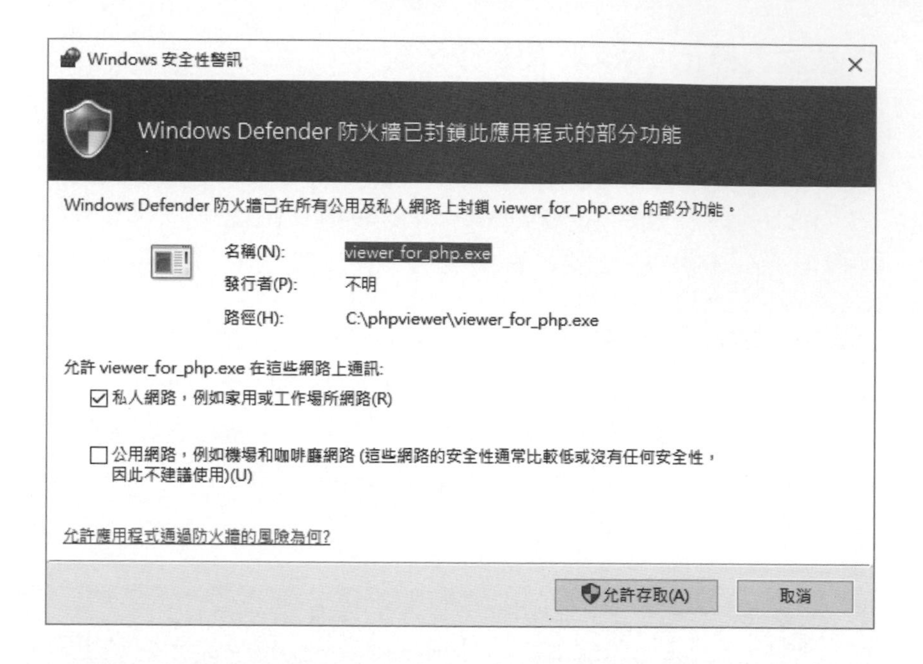

請按**允許存取**鈕，可以看到 index.php 首頁的執行結果，如下圖所示：

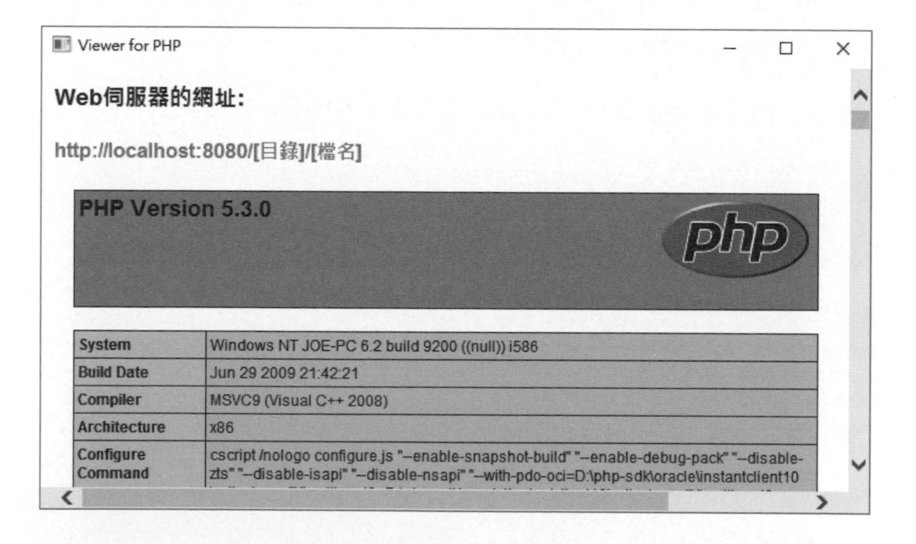

當看到上述視窗，就表示已經成功啟動 MySQL。若要結束 MySQL 就是結束 Viewer for PHP，請關閉 **Viewer for PHP** 視窗，稍等一下，就會自動結束 Viewer for PHP。

✪ 啟動 HeidiSQL 連接 MySQL 伺服器

HeidiSQL 管理工具是 Ansgar Becker 開發的免費 MySQL 管理工具，支援中文介面（只是翻譯有些怪怪的），這是一套好用且可靠的 SQL 工具，可以幫助 Web 網站開發者輕鬆管理 MySQL 伺服器、微軟 SQL Server 或 PostgreSQL 資料庫。

本書是使用免安裝版本，請將書附檔案的 Tools 資料夾中的 HeidiSQL9.zip 檔案解壓縮至指定目錄，例如：「C:\HeidiSQL9」。在成功啟動 MySQL 資料庫系統後，我們就可以啟動 HeidiSQL 管理工具來連接 MySQL 伺服器，其步驟如下所示：

1. 請開啟「C:\HeidiSQL9」資料夾，按二下 **heidisql.exe** 啟動 HeidiSQL 管理工具。

2. 在**會話管理器**對話方塊，按左下角**新建**鈕可以建立新的資料庫伺服器連接，預設已經建立 MySQL 本機資料庫連接。

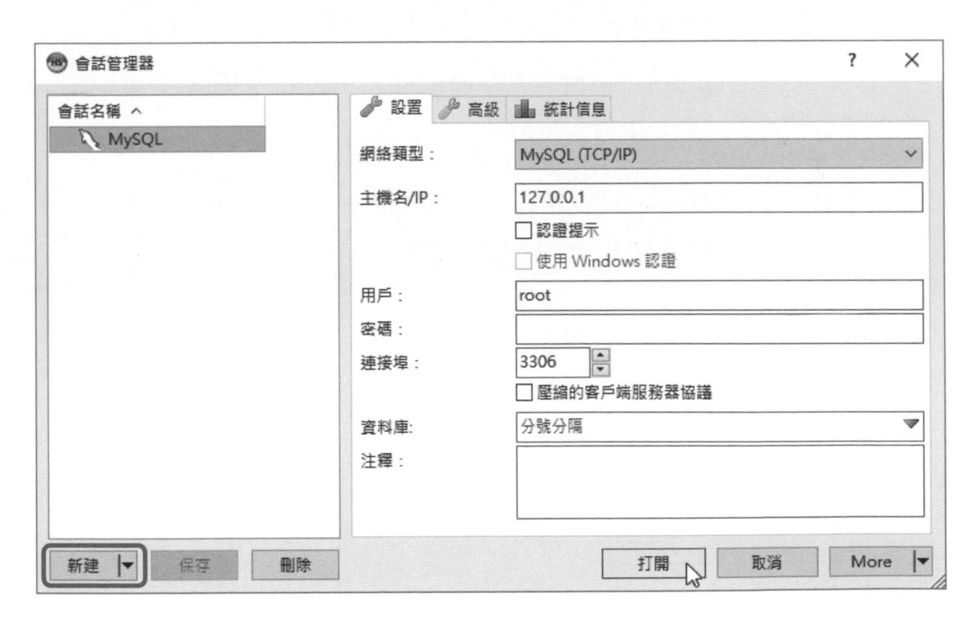

3. 選 **MySQL**，用戶預設是 root，沒有密碼，按**打開**鈕連接 MySQL 伺服器，成功連接可以看到 HeidiSQL 工具的使用介面。

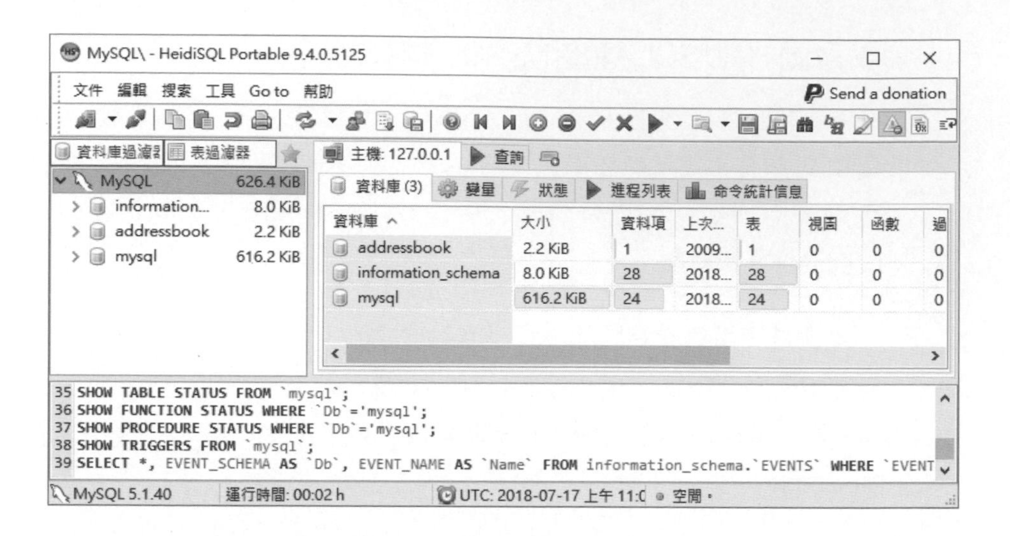

上述管理介面左邊是管理的 MySQL 資料庫清單；右邊標籤頁是各種管理功能的使用介面，以此例是顯示資料庫資料（點選資料庫才能看到相關資訊），在下方訊息視窗可以顯示相關操作的訊息文字。

✪ 使用 HeidiSQL 匯入 MySQL 資料庫

HeidiSQL 管理工具的匯入功能就是開啟 SQL 指令碼檔案後，執行查詢來建立資料庫，其步驟如下所示：

1. 請啟動 HeidiSQL 管理工具連接 MySQL 伺服器，執行『**文件 / 加載 SQL 文件**』命令，載入存在的 SQL 指令碼檔案。

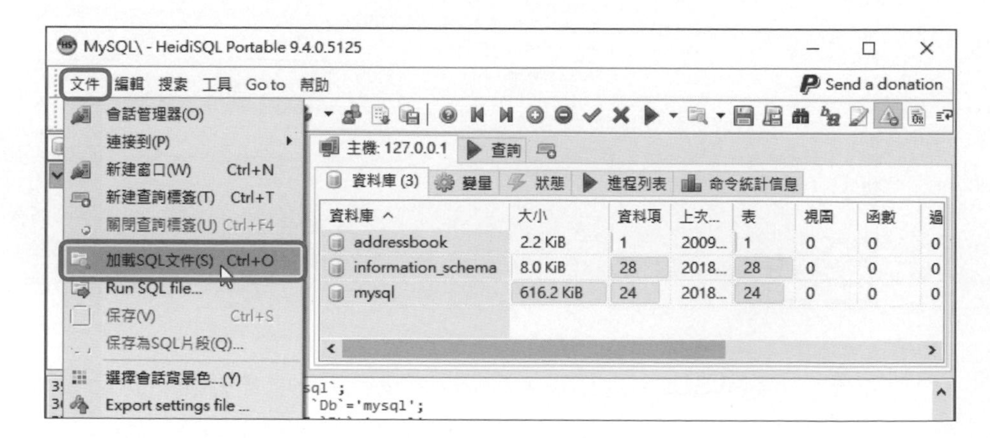

2 在開啟對話方塊，切換至「Ch10」資料夾，點選 **mybooks.sql** 檔案，按下開啟鈕，開啟 SQL 指令碼檔案。

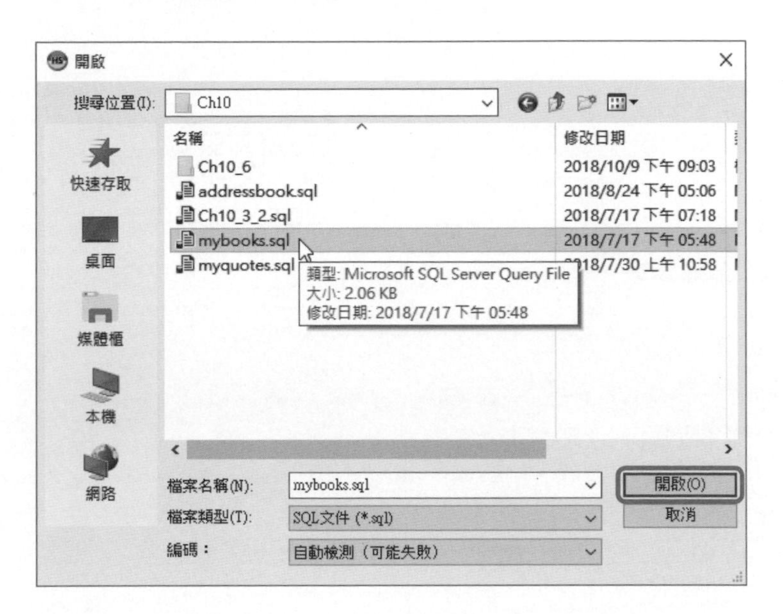

3 可以看到新增 **mybooks.sql** 標籤，這就是載入的 SQL 指令碼檔案，請按下下圖游標所在的**執行 SQL** 鈕，或按 F9 鍵，執行 SQL 指令來建立資料庫和資料表。

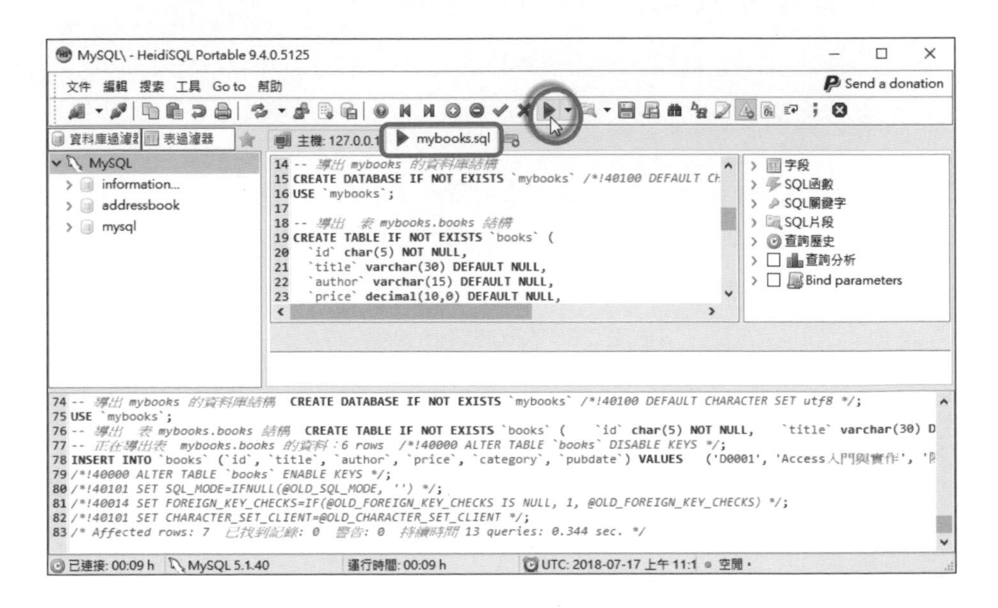

4 請在左邊的資料庫連接區，按下滑鼠右鍵，執行快顯功能表的**刷新**命令，就可以看到新增的 mybooks 資料庫和 mybook 資料表。

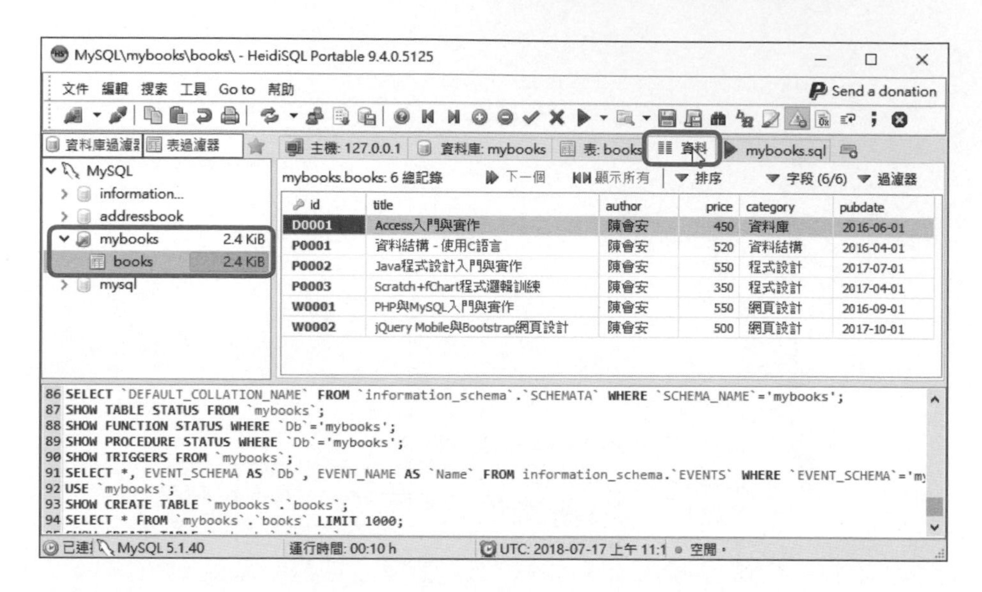

在左邊選 mybooks 資料庫下的 books 資料表，在右邊點選**資料**頁次標籤，可以顯示資料表的記錄資料。

✪ 使用 HeidiSQL 執行 SQL 指令

在 HeidiSQL 管理工具中，提供編輯功能來輸入和執行 SQL 指令，可以幫助我們測試第 10-4 節 SQL 指令的執行結果，其步驟如下：

1 請啟動 HeidiSQL 管理工具連接 MySQL 伺服器，在左邊選 **mybooks** 資料庫，然後在右邊選**查詢**頁次標籤（如果需要，可以執行『**文件 / 新建查詢標簽**』命令新增查詢標籤），請直接在編輯窗格輸入 SQL 指令碼：**SELECT * FROM books**。

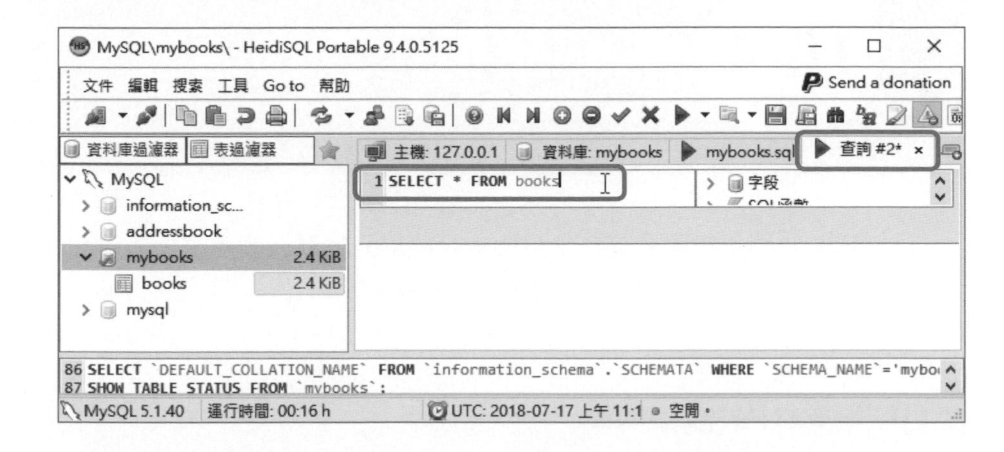

2 如下圖游標所在位置，按下工具列的執行 **SQL** 鈕，或按 F9 鍵，可以看到使用表格顯示符合條件的查詢結果，如下圖所示：

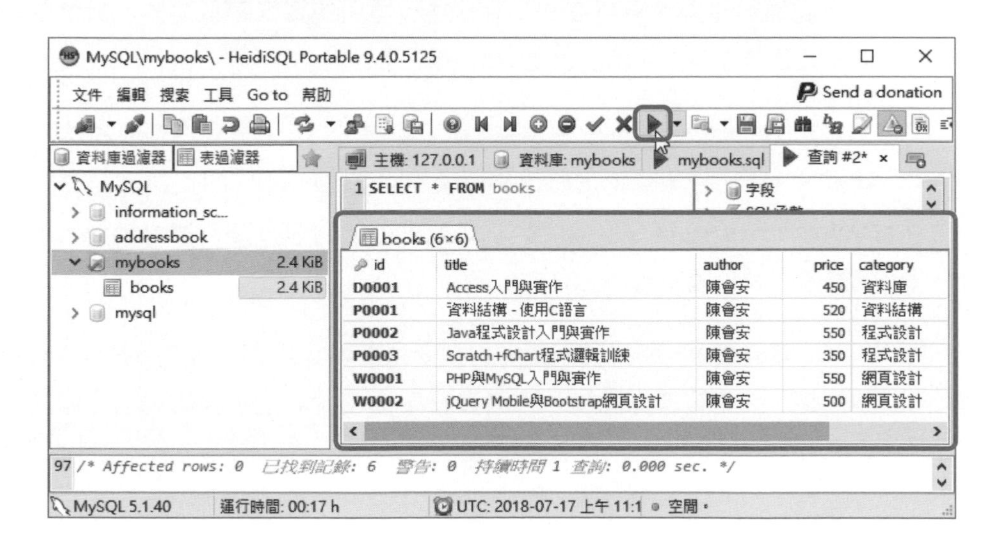

3 執行『**文件 / 保存**』命令儲存 SQL 指令成為 SQL 指令碼檔案，以此例是儲存成「\BigData\Ch10\Ch10_3_2.sql」。

10-4 SQL 結構化查詢語言

SQL 語言是關聯式資料庫系統主要使用的語言，提供相關指令語法來插入、更新、刪除和查詢資料庫的記錄資料。

10-4-1 認識 SQL

「SQL 結構化查詢語言」(Structured Query Language，SQL) 是目前主要的資料庫語言，早在 1970 年，E. F. Codd 建立關聯式資料庫觀念的同時，就提出一個構想的資料庫語言，一種完整和通用的資料存取方式，雖然當時並沒有真正建立語法，而這就是 SQL 的源起。

1974 年一種稱為 SEQUEL 的語言，這是 Chamberlin 和 Boyce 的作品，它建立 SQL 原型，IBM 稍加修改後作為其資料庫 DBMS 的資料庫語言，稱為 System R，1980 年 SQL 的名稱正式誕生，從此 SQL 逐漸壯大成為一種標準的關聯式資料庫語言。

SQL 資料庫語言能夠使用很少的指令和直覺的語法，讓使用者存取資料庫的記錄、變更資料庫結構和進階資料庫保密的功能，在市場上已經成為主要的資料庫語言。

單以記錄存取和資料查詢指令來說，SQL 資料庫語言的指令並不多，只有 4 個指令，如下表所示：

指令	說明
INSERT	在資料表插入一筆新記錄
UPDATE	更新資料表記錄，這些記錄是已經存在的記錄
DELETE	刪除資料表記錄
SELECT	查詢資料表記錄，使用條件查詢資料表符合條件的記錄

10-4-2 SQL 的資料庫查詢指令

SQL 指令除了資料庫操作指令外，最常使用的是 **SELECT** 查詢指令，這個指令可以查詢資料表符合條件的記錄資料。

✪ SELECT 的基本語法

SQL 查詢指令只有一個 SELECT，其基本語法如下所示：

```
SELECT column1, column2
FROM table
WHERE conditions
```

上述指令 column1 ～ 2 取得記錄欄位，table 為資料表，conditions 是查詢條件，以口語來說是「從資料表 table 取回符合 WHERE 條件所有記錄的欄位 column1 和 column2」。

✪「*」記錄欄位

SELECT 指令如果需要取得整個記錄的欄位，可以使用「*」符號，表示記錄的所有欄位名稱，以本章 mybooks 範例資料庫為例，如下所示：

```
SELECT * FROM books
```

上述指令沒有指定 WHERE 過濾條件，執行結果可以取回資料表的所有記錄和欄位。

✪ FROM 指定資料表

SELECT 指令的 FROM 子句是指定使用的資料表，因為同一資料庫可能有超過一個資料表，所以，在資料庫查詢時必須使用 FROM 指定查詢的目標資料表，例如：salarytype 和 users 資料表，如下所示

```
SELECT * FROM salarytype
SELECT * FROM users
```

10-4-3 WHERE 子句的條件語法

WHERE 子句才是 SELECT 查詢指令的主角，因為之前的語法只是指明從哪個資料表和需要取得哪些欄位，WHERE 子句的條件才是 SELECT 語法的過濾條件。

✪ 單一查詢條件

如果 SQL 查詢的是單一條件，WHERE 子句條件的基本規則和範例，如下所示：

⁂ 文字欄位需要使用單引號括起，例如：書號為 P0001，如下所示：

```
SELECT * FROM books
WHERE id='P0001'
```

⁂ 數值欄位不需要單引號括起，例如：書價為 550 元，如下所示：

```
SELECT * FROM books
WHERE price=550
```

⁂ 文字和備註欄位可以使用 **LIKE** 包含運算子，只需包含此字串即符合條件，再配合「%」或「_」萬用字元，可以代表任何字串或單一字元，所以，只需包含有指定的子字串就符合條件。例如：書名包含'程式'子字串，如下所示：

```
SELECT * FROM books
WHERE title LIKE '%程式%'
```

⁂ 數值欄位可以使用 <>（不等於）、>（大於）、<（小於）、>=（大於等於）和 <=（小於等於）、……等運算子建立查詢條件，例如：書價大於 500 元，如下所示：

```
SELECT * FROM books
WHERE price > 500
```

✪ 多項查詢條件

WHERE 條件如果不只一個，我們可以使用邏輯運算子 AND 和 OR 來連接，其基本規則，如下所示：

- AND（且）運算子：連接前後條件都必須成立，整個條件才成立。例如：書價大於等於 500 元且書名有'入門'子字串，如下所示：

```
SELECT * FROM books
WHERE price >= 500 AND title LIKE '%入門%'
```

- OR（或）運算子：連接前後條件只需任一條件成立即可。例如：書價大於等於 500 元或書名有'入門'子字串，如下所示：

```
SELECT * FROM books
WHERE price >= 500 OR title LIKE '%入門%'
```

不只如此，WHERE 子句還可以連接 2 個以上條件，而且 AND 和 OR 也可以在同一 WHERE 子句使用，如下所示：

```
SELECT * FROM books
WHERE price < 550
   OR title LIKE '%入門%'
   AND title LIKE '%MySQL%'
```

上述指令查詢書價小於 550 元，或書名有'入門'和'MySQL'子字串。

✪ 在 WHER 子句使用括號

如果在 WHERE 子句的條件加上括號，其查詢優先順序是以括號之中優先，所以會產生不同的查詢結果，如下所示：

```
SELECT * FROM books
WHERE (price < 550
   OR title LIKE '%入門%')
   AND title LIKE '%與%'
```

上述指令是查詢書價小於 550 元或書名有'入門'子字串，而且書名有'與'子字串。

10-4-4 排序輸出

SQL 查詢結果如果需要排序，我們可以指定欄位進行由小到大，或由大到小的排序，請在 SELECT 查詢指令後加上 ORDER BY 子句，如下所示：

```
SELECT * FROM books
WHERE price >= 500
ORDER BY price
```

上述 ORDER BY 子句後是排序欄位，這個 SQL 指令是使用書價欄位 price 進行排序，預設由小到大，即 ASC。如果想倒過來由大到小，只需加上 DESC 指令，如下所示：

```
SELECT * FROM books
WHERE price >= 500
ORDER BY price DESC
```

10-4-5 SQL 聚合函數

SQL 聚合函數可以進行資料表欄位的筆數、平均、範圍和統計函數，提供進一步的資料分析數據，如下表所示：

聚合函數	說明
Count(Column)	計算記錄的筆數
Avg(Column)	計算欄位的平均值
Max(Column)	取得記錄欄位的最大值
Min(Column)	取得記錄欄位的最小值
Sum(Column)	取得記錄欄位的總和

例如：計算圖書的平均書價，如下所示：

```
SELECT Avg(price) As 平均書價 FROM books
```

10-4-6 SQL 資料庫操作指令

SQL 資料庫操作指令共有 3 個：INSERT、DELETE 和 UPDATE。

✪ INSERT 插入記錄指令

SQL 插入記錄操作是新增一筆記錄到資料表，INSERT 指令的基本語法，如下所示：

```
INSERT INTO table (column1,column2,…)
VALUES ('value1', 'value2 ', …)
```

上述指令的 table 是準備插入記錄的資料表名稱，column1 ～ n 為資料表的欄位名稱，value1 ～ n 是對應的欄位值。例如：在 books 資料表新增一筆圖書記錄，如下所示：

```
INSERT INTO books (id,title,author,price,category,pubdate)
VALUES ('C0001', 'C 語言程式設計 ', ' 陳會安 ', 510, ' 程式設計 ', '2018/01/01')
```

✪ UPDATE 更新記錄指令

SQL 更新記錄操作是將資料表內符合條件的記錄，更新欄位的內容，UPDATE 指令的基本語法，如下所示：

```
UPDATE table SET column1 =  'value1'
WHERE conditions
```

上述指令的 table 是資料表，column1 是資料表需更新的欄位名稱，欄位不用包含全部資料表欄位，只有需要更新的欄位，value1 是更新的欄位值，如果更新欄位不只一個，請使用逗號分隔，如下所示：

```
UPDATE table SET column1 = 'value1' , column2 = 'value2'
WHERE conditions
```

上述 column2 是另一個需要更新的欄位名稱，value2 是更新的欄位值，最後的 conditions 是更新條件。例如：在 books 資料表更新一筆圖書記錄的定價和出版日期，如下所示：

```
UPDATE books SET price=490 ,
         pubdate='2018/02/01'
WHERE id='C0001'
```

✪ DELETE 刪除記錄指令

SQL 刪除記錄操作是將符合條件的資料表記錄刪除，DELETE 指令的基本語法，如下所示：

```
DELETE FROM table WHERE conditions
```

上述指令的 table 是資料表，conditions 為刪除記錄的條件，以口語來說是「將符合 conditions 條件的記錄刪除掉」。例如：在 books 資料表刪除書號 C0001 的一筆圖書記錄，如下所示：

```
DELETE FROM books WHERE id='C0001'
```

10-5 將資料存入 MySQL 資料庫

Python 支援 MySQL 資料庫的模組很多，本書是使用 PyMySQL 模組，因為 Anaconda 預設並沒有安裝此模組，在使用前我們需要先自行安裝。

✪ 安裝 PyMySQL 模組

請執行『**開始 /Anaconda3 (64-bits)/Anaconda Prompt**』命令開啟 **Anaconda Prompt** 命令提示字元視窗後，輸入指令安裝 PyMySQL 模組：

```
(base) C:\Users\JOE>pip install PyMySQL Enter
```

輸入此指令

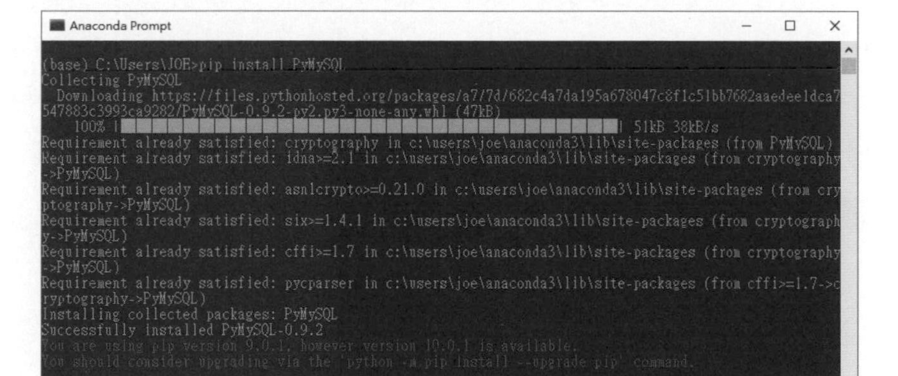

在成功安裝 PyMySQL 模組後，Python 程式在使用 MySQL 資料庫的第一步需要匯入 PyMySQL 模組，如下所示：

```
import pymysql
```

✪ 查詢 MySQL 資料庫 〈Ch10_5.py〉

Python 程式在匯入 PyMySQL 模組後，可以建立資料庫連接來執行 SQL 指令，如下所示：

```
import pymysql
# 建立資料庫連接
db = pymysql.connect("localhost", "root", "", "mybooks", charset="utf8")
cursor = db.cursor()          # 建立 cursor 物件
# 執行 SQL 指令 SELECT
cursor.execute("SELECT * FROM books")
data = cursor.fetchall()     # 取出所有記錄
# 取出查詢結果的每一筆記錄
for row in data:
    print(row[0], row[1])
db.close()                    # 關閉資料庫連接
```

上述 connect() 函數建立資料庫連接，參數依序是 MySQL 主機名稱、使用者名稱、密碼和資料庫名稱，最後指定編碼是 utf8，在成功建立資料庫連接後，呼叫 cursor() 函數建立 cursor 物件，即可呼叫 execute() 函數執行 SQL 指令來查詢 MySQL 資料庫。

因為是查詢資料，我們需要呼叫 fetchall() 函數取回第 1 筆記錄，fetchall() 函數可以取回所有記錄，然後使用 for/in 迴圈取出查詢結果的每一筆記錄，row[0] 和 row[1] 是前 2 個欄位，即 id 和 title 欄位，最後呼叫 close() 函數關閉資料庫連接，其執行結果如下所示：

執行結果

```
D0001 Access入門與實作
P0001 資料結構 - 使用C語言
P0002 Java程式設計入門與實作
P0003 Scratch+fChart程式邏輯訓練
W0001 PHP與MySQL入門與實作
W0002 jQuery Mobile與Bootstrap網頁設計
```

✪ 將 CSV 資料存入 MySQL 資料庫

Ch10_5a.py

當我們將爬取的資料建立成 CSV 字串後，就可以將 CSV 資料存入 MySQL 資料庫，首先將 CSV 字串 book 轉換成清單 f，如下所示：

```
book = "P0004,Python 程式設計,陳會安,550,程式設計,2018-01-01"
f = book.split(",")

# 建立資料庫連接
db = pymysql.connect("localhost", "root", "", "mybooks", charset="utf8")
cursor = db.cursor()          # 建立 cursor 物件
```

上述程式碼建立資料庫連接後，使用 format() 函數建立 SQL 插入記錄的 SQL 指令字串，在字串中的 6 個參數值 '{0}','{1}','{2}',{3},'{4}','{5}' 是對應清單的 6 個項目，如下所示：

```
# 建立 SQL 指令 INSERT 字串
sql = """INSERT INTO books (id,title,author,price,category,pubdate)
        VALUES ('{0}','{1}','{2}',{3},'{4}','{5}')"""
sql = sql.format(f[0], f[1], f[2], f[3], f[4], f[5])
print(sql)
try:
    cursor.execute(sql)        # 執行 SQL 指令
    db.commit()                # 確認交易
    print("新增一筆記錄...")
except:
    db.rollback()              # 回復交易
    print("新增記錄失敗...")
db.close()                     # 關閉資料庫連接
```

上述程式碼建立 SQL 指令字串後，使用 try/except 呼叫 execute() 函數執行新增記錄，接著執行 commit() 函數確認交易來真正變更資料庫，如果失敗，就執行 rollback() 函數回復交易，即回復成沒有執行 SQL 指令前的資料庫內容，其執行結果可以新增一筆記錄，如下圖所示：

執行結果

```
INSERT INTO books (id,title,author,price,category,pubdate)
  VALUES ('P0004','Python程式設計','陳會安',550,'程式設計','2018-01-01')
新增一筆記錄...
```

主機: 127.0.0.1 | 資料庫: mybooks | 表: books | 資料 | mybooks.sql

mybooks.books: 7 總記錄 　下一個　顯示所有　排序　字段 (6/6)　過濾器

id	title	author	price	category	pubdate
D0001	Access入門與實作	陳會安	450	資料庫	2016-06-01
P0001	資料結構 - 使用C語言	陳會安	520	資料結構	2016-04-01
P0002	Java程式設計入門與實作	陳會安	550	程式設計	2017-07-01
P0003	Scratch+fChart程式邏輯訓練	陳會安	350	程式設計	2017-04-01
W0001	PHP與MySQL入門與實作	陳會安	550	網頁設計	2016-09-01
W0002	jQuery Mobile與Bootstrap網頁設計	陳會安	500	網頁設計	2017-10-01
P0004	Python程式設計	陳會安	550	程式設計	2018-01-01

✪ 將 JSON 資料存入 MySQL 資料庫 　Ch10_5b.py

同樣的，我們可以將 JSON 資料存入 MySQL 資料庫，首先將 JSON 資料轉換成的 Python 字典 d，如下所示：

```
d = {
   "id": "P0005",
   "title": "Node.js 程式設計 ",
   "author": " 陳會安 ",
   "price": 650,
   "cat": " 程式設計 ",
   "date": "2018-02-01"
}

# 建立資料庫連接
db = pymysql.connect("localhost", "root", "", "mybooks", charset="utf8")
cursor = db.cursor()          # 建立 cursor 物件
```

上述程式碼建立資料庫連接後，使用 format() 函數建立 SQL 插入記錄的 SQL 指令字串，如下所示：

```
# 建立 SQL 指令 INSERT 字串
sql = """INSERT INTO books (id,title,author,price,category,pubdate)
         VALUES ('{0}','{1}','{2}',{3},'{4}','{5}')"""
sql = sql.format(d['id'],d['title'],d['author'],d['price'],d['cat'],d['date'])
print(sql)
try:
    cursor.execute(sql)       # 執行 SQL 指令
    db.commit()               # 確認交易
    print(" 新增一筆記錄 ...")
except:
    db.rollback()             # 回復交易
    print(" 新增記錄失敗 ...")
db.close()                    # 關閉資料庫連接
```

在上述 try/except 呼叫 execute() 函數新增記錄，接著執行 commit() 函數真正變更資料庫，如果失敗，就執行 rollback() 函數回復交易，其執行結果可以新增一筆記錄，如下圖所示：

執行結果

```
INSERT INTO books (id,title,author,price,category,pubdate)
  VALUES ('P0005','Node.js程式設計','陳會安',650,'程式設計','2018-02-01')
新增一筆記錄...
```

mybooks.books: 8 總記錄 下一個 顯示所有 排序 字段 (6/6) 過濾器

id	title	author	price	category	pubdate
D0001	Access入門與實作	陳會安	450	資料庫	2016-06-01
P0001	資料結構 - 使用C語言	陳會安	520	資料結構	2016-04-01
P0002	Java程式設計入門與實作	陳會安	550	程式設計	2017-07-01
P0003	Scratch+fChart程式邏輯訓練	陳會安	350	程式設計	2017-04-01
W0001	PHP與MySQL入門與實作	陳會安	550	網頁設計	2016-09-01
W0002	jQuery Mobile與Bootstrap網頁設計	陳會安	500	網頁設計	2017-10-01
P0004	Python程式設計	陳會安	550	程式設計	2018-01-01
P0005	Node.js程式設計	陳會安	650	程式設計	2018-02-01

10-6 將 Scrapy 爬取的資料存入 MySQL 資料庫

Scrapy 專案可以使用 Item Pipeline 項目管道將爬取資料存入 MySQL 資料庫。本節 Ch10_6 範例專案和 Ch8_5_2 專案相同。

✪ 在 MySQL 資料庫建立資料庫和資料表

請參閱第 10-3-2 節啟動 MySQL 後，再執行 HeidiSQL 匯入 MySQL 資料庫，我們是執行位在「\BigData\Ch10」路徑的 **myquotes.sql** 檔案，在更新資料庫後，可以看到新增的 myquotes 資料庫和 quotes 資料表，如下圖所示：

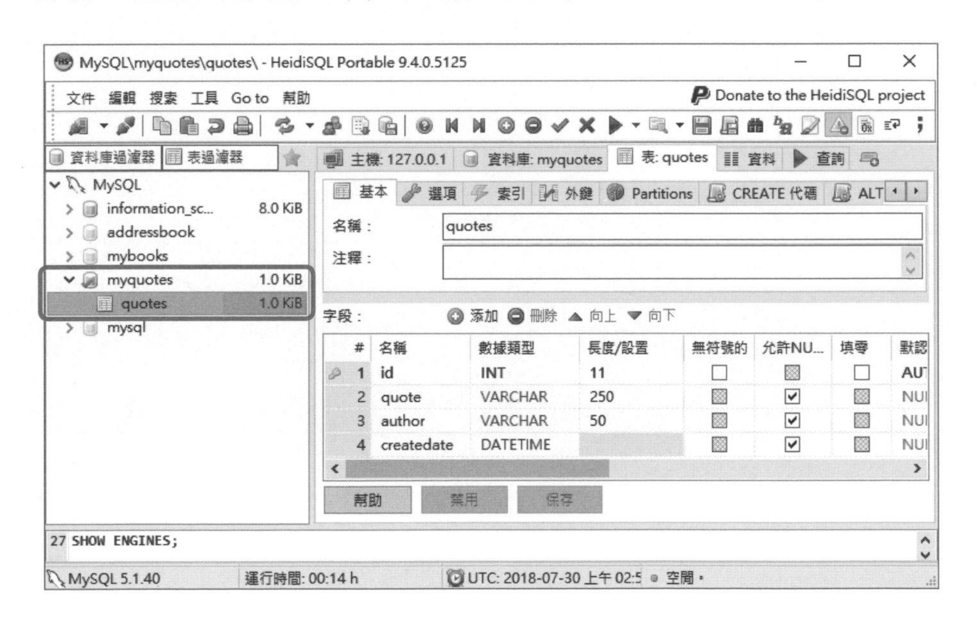

✪ Python 程式 　Ch10_items.py

請啟動 Spyder 開啟 Scrapy 專案 Ch10_6 的 items.py 程式檔案，輸入程式碼來定義 quote 和 author 兩個欄位，類別名稱是 QuoteItem，如下所示：

```
import scrapy

class QuoteItem(scrapy.Item):
    # 定義 Item 的欄位
    quote = scrapy.Field()
    author = scrapy.Field()
```

✪ Python 程式

Ch10_quotes.py

請開啟 Scrapy 專案 Ch10_6 的 quotes.py 程式檔案，我們準備修改程式碼，改用 Item 物件取得爬取資料。首先匯入 QuoteItem 類別，如下所示：

```
import scrapy
from Ch10_6.items import QuoteItem

class QuotesSpider(scrapy.Spider):
    name = 'quotes'
    allowed_domains = ['quotes.toscrape.com']
    start_urls = ['http://quotes.toscrape.com/']

    def parse(self, response):
        for quote in response.css("div.quote"):
            item = QuoteItem()
            item["quote"] = quote.css("span.text::text").extract_first()
            item["author"] = quote.xpath(".//small/text()").extract_first()
            yield item

        nextPg = response.xpath("//li[@class='next']/a/@href").extract_first()
        if nextPg is not None:
            nextPg = response.urljoin(nextPg)
            yield scrapy.Request(nextPg, callback=self.parse)
```

上述程式碼建立 QuoteItem 物件 item 後，指定 item["quote"] 和 item["author"] 的值，分別是格言內容和作者，最後使用 yield 傳回 item 物件。

✪ Python 程式

Ch10_pipelines.py

請開啟 Scrapy 專案 Ch10_6 的 pipelines.py 程式檔案，我們準備新增 Item Pipeline 管道項目將爬取資料插入 MySQL 資料庫，首先匯入 pymysql 和 datetime 模組，如下所示：

```
import pymysql
import datetime

class MysqlPipeline(object):
    def __init__(self):
        self.db = pymysql.connect("localhost","root","","myquotes",
                                  charset="utf8")

    def open_spider(self, spider):
        self.cursor = self.db.cursor();  # 建立 cursor 物件
```

上述建構子 __init__() 使用 pymysql.connect() 函數建立資料庫連接後，在 open_spider() 函數建立 cursor 物件，然後在 process_item() 函數執行 SQL 指令插入記錄至 MySQL 資料表，如下所示：

```
    def process_item(self, item, spider):
        # 建立 SQL 指令 INSERT 字串
        sql = """INSERT INTO quotes(quote,author,createDate)
                 VALUE(%s,%s,%s)"""
        try:
            self.cursor.execute(sql,
                 (item["quote"],
                  item["author"],
                  datetime.datetime.now()
                         .strftime('%Y-%m-%d %H:%M:%S')
                  ))                 # 執行 SQL 指令
            self.db.commit()         # 確認交易
        except Exception as err:
            self.db.rollback()       # 回復交易
            print("錯誤！ 插入記錄錯誤 ...", err)
        return item
```

上述程式碼建立 SQL 指令字串 sql，在字串中有 3 個「%s」格式字元，這是三個參數，我們是在 cursor.execute() 函數的第 2 個參數，使用元組來指定這 3 個值，如下所示：

```
self.cursor.execute(sql,
     (item["quote"],
      item["author"],
      datetime.datetime.now()
             .strftime('%Y-%m-%d %H:%M:%S')
     ))   # 執行 SQL 指令
```

上述 cursor.execute() 函數執行第 1 個參數的 SQL 指令字串，第 2 個參數是元組，用來指定 SQL 字串中的參數值，最後 1 個值是呼叫 datetime.datetime.now() 函數取得目前的日期時間。**請注意！我們需要使用 strftime() 函數更改日期時間格式，以便插入 MySQL 的 DATETIME 型態欄位**，最後在 close_spider() 函數關閉資料庫連接，如下所示：

```
    def close_spider(self, spider):
        self.db.close()   # 關閉資料庫連接
```

✪ Python 程式

請開啟 settings.py 檔案啟用 Item Pipeline 項目管道，使用的是 ITEM_PIPELINES 設定值，如下所示：

```
ITEM_PIPELINES = {
    'Ch10_6.pipelines.MysqlPipeline': 300
}
```

✪ 執行爬蟲程式

請執行下列 scrapy crawl 指令執行 quotes 爬蟲，如下所示：

```
(base) C:\BigData\Ch10\Ch10_6>scrapy crawl quotes Enter
```

上述指令可以在 Scrapy 專案 Ch10_6 的專案目錄下新增 quotes.csv 檔案，同時在 MySQL 資料庫新增 100 筆記錄資料，如下圖所示：

主機: 127.0.0.1　資料庫: myquotes　表: quotes　資料　查詢

myquotes.quotes: 100 總記錄　下一個　顯示所有　排序　字段 (4/4)　過濾器

id	quote	author	createdate
1	"The world as we have created it is a process of our think...	Albert Einstein	2018-07-30 11:42:44
2	"It is our choices, Harry, that show what we truly are, fa...	J.K. Rowling	2018-07-30 11:42:44
3	"There are only two ways to live your life. One is as thou...	Albert Einstein	2018-07-30 11:42:44
4	"The person, be it gentleman or lady, who has not pleasu...	Jane Austen	2018-07-30 11:42:44
5	"Imperfection is beauty, madness is genius and it's better...	Marilyn Monroe	2018-07-30 11:42:44
6	"Try not to become a man of success. Rather become a ...	Albert Einstein	2018-07-30 11:42:44
7	"It is better to be hated for what you are than to be love...	André Gide	2018-07-30 11:42:44
8	"I have not failed. I've just found 10,000 ways that won'...	Thomas A. Edison	2018-07-30 11:42:44
9	"A woman is like a tea bag; you never know how strong it...	Eleanor Roosevelt	2018-07-30 11:42:44
10	"A day without sunshine is like, you know, night."	Steve Martin	2018-07-30 11:42:44

學習評量

1. 請說明什麼是 Python 語言的字串？ Python 字串可以使用______運算子取出指定位置的字元。

2. 請舉例說明 Python 字串的切割運算子是什麼？

3. 當網頁爬蟲從網路取得資料後，我們執行資料清理的目的為何？

4. 請問什麼是 MySQL 資料庫？什麼是 SQL 語言？ Python 程式如何存取 MySQL 資料庫？

5. 請用 10-3 節 HeidiSQL 工具輸入和執行第 10-4 節的 SQL 指令。

6. 請使用第 10-3 節的 HeidiSQL 工具開啟 addressbook 資料庫的 address 資料表來檢視記錄，欄位有編號 id、姓名 name、電郵 email 和電話 phone 欄位，如果沒有看到此資料庫，請執行 addressbook.sql 建立此資料庫。

7. 請建立 Python 程式連接學習評量 6 的 addressbook 資料庫，可以顯示所有聯絡人的記錄資料。

8. 請建立 Python 程式將 address.csv 檔案存入學習評量 6 的 addressbook 資料庫。

PART 2

Python 資料視覺化 - 大數據分析

所謂的「大數據分析」，是將爬取到的巨量資料先進行「結構化」處理，接著再利用各項 Python 套件將資料以視覺化的方式呈現，這樣就可以清楚辨識出資料中的**模式**、**趨勢**以及**關聯性**。Python 有多項好用的視覺化套件，您可以依不同用途選擇適用的套件來做資料視覺化：

- 要進行資料處理與分析，請使用 Pandas
- 繪製基礎視覺化圖表，請使用 Matplotlib 或 Pandas
- 進行統計資料視覺化，請使用 Seaborn
- 進行互動視覺化和建立儀表板，請使用 Bokeh

認識大數據分析 - 資料視覺化

11-1 大數據的基礎

大數據（Big Data）也稱為「海量資料」或「巨量資料」，也就是非常龐大的資料，我們需要將這些巨量資料轉換成結構化資料後，才能進行視覺化分析，而這就是所謂的**大數據分析**。

11-1-1 認識大數據

大數據是指傳統資料處理軟體不足以處理的龐大或複雜資料集的術語，其來源是大量非結構化或結構化資料。目前大型網路公司，例如：Google、Facebook、Twitter、Amazon 和 LinkedIn 等時時刻刻都會儲存和處理非常大量的資料，這就是大數據（Big Data）。

✪ 巨量使用者產生了巨量資料

不久之前，行動裝置的應用程式（App）每天能夠處理 1000 位使用者已經算是很多了；超過 10000 位已經算是例外情況。現在，因為 Internet 網際網路的聯網裝置快速增加，在智慧型手機和平板電腦的推波助瀾下，隨便一個 App，每天就可能有超過百萬位使用者，而且每天都在持續地增加中。

大量使用者伴隨著產生大量的資料，這就是**大數據**（Big Data）的來源，除了大量使用者產生的資料，再加上**物聯網**（IoT，Internet of Things）、「智慧家庭」（Smart Home Devices）和智慧製造的興起，機器等感測器產生的資料也快速的大量增加，而且全球各類行動裝置和電腦都已經連上 Internet 網際網路，讓大量資料的取得更加容易。

✪ 巨量資料就是大數據

從太陽昇起的一天開始，手機鬧鐘響起叫你起床，順手查看 LINE 或在 Facebook 按讚，上課前交作業寄送電子郵件、打一篇文章，或休閒時玩玩遊戲，想想看，你有哪一天沒有做這些事。

當你每天上 Facebook 按「讚」時，Facebook 網站已經在背景不停地儲存你產生的資料，包含：手機定位資料、瀏覽資料、留言、上傳圖片、社交資料（加入朋友）、裝置各種感測器接收的資料和電腦系統自動產生的記錄資料等，如下圖所示：

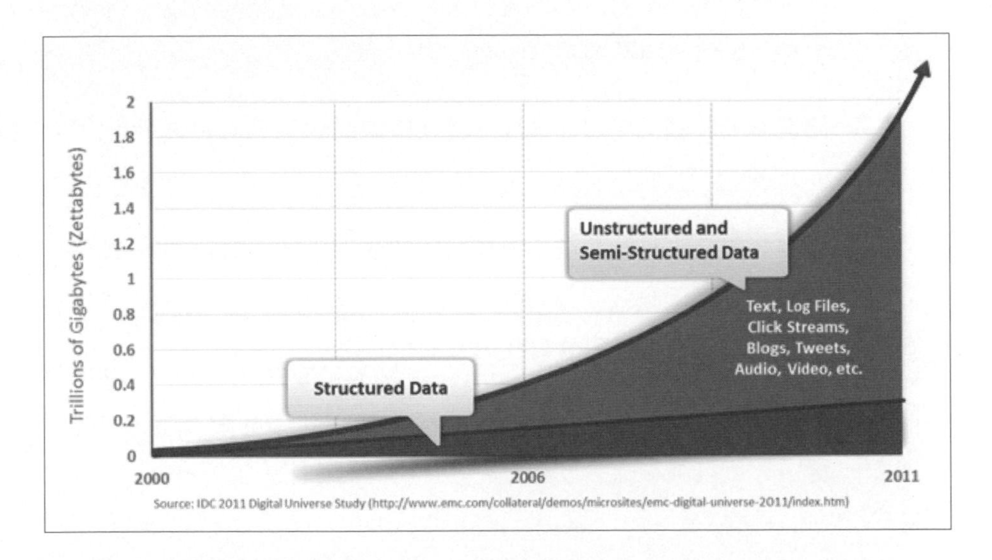

上述 IDC 統計資料是全世界儲存的數位資料，以 Zettabytes（ZB）為單位，1ZB = 1000 Exabytes（EB）；1 EB 等於 1 百萬 GB（Gigabytes），從 2006 年到 2011 年數位資料已經成長近 5 倍以上，而且絕大部分新產生的資料都是**非結構化資料**（Unstructured Data），或**半結構化資料**（Semi-structured Data），而不是**結構化資料**（Structured Data）。

請注意！大數據分析所需的資料是和關聯式資料庫，例如：SQL Server、Oracle 或 MySQL 相同的結構化資料，並不是**非結構化資料**，我們取得的非結構化資料需要轉換成結構化資料後，才能進一步進行資料分析。

✪ 大數據的用途

大數據是從各方面（包含商業資料）收集到的巨量資料，但是單純的資料並沒有用，我們需要進行大數據分析，才能從大量資料中找到資料的模式，並且創造出資料的價值。

不要懷疑，大數據早已經深入了你我的世界，並且幫助我們改變現今世界的行為模式，如下所示：

- **改進商業行為**：大數據可以幫助公司建立更有效率的商業運作，例如：透過大量客戶購買行為的資料分析，公司已經能夠準確預測哪一類客戶會在何時何地購買特定的商品。

- **增進健康照顧**：運用大數據分析大量病歷和 X 光照片後，可以找出**模式**（Patterns）來幫助醫生儘早診斷出特定疾病，和開發出新藥。

- **預測和回應天災與人禍**：運用感測器的大數據，可以預測哪些地方會有地震，大量人類的行為模式可以提供線索，幫助公益組織救助倖存者，或監控和保護難民，遠離戰爭區域。

- **犯罪預防**：大數據分析可以幫助警方更有效率的配置警力來預防犯罪，透過大量監測影像的分析，更可預先發現可能的犯罪行為。

11-1-2 結構化、非結構化和半結構化資料

基本上，我們面對的資料依結構可以分為三種：結構化資料、非結構化資料和半結構化資料。

✪ 結構化資料（Structured Data）

結構化資料是一種有組織的資料，資料已經排列成列（Rows）和欄（Columns）的表格形式，每一列代表一個單一觀測結果（Observation）；每一個欄位代表觀測結果的單一特點（Characteristics），例如：關聯式資料庫或 Excel 試算表，如下圖所示：

編號	姓名	地址	電話	生日	電子郵件地址
1	陳會安	新北市五股成泰路一段1000號	02-11111111	1967/9/3	hueyan@ms2.hinet.net
2	江小魚	新北市中和景平路1000號	02-22222222	1978/2/2	jane@ms1.hinet.net
3	劉得華	桃園市三民路1000號	02-33333333	1982/3/3	lu@tpts2.seed.net.te
4	郭富成	台中市中港路三段500號	03-44444444	1981/4/4	ko@gcn.net.tw
5	離明	台南市中正路1000號	04-55555555	1978/5/5	light@ms11.hinet.net
6	張學有	高雄市四維路1000號	05-66666666	1979/6/6	geo@ms10.hinet.net
7	陳大安	台北市羅斯福路1000號	02-99999999	1979/9/9	an@gcn.net.tw

上述表格是通訊錄資料表，這是一種結構化資料，在表格的每一列是一筆觀測結果，我們已經在第 1 列定義每一個欄位的特點，欄位定義是預先定義的資料格式。

✪ 非結構化資料（Unstructured Data）

非結構化資料是沒有組織的自由格式資料，我們並無法直接使用這些資料，通常都需要進行資料轉換或清理後才能使用，例如：文字、網頁內容、原始訊號和音效等。

在本書第一篇說明如何從 HTML 網頁內容擷取資料，這些單純的文字資料就是非結構化資料，我們需要轉換成結構化資料，例如：從 PTT 網頁取出非結構化資料後，整理轉換成表格資料，如下圖所示：

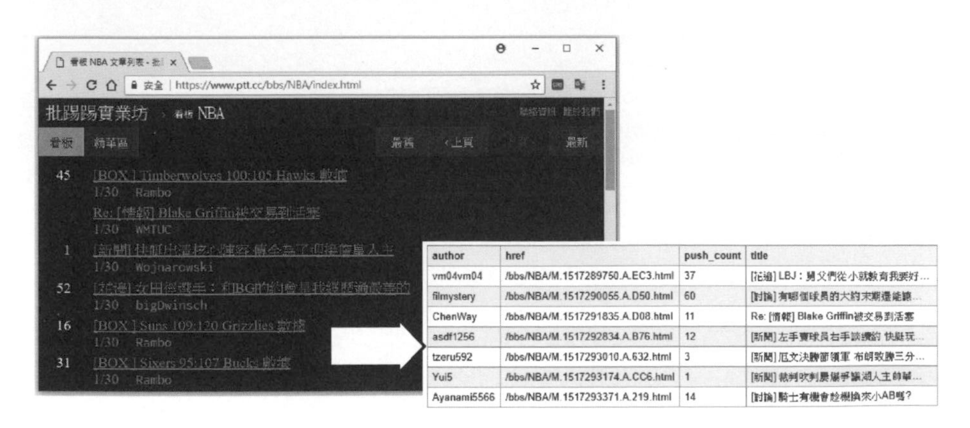

author	href	push_count	title
vm04vm04	/bbs/NBA/M.1517289750.A.EC3.html	37	[花邊] LBJ：舅父們從小就教育我要好…
filmystery	/bbs/NBA/M.1517290055.A.D50.html	60	[討論] 有哪個球員的大約末期還能讓…
ChenWay	/bbs/NBA/M.1517291835.A.D08.html	11	Re: [情報] Blake Griffin被交易到活塞
asdf1256	/bbs/NBA/M.1517292834.A.B76.html	12	[新聞] 左手實球員右手談續約 快艇玩…
tzeru592	/bbs/NBA/M.1517293010.A.632.html	3	[新聞] 厄文決勝節領軍 布朗致勝三分…
Yui5	/bbs/NBA/M.1517293174.A.CC6.html	1	[新聞] 裁判吹判屢爆爭議湖人主帥華…
Ayanami5566	/bbs/NBA/M.1517293371.A.219.html	14	[討論] 騎士有機會趁機換來小AB嗎?

✪ 半結構化資料（Semi Structured Data）

半結構化資料是介於結構化和非結構化資料之間的資料，這是一種結構沒有規則且快速變化的資料，簡單的說，半結構化資料雖然有欄位定義的結構，但是每一筆資料的欄位定義可能都不同，而且在不同時間點存取時，其結構也可能不一樣。

最常見的半結構化資料是 JSON 或 XML，例如：從 PTT 文章內容轉換成的 JSON 資料，如下圖所示：


```
[
  {
    "author": "vm04vm04",
    "href": "/bbs/NBA/M.1517289750.A.EC3.html",
    "push_count": 37,
    "title": "[花邊] LBJ：舅父們從小就教育我要好好存錢，不"
  },
  {
    "author": "filmystery",
    "href": "/bbs/NBA/M.1517290055.A.D50.html",
    "push_count": 60,
    "title": "[討論] 有哪個球員的大約末期還能讓球團感到超值"
  },
```

11-2 與資料進行溝通 - 資料視覺化

資料視覺化（Data Visualization）是使用多種圖表來呈現資料，因為一張圖形勝過千言萬語，可以讓我們更有效率與其他人進行溝通（Communication）。換句話說，資料視覺化可以讓複雜資料更容易呈現欲表達的資訊，也更容易讓我們了解這些資料代表的意義。

11-2-1 資料溝通的方式

資料溝通（Communicating Data）就是如何將你的分析結果傳達給你的聽眾或閱讀者了解，也就是如何有效率的簡報出你發現的事實，因為人類是一種視覺和聽覺的動物，所以傳達方式主要有兩種：口語傳達和視覺傳達。

✪ 口語傳達（Verbal Communication）

在文字尚未發明前或文字發明初期，人類主要是使用口語進行溝通，聲音是人類本能的溝通媒介，但是，口語有空間和時間上的限制，人類的音量有限，並傳不了多遠，口語只能在小空間作為溝通媒介，再加上，聲音有時間性，說過的話馬上就會消失，除非有錄音，不然，聽眾如果沒有聽清楚或理解時，你就只能再說一次。

口語傳達（Verbal Communication）是使用聲音和語言來描述你的想法、需求和觀念，讓你使用口語方式傳達給你的聽眾，和讓他們理解，一般來說，我們不會單純使用口語描述，也會結合非口語形式來進行溝通，即商業或教學簡報，最常使用的是**視覺化圖表**。

請注意！雖然視覺化圖表已經成為簡報時不可缺的重要元素，但是，口語傳達仍然是簡報時的主要工具之一，口條清楚仍然是簡報者不可缺乏的技能。

✪ 視覺傳達（Visual Communication）

視覺傳達（Visual Communication）是使用視覺方式呈現你的想法和分析結果，換句話說，視覺傳達除了靠我們的眼睛來「看」(Look)，還需要靠大腦來「理解」(Perception)。

視覺傳達是與人們溝通和分享資訊的一個重要管道，想想看！當到國外自助旅遊時，因為語言不通，有可能在城市中迷路而找不到回旅館的路，就算問路人因為聽不懂他們說什麼，所以幫助也不大。但是，只要手上有一張地圖，透過路標、路徑和熟悉符號，就可以幫助你找到回旅館的路，你會發現整個回旅館的找尋過程都是透過視覺傳達。

視覺傳達簡單地說是與圖形進行溝通，我們是使用符號和圖形化方式來傳遞資料、資訊和想法，視覺傳達相信是目前人們主要溝通的方式之一，包含符號、圖表、圖形、電影、版型設計和無數範例都是視覺傳達。

11-2-2 認識「資料視覺化」

因為大部分人的閱讀習慣都是先看圖才看文字，使用視覺化方式呈現和解釋複雜數據的分析結果，絕對會比口語或單純文字內容的報告或簡報來的更有效果。

✪ 什麼是「資料視覺化」？

資料視覺化（Data Visualization）是使用圖形化工具（例如：各式統計圖表等）運用視覺方式來呈現從大數據萃取出的有用資料，簡單地說，資料視覺化可以將複雜資料使用圖形抽象化成易於聽眾或閱讀者吸收的內容，讓我們透過圖形或圖表，更容易識別出資料中的模式（Patterns）、趨勢（Trends）和關聯性（Relationships）。

資料視覺化並不是一項新技術，早在西元前 27 世紀，蘇美人已經將城市、山脈和河川等原始資料繪製成地圖，幫助辨識方位，這就是資料視覺化，在 18 世紀出現了曲線圖、面積圖、長條圖和派圖等各種圖表，奠定現代統計圖表的基礎，從 1950 年代開始使用電腦運算能力處理複雜資料，並且幫助我們繪製圖形和圖表，逐漸讓資料視覺化深入日常生活中，現在，你無時無刻可以在雜誌報紙、新聞媒體、學術報告和公共交通指示等發現資料視覺化的圖形和圖表。

基本上，資料視覺化需要考量三個要點，如下所示：

- **資料的正確性**：不能為了視覺化而視覺化，資料在使用圖形抽象化後，仍然需要保有資料的正確性。
- **閱讀者的閱讀動機**：資料視覺化的目的是為了讓閱讀者快速了解和吸收，如何引起閱讀者的動機，讓閱讀者能夠突破心理障礙，理解不熟悉領域的資訊，這就是視覺化需要考量的重點。
- **傳遞有效率的資訊**：資訊不但要正確還要有效，資料視覺化可以讓閱讀者在短時間內理解圖表和留下印象，這才是真正有效率的傳遞資訊。

說明

資訊圖表（Infographic）是另一個常聽到的名詞，資訊圖表和資料視覺化的目的相同，都是使用圖形化方式來簡化複雜資訊。不過，兩者之間有些不一樣，資料視覺化是客觀的圖形化資料呈現，資訊圖表則是主觀呈現創作者的觀點、故事，並且使用更多圖形化方式來呈現，所以需要相當的繪圖技巧。

資料視覺化在作什麼

資料視覺化不是單純或隨意將資料繪成圖形或圖表。基本上，資料視覺化是一種有目標的視覺化，我們的目標就是透過圖表和圖形來識別出資料中的模式（Patterns）、趨勢（Trends）和關聯性（Relationships），其核心作業分成下列幾種類型：

- 從單變數或多變數資料分析中，找出資料的模式和趨勢。
- 從二元或多變數資料分析中，找出資料之間的關聯性。

⁂ 資料的排序或排名順序。

⁂ 監測資料的變化，找出位在範圍之外或異常值的資料點。

請注意！上述變數不是 Python 變數，而是指統計學的變數（Variables）或稱變量，一種可測量或計數的特性、數值或數量，也稱為資料項目，所以，變數值事實上就是資料，例如：年齡和性別等資料。

11-2-3 為什麼需要「資料視覺化」？

在了解資料視覺化後，你的心中一定浮現一個問題？為什麼我們需要資料視覺化？答案就是大數據，我們需要使用資料視覺化來快速吸收大數據，不只如此，透過資料視覺化我們還可以發現一些隱藏在資料背後的故事，這是一些單純分析文字資料所看不到的隱藏版故事。

✪ 視覺化可以幫助我們快速吸收資料

依據 IBM 公司的資料，每天全球產生的資料量達 2.5 百萬的三次方（Quintillion）位元組，MIT 研究員的研究更指出：現在每秒在 Internet 傳輸的資料量，相當於 20 年前儲存在整個 Internet 的總量。

隨著大量電子裝置連接上 Internet，全球產生的資料量是呈指數性的爆炸成長，IDC 預估在 2025 年將會成長到每天 163 Zettabytes（ZB），1ZB = 1000 Exabytes（EB）；1 EB 等於 1 百萬 GB（Gigabytes），163 Zettabytes 相當於是 163 兆 GB（Trillion GB）。

巨量資料的大數據早已經超過人類大腦可以理解的能力，我們需要進一步類比和抽象化這些資料，這就是資料視覺化。畢竟，如果無法理解和吸收這些資料，大數據並沒有任何用處，這也是為什麼從商業到科學和技術，甚至衛生和公共服務，資料視覺化都扮演十分重要的角色，因為資料視覺化可以將複雜資料轉換成容易了解和使用的圖形或圖表。

✪ 視覺化可以找出資料背後隱藏的故事

安斯庫姆四重奏（Anscombe's Quartet）是統計學家弗朗西斯・安斯庫姆（Francis Anscombe）在 1973 年提出的四組統計特性相同的資料集，每一組資料集包括 11 個座標點 (x, y)，這四組資料集繪出的散佈圖，如下圖所示：

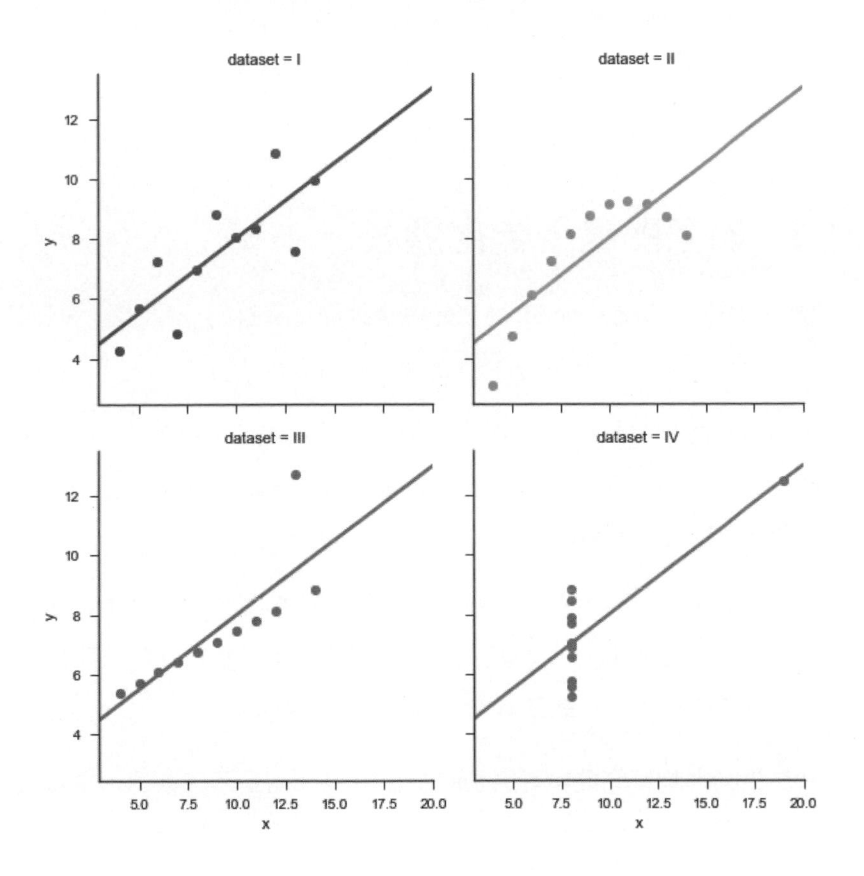

上述四組資料集雖然擁有相同統計特性的平均數、變異數、相關係數和線性迴歸，但是因為**異常值**（Outlier、偏差很大的數值）的影響，造成繪製出的四張散布圖截然不同，由此我們可知：

⁂ **資料視覺化的重要性**：如果沒有繪製圖表，我們不知這四組根本是不同的資料集。

⁂ **異常值對統計數值的影響**：繪製成圖表可以輕易找出資料集中的異常值，避免因為異常值而影響資料分析的正確性。

11-3 資料視覺化使用的圖表

在了解資料視覺化後，我們還需要知道如何選擇適當的圖表來呈現資料，首先要了解如何閱讀視覺化圖表，和每一種圖表的特點，如此才能選出最佳圖表來進行資料視覺化。

11-3-1 如何閱讀視覺化圖表

資料視覺化（Visualization）簡單的説是圖形化資料的一個過程，任何視覺化都需要滿足的最低需求，如下所示：

- **依據資料產生視覺化**：視覺化的目的是與資料進行溝通，一般來説，我們是使用結構化資料，將資料從閱讀者無法一眼就看懂的資料，轉換成閱讀者可以快速吸收的圖形化資料。
- **產生圖表**：資料視覺化的主要工作就是產生圖表，而且是用來與資料溝通的圖表，任何其他方式都只能提供輔助資訊，換句話説，如果整個過程只有很小部分是在產生圖表，這絕對不是視覺化。
- **其結果必須是可閱讀和可識別的**：資料視覺化是有目標的，視覺化必需提供方式讓我們從資料中學到東西，因為是從資料轉換成圖形化資訊的圖表，我們可以從閱讀圖表了解某些相應的觀點，識別出資料中隱藏的故事。

以資料視覺化建立的圖表來説，最重要的一點就是產生的圖表是可閱讀和可識別的，基本上，我們有三種閱讀圖表的方式：形狀、點和異常值。

✪ 形狀視覺化（Shape Visualization）

形狀視覺化是從圖表識別出規律性的特殊形狀，即模式（Patterns），例如：美國道瓊工業指數的走勢圖（折線圖），如下圖所示：

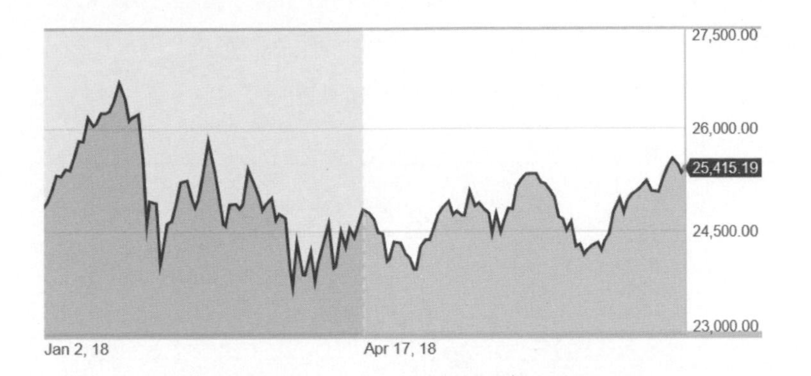

第一種形狀視覺化是從上述資料中，看出有意義的規律性形狀（重複的模式），拉爾夫・艾略特（Ralph N.Elliott）觀察道瓊工業指數的趨勢，發現股價的走勢圖就像海浪一般，一波接著一波，有一定的規律，這就是**波浪理論**（Wave Theory），如下所示：

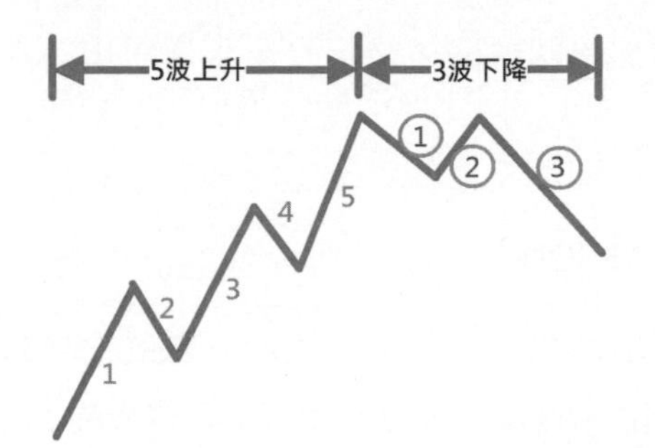

「不論趨勢大小，股價有五波上升；三波下降的規律」

第二種形狀視覺化是兩個變數之間的線性關係，例如：飲料店每日氣温和每日營業額（千元）的散佈圖，從散佈圖可以看出兩個變數之間的線性關係，當日氣温愈高；日營業額也愈高：

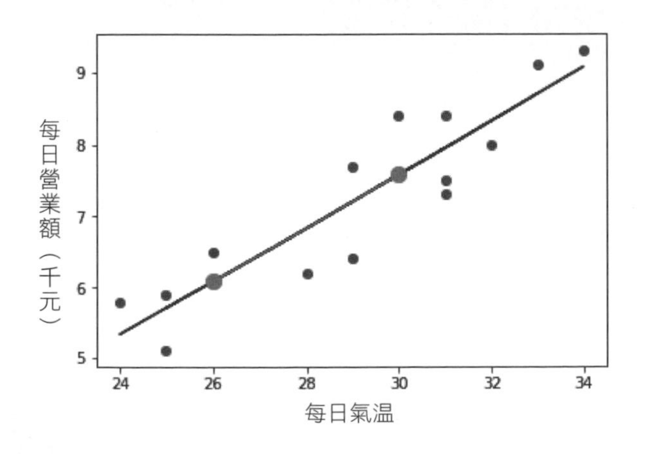

散佈圖有時可能找不出明顯的線性關係，但是，可以明顯分類出多個不同群組，這是第三種形狀視覺化：**分群**，如下圖所示：

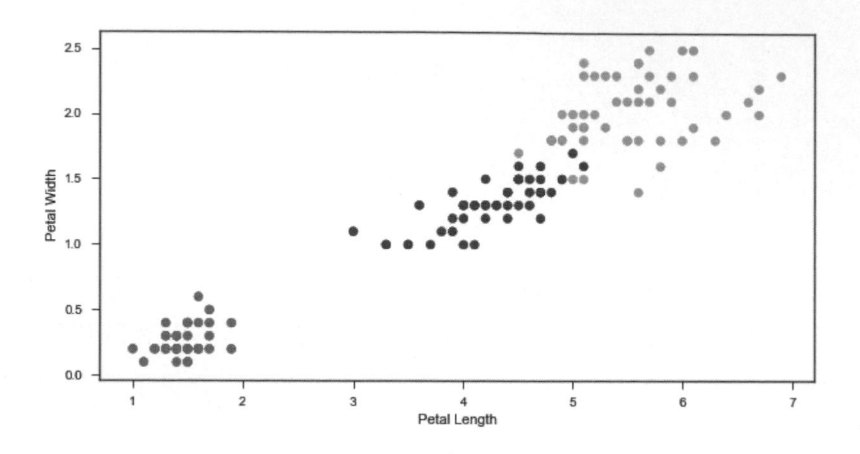

上述散佈圖雖然我們找不出明顯的線性關係，但是，可以看出資料能夠分成幾個群組。

✪ 點視覺化（Point Visualization）

如果我們無法從圖表中的點找出形狀，但是，可以從各點的比較或排序得到所需的資訊，這就是**點視覺化**。例如：2017 ～ 2018 年薪最高的前 100 位 NBA 球員，在各位置球員數的長條圖，如下圖所示：

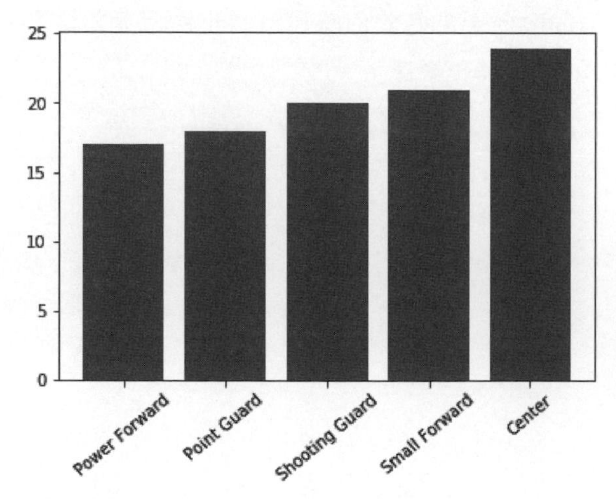

從左側的長條圖可以看到最多的位置是中鋒 (Center)，最少的是強力前鋒 (Power Forward)

另一種點視覺化常用的圖表是派圖，例如：2017 ～ 2018 金州勇士隊球員陣容中，各位置球員數的派圖，如下圖所示：

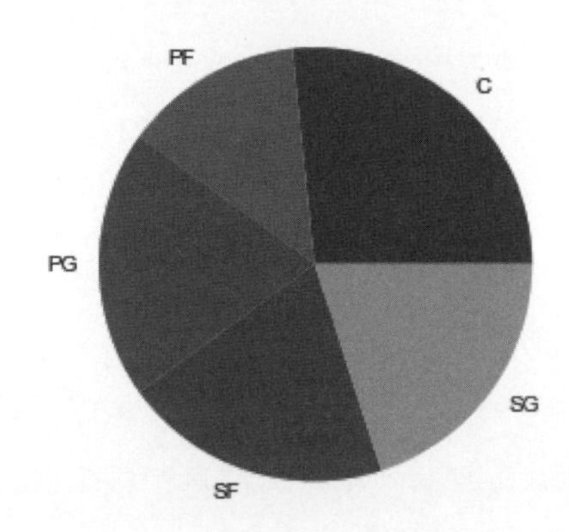

✪ 異常值視覺化（Outlier Visualization）

在安斯庫姆四重奏中的第三個資料集，可以看到位在直線上方有一個點和其他點差的很遠，這是**異常值**（Outlier），換個角度來說，我們是使用資料視覺化來找出資料集中的這個異常值，如下圖所示：

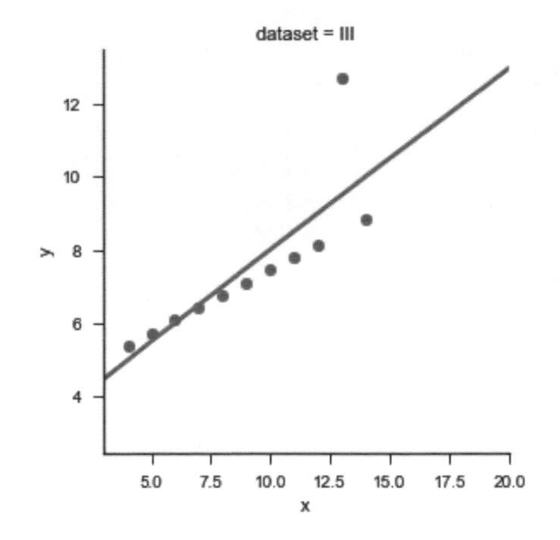

左邊的散佈圖可以明顯看到這個異常值，此值可能是資料收集時的錯誤資料，也可能真的有此值，無論如何，異常值視覺化需要找出其產生的原因，和解釋為什麼會有此異常值。

在實務上，異常值視覺化可以幫助我們檢驗收集資料的品質，當然，這些異常值也有可能代表某些突發事件，進而影響收集的資料，例如：在收集股市資料時，網路泡沫、美國次貸危機和雷曼兄弟破產等造成股市大幅下跌，就有可能在收集的股市資料造成異常值。

11-3-2 資料視覺化的基本圖表

資料視覺化的主要目的是讓閱讀者能夠快速消化吸收資料，包含趨勢、異常值和關聯性等，因為閱讀者並不會花太多時間來消化吸收一張視覺化圖表，所以我們需要選擇最佳的圖表來建立最有效的資料視覺化。

✪ 散佈圖（Scatter Plots）

散佈圖（Scatter Plots）是二個變數分別為垂直 Y 軸和水平的 X 軸座標來繪出資料點，可以顯示一個變數受另一個變數的影響程度，也就是識別出兩個變數之間的關係。例如：使用房間數為 X 軸，房價為 Y 軸繪製的散佈圖，可以看出房間數與房價之間的關係，如下圖所示：

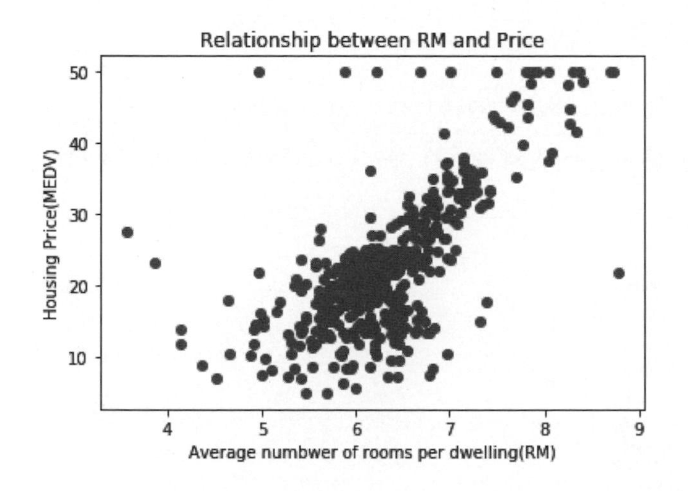

上述圖表可以看出房間數愈多（面積大），房價也愈高，不只如此，散佈圖還可以顯示資料的分佈，我們可以發現上方有很多異常點。

散佈圖另一個功能是顯示分群結果，例如：使用鳶尾花的花萼（Sepal）和花瓣（Petal）的長和寬為座標 (x, y) 的散佈圖，如下圖所示：

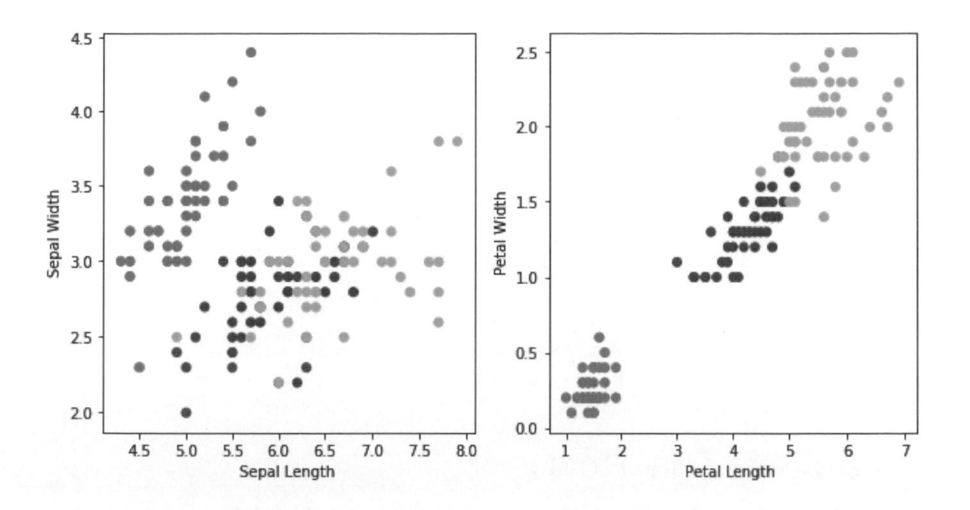

上述散佈圖已經顯示分類的線索，在右邊的圖可以看出紅色點的花瓣（Petal）比較小，綠色點是中等尺寸，最大的是黃色點，這就是三種鳶尾花的分類。

✪ 折線圖（Line Chars）

折線圖（Line Chars）是我們最常使用的圖表，這是使用一序列資料點的標記，使用直線連接各標記建立的圖表，如下圖所示：

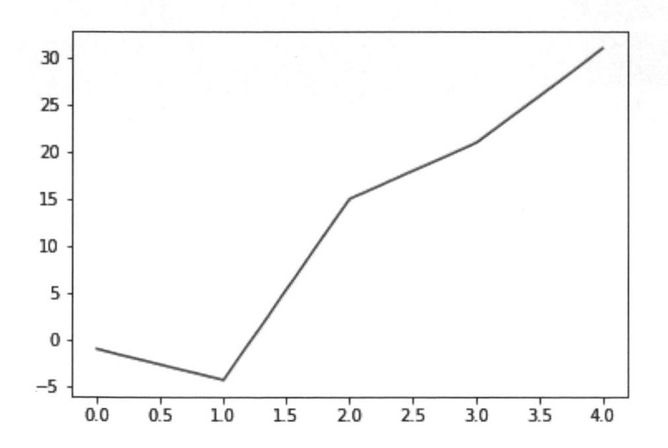

一般來說，折線圖可以顯示以時間為 X 軸的趨勢（Trends），例如：美國道瓊工業指數的走勢圖，如下圖所示：

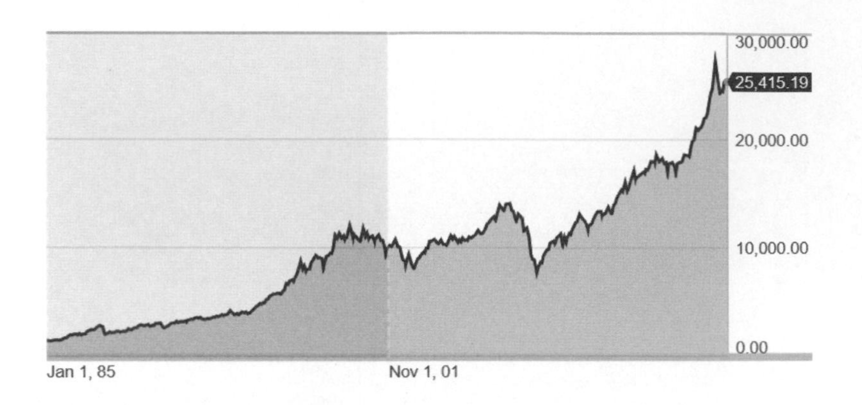

✪ 長條圖（Bar Plots）

長條圖（Bar Plots）是使用長條型色彩區塊的高和長度來顯示分類資料，我們可以顯示成水平或垂直方向的長條圖。基本上，長條圖是最適合用來比較或排序資料，例如：各種程式語言使用率的長條圖，如下圖所示：

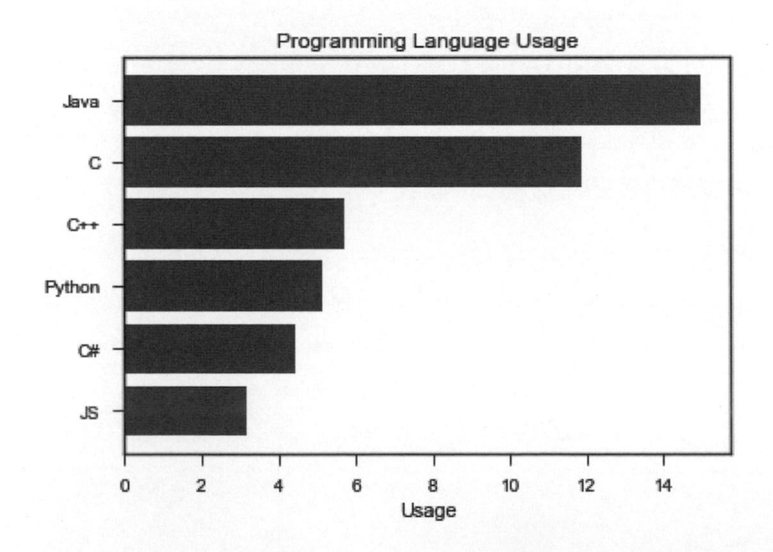

上述長條圖可以看出 Java 語言的使用率最高；JavaScript（JS）語言的使用率最低。

再看一個例子，例如：2017 ～ 2018 金州勇士隊球員陣容，各位置球員數的長條圖，如下圖所示：

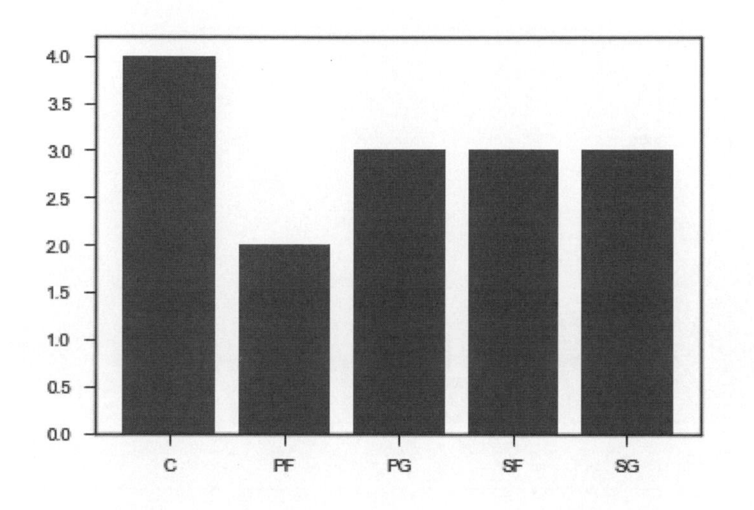

上述長條圖顯示中鋒（C）人數最多，強力前鋒（PF）人數最少。

✪ 直方圖（Histograms）

直方圖（Histograms）也是用來顯示資料分佈，屬於一種次數分配表，可以使用長方形面積來顯示變數出現的頻率，其寬度是分割區間。例如：統計學上**常態分配**（Normal Distribution）的直方圖，如下圖所示：

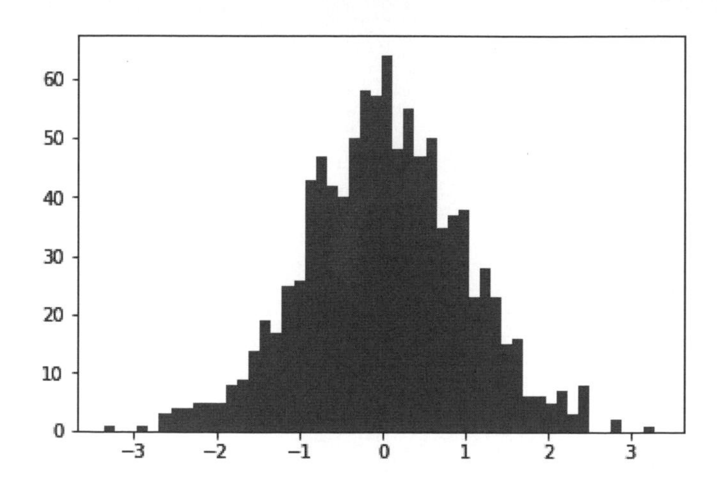

再看一個例子，例如：2017 ～ 2018 年薪前 100 位 NBA 球員的年薪分佈圖，可以看出年薪少於 1500 萬美金的最多；高於 3500 萬的最少：

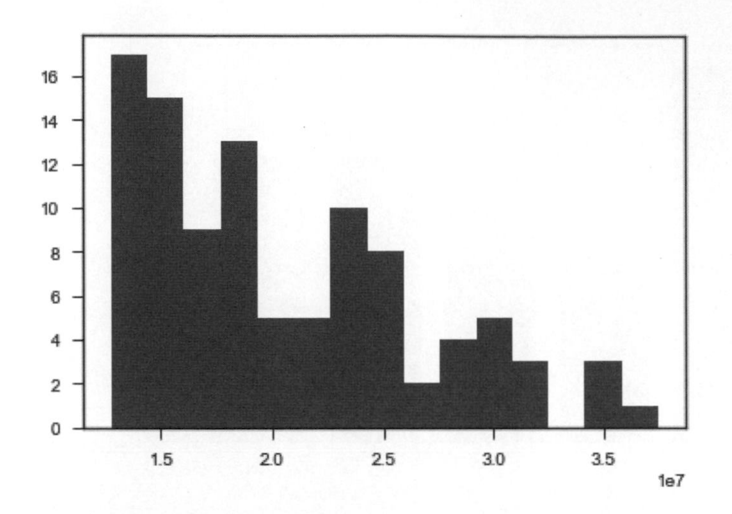

✪ 箱形圖（Box Plots）

箱形圖（Box Plot）是另一種顯示數值分佈的圖表，可以清楚顯示資料的最小值、前 25%、中間值、前 75% 和最大值，例如：鳶尾花資料集花萼（Sepal）長度的箱形圖，如下圖所示：

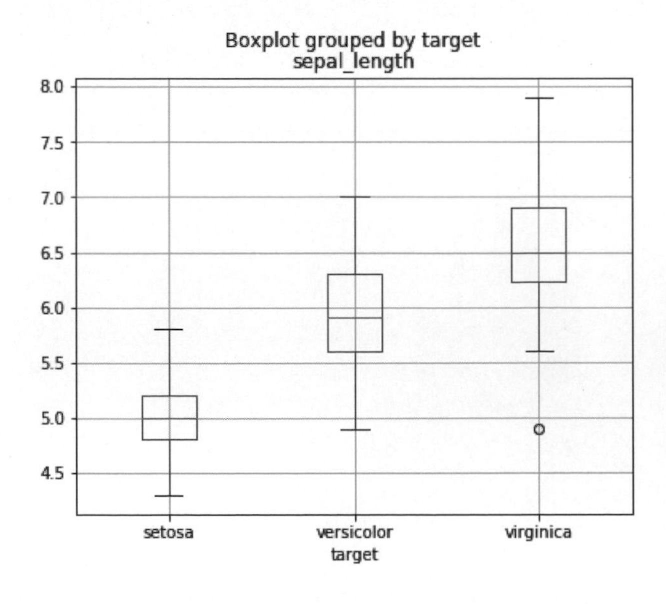

左圖箱形的中間是中間值，箱形上緣是 75%；下緣是 25%，最上方的橫線是最大值，最下方的橫線是最小值，透過箱形圖可以清楚顯示三種類別的花萼長度分佈。

✪ 派圖（Pie Charts）

派圖（Pie Plots）也稱為**圓餅圖**（Circle Plots），這是使用一個圓形來表示統計資料的圖表，如同在切一個圓形蛋糕，可以使用不同切片大小來標示資料比例或成分。例如，右圖為各種程式語言使用率的派圖：

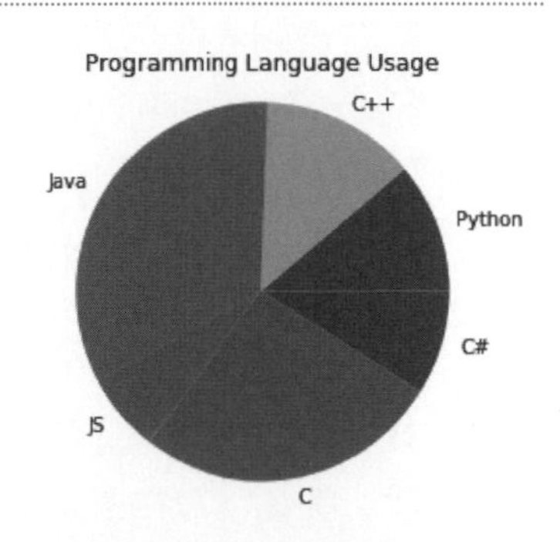

11-3-3 互動圖表與儀表板

除了資料視覺化的基本圖表外，隨著資訊科技的發展，我們不只可以繪製靜態圖表，更可以建立能與使用者互動的互動圖表，和將重要資訊全部整合成一頁的儀表板。

✪ 互動圖表（Interactive Charts）

互動圖表（Interactive Charts）是一個可以與使用者互動的圖表，我們不只可以使用滑鼠拖拉、縮放和更改軸等針對圖表的操作，更可以建立讓閱讀者探索圖表資料的使用介面，如下圖所示：

https://demo.bokehplots.com/apps/sliders

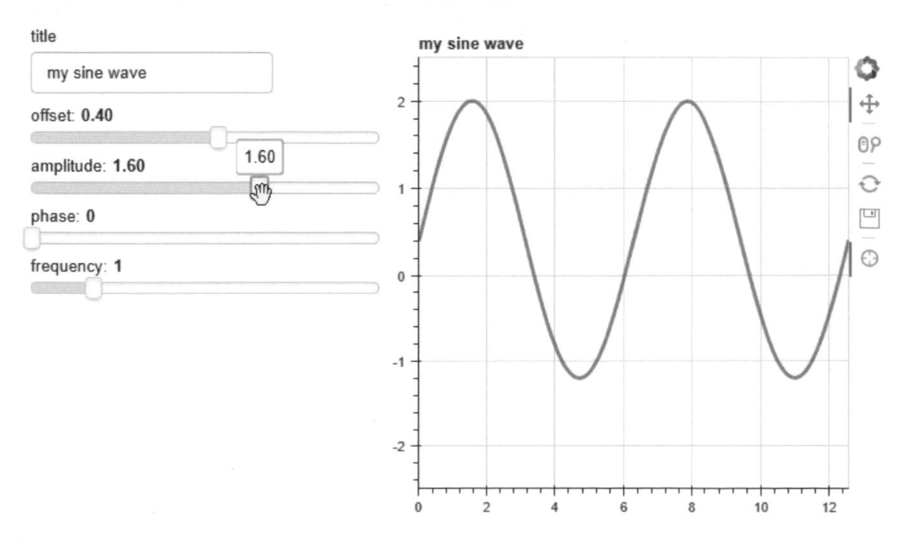

上述圖例是瀏覽器顯示的互動圖表，我們只需拖拉左方滑桿，就可以調整右邊圖表顯示的波型。基本上，互動圖表可以提供比靜態圖表更多的資訊，讓閱讀者更深入地了解資料。

✪ 儀表板（Dashboard）

儀表板（Dashboard）是將所有達成單一或多個目標所需的最重要資訊整合顯示在同一頁，可以讓我們快速存取重要資訊，讓這些重要資訊一覽無遺。例如：股市資訊儀表板在同一頁面連接多種圖表、統計摘要資訊和關聯性等重要資訊，如下圖所示：

https://demo.bokehplots.com/apps/stocks

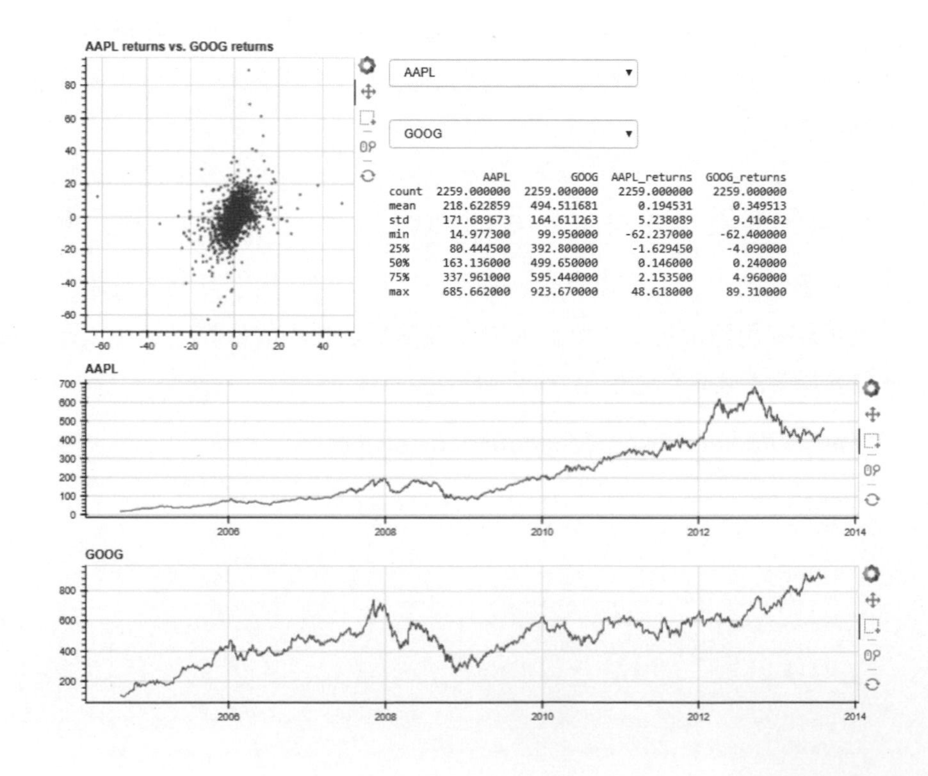

請在右上方的下拉式選單選擇 2 檔股票後（AAPL 是蘋果 Apple 公司；GOOG 是 Google），即可在下方顯示統計摘要資訊和折線圖顯示的股價趨勢，左上角的散佈圖顯示這 2 檔股票之間的關聯性。

11-4 資料視覺化的過程

資料視覺化（Data Visualization）是一個使用圖表和圖形等視覺化元素來顯示資料或資訊的過程，簡單的説，就是使用圖表來敘説你從資料中找到的故事。

資料視覺化過程的基本步驟（源自 Jorge Camoes 著作："Data at Work: Best practices for creating effective charts and information graphics in Microsoft Excel"），如下圖所示：

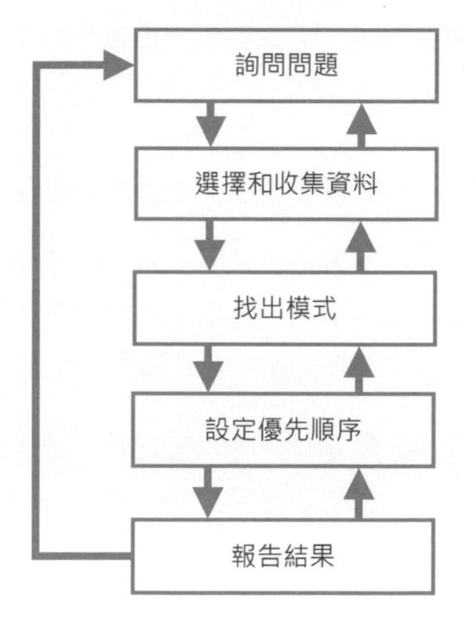

✪ 步驟 ❶：詢問問題（Asking Questions）

資料視覺化的第一步是詢問問題，然後製作圖表來回答問題。但是，在製作回答問題的圖表前，我們需要先了解如何詢問問題？因為某些圖表特別適合用來回答某些特定的問題，所以，可以反過來從圖表適合回答哪些問題的種類，來了解要如何詢問問題，如下所示：

- **分佈問題**：分佈問題是資料在座標軸範圍的分佈情況，我們可以使用直方圖或箱形圖來回答客戶年齡和收入的分佈。

- **趨勢問題**：這是時間軸的比較問題，可以使用折線圖顯示公司業績是否有成長？

- **關聯性問題**：關聯性問題是二個或多個變數之間的關係，可以用散佈圖顯示週年慶行銷活動是否有助於增加業績的成長。

- **排序問題**：個別資料的順序和排序問題可以使用長條圖。我們可以用長條圖顯示公司銷售最佳和最差的產品，與競爭對手比較，我們的主力產品賣的比較多？還是比較少？

- **成分問題**：元件與成品的組成是成分問題，可以使用派圖顯示公司主力產品的市場佔有率。

步驟 ❷：選擇和收集資料（Selecting and Collecting the Data）

在訂定好詢問的問題後，我們就可以開始取得和收集所有與問題相關的原始資料（Raw Data），資料來源可能是公開資料、內部資料或向外面購買的資料，我們可以用網路爬蟲、Open Data 和查詢資料庫來取得這些資料。

等到收集好資料後，即可開始選擇和分類資料，將收集資料區分成回答問題所收集的主要資料。例如：針對產品和競爭對手比較問題收集的主要資料，和因為其他目的收集的次要資料，例如：使用收集到的官方人口資料來估計市場規模有多大。

步驟 ❸：找出模式（Searching for Patterns）

接著我們可以開始探索資料來找出模式，也就是依據可能的線索繪製大量圖表，然後一一閱讀視覺化圖表來試著找出隱藏在資料之間的關係、樣式、趨勢或異常情況，也許有些模式很明顯，一眼就可以看出，但也有可能需要從這些模式再深入分析，以便找出更多的模式。

換句話說，在找出模式的步驟取決於探索資料的深度和廣度，我們需要從不同角度繪製大量與問題相關的圖表，和一些輔助圖表。

✪ 步驟 ❹：設定優先順序（Setting Priorities）

在花時間探索資料後，相信對於問題已經有進一步的了解和觀點，現在，我們可以依據觀點決定分析方向，同時設定取得資料和分析資料的優先順序，和資料的重要性。

因為每一張繪製的圖表就如同是你的一個想法，剛開始的想法可能有些雜亂無章，但等到分析到一定程度，某些想法會愈來愈明確，請專注於這些明確的想法，忘掉那些干擾的旁技末節，也不要鑽牛角尖，並且試著將相關圖表串聯起來，這樣從資料找出的故事愈來愈完整。

✪ 步驟 ❺：報告結果（Reporting Results）

最後，我們需要從幾十張，甚至數百張圖表中，闡明關鍵點在哪裡？資料之間的關聯性是什麼？如何讓閱讀者理解這些資訊，然後我們需要重新整理圖表，設計出一致訊息、樣式和格式的圖表，最好是能夠吸引閱讀者興趣的圖表，以便傳達你的研究成果，讓你敘說的資料成為一個精彩的故事。

請注意！在眾多視覺化圖表中，有些圖表只適合使用在與閱讀者進行資訊的呈現或溝通，例如：派圖，有些圖表適合資料分析和資料探索，例如：散佈圖。

11-5 Python 資料視覺化的相關函式庫

Python 資料視覺化相關函式庫提供完整功能來幫助我們進行資料視覺化的整個過程，本書資料視覺化使用的 Python 函式庫有：Pandas、Matplotlib、Seaborn 和 Bokeh。

✪ 組織你的資料集：Pandas

Pandas 是一套資料處理和分析的 Python 套件，可以幫助我們組織大數據分析所需的「資料集」(Dataset)。事實上，Pandas 如同是一套 Python 程式版的微軟 Excel 試算表工具，我們只需透過 Python 程式碼，就可以針對表格資料執行 Excel 試算表的功能。

Pandas 的主要目的是幫助我們處理和分析結構化資料，再加上整合 Matplotlib，Pandas 一樣可以繪製各種圖表，成為一套基礎的資料視覺化工具。

✪ 資料視覺化的開始：Matplotlib

Matplotlib 是一套 Python 著名的 2D 繪圖函式庫，支援多種常用圖表，可以幫助我們視覺化 Pandas 資料結構的資料，更可以輕鬆產生高品質和多種不同格式的輸出圖檔。

目前有相當多 Python 繪圖函式庫都是建立在 Matplotlib 之上，提供各種擴充的繪圖功能，或更多種圖表。Matplotlib 也是 Python 第一套資料視覺化函式庫，可以讓我們撰寫少少的 Python 程式碼，就可以繪製各種常用圖表。

✪ 統計資料視覺化：Seaborn

Seaborn 是建立在 Matplotlib 函式庫基礎上，一套統計資料視覺化函式庫，Seaborn 緊密整合 Pandas 資料結構，和補足 Matplotlib 函式庫的不足，特別適用在繪製精美的統計圖表。

Seaborn 是 Python 語言一套常用且著名的高階資料視覺化函式庫，提供預設樣式、佈景和調色盤，可以繪製出比 Matplotlib 更漂亮的各式圖表，因為 Seaborn 提供的是高階 API，所以只需撰寫比 Matplotlib 更少的程式碼，即可快速繪製各種視覺化圖表。

✪ 互動視覺化：Bokeh

Bokeh 是一套 Python 互動視覺化函式庫，支援目前市面上常用的瀏覽器，可以幫助我們快速建立多樣化互動和資料驅動圖表，不只如此，因為 Bokeh 支援多種介面元件，可以輕鬆整合圖表來建立儀表板（Dashboard）和資料應用程式（Data Applications）。

Bokeh 函式庫輸出的是一頁 HTML 網頁，然後在 Web 瀏覽器使用前端 JavaScript 函式庫在瀏覽器繪製顯示圖表和建立互動功能，換句話說，我們是透過 Bokeh 自動將 Python 程式碼轉換成 JavaScript 程式碼。

學習評量

1 請說明什麼是大數據？其用途為何？

2 請舉例說明結構化、非結構化和半結構化資料？

3 請說明資料溝通的方式有哪兩種？

4 請問什麼是資料視覺化？為什麼我們需要資料視覺化？

5 請簡單說明如何閱讀視覺化圖表？

6 請問視覺化的基本圖表有哪幾種？什麼是互動圖表和儀表板？

7 請寫出資料視覺化的基本步驟？

8 請簡單說明 Python 資料視覺化的相關函式庫有哪些？

12

CHAPTER

使用 Pandas 掌握你的資料

12-1 Pandas 套件的基礎

Pandas 是一套著名的 Python 套件，提供高效能的資料處理和分析功能，這也是資料視覺化在繪製圖表前必學的 Python 套件。

12-1-1 認識 Pandas 套件

Pandas 套件是 Python 語言的資料處理和分析工具，我們可以將 Pandas 套件視為是一套 Python 程式版的 Excel 試算表工具，透過簡單的 Python 程式碼，就可以針對表格資料執行 Excel 試算表的功能。

Pandas 套件和貓熊（Panda Bears）並沒有任何關係，這個名稱是源於"Python and data analysis" and "panel data" 字首的縮寫，Pandas 是一套使用 Python 語言開發的 Python 套件，完整包含 NumPy、Scipy 和 Matplotlab 套件的功能，其主要目的是幫助開發者進行資料處理和分析。

在 Pandas 套件主要提供兩種資料結構，其說明如下所示：

- **Series 物件**：類似一維陣列的物件，可以是任何資料型態的物件，這是一個擁有標籤的一維陣列，更正確的說，我們可以將 Series 視為是 2 個陣列的組合，一個是類似索引的標籤，另一個是實際資料。
- **DataFrame 物件**：類似試算表的表格資料，這是一個有標籤（索引）的二維陣列，可以任意更改結構的表格，每一欄允許儲存任何資料型態的資料。

說 明

如果讀者學習過**關聯式資料庫**，DataFrame 物件如同是資料庫的一個資料表，每一列就是一筆記錄，每一個欄位就是對應記錄的欄位。

12-1-2 Series 物件

Pandas 套件關於資料處理的重點是 DataFrame 物件，在本章中只準備簡單說明 Series 物件的使用。在 Python 程式中首先要匯入 Pandas 套件：

```
import pandas as pd
```

✪ 建立 Series 物件

Ch12_1_2.py

我們可以使用 Python 清單建立 Series 物件，如下所示：

```
import pandas as pd

s = pd.Series([12, 29, 72,4, 8, 10])
print(s)
```

上述程式碼匯入 Pandas 套件（別名 pd）後，呼叫 Series() 函數建立 Series 物件，然後顯示 Series 物件，其執行結果如下所示：

執行結果

```
0    12
1    29
2    72
3     4
4     8
5    10
dtype: int64
```

上述執行結果的第 1 欄是預設新增的索引（從 0 開始），如果在建立時沒有指定索引，Pandas 會自行建立索引，最後一列是元素的資料型態。

✪ 建立自訂索引的 Series 物件

Ch12_1_2a.py

在第 12-1-1 節曾經說過，Series 物件如同是 2 個陣列，一個是索引的標籤；一個是資料，所以我們可以使用 2 個 Python 清單建立 Series 物件，如下所示：

```
import pandas as pd

fruits = ["蘋果", "橘子", "梨子", "櫻桃"]
quantities = [15, 33, 45, 55]
s = pd.Series(quantities, index=fruits)
print(s)
print(s.index)
print(s.values)
```

上述程式碼建立 2 個清單後，建立 Series 物件，第 1 個參數是資料清單，第 2 個是使用 index 參數指定的索引清單，然後依序顯示 Series 物件，使用 index 屬性顯示索引；values 屬性顯示資料，其執行結果如下：

執行結果

```
蘋果    15
橘子    33
梨子    45
櫻桃    55
dtype: int64
Index(['蘋果', '橘子', '梨子', '櫻桃'], dtype='object')
[15 33 45 55]
```

上述執行結果的索引是我們自訂的 Python 清單，最後依序是 Series 物件的索引和資料。

✪ 使用索引取出資料和進行運算

Ch12_1_2b.py

在建立 Series 物件後，可以使用索引值來取出資料，首先建立 Series 物件，如下所示：

```
fruits = ["蘋果", "橘子", "梨子", "櫻桃"]
s = pd.Series([15, 33, 45, 55], index=fruits)
```

上述程式碼建立自訂索引 fruits 的 Series 物件後，使用索引值來取出資料，如下所示：

```
print("橘子=", s["橘子"])
```

上述程式碼取出索引值 "橘子" 的資料，其執行結果如下所示：

執行結果

```
橘子= 33
```

在 Series 物件可以使用索引清單一次就取出多筆資料，如下所示：

```
print(s[["橘子","梨子","櫻桃"]])
```

上述程式碼取出索引值 "橘子"、"梨子" 和 "櫻桃" 的 3 個資料，其執行結果如下所示：

執行結果

```
橘子    33
梨子    45
櫻桃    55
dtype: int64
```

Series 物件也可以作為運算元來執行四則運算，如下所示：

```
print((s+2)*3)
```

上述程式碼是執行 Series 物件的四則運算，其執行結果可以看到值是先加 2 後，再乘以 3，如下所示：

執行結果

```
蘋果     51
橘子    105
梨子    141
櫻桃    171
dtype: int64
```

12-2 DataFrame 的基本使用

DataFrame 資料框物件是 Pandas 套件最重要的資料結構，事實上，我們就是使用 DataFrame 物件載入資料來進行資料處理和探索。

12-2-1 建立 DataFrame 物件

DataFrame 物件的結構類似表格或 Excel 試算表，包含排序的欄位集合，每一個欄位是固定資料型態，不同欄位可以是不同資料型態。

✪ 使用 Python 字典建立 DataFrame 物件 Ch12_2_1.py

DataFrame 物件因為是二維表格，所以有列和欄索引，而 DataFrame 就是擁有索引的 Series 物件組成的 Python 字典，如下所示：

```
import pandas as pd

products = {"分類": ["居家","居家","娛樂","娛樂","科技","科技"],
            "商店": ["家樂福","大潤發","家樂福","全聯超","大潤發","家樂福"],
            "價格": [11.42,23.50,19.99,15.95,55.75,111.55]}

df = pd.DataFrame(products)
print(df)
```

上述程式碼建立 products 字典擁有 4 個元素，鍵是字串；值是清單（可以建立成 Series 物件），在呼叫 DataFrame() 函數後，就可以建立 DataFrame 物件，其執行結果如下圖所示：

	價格	分類	商店
0	11.42	居家	家樂福
1	23.50	居家	大潤發
2	19.99	娛樂	家樂福
3	15.95	娛樂	全聯超
4	55.75	科技	大潤發
5	111.55	科技	家樂福

上述執行結果的第一列是欄位名稱（DataFrame 會自動排序欄名），在每一列的第 1 個欄位是自動產生的標籤（從 0 開始），這是 DataFrame 物件的預設索引。我們可以使用 to_html() 函數將 DataFrame 物件轉換成 HTML 表格，如下所示：

```
df.to_html("Ch12_2_1.html")
```

上述程式碼的執行結果轉換 DataFrame 物件成為 HTML 表格標籤 <table>，和匯出 Ch12_2_1.html（在第 12-2-2 節有進一步說明），請在瀏覽器開啟此 HTML 網頁檔案，可以看到表格資料，如下圖所示：

	價格	分類	商店
0	11.42	居家	家樂福
1	23.50	居家	大潤發
2	19.99	娛樂	家樂福
3	15.95	娛樂	全聯超
4	55.75	科技	大潤發
5	111.55	科技	家樂福

✪ 建立自訂索引的 DataFrame 物件

Ch12_2_1a.py

如果沒有指定索引，Pandas 預設會替 DataFrame 物件產生數值索引（從 0 開始），我們可以自行使用清單來建立自訂索引，如下所示：

```
products = {"分類": ["居家","居家","娛樂","娛樂","科技","科技"],
            "商店": ["家樂福","大潤發","家樂福","全聯超","大潤發","家樂福"],
            "價格": [11.42,23.50,19.99,15.95,55.75,111.55]}

ordinals =["A", "B", "C", "D", "E", "F"]

df = pd.DataFrame(products, index=ordinals)
print(df)
```

上述 ordinals 清單是我們的自訂索引，共有 6 個元素，對應 6 筆資料，在 DataFrame() 函數是使用 index 參數指定使用的自訂索引，其執行結果可以看到第 1 欄的標籤是 "A" ～ "F" 的自訂索引，如下圖所示：

	價格	分類	商店
A	11.42	居家	家樂福
B	23.50	居家	大潤發
C	19.99	娛樂	家樂福
D	15.95	娛樂	全聯超
E	55.75	科技	大潤發
F	111.55	科技	家樂福

我們也可以建立 DataFrame 物件後，再使用 index 屬性來更改使用的索引，如下所示：

```
df2 = pd.DataFrame(products)
df2.index = ordinals
print(df2)
```

✪ 重新指定 DataFrame 物件的欄位順序 Ch12_2_1b.py

在建立 DataFrame 物件時，我們可以使用 columns 參數來重新指定欄位的順序，如下所示：

```
⋮
df = pd.DataFrame(products,
                  columns = ["分類", "商店", "價格"],
                  index=ordinals)
print(df)
```

上述 DataFrame() 函數的 columns 參數指定欄位名稱清單，可以將原本 "價格"," 分類"," 商店" 順序改為 " 分類"," 商店"," 價格 "，其執行結果如下圖：

	分類	商店	價格
A	居家	家樂福	11.42
B	居家	大潤發	23.50
C	娛樂	家樂福	19.99
D	娛樂	全聯超	15.95
E	科技	大潤發	55.75
F	科技	家樂福	111.55

✪ 使用存在的欄位作為索引標籤 Ch12_2_1c.py

我們可以直接使用存在的欄位來指定成為索引標籤，例如："分類"欄位，如下所示：

```
:
df = pd.DataFrame(products,
                  columns = ["商店", "價格"],
                  index = products["分類"])
print(df)
```

上述程式碼的 columns 屬性只有"商店"和"價格"，index 屬性指定使用"分類"鍵值的清單，其執行結果可以看到索引是分類，如下圖所示：

	商店	價格
居家	家樂福	11.42
居家	大潤發	23.50
娛樂	家樂福	19.99
娛樂	全聯超	15.95
科技	大潤發	55.75
科技	家樂福	111.55

✪ 轉置 DataFrame 物件 Ch12_2_1d.py

如果需要，我們可以使用 T 屬性來轉置 DataFrame 物件，即欄變成列；列變成欄，如下所示：

```
:
print(df.T)
```

上述程式碼轉置 DataFrame 物件 df，執行後可以看到 2 個軸交換了：

	居家	居家	娛樂	娛樂	科技	科技
商店	家樂福	大潤發	家樂福	全聯超	大潤發	家樂福
價格	11.42	23.5	19.99	15.95	55.75	111.55

12-2-2 匯入與匯出 DataFrame 物件

Pandas 套件可以匯入和匯出多種格式檔案至 DataFrame 物件。匯出 DataFrame 物件至檔案的相關函數，如下表所示：

函數	說明
to_csv(filename)	匯出成 CSV 格式的檔案
to_json(filename)	匯出成 JSON 格式的檔案
to_html(filename)	匯出成 HTML 表格標籤的檔案
to_excel(filename)	匯出成 Excel 檔案
to_sql(name,con)	匯出資料至第 2 個參數的資料庫連接，第 1 個參數是資料表名稱

匯入檔案內容成為 DataFrame 物件的相關函數，如下表所示：

函數	說明
read_csv(filename)	匯入 CSV 格式的檔案
read_json(filename)	匯入 JSON 格式的檔案
read_html(filename)	匯入 HTML 檔案，Pandas 會抽出 <table> 表格標籤的資料，相關範例請參閱第 7-6-2 節
read_excel(filename)	匯入 Excel 檔案
read_sql(sql,con)	匯入使用第 2 個參數的資料庫連接，執行第 1 個參數 SQL 指令取回的資料

✪ 匯出 DataFrame 物件至檔案

Ch12_2_2.py

我們可以使用 to_csv() 函數和 to_json() 函數，將 DataFrame 物件匯出成 CSV 和 JSON 格式的檔案，如下所示：

```
products = {"分類": ["居家","居家","娛樂","娛樂","科技","科技"],
            "商店": ["家樂福","大潤發","家樂福","全聯超","大潤發","家樂福"],
            "價格": [11.42,23.50,19.99,15.95,55.75,111.55]}

df = pd.DataFrame(products,
                  columns = ["分類", "商店", "價格"])

df.to_csv("products.csv", index=False, encoding="utf8")
df.to_json("products.json")
```

上述程式碼使用字典建立 DataFrame 物件後，呼叫 to_csv() 函數匯出 CSV 檔案，函數的第 1 個參數字串是檔名，index 參數值決定是否寫入索引，預設值 True 是寫入；False 為不寫入，encoding 是編碼，

然後呼叫 to_json() 函數匯出 JSON 格式檔案，其參數字串就是檔名。

上述程式的執行結果可以在 Python 程式的相同目錄看到 2 個檔案：products.csv 和 products.json。

✪ 匯入檔案資料至 DataFrame 物件 Ch12_2_2a.py

在成功匯出 products.csv 和 products.json 檔案後，我們可以分別呼叫 read_csv() 和 read_json() 函數來匯入檔案資料，如下所示：

```
df = pd.read_csv("products.csv", encoding="utf8")
print(df)
```

上述程式碼呼叫 read_csv() 函數讀取 products.csv 檔案，encoding 參數是編碼，如果想將 CSV 的第 1 個欄位作為索引，請加上 index_col 屬性（Python 程式：Ch12_2_2b.py），如下所示：

```
df = pd.read_csv("products.csv", index_col=0, encoding="utf8")
```

上述程式碼指定參數 index_col=0，表示將第 1 個欄位作為索引。讀取 JSON 檔案是使用 read_json() 函數，如下所示：

```
df2 = pd.read_json("products.json")
print(df2)
```

上述程式碼匯入 products.json 檔案成為 DataFrame 物件，因為物件內容和本節前相同，在此就不重複列出了。

✪ 匯入 MySQL 資料庫至 DataFrame 物件 Ch12_2_2c.py

請參閱第 10-3-2 節啟動 MySQL 後，就可以使用 PyMySQL 模組建立資料庫連接來匯入資料，使用的是 read_sql() 函數，如下所示：

```
import pandas as pd
import pymysql

db = pymysql.connect("localhost", "root", "", "mybooks", charset="utf8")
sql = "SELECT * FROM books"
df = pd.read_sql(sql, db)
print(df.head())
db.close()
```

上述程式碼匯入相關模組後，建立資料庫連接物件 db 和 SQL 指令字串，即可呼叫 read_sql() 函數建立 DataFrame 物件，和顯示前 5 筆資料，最後關閉資料庫連接，其執行結果如下圖所示：

	id	title	author	price	category	pubdate
0	D0001	Access入門與實作	陳會安	450.0	資料庫	2016-06-01
1	P0001	資料結構 - 使用C語言	陳會安	520.0	資料結構	2016-04-01
2	P0002	Java程式設計入門與實作	陳會安	550.0	程式設計	2017-07-01
3	P0003	Scratch+fChart程式邏輯訓練	陳會安	350.0	程式設計	2017-04-01
4	W0001	PHP與MySQL入門與實作	陳會安	550.0	網頁設計	2016-09-01
5	W0002	jQuery Mobile與Bootstrap網頁設計	陳會安	500.0	網頁設計	2017-10-01

✪ 匯出 DataFrame 物件至 MySQL 資料庫

Ch12_2_2d.py

我們準備將 Ch12_2_1.py 建立的 DataFrame 物件，匯出至 MySQL 資料庫 mybooks，可以新增 products 資料表，使用的是 SQLAlchemy 資料庫工具箱和 PyMySQL 模組，如下所示：

```
from sqlalchemy import create_engine

db = create_engine(
  'mysql+pymysql://root@localhost:3306/mybooks?charset=utf8')
```

上述程式碼匯入 SQLAlchemy 的 create_engine 後，即可建立資料庫引擎，參數 mysql+pymysql 是 MySQL 資料庫和 PyMySQL 模組，root 是使用者，如果有密碼是 root:password，mybooks 是預設資料庫名稱，然後使用 to_sql() 函數將 DataFrame 物件 df 匯出至資料庫，如下所示：

```
df.to_sql("products", db, if_exists="replace")
```

上述的 to_sql() 函數使用 db 資料庫引擎來匯出新增第 1 個參數的資料表名稱，if_exists 參數是當資料表存在時，可以取代資料表，其執行結果可以看到新增的 products 資料表，如下圖所示：

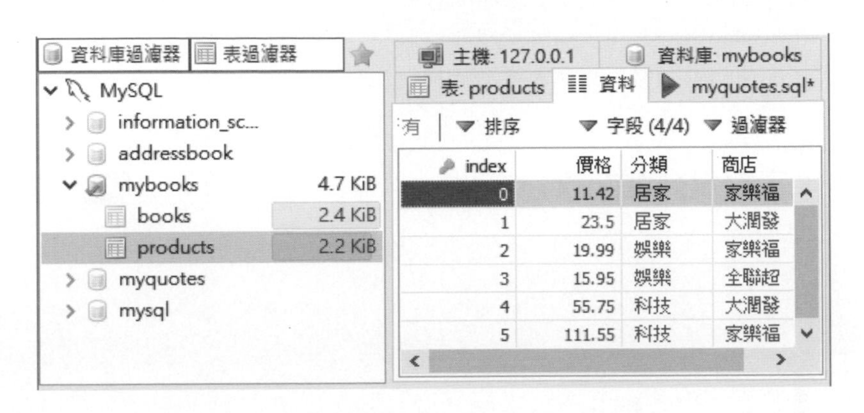

12-2-3 顯示基本資訊

當成功建立或匯入資料成 DataFrame 物件後，我們就可以馬上使用相關函數和屬性來顯示 DataFrame 物件的基本資訊。在本節的 Python 範例都是匯入 products.csv 檔案建立 DataFrame 物件 df，如下所示：

```
df = pd.read_csv("products.csv", encoding="utf8")
```

✪ 顯示前幾筆記錄 Ch12_2_3.py

為了方便說明，筆者是採用 SQL 資料庫語言的術語，DataFrame 物件的每一列是一筆記錄，每一欄是記錄的欄位，我們可以使用 head() 函數顯示前幾筆記錄，預設是 5 筆，如下所示：

```
print(df.head())
print(df.head(3))
```

上述程式碼的第 1 個 head() 函數沒有參數，預設是顯示 5 筆（下頁左圖），第 2 個指定參數值 3，表示顯示前 3 筆記錄（下頁右圖），執行結果如下圖：

	分類	商店	價格
0	居家	家樂福	11.42
1	居家	大潤發	23.50
2	娛樂	家樂福	19.99
3	娛樂	全聯超	15.95
4	科技	大潤發	55.75

	分類	商店	價格
0	居家	家樂福	11.42
1	居家	大潤發	23.50
2	娛樂	家樂福	19.99

✪ 顯示最後幾筆記錄

Ch12_2_3a.py

我們可以使用 tail() 函數顯示最後幾筆記錄，預設也是 5 筆，如下所示：

```
print(df.tail())
print(df.tail(3))
```

上述程式碼的第 1 個 tail() 函數沒有參數，預設是顯示最後 5 筆資料（下圖左），第 2 個指定參數 3，可以顯示最後 3 筆記錄（下圖右）：

	分類	商店	價格
1	居家	大潤發	23.50
2	娛樂	家樂福	19.99
3	娛樂	全聯超	15.95
4	科技	大潤發	55.75
5	科技	家樂福	111.55

	分類	商店	價格
3	娛樂	全聯超	15.95
4	科技	大潤發	55.75
5	科技	家樂福	111.55

✪ 顯示自訂的欄位標籤

Ch12_2_3b.py

請注意！因為 Python 視覺化函式庫大都不支援中文，如果是使用中文欄位標籤，可以在載入資料後，使用 columns 屬性指定自訂的欄位標籤清單，例如：從中文標籤改為英文標籤，如下所示：

```
df.columns = ["type", "name", "price"]
print(df.head(3))
```

上述程式碼指定 columns 屬性的欄位標籤清單後，呼叫 head() 函數顯示前 3 筆記錄，其執行結果如下圖：

	type	name	price
0	居家	家樂福	11.42
1	居家	大潤發	23.50
2	娛樂	家樂福	19.99

✪ 取得 DataFrame 物件的索引、欄位和資料 Ch12_2_3c.py

我們可以使用 index、columns 和 values 屬性取得 DataFrame 物件的索引、欄位標籤和資料，如下所示：

```
print(df.index)
print(df.columns)
print(df.values)
```

上述程式碼顯示 index、columns 和 values 屬性值，其執行結果如下：

執行結果

```
RangeIndex(start=0, stop=6, step=1)
Index(['分類', '商店', '價格'], dtype='object')
[['居家' '家樂福' 11.42]
 ['居家' '大潤發' 23.5]
 ['娛樂' '家樂福' 19.99]
 ['娛樂' '全聯超' 15.95]
 ['科技' '大潤發' 55.75]
 ['科技' '家樂福' 111.55]]
```

上述第一列索引的預設範圍是從 0 ～ 6，第二列是欄位標籤清單，最後是 DataFrame 物件資料的 Python 巢狀清單。

✪ 顯示 DataFrame 物件的摘要資訊

Ch12_2_3d.py

我們可以使用 Python 的 len() 函數取得 DataFrame 物件的記錄數，shape 屬性取得形狀，info() 函數取得摘要資訊，如下所示：

```
print("資料數= ", len(df))
print("形狀= ", df.shape)
df.info()
```

上述程式碼依序呼叫 len() 函數、shape 屬性和 info() 函數，來顯示 DataFrame 物件的摘要資訊，執行結果如下所示：

執行結果

```
資料數=  6
形狀=  (6, 3)
<class 'pandas.core.frame.DataFrame'>
RangeIndex: 6 entries, 0 to 5
Data columns (total 3 columns):
分類    6 non-null object
商店    6 non-null object
價格    6 non-null float64
dtypes: float64(1), object(2)
memory usage: 224.0+ bytes
```

上述執行結果依序顯示共有 6 筆記錄、形狀是 (6, 3)，即 6 筆記錄 3 個欄位，DataFrame 物件的索引、欄位數和各欄位的非 NULL 值，資料型態和使用的記憶體量有多少位元組。

12-2-4 走訪 DataFrame 物件

DataFrame 物件是一種類似表格的試算表物件，如同關聯式資料庫的資料表，每一列是一筆記錄，我們可以使用 for/in 迴圈走訪 DataFrame 物件的每一筆記錄。

✪ 使用 iterrows() 函數走訪 DataFrame 物件 Ch12_2_4.py

在 DataFrame 物件可以使用 iterrows() 函數走訪每一筆記錄，如下所示：

```
for index, row in df.iterrows() :
    print(index, row["分類"], row["商店"], row["價格"])
```

上述 for/in 迴圈呼叫 iterrows() 函數取出記錄，變數 index 是索引，row 是每一列記錄，執行結果可以顯示索引和每一筆記錄，如下所示：

執行結果

```
0 居家 家樂福 11.42
1 居家 大潤發 23.5
2 娛樂 家樂福 19.99
3 娛樂 全聯超 15.95
4 科技 大潤發 55.75
5 科技 家樂福 111.55
```

12-2-5 指定 DataFrame 物件的索引

DataFrame 物件可以使用 set_index() 函數指定單一欄位，或多個欄位的複合索引，呼叫 reset_index() 函數重設成原始預設的整數索引。

✪ 指定 DataFrame 物件的單一欄位索引 Ch12_2_5.py

DataFrame 物件可以指定和重設索引的欄位，我們需要使用指定敘述來建立全新 DataFrame 物件 df2 和 df3，如下所示：

```
df2 = df.set_index("分類")
print(df2.head())

df3 = df2.reset_index()
print(df3.head())
```

上述程式碼首先呼叫 set_index() 函數指定參數的索引欄位是 "分類"，可以看到索引標籤成為 "分類"（下頁左圖），然後呼叫 reset_index() 函數重設成原始預設的整數索引（下頁右圖），其執行結果顯示前 5 筆，如下圖所示：

	商店	價格
分類		
居家	家樂福	11.42
居家	大潤發	23.50
娛樂	家樂福	19.99
娛樂	全聯超	15.95
科技	大潤發	55.75

	分類	商店	價格
0	居家	家樂福	11.42
1	居家	大潤發	23.50
2	娛樂	家樂福	19.99
3	娛樂	全聯超	15.95
4	科技	大潤發	55.75

✪ 指定 DataFrame 物件的多欄位複合索引 Ch12_2_5a.py

在 DataFrame 物件 set_index() 函數的參數如果是欄位清單，就是指定成多欄位的複合索引，如下所示：

```
df2 = df.set_index(["分類", "商店"])
df2.sort_index(ascending=False, inplace=True)
print(df2)
```

上述程式碼首先指定 ["分類", "商店"] 共 2 個索引欄位清單，然後呼叫 sort_index() 函數指定索引的排序方式 ascending 即從大至小；inplace=True 參數是直接取代 DataFrame 物件 df2，所以不用指定敘述（詳細說明請參閱第 12-3-3 節），其執行結果如下圖所示：

		價格
分類	商店	
科技	家樂福	111.55
	大潤發	55.75
居家	家樂福	11.42
	大潤發	23.50
娛樂	家樂福	19.99
	全聯超	15.95

12-3 選取、過濾與排序資料

DataFrame 物件類似 Excel 試算表，可以讓我們選取所需的資料、過濾資料和排序資料，這就是最基本的資料處理。

本節 Python 範例都是匯入 products.csv 檔案建立 DataFrame 物件 df，並且更改欄位標籤成為英文，和自訂索引清單 "A" ～ "F"，如下所示：

```
df = pd.read_csv("products.csv", encoding="utf8")

df.columns = ["type", "name", "price"]
ordinals = ["A", "B", "C", "D", "E", "F"]
df.index = ordinals
```

12-3-1 選取資料

DataFrame 物件可以使用索引或屬性來選取指定欄位或記錄，也可以使用標籤或位置的 loc 和 iloc **索引器**（Indexer）來選取所需的資料。

✪ 選取單一欄位或多個欄位 Ch12_3_1.py

我們可以直接使用欄位標籤的索引，或標籤索引清單來選取單一欄位的 Series 物件或多個欄位的 DataFrame 物件，如下所示：

```
print(df["price"].head(3))
```

上述程式碼取得 price 單一欄位，單一欄位就是 Series 物件，我們也可以使用物件屬性來選取相同欄位（支援中文標籤），如下所示：

```
print(df.price.head(3))
```

上述程式碼使用 df.price 選取此欄位，然後呼叫 head(3) 函數顯示前 3 筆，其執行結果如下所示：

執行結果

```
A     11.42
B     23.50
C     19.99
Name: price, dtype: float64
```

上述執行結果的最後是欄位名稱和資料型態。我們也可以使用標籤索引清單（即欄位名稱清單）來同時選取多個欄位，如下所示：

```
print(df[["type","name"]].head(3))
```

上述程式碼選取 type 和 name 兩個欄位的前 3 筆，因為 DataFrame 物件支援 to_html() 函數（Series 物件不支援），所以可以產生 HTML 表格，其執行結果如下圖：

	type	name
A	居家	家樂福
B	居家	大潤發
C	娛樂	家樂福

✪ 選取特定範圍的多筆記錄

Ch12_3_1a.py

對於 DataFrame 物件每一列的記錄來說，我們可以使用從 0 開始的索引，或自訂索引的標籤名稱來選取特定範圍的記錄，首先是數值索引範圍，如下所示：

```
print(df[0:3])      # 不含 3
```

上述索引值範圍如同清單分割運算子，可以選取第 1 ～ 3 筆記錄，但不含索引值 3 的第 4 筆，其執行結果如下圖所示：

	type	name	price
A	居家	家樂福	11.42
B	居家	大潤發	23.50
C	娛樂	家樂福	19.99

如果是使用自訂索引的標籤名稱，此時的範圍就會包含最後一筆，即 "E"，如下所示：

```
print(df["C":"E"]) # 含 "E"
```

上述程式碼選取索引 "C" 到 "E"，包含 "E"，其執行結果如下圖所示：

	type	name	price
C	娛樂	家樂福	19.99
D	娛樂	全聯超	15.95
E	科技	大潤發	55.75

✪ 使用標籤選取資料

Ch12_3_1b.py

我們可以使用 loc 索引器以標籤索引選取指定的記錄，如下所示：

```
print(df.loc[ordinals[1]])
print(type(df.loc[ordinals[1]]))
```

上述程式碼選取索引 ordinals[1]（從 0 開始），即 "B" 的第 2 筆記錄，其執行結果可以看到單筆記錄的 Series 物件，如下所示：

執行結果

```
type        居家
name       大潤發
price     23.5
Name: B, dtype: object
<class 'pandas.core.series.Series'>
```

除了使用標籤索引選取記錄外，還可以同時選取所需欄位，因為 DataFrame 是二維陣列的表格，所以 loc 索引器在定位時可以使用索引和欄位標籤來取出二維陣列的子集，其語法如下所示：

```
[索引, 欄位標籤]
[[索引1, 索引3,…], [欄位標籤1, 欄位標籤2…]]
[索引1:索引2, 欄位標籤]
[索引1:索引2, [欄位標籤1, 欄位標籤2…]]
```

上述語法位在「,」符號前可以是記錄的索引值、索引值清單或「:」的範圍，在「,」之後是欄位標籤，或欄位標籤清單，例如：選取 "name" 和 "price" 欄位標籤的所有記錄，如下所示：

```
print(df.loc[:,["name","price"]])
print(df.loc[["C","F"], ["name","price"]])
```

上述程式碼第 1 個 loc 的「,」符號前是「:」，沒有前後索引值，表示是所有記錄，在「,」符號後是欄位標籤清單（下圖左），第 2 個是索引清單和欄位標籤清單，只選取 "C" 和 "F" 記錄的 2 個欄位（下圖右）：

	name	price
A	家樂福	11.42
B	大潤發	23.50
C	家樂福	19.99
D	全聯超	15.95
E	大潤發	55.75
F	家樂福	111.55

	name	price
C	產贾禍	19.99
F	產贾禍	111.55

DataFrame 物件的 loc 索引器可以結合索引和欄位標籤來選取單筆或指定範圍的記錄，如下所示：

```
print(df.loc["C":"E", ["name","price"]])
print(df.loc["C", ["name","price"]])
```

上述第 1 列程式碼在「,」前是選取第 3 ～ 5 筆記錄，在之後選 name 和 price 欄位（下圖左），第 2 列只選取第 3 筆記錄，所以是 Series 物件（下圖右）：

	name	price
C	家樂福	19.99
D	全聯超	15.95
E	大潤發	55.75

```
name         家樂福
price    19.99
Name: C, dtype: object
```

更進一步，我們可以使用 loc 索引器選取**純量值**（Scalar Value），對比表格，就是選取指定儲存格的內容，如下所示：

```
print(df.loc[ordinals[0], "name"])
print(type(df.loc[ordinals[0],"name"]))
print(df.loc["A", "price"])
print(type(df.loc["A", "price"]))
```

上述第 1 列程式碼的索引 ordinals[0]，即 "A" 第 1 筆記錄，在「,」符號後是 "name" 欄位，可以選取第 1 筆記錄的 name 欄位值，第 2 列是選取第 1 筆記錄的 price 欄位值，其執行結果如下所示：

執行結果

```
家樂福
<class 'str'>
11.42
<class 'numpy.float64'>
```

上述執行結果可以看到第 1 個值是字串的商店名稱，第 2 個是價格。**請注意！** DataFrame 物件的 loc 索引器除了使用 [,] 定位外，也可以使用 2 個 [][]，第 1 個 [] 是記錄索引；第 2 個 [] 是欄位標籤，如下所示：

```
print(df.loc[ordinals[0]]["name"])
print(df.loc["A"]["price"])
```

✪ 使用位置選擇資料

Ch12_3_1c.py

DataFrame 物件的 loc 索引器是使用標籤索引來選取資料，iloc 索引器是使用位置索引，其操作方式就是切割運算子，如下所示：

```
print(df.iloc[3])           # 第 4 筆
print(df.iloc[3:5, 1:3])    # 切割
```

上述第 1 列程式碼是索引值 3 的第 4 筆記錄（下圖左），第 2 列程式碼是第 4 ～ 5 筆記錄（索引 3 和 4，不含 5）的 name 和 price 欄位（下圖右）：

```
type          娛樂
name         全聯超
price      15.95
Name: D, dtype: object
```

	name	price
D	全聯超	15.95
E	大潤發	55.75

我們也可以切割 DataFrame 物件的列或欄，即選取指定範圍的列和欄：

```
print(df.iloc[1:3, :])      # 切割列
print(df.iloc[:, 1:3])      # 切割欄
```

上述第 1 列程式碼是 1～2 即第 2 和第 3 筆記錄，在「,」後的「:」前後沒有索引值，這是指全部欄位（下圖左），第 2 列程式碼在「,」前的「:」前後沒有索引值，這是全部記錄，之後是 name 和 price 兩個欄位，可以選取這 2 個欄位的所有記錄（下圖右），其執行結果如下：

	type	name	price
B	居家	大潤發	23.50
C	娛樂	家樂福	19.99

	name	price
A	家樂福	11.42
B	大潤發	23.50
C	家樂福	19.99
D	全聯超	15.95
E	大潤發	55.75
F	家樂福	111.55

我們一樣可以分別使用列和欄的索引清單，從 DataFrame 物件選取所需的資料，如下所示：

```
print(df.iloc[[1,2,4], [0,2]])    # 索引清單
```

上述程式碼選取第 2、3、5 筆記錄的 type 和 price 欄位，其執行結果如下圖所示：

	type	price
B	居家	23.50
C	娛樂	19.99
E	科技	55.75

同樣的方式，我們可以使用 iloc 或 iat 索引器選取**純量值**（Scalar Value）：

```
print(df.iloc[1,1])
print(df.iat[1,1])
```

上述程式碼分別使用 iloc 和 iat 選取第 2 筆記錄的第 2 個 name 欄位，其執行結果都是 " 大潤發 "，如下所示：

執行結果

```
大潤發
大潤發
```

12-3-2 過濾資料

DataFrame 物件可以在「[ ]」使用布林索引條件、isin() 函數或 Python 字串函數來過濾資料，也就是使用條件來選取資料。

✪ 使用布林索引和 isin() 函數過濾資料

Ch12_3_2.py

DataFrame 物件的索引可以使用布林索引，讓我們只選擇條件成立的記錄資料，如下所示：

```
print(df[df.price > 20])
```

上述程式碼的「[ ]」沒有「,」所以是過濾記錄（包含所有欄位），過濾 price 欄位值大於 20 的記錄資料，其執行結果如下圖所示：

	type	name	price
B	居家	大潤發	23.50
E	科技	大潤發	55.75
F	科技	家樂福	111.55

DataFrame 物件的 isin() 函數可以檢查指定欄位值是否在清單中，可以讓我們過濾出清單中的記錄資料，如下所示：

```
print(df[df["type"].isin(["科技","居家"])])
```

上述程式碼過濾 type 欄位值是在 isin() 函數的參數清單中，其執行結果只有 " 科技 " 和 " 居家 " 兩種類別，如下圖所示：

	type	name	price
A	居家	家樂福	11.42
B	居家	大潤發	23.50
E	科技	大潤發	55.75
F	科技	家樂福	111.55

✪ 使用多個條件和字串函數過濾資料

Ch12_3_2a.py

布林索引可以同時使用多個條件來過濾資料，例如：價格大於 15，且小於 25：

```
print(df[(df.price > 15) & (df.price < 25)])
```

上述程式碼的索引條件是使用「&」的 And「且」，只能使用「&」（下圖左），在下方新增一筆記錄 G 後（詳見第 12-4-3 節），呼叫 str.starswith() 字串函數來過濾資料，如下所示：

```
df.loc["G"] = ["科學", "全聯超", 28.5]
print(df[df["type"].str.startswith("科")])
```

上述程式碼可以找出字首 " 科 " 的類別（下圖右），執行結果如下圖所示：

	type	name	price
B	居家	大潤發	23.50
C	娛樂	家樂福	19.99
D	娛樂	全聯超	15.95

	type	name	price
E	科技	大潤發	55.75
F	科技	家樂福	111.55
G	科學	全聯超	28.50

12-3-3 排序資料

當 DataFrame 物件呼叫 set_index() 函數指定索引欄位後，我們可以呼叫 sort_index() 函數指定索引欄位的排序方式，或呼叫 sort_values() 函數使用特定欄位值來進行排序。

✪ 指定索引欄位排序

Ch12_3_3.py

我們準備將 DataFrame 物件改用 "price" 欄位作為索引，然後指定從大到小排序，如下所示：

```
df2 = df.set_index("price")
print(df2)

df2.sort_index(ascending=False, inplace=True)
print(df2)
```

上述程式碼呼叫 set_index() 函數指定索引欄位，且建立新的 DataFrame 物件 df2，可以看到 DataFrame 物件改用 "price" 欄位作為索引（下圖左），然後呼叫 sort_index() 函數指定 ascending 參數值 False 是從大到小排序，inplace 參數為 True，直接取代原來 DataFrame 物件 df2（下圖右）：

	type	name
price		
11.42	居家	家樂福
23.50	居家	大潤發
19.99	娛樂	家樂福
15.95	娛樂	全聯超
55.75	科技	大潤發
111.55	科技	家樂福

	type	name
price		
111.55	科技	家樂福
55.75	科技	大潤發
23.50	居家	大潤發
19.99	娛樂	家樂福
15.95	娛樂	全聯超
11.42	居家	家樂福

上述左圖是指定索引欄位來排序，右圖是從大到小排序 price 欄位

✪ 指定欄位值排序

Ch12_3_3a.py

DataFrame 物件可以直接呼叫 sort_values() 函數，使用特定欄位值來進行排序，如下所示：

```
df2 = df.sort_values("price", ascending=False)
print(df2)

df.sort_values(["type","price"], inplace=True)
print(df)
```

上述程式碼第 1 次呼叫 sort_values() 函數建立新的 DataFrame 物件，並且指定排序欄位是第 1 個參數 "price"，排序方式是從大到小（下圖左），第 2 次呼叫指定的排序欄位有 2 個，inplace 參數為 True，取代目前的 DataFrame 物件 df（下圖右），其執行結果如下圖：

	type	name	price
F	科技	家樂福	111.55
E	科技	大潤發	55.75
B	居家	大潤發	23.50
C	娛樂	家樂福	19.99
D	娛樂	全聯超	15.95
A	居家	家樂福	11.42

	type	name	price
D	娛樂	全聯超	15.95
C	娛樂	家樂福	19.99
A	居家	家樂福	11.42
B	居家	大潤發	23.50
E	科技	大潤發	55.75
F	科技	家樂福	111.55

上述左圖是從大到小排序 price 欄位，右圖是群組排序，首先排序 "type" 欄位，依序是娛樂、居家和科技，然後是 "price" 欄位，可以看到預設從小到大排序（請看「娛樂」部分）。

12-4 合併與更新 DataFrame 物件

如果目前有多個資料來源建立的 DataFrame 物件，我們可以連接或合併 DataFrame 物件，或針對 DataFrame 物件來新增、更新和刪除記錄或欄位。

12-4-1 更新資料

我們可以更新 DataFrame 物件指定位置的純量值、單筆記錄、整個欄位，也可以更新整個 DataFrame 物件的資料。

✪ 更新純量值

Ch12_4_1.py

我們只需使用第 12-3-1 節的標籤和位置選取資料後，就可以使用指定敘述來更新資料，DataFrame 物件 df 和第 12-3 節相同，如下所示：

```
df.loc[ordinals[0], "price"] = 21.6
df.iloc[1,2] = 46.3
print(df.head(2))
```

上述第 1 列程式碼使用標籤選擇第 1 筆記錄的 price 欄位，將值改成 21.6，第 2 列是改第 2 筆，其執行結果可以看到 price 數值都已經更改，如下圖所示：

	type	name	price
A	居家	家樂福	21.6
B	居家	大潤發	46.3

✪ 更新單筆記錄

Ch12_4_1a.py

當使用 Python 清單建立新的記錄資料後，我們可以選取欲取代的記錄，用指定的敘述來取代這筆記錄，如下所示：

```
s = ["居家", "家樂福", 30.4]
df.loc[ordinals[1]] = s
print(df.head(3))
```

上述程式碼建立 Python 清單 s 後，使用標籤選取第 2 筆記錄，然後直接以指定敘述更改這筆記錄，其執行結果可以看到第 2 筆的大潤發已經改成家樂福，如下圖所示：

	type	name	price
A	居家	家樂福	11.42
B	居家	家樂福	30.40
C	娛樂	家樂福	19.99

✪ 更新整個欄位值

Ch12_4_1b.py

同樣地，我們可以選取欲取代的欄位，來整個取代成其他 Python 清單，如下所示：

```
:
df.loc[:, "price"] = [23.4, 56.7, 12.1, 90.5, 11.2, 34.1]
print(df.head())
```

上述程式碼使用標籤選取 price 欄位，然後使用指定敘述指定成同尺寸 6 個元素的 Python 清單，即可更改整個 price 欄位值，其執行結果可以看到價格已經更改，只顯示前 5 筆，如下圖所示：

	type	name	price
A	居家	家樂福	23.4
B	居家	大潤發	56.7
C	娛樂	家樂福	12.1
D	娛樂	全聯超	90.5
E	科技	大潤發	11.2

✪ 更新整個 DataFrame 物件

Ch12_4_1c.py

我們也可以使用布林索引找出欲更新的資料後，一次就更新整個 DataFrame 物件。首先建立 DataFrame 物件 df，如下所示：

```
import random

df = pd.DataFrame([random.sample(range(0,1000), 3),
                   random.sample(range(0,1000), 3)])
print(df)
```

上述程式碼使用 random 模組以亂數產生的整數值來建立 DataFrame 物件，如下圖所示：

	0	1	2
0	239	646	292
1	918	335	288

上述 DataFrame 物件因為沒有指定索引和欄位標籤，顯示的都是預設值。接下來，我們準備使用布林索引條件來過濾 DataFrame 物件，並且更新這些符合條件的記錄資料，即都減 100，如下所示：

```
print(df[df > 500])
df[df > 500] = df - 100
print(df)
```

上述程式碼首先顯示 df[df > 500]（下圖左），然後更新這些符合條件的記錄資料（下圖右），其執行結果如下圖所示：

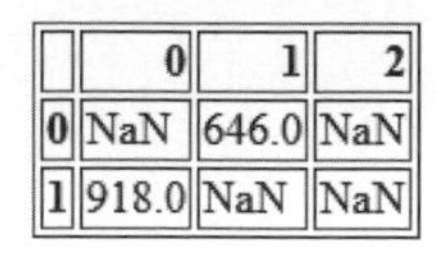

	0	1	2
0	NaN	646.0	NaN
1	918.0	NaN	NaN

	0	1	2
0	239	546	292
1	818	335	288

上述左圖的 NaN 值是不符合條件的資料（即 NULL），在更新後，可以看到第 1 筆記錄的第 2 個值減 100。

12-4-2 刪除資料

在 DataFrame 物件刪除純量值就是刪除指定記錄的欄位值，即改為 None，刪除記錄和欄位都是使用 drop() 函數。

✪ 刪除純量值

Ch12_4_2.py

如同更新純量值，刪除資料只是指定成 None，如下所示：

```
df.loc[ordinals[0], "price"] = None
df.iloc[1,2] = None
print(df.head(3))
```

上述第 1 列程式碼使用標籤選擇第 1 筆記錄的 price 欄位，然後將值改成 None，第 2 列是第 2 筆，其執行結果可以看到 2 家店的 price 值都改成 NaN，稱為**遺漏值**（Missing Data），如下圖所示：

	type	name	price
A	居家	家樂福	NaN
B	居家	大潤發	NaN
C	娛樂	家樂福	19.99

✪ 刪除記錄

Ch12_4_2a.py

DataFrame 物件是使用 drop() 函數刪除記錄，參數可以是索引標籤或位置，如下所示：

```
df2 = df.drop(["B", "D"])                    # 2,4 筆
print(df2.head())

df.drop(df.index[[2,3]], inplace=True) # 3,4 筆
print(df.head())
```

上述程式碼首先使用索引標籤，刪除第 2 筆和第 4 筆記錄（下圖左），然後使用 index[[2,3]] 位置刪除第 3 筆和第 4 筆記錄，inplace 參數值 True 是取代目前的 DataFrame 物件 df（下圖右）：

	type	name	price
A	居家	家樂福	11.42
C	娛樂	家樂福	19.99
E	科技	大潤發	55.75
F	科技	家樂福	111.55

	type	name	price
A	居家	家樂福	11.42
B	居家	大潤發	23.50
E	科技	大潤發	55.75
F	科技	家樂福	111.55

✪ 刪除欄位

Ch12_4_2b.py

刪除欄位也是使用 drop() 函數，只是需要將 axis 的參數值指定為 1（預設值 0 是記錄；1 是欄位），如下所示：

```
df2 = df.drop(["price"], axis=1)
print(df2.head(3))
```

上述程式碼會刪除 price 欄位，其執行結果如下圖所示：

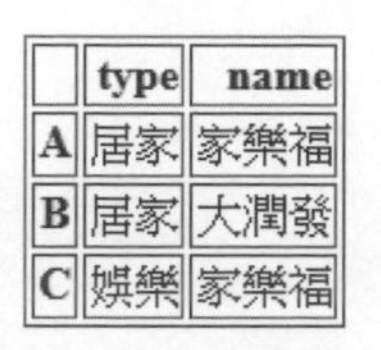

	type	name
A	居家	家樂福
B	居家	大潤發
C	娛樂	家樂福

12-4-3 新增資料

DataFrame 物件如同資料庫的資料表一般，我們一樣可以新增記錄，或修改結構來新增欄位。

✪ 新增記錄

Ch12_4_3.py

在 DataFrame 物件新增記錄（列）只需指定一個不存在的索引標籤，就可以新增記錄，我們也可以建立 Series 物件，然後使用 append() 函數來新增記錄，DataFrame 物件 df 和第 12-3 節相同，如下所示：

```
df.loc["G"] = ["科學", "全聯超", 28.5]
print(df.tail(3))

s = pd.Series({"type":"科學","name":"大潤發","price":79.2})
df2 = df.append(s, ignore_index=True)
print(df2.tail(3))
```

上述第 1 列程式碼使用 loc 定位 "G" 索引標籤，因為此標籤不存在，所以就是新增 Python 清單的記錄（下圖左），然後建立 Series 物件，使用 append() 函數新增記錄，ignore_index 參數值為 True，表示忽略索引（下圖右），其執行結果可以看到最後新增的記錄：

	type	name	price
E	科技	大潤發	55.75
F	科技	家樂福	111.55
G	科學	全聯超	28.50

	type	name	price
5	科技	家樂福	111.55
6	科學	全聯超	28.50
7	科學	大潤發	79.20

✪ 新增欄位

Ch12_4_3a.py

DataFrame 物件只需指定不存在的欄位標籤，就可以新增欄位，我們可以使用 Python 清單或 Series 物件等來指定欄位值，如下所示：

```
df["sales"] = [124.5,227.5,156.7,435.6,333.7,259.8]
print(df.head())

df.loc[:,"city"] = ["台北","新竹","台北","台中","新北","高雄"]
print(df.head())
```

上述第 1 列程式碼新增 "sales" 欄位標籤，欄位值是 Python 清單（下圖左），然後使用 loc 索引器，在「,」符號後是新增欄位 "city"，欄位值也是 Python 清單（下圖右），其執行結果可以看到最後新增的欄位 sales 和 city：

	type	name	price	sales
A	居家	家樂福	11.42	124.5
B	居家	大潤發	23.50	227.5
C	娛樂	家樂福	19.99	156.7
D	娛樂	全聯超	15.95	435.6
E	科技	大潤發	55.75	333.7

	type	name	price	sales	city
A	居家	家樂福	11.42	124.5	台北
B	居家	大潤發	23.50	227.5	新竹
C	娛樂	家樂福	19.99	156.7	台北
D	娛樂	全聯超	15.95	435.6	台中
E	科技	大潤發	55.75	333.7	新北

12-4-4 連接與合併 DataFrame 物件

DataFrame 物件可以使用 concat() 函數連接多個 DataFrame 物件，merge() 函數可以合併 DataFrame 物件，在說明連接與合併 DataFrame 物件前，我們先看看如何建立空的和複製 DataFrame 物件。

✪ 建立空的和複製 DataFrame 物件

Ch12_4_4.py

對於現存 DataFrame 物件，我們可以建立形狀相同，但沒有資料的空 DataFrame 物件，也可以使用 copy() 函數在處理前備份 DataFrame 物件：

```
columns = ["type", "name", "price"]
df_empty = pd.DataFrame(None, index=ordinals, columns=columns)
print(df_empty)
```

上述程式碼建立欄位清單後，建立欄位值都是 None 的 DataFrame 物件，其形狀和第 12-3 節的 DataFrame 物件 df 相同。copy() 函數可以複製 DataFrame 物件，如下所示：

```
df_copy = df.copy()
print(df_copy)
```

上述程式碼建立和 DataFrame 物件 df 完全相同的複本 df_copy。

✪ 連接多個 DataFrame 物件

Ch12_4_4a.py

DataFrame 物件可以使用 concat() 函數連接多個 DataFrame 物件，我們準備載入 products.csv 和 products2.csv 建立 DataFrame 物件 df 和 df2：

```
df = pd.read_csv("products.csv", encoding="utf8")
columns = ["type", "name", "price"]
df.index = ["A", "B", "C", "D", "E", "F"]
df.columns = columns

df2 = pd.read_csv("products2.csv", encoding="utf8")
df2.index = ["A","B","C"]
df2.columns = columns
```

上述程式碼建立 2 個 DataFrame 物件 df 和 df2，如下圖所示：

	type	name	price
A	居家	家樂福	11.42
B	居家	大潤發	23.50
C	娛樂	家樂福	19.99
D	娛樂	全聯超	15.95
E	科技	大潤發	55.75
F	科技	家樂福	111.55

	type	name	price
A	居家	家樂福	14.20
B	娛樂	家樂福	99.90
C	科技	全聯超	66.25

接著，呼叫 concat() 函數連接 2 個 DataFrame 物件 df 和 df2，如下所示：

```
df3 = pd.concat([df,df2])
print(df3)

df4 = pd.concat([df,df2], ignore_index=True)
print(df4)
```

上述程式碼第 1 次呼叫 concat() 函數的參數是 DataFrame 物件清單，以此例有 2 個，也可以有更多個，預設連接每一個 DataFrame 物件的索引標籤（下圖左），第 2 次呼叫加上參數 ignore_index=True 忽略索引，所以索引標籤重新從 0 到 8（下圖右），其執行結果如下圖：

	type	name	price
A	居家	家樂福	11.42
B	居家	大潤發	23.50
C	娛樂	家樂福	19.99
D	娛樂	全聯超	15.95
E	科技	大潤發	55.75
F	科技	家樂福	111.55
A	居家	家樂福	14.20
B	娛樂	家樂福	99.90
C	科技	全聯超	66.25

	type	name	price
0	居家	家樂福	11.42
1	居家	大潤發	23.50
2	娛樂	家樂福	19.99
3	娛樂	全聯超	15.95
4	科技	大潤發	55.75
5	科技	家樂福	111.55
6	居家	家樂福	14.20
7	娛樂	家樂福	99.90
8	科技	全聯超	66.25

✪ 合併 2 個 DataFrame 物件

Ch12_4_4b.py

DataFrame 物件的 merge() 函數可以左右合併 2 個 DataFrame 物件（類似 SQL 合併查詢），我們準備合併 products.csv 和 types.csv 建立的 2 個 DataFrame 物件 df 和 df2，如下所示：

```
df = pd.read_csv("products.csv", encoding="utf8")
df.index = ["A", "B", "C", "D", "E", "F"]
df.columns = ["type", "name", "price"]

df2 = pd.read_csv("types.csv", encoding="utf8")
df2.index = ["A","B","C","D"]
df2.columns = ["type", "num"]
```

上述程式碼建立 2 個 DataFrame 物件 df 和 df2，如下圖所示：

	type	name	price
A	居家	家樂福	11.42
B	居家	大潤發	23.50
C	娛樂	家樂福	19.99
D	娛樂	全聯超	15.95
E	科技	大潤發	55.75
F	科技	家樂福	111.55

	type	num
A	居家	25
B	娛樂	75
C	科技	15
D	科學	10

我們可以呼叫 merge() 函數連接 2 個 DataFrame 物件 df 和 df2：

```
df3 = pd.merge(df, df2)
print(df3)
df4 = pd.merge(df2, df)
print(df4)
```

上述程式碼第 1 次呼叫 merge() 函數的第 1 個參數是上述的 df，第 2 個是 df2，使用同名的 "type" 合併欄位進行合併，預設內部合併 inner（下頁左圖），第 2 次的參數相反是 df2 和 df（下頁右圖），其執行結果如下：

	type	name	price	num
0	居家	家樂福	11.42	25
1	居家	大潤發	23.50	25
2	娛樂	家樂福	19.99	75
3	娛樂	全聯超	15.95	75
4	科技	大潤發	55.75	15
5	科技	家樂福	111.55	15

	type	num	name	price
0	居家	25	家樂福	11.42
1	居家	25	大潤發	23.50
2	娛樂	75	家樂福	19.99
3	娛樂	75	全聯超	15.95
4	科技	15	大潤發	55.75
5	科技	15	家樂福	111.55

上圖是內部合併，這是 2 個合併欄位 "type" 值都存在的記錄資料，例如：df 的 type 欄位值是 " 居家 "，合併 df2 同 type 欄位值 " 居家 "，所以合併結果新增 "num" 欄位值，因為 df 的 type 欄位值並沒有 " 科學 "，所以沒有合併此記錄。

基本上，合併 DataFrame 物件有很多種方式，在 merge() 函數可以加上 how 參數來指定是使用內部合併 inner、左外部合併 left、右外部合併 right 和全外部合併 outer，如下所示：

```
df5 = pd.merge(df2, df, how='left')
print(df5)
```

上述 merge() 函數的 how 參數值是 left 左外部合併，可以取回左邊 DataFrame 物件 df2 的所有記錄，所以會顯示欄位值 " 科學 "，其執行結果如下圖所示：

	type	num	name	price
0	居家	25	家樂福	11.42
1	居家	25	大潤發	23.50
2	娛樂	75	家樂福	19.99
3	娛樂	75	全聯超	15.95
4	科技	15	大潤發	55.75
5	科技	15	家樂福	111.55
6	科學	10	NaN	NaN

12-5 群組、樞紐分析與套用函數

DataFrame 物件可以使用群組資料進行資料統計，建立樞紐分析表和套用函數，最後說明 Pandas 支援的常用統計函數。

12-5-1 群組

群組（Grouping）是先將資料依條件分類成群組後，再套用相關函數在各群組中取得統計資料。

✪ 使用群組來計算加總及平均 Ch12_5_1.py

Python 程式首先載入 products3.csv 建立 DataFrame 物件 df，如下所示：

```
df = pd.read_csv("products3.csv", encoding="utf8")
df.index = ["A","B","C","D","E","F","G","H","I"]
df.columns = ["type", "name", "price"]

print(df)
```

上述程式碼建立 DataFrame 物件 df，如下圖所示：

	type	name	price
A	居家	家樂福	11.42
B	居家	大潤發	23.50
C	娛樂	家樂福	19.99
D	娛樂	全聯超	15.95
E	科技	大潤發	55.75
F	科技	家樂福	111.55
G	居家	家樂福	14.20
H	娛樂	家樂福	99.90
I	科技	全聯超	66.25

上述 type 和 name 欄位都有重複資料，我們可以分別使用這 2 個欄位來群組資料，如下所示：

```
print(df.groupby("type").sum())
```

上述程式碼呼叫 groupby() 函數使用參數 "type" 欄位來群組資料，然後呼叫 sum() 函數計算欄位 "price" 的加總，如下圖所示：

	price
type	
娛樂	135.84
居家	49.12
科技	233.55

接著，使用清單的 "type" 和 "name" 欄位來群組資料，如下所示：

```
print(df.groupby(["type","name"]).mean())
```

上述程式碼首先使用 "type" 欄位來群組，然後使用 "name" 欄位來群組資料，即可計算各欄位的平均值，其執行結果如下圖所示：

		price
type	name	
娛樂	全聯超	15.950
	家樂福	59.945
居家	大潤發	23.500
	家樂福	12.810
科技	全聯超	66.250
	大潤發	55.750
	家樂福	111.550

上述娛樂類的家樂福有 2 筆 price，分別是 19.99 和 99.9，其平均值是 (19.99+99.9)/2 = 59.945；居家類的家樂福也有 2 筆，分別是 11.42 和 14.2，並平均值是 (11.42+14.2)/2 = 12.81。

12-5-2 樞紐分析表

DataFrame 物件可以呼叫 pivot_table() 函數來產生樞紐分析表，pivot_table() 函數是以欄位值為標籤來重塑 DataFrame 物件的形狀。

✪ 將 DataFrame 物件建立成樞紐分析表 Ch12_5_2.py

我們準備載入第 12-3 節範例的 CSV 檔案 products.csv，然後使用此 DataFrame 物件建立樞紐分析表，如下所示：

```
pivot_products = df.pivot_table(index='type',
                                columns='name',
                                values='price')
print(pivot_products)
```

上述 pivot_table() 函數的 index 參數是指定成索引標籤的欄位，columns 參數是欄位標籤，values 參數是轉換成樞紐分析表的欄位值，結果如下：

name	全聯超	大潤發	家樂福
type			
娛樂	15.95	NaN	19.99
居家	NaN	23.50	11.42
科技	NaN	55.75	111.55

12-5-3 套用函數

DataFrame 物件可以使用 apply() 函數在資料套用函數或 Lambda 運算式，在本節的 Python 範例程式是使用與第 12-3 節相同的範例資料。

✪ 套用函數 Ch12_5_3.py

我們可以使用 DataFrame 物件的 apply() 函數來套用函數，例如：自訂 double() 函數可以傳回加倍值，如下所示：

```
def double(x):
    return x*2

df2 = df["price"].apply(double)
print(df2)
```

上述程式碼是在 DataFrame 物件的 price 欄位套用執行 double() 函數，在 apply() 函數的參數只有函數名稱，沒有括號，其執行結果如下所示：

執行結果

```
A      22.84
B      47.00
C      39.98
D      31.90
E     111.50
F     223.10
Name: price, dtype: float64
```

上述每一個 price 欄位值都是原來的 2 倍。

✪ 套用 Lambda 運算式

Ch12_5_3a.py

DataFrame 物件的 apply() 函數也可以套用 Lambda 運算式，如下所示：

```
df2 = df["price"].apply(lambda x: x*2)
print(df2)
```

上述 Lambda 運算式就是之前的 double() 函數，執行結果和之前完全相同。

12-5-4 DataFrame 的統計函數

Pandas 套件可以使用 describe() 函數顯示指定欄位的統計資料描述，或在欄位套用函數來計算所需的統計資料。

✪ Pandas 套件的 describe() 函數

Ch12_5_4.py

Pandas 套件可以使用 describe() 函數顯示 DataFrame 物件指定欄位，或 Series 物件的資料描述，如下所示：

```
print(df["price"].describe())
```

在讀入 products3.csv 資料集後，可以呼叫 describe() 函數顯示 price 欄位的資料描述，執行結果如下所示：

執行結果

```
count       9.000000
mean       46.501111
std        38.726068
min        11.420000
25%        15.950000
50%        23.500000
75%        66.250000
max       111.550000
Name: price, dtype: float64
```

上述資料依序是資料長度、平均值、標準差、最小值，25%、50%（中位數）、75% 和最大值。

✪ Pandas 套件的統計函數

Ch12_5_4a.py

Pandas 套件的統計相關函數的說明，如下表所示：

函數	說明
count()	非 NaN 值計數
mode()	眾數
median()	中位數
quantile()	四分位數，分別是 quantile(q=0.25)、quantile(q=0.5)、quantile(q=0.75)
mean()	平均數
max()	最大值
min()	最小值
sum()	總和
var()	變異數
std()	標準差
cov()	共變異數
corr()	相關係數
cumsum()	累積總和
cumprod()	累積乘積

12-6 Pandas 資料清理與轉換

資料轉換（Data Munging）是指資料轉換和清理，以大數據來說，就是將資料轉換和清理成我們可以用來資料視覺化的資料，在第 10-2 節說明的是爬取資料的資料清理，這一節要說明 Pandas 的資料清理與轉換。

12-6-1 處理遺漏值

資料清理的主要工作是處理 DataFrame 物件的**遺漏值**（Missing Data），因為這些資料無法運算，我們需要針對遺漏值進行特別處理。基本上，我們有兩種方式來處理遺漏值，如下所示：

- **刪除遺漏值**：如果資料量夠大，我們可以直接刪除遺漏值。
- **補值**：將遺漏值填補成固定值、平均值、中位數和亂數值等。

DataFrame 物件的欄位值如果是 NaN，表示此欄位是遺漏值。Python 程式 Ch12_6_1.py 載入 missing_data.csv 檔案建立 DataFrame 物件，如下所示：

```
df = pd.read_csv("missing_data.csv")
print(df)
```

上述程式碼讀取 missing_data.csv 檔案建立 DataFrame 物件後，顯示資料內容，可以看到很多 NaN 欄位值的遺漏值，如下圖所示：

	COL_A	COL_B	COL_C	COL_D
0	0.5	0.9	0.4	NaN
1	0.8	0.6	NaN	NaN
2	0.7	0.3	0.8	0.9
3	0.8	0.3	NaN	0.2
4	0.9	NaN	0.7	0.3
5	0.2	0.7	0.6	NaN
6	NaN	NaN	NaN	NaN

這一節我們準備使用上述資料說明如何處理遺漏值。

✪ 顯示遺漏值的資訊 Ch12_6_1a.py

我們可以顯示每一個欄位有多少個非 NaN 欄位值，使用的是 info() 函數，如下所示：

```
df.info()
```

上述程式碼會列出每一欄有多少個非 NaN 值，其執行結果如下所示：

執行結果

```
<class 'pandas.core.frame.DataFrame'>
RangeIndex: 7 entries, 0 to 6
Data columns (total 4 columns):
COL _ A     6 non-null float64
COL _ B     5 non-null float64
COL _ C     4 non-null float64
COL _ D     3 non-null float64
dtypes: float64(4)
memory usage: 304.0 bytes
```

上述每一個欄位有 7 筆記錄，如果少於 7，就表示有 NaN 值。

✪ 刪除 NaN 的記錄 Ch12_6_1b.py

因為 NaN 不能進行運算，最簡單的方式就是呼叫 dropna() 函數將它們都刪除掉，如下所示：

```
df1 = df.dropna()
print(df1)
```

上述程式碼沒有參數，表示刪除全部有 NaN 的記錄，我們也可以加上參數 how="any"，如下所示：

```
df2 = df.dropna(how="any")
print(df2)
```

上述 dropna() 函數的參數 how 值是 any，表示刪除所有擁有 NaN 欄位值記錄，其執行結果只剩下 1 筆，如下圖所示：

	COL_A	COL_B	COL_C	COL_D
2	0.7	0.3	0.8	0.9

如果 dropna() 函數的 how 參數值是 all，就需要全部欄位值都是 NaN 才會刪除，如下所示：

```
df3 = df.dropna(how="all")
print(df3)
```

上述程式碼刪除全部欄位值都是 NaN 的記錄，所以會刪除最後 1 筆，只剩下 6 筆記錄，如下圖所示：

	COL_A	COL_B	COL_C	COL_D
0	0.5	0.9	0.4	NaN
1	0.8	0.6	NaN	NaN
2	0.7	0.3	0.8	0.9
3	0.8	0.3	NaN	0.2
4	0.9	NaN	0.7	0.3
5	0.2	0.7	0.6	NaN

我們也可以用 subset 屬性指定某些欄位，只要有 NaN 就刪除，如下所示：

```
df4 = df.dropna(subset=["COL_B", "COL_C"])
print(df4)
```

上述 dropna() 函數的參數 subset 值是清單，表示刪除 COL_B 和 COL_C 欄有 NaN 值的記錄，其執行結果剩下 3 筆，如下圖所示：

	COL_A	COL_B	COL_C	COL_D
0	0.5	0.9	0.4	NaN
2	0.7	0.3	0.8	0.9
5	0.2	0.7	0.6	NaN

✪ 填補遺漏值

Ch12_6_1c.py

如果不想刪除有 NaN 欄位值的記錄，我們可以填補這些遺漏值，將它指定成固定值、平均值或中位數等，例如：將 NaN 欄位值都改成固定值 1，如下所示：

```
df1 = df.fillna(value=1)
print(df1)
```

上述 fillna() 函數將 NaN 欄位值改為參數 value 的值 1，其執行結果如下：

	COL_A	COL_B	COL_C	COL_D
0	0.5	0.9	0.4	1.0
1	0.8	0.6	1.0	1.0
2	0.7	0.3	0.8	0.9
3	0.8	0.3	1.0	0.2
4	0.9	1.0	0.7	0.3
5	0.2	0.7	0.6	1.0
6	1.0	1.0	1.0	1.0

我們也可以使用 fillna() 函數將遺漏值填入平均數的 mean() 函數：

```
df["COL_B"] = df["COL_B"].fillna(df["COL_B"].mean())
print(df)
```

上述程式碼將欄位 "COL_B" 的 NaN 值填入欄位 "COL_B" 的平均數，其執行結果可以看到欄位 "COL_B" 已經沒有 NaN 值，如下圖所示：

	COL_A	COL_B	COL_C	COL_D
0	0.5	0.90	0.4	NaN
1	0.8	0.60	NaN	NaN
2	0.7	0.30	0.8	0.9
3	0.8	0.30	NaN	0.2
4	0.9	0.56	0.7	0.3
5	0.2	0.70	0.6	NaN
6	NaN	0.56	NaN	NaN

同樣方式，我們可以將遺漏值填入中位數的 median() 函數，如下所示：

```
df["COL_C"] = df["COL_C"].fillna(df["COL_C"].median())
print(df)
```

上述程式碼是將欄位 "COL_C" 的 NaN 值填入欄位 "COL_C" 的中位數，其執行結果可以看到欄位 "COL_C" 已經沒有 NaN 值，如下圖所示：

	COL_A	COL_B	COL_C	COL_D
0	0.5	0.90	0.40	NaN
1	0.8	0.60	0.65	NaN
2	0.7	0.30	0.80	0.9
3	0.8	0.30	0.65	0.2
4	0.9	0.56	0.70	0.3
5	0.2	0.70	0.60	NaN
6	NaN	0.56	0.65	NaN

12-6-2 處理重複資料

我們可以使用 DataFrame 物件的 duplicated() 和 drop_duplicates() 函數處理欄位或記錄擁有重複值。Python 程式 Ch12_6_2.py 是載入 duplicated_data.csv 檔案建立 DataFrame 物件，如下所示：

```
df = pd.read_csv("duplicated_data.csv")
print(df)
```

上述程式碼讀取 duplicated_data.csv 檔案建立 DataFrame 物件後，顯示資料內容，可以看到很多記錄和欄位值是重複的，如下圖所示：

	COL_A	COL_B	COL_C	COL_D
0	0.7	0.3	0.8	0.9
1	0.8	0.6	0.4	0.8
2	0.7	0.3	0.8	0.9
3	0.8	0.3	0.5	0.2
4	0.9	0.3	0.7	0.3
5	0.7	0.3	0.8	0.9

上述表格的第 0、2 和 5 是重複的記錄，各欄位也有很多重複值，在這一節我們準備使用上述資料説明如何處理重複資料。

✪ 刪除重複記錄 Ch12_6_2a.py

DataFrame 物件可以用 drop_duplicates() 函數刪除重複記錄，如下所示：

```
df1 = df.drop_duplicates()
print(df1)
```

上述的程式碼會刪除重複的記錄，**請注意！**不包含第 1 筆記錄，執行結果如下圖：

	COL_A	COL_B	COL_C	COL_D
0	0.7	0.3	0.8	0.9
1	0.8	0.6	0.4	0.8
3	0.8	0.3	0.5	0.2
4	0.9	0.3	0.7	0.3

✪ 刪除重複的欄位值 Ch12_6_2b.py

在 drop_duplicates() 函數只需加上欄位名稱，就可以刪除指定欄位的重複值，如下所示：

```
df1 = df.drop_duplicates("COL_B")
print(df1)
```

上述程式碼刪除欄位 "COL_B" 的重複欄位值，預設保留第 1 筆，其執行結果如下圖所示：

	COL_A	COL_B	COL_C	COL_D
0	0.7	0.3	0.8	0.9
1	0.8	0.6	0.4	0.8

因為預設保留第 1 筆（即索引 0），如果想保留最後 1 筆，請使用 keep 屬性，如下所示：

```
df2 = df.drop_duplicates("COL_B", keep="last")
print(df2)
```

上述程式碼的 keep 屬性值是 last（最後 1 筆），若屬性值為 first，則是保留第 1 筆，其執行結果如下圖：

	COL_A	COL_B	COL_C	COL_D
1	0.8	0.6	0.4	0.8
5	0.7	0.3	0.8	0.9

如果想刪除所有的重複欄位值，一筆都不留，keep 屬性值為 False：

```
df3 = df.drop_duplicates("COL_B", keep=False)
print(df3)
```

上述程式碼的執行結果不會保留任何一筆有重複欄位值，如下圖所示：

	COL_A	COL_B	COL_C	COL_D
1	0.8	0.6	0.4	0.8

12-6-3 轉換分類資料

DataFrame 物件的欄位資料如果是尺寸的 XXL、XL、L、M、S、XS，或性別 male、female 和 not specified 等，這些欄位值是分類的目錄資料，並非數值，如果需要，我們可以將分類資料轉換成數值資料。本節的測試資料是 categorical_data.csv，其內容如下圖：

	Gender	Size	Price
0	male	XL	800
1	female	M	400
2	not specified	XXL	300
3	male	L	500
4	female	S	700
5	female	XS	850

✪ 使用對應表進行分類資料轉換 Ch12_6_3.py

我們可以使用 Python 字典，建立對應值轉換表來將欄位資料轉換成數值：

```
size_mapping = {"XXL": 5,
                "XL": 4,
                "L": 3,
                "M": 2,
                "S": 1,
                "XS": 0}

df["Size"] = df["Size"].map(size_mapping)
print(df)
```

上述程式碼建立尺寸對應值轉換表的字典後，呼叫 map() 函數將欄位值轉換成對應值，其執行結果如下圖：

	Gender	Size	Price
0	male	4	800
1	female	2	400
2	not specified	5	300
3	male	3	500
4	female	1	700
5	female	0	850

學 習 評 量

1. 請說明什麼是 Pandas 套件？
2. 請簡單說明 Pandas 套件的 Series 物件和 DataFrame 物件？
3. 請問 DataFrame 物件可以匯入和匯出成哪幾種格式的檔案？
4. 請舉例說明 DataFrame 物件是如何走訪每一筆記錄？
5. 請問如何從 DataFrame 物件選出所需的欄或列？ DataFrame 物件如何過濾和排序資料？如何套用函數？
6. 請寫出 Python 程式，建立 Series 物件，內容是 1 ～ 10 之間的偶數。
7. 請寫出 Python 程式，以下列清單建立 2 個 Series 物件，分別將 2 個 Series 物件乘 2 加 50 後，顯示 Series 物件的內容，如下所示：

```
[2, 4, 6, 8, 10]
[1, 3, 5, 7, 9]
```

8. 請使用學習評量第 7 題的 2 個清單，分別加上 even 偶數和 odd 奇數的鍵來建立成字典後，使用索引標籤字母 a ～ e 建立 DataFrame 物件，和顯示前 3 筆資料。
9. 請寫出 Python 程式，顯示學習評量第 8 題 DataFrame 物件的摘要資訊。
10. 請建立 Python 程式，匯入 dists.csv 檔案建立 DataFrame 物件 df 後，完成下列的工作，如下所示：
    - 顯示 city 和 name 兩個欄位。
    - 過濾 population 欄位值大於 300000 的記錄資料。
    - 選出第 4 ～ 5 筆記錄的 name 和 population 欄位。

Matplotlib 與 Pandas 資料視覺化

13-1 Matplotlib 的基本使用

Matplotlib 是 Python 著名開放原始碼且跨平台的繪圖函式庫，可以幫助我們繪製常用的圖表來進行資料視覺化。

13-1-1 圖表的基本繪製

要在 Python 程式使用 Matplotlib，首先需要匯入 Matplotlib 函式庫的 pyplot 模組，如下所示：

```
import matplotlib.pyplot as plt
```

✪ 繪製簡單的折線圖

Ch13_1_1.py

我們準備使用 Python 清單繪出第 1 個折線圖（Line Charts），如下所示：

```
import matplotlib.pyplot as plt

data = [-1, -4.3, 15, 21, 31]
plt.plot(data)   # x軸是 0,1,2,3,4
plt.show()
```

上述程式碼匯入 matplotlib.pyplot（別名 plt）後，建立 data 清單的資料，共有 5 個項目，這是 y 軸，然後呼叫 plot() 函數繪出圖表，參數只有 1 個 data，即 y 軸，x 軸預設是索引值 0.0 ～ 4.0（即資料個數），最後呼叫 show() 函數顯示圖表，其執行結果如下圖：

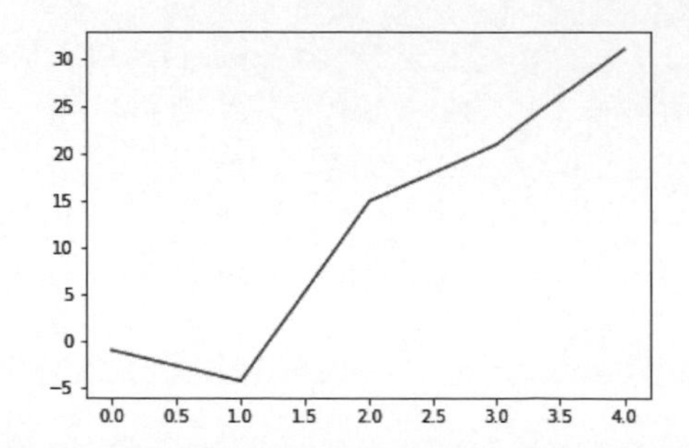

✪ 繪製不同線條樣式和色彩的折線圖

Ch13_1_1a.py

我們準備修改 Ch13_1_1.py 折線圖的線條外觀，改為深藍色虛線，和加上圓形標記，如下所示：

```
data = [-1, -4.3, 15, 21, 31]
plt.plot(data, "o--b")  # x軸是 0,1,2,3,4
plt.show()
```

上述 plot() 函數的第 2 個參數字串 "o--b" 指定線條外觀，在第 13-1-2 節有進一步的符號字元說明，其執行結果如下圖所示：

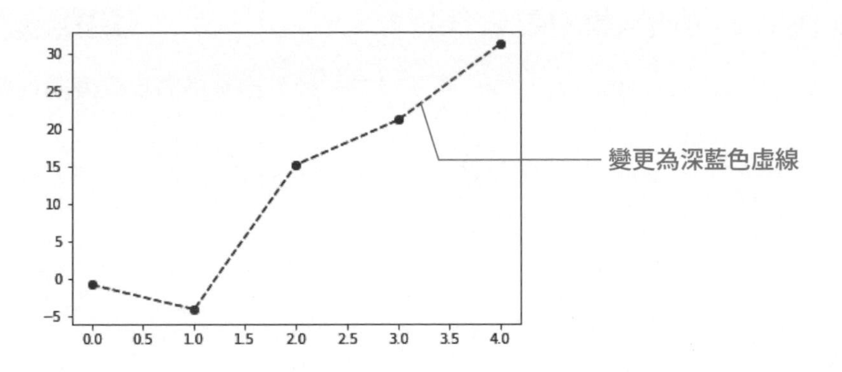

✪ 繪製每日攝氏溫度的折線圖

Ch13_1_1b.py

目前繪製圖表的資料只提供 y 軸資料，我們準備提供完整 x 和 y 軸資料來繪製每日攝氏溫度的折線圖，如下所示：

```
days = range(0, 22, 3)
celsius = [25.6, 23.2, 18.5, 28.3, 26.5, 30.5, 32.6, 33.1]
plt.plot(days, celsius)
plt.show()
```

上述程式碼建立 days（日）和 celsius（攝氏溫度）清單，days 是 x 軸；celsius 是 y 軸，plot() 函數的 2 個參數依序是 x 軸和 y 軸，執行結果如下圖：

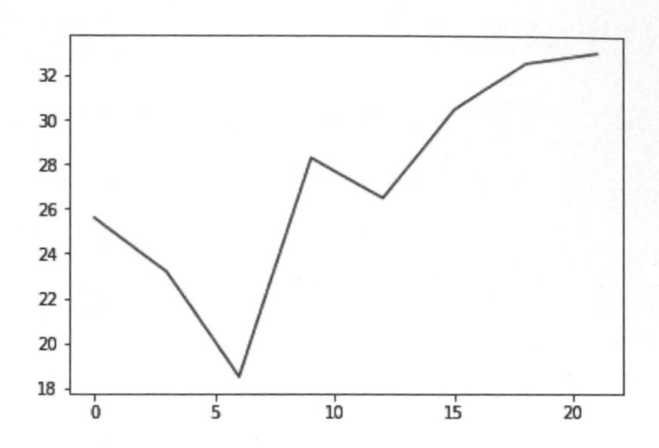

✪ 使用 2 個資料集繪製 2 條折線

Ch13_1_1c.py

我們可以使用 Matplotlib 在同一張圖表中，繪製出 2 條攝氏溫度的折線：

```
days = range(0, 22, 3)
celsius1 = [25.6, 23.2, 18.5, 28.3, 26.5, 30.5, 32.6, 33.1]
celsius2 = [15.4, 13.1, 21.6, 18.1, 16.4, 20.5, 23.1, 13.2]

plt.plot(days, celsius1, days, celsius2)
plt.show()
```

上述程式碼建立 2 組攝氏溫度的 Python 清單，在 plot() 函數的參數共有 2 組資料，依序是第 1 條線的 x 軸和 y 軸，和第 2 條線 x 軸和 y 軸，其執行結果如下圖所示：

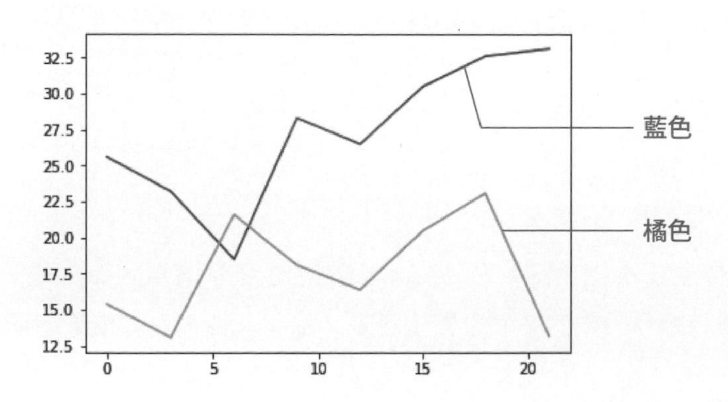

13-1-2 更改圖表線條的外觀和圖形尺寸

Matplotlib 的 plot() 函數提供參數來更改線條外觀，我們可以使用不同字元代表不同色彩、線型和標記符號。常用色彩字元的說明，如下表所示：

色彩字元	說明
"b"	藍色（Blue）
"g"	綠色（Green）
"r"	紅色（Red）
"c"	青色（Cyan）
"m"	洋紅色（Magenta）
"y"	黃色（Yellow）
"k"	黑色（Black）
"w"	白色（White）

常用線型字元的說明，如下表所示：

線型字元	說明
"-"	實線（Solid Line）
"--"	短劃虛線（Dashed Line）
":"	點虛線（Dotted Line）
"-:"	短劃點虛線（Dash-dotted Line）

常用標記符號字元的說明，如下表所示：

標記符號字元	說明
"."	點（Point）
","	像素（Pixel）
"o"	圓形（Circle）
"s"	方形（Square）
"^"	三角形（Triangle）

✪ 更改線條的外觀

Ch13_1_2.py

我們準備修改 Ch13_1_1c.py 的圖表，替 2 條線指定不同的色彩、線型和標記符號，如下所示：

```
days = range(0, 22, 3)
celsius1 = [25.6, 23.2, 18.5, 28.3, 26.5, 30.5, 32.6, 33.1]
celsius2 = [15.4, 13.1, 21.6, 18.1, 16.4, 20.5, 23.1, 13.2]

plt.plot(days, celsius1, "r-o",
         days, celsius2, "g--")
plt.show()
```

上述 plot() 函數的參數共有 6 個，分為兩組的 2 條線，第 3 個和第 6 個參數是樣式字串，可以顯示不同外觀的線條，第 1 個字串是紅色實線加圓形標記符號，第 2 個是綠色虛線，沒有標記符號，其執行結果如下圖所示：

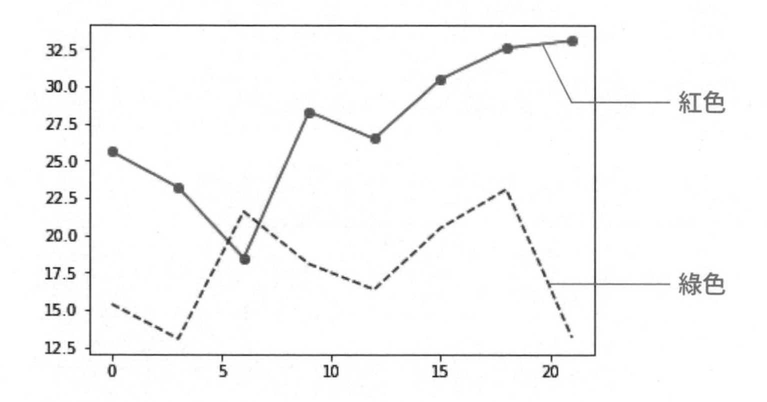

✪ 顯示圖表的格線

Ch13_1_2a.py

有時為了方便對照數據，可以用 grid() 函數顯示圖表的格線，如下所示：

```
days = range(0, 22, 3)
celsius1 = [25.6, 23.2, 18.5, 28.3, 26.5, 30.5, 32.6, 33.1]
celsius2 = [15.4, 13.1, 21.6, 18.1, 16.4, 20.5, 23.1, 13.2]

plt.plot(days, celsius1, "r-o",
         days, celsius2, "g--")
plt.grid(True)
plt.show()
```

上述程式碼呼叫 grid() 函數顯示圖表的水平和垂直格線（參數值 True），其執行結果如下圖所示：

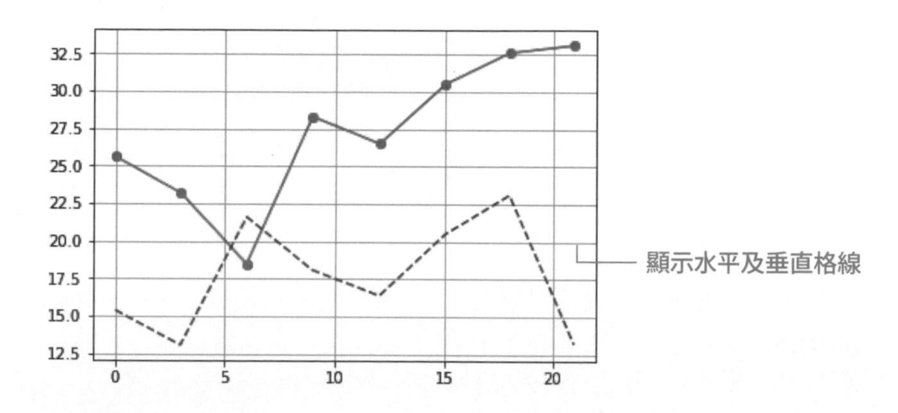

✪ 更改圖形的尺寸

Ch13_1_2b.py

Matplotlib 可以使用 figure() 函數的 figsize 參數指定圖形尺寸，參數值是元組 (寬 , 高)，單位是英吋，如下圖所示：

```
:
plt.figure(figsize=(8, 6))
plt.plot(days, celsius1, "r-o",
         days, celsius2, "g--")
plt.show()
```

上述執行結果可以看到一張尺寸比較大的圖表。

13-1-3 在圖表中顯示標題和兩軸標籤

在圖表中可以顯示標題文字來說明這是什麼圖表，和分別在 x 和 y 軸加上標籤說明文字。

> 請注意！ Matplotlib 套件預設不支援中文字串，我們只能使用英文字串的標籤說明和標題文字。

✪ 顯示 x 和 y 軸的說明標籤

Ch13_1_3.py

在 x 和 y 軸可以分別使用 xlabel() 和 ylabel() 函數，來指定標籤說明文字。

```
days = range(0, 22, 3)
celsius = [25.6, 23.2, 18.5, 28.3, 26.5, 30.5, 32.6, 33.1]
plt.plot(days, celsius)
plt.xlabel("Day")
plt.ylabel("Celsius")
plt.show()
```

上述程式碼指定 x 軸的標籤 "Day"，和 y 軸的標籤 "Celsius"，其執行結果如下圖所示：

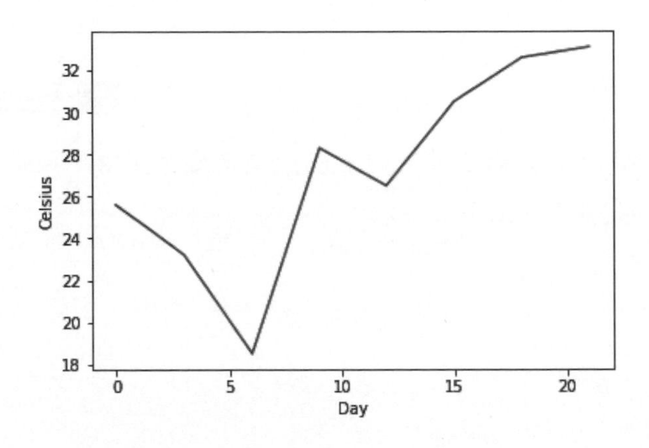

✪ 顯示圖表的標題文字

Ch13_1_3a.py

我們是使用 title() 函數指定圖表上方顯示的標題文字，如下所示：

```
days = range(0, 22, 3)
celsius1 = [25.6, 23.2, 18.5, 28.3, 26.5, 30.5, 32.6, 33.1]
celsius2 = [15.4, 13.1, 21.6, 18.1, 16.4, 20.5, 23.1, 13.2]

plt.plot(days, celsius1, "r-o",
         days, celsius2, "g--")
plt.xlabel("Day")
plt.ylabel("Celsius")
plt.title("Home and Office Temperatures")
plt.show()
```

上述程式碼指定圖表的標題文字 "Home and Office Temperatures"，其執行結果如下圖所示：

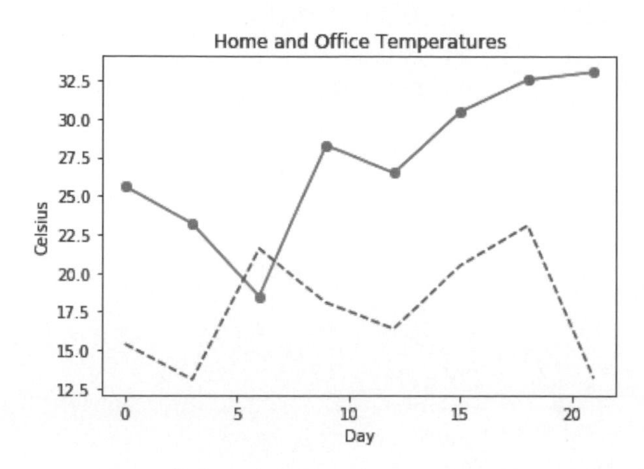

13-1-4 在圖表顯示圖例和更改樣式

如果在同一張圖表有多個資料集的多條線，我們可以顯示**圖例**（Legend）來標示每一條線是屬於哪一個資料集。

✪ 顯示圖表的圖例

Ch13_1_4.py

我們將在圖表中顯示圖例，來標示 2 條線分別是 Home 和 Office 的溫度：

```
days = range(0, 22, 3)
celsius1 = [25.6, 23.2, 18.5, 28.3, 26.5, 30.5, 32.6, 33.1]
celsius2 = [15.4, 13.1, 21.6, 18.1, 16.4, 20.5, 23.1, 13.2]

plt.plot(days, celsius1, "r-o", label="Home")
plt.plot(days, celsius2, "g--", label="Office")
plt.legend()
plt.xlabel("Day")
plt.ylabel("Celsius")
plt.title("Home and Office Temperatures")
plt.show()
```

上述程式碼建立 2 個資料集的圖表，和改用 2 個 plot() 函數來分別繪出 2 條線（因為參數很多，建議每一條線使用 1 個 plot() 函數來繪製），然後在 plot() 函數使用 label 參數指定每一條線的標籤說明。

現在，我們可以呼叫 legend() 函數顯示圖例，即可顯示標籤說明和線條外觀和色彩的圖例，其執行結果如下圖所示：

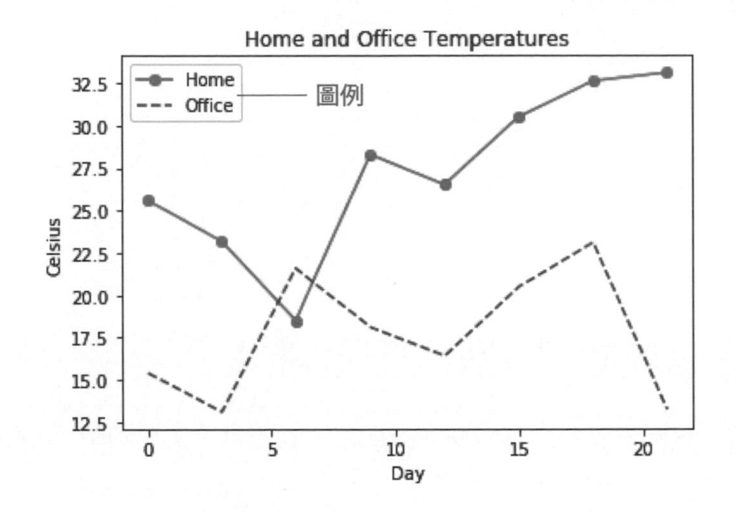

✪ 圖表圖例的顯示位置

Ch13_1_4a~d.py

圖例預設是顯示在左上角，利用 legend() 函數可以指定 loc 參數的顯示位置，如下所示：

```
plt.legend(loc=1)
```

上述程式碼指定 loc 參數值 1 的位置值，參數值也可以使用位置字串 "upper right"（右上角），如下所示：

```
plt.legend(loc="upper right")
```

關於 loc 參數值的位置字串和整數值，其說明如下表所示：

字串值	整數值	說明
'best'	0	最佳位置
'upper right'	1	右上角
'upper left'	2	左上角
'lower left'	3	左下角
'lower right'	4	右下角
'right'	5	右邊
'center left'	6	左邊中間
'center right'	7	右邊中間
'lower center'	8	下方中間
'upper center'	9	上方中間
'center'	10	中間

✪ 更改圖表的樣式

Ch13_1_4e.py

Matplotlib 圖表支援更改整體的顯示樣式，我們可以使用程式碼來查詢可用的樣式名稱，如下所示：

```
print(plt.style.available)
```

上述程式碼的執行結果，會顯示可用的樣式名稱清單，如下所示：

執行結果

```
['bmh', 'classic', 'dark_background', 'fast', 'fivethirtyeight',
'ggplot', 'grayscale', 'seaborn-bright', 'seaborn-colorblind', 'seaborn-
dark-palette', 'seaborn-dark', 'seaborn-darkgrid', 'seaborn-deep',
'seaborn-muted', 'seaborn-notebook', 'seaborn-paper', 'seaborn-pastel',
'seaborn-poster', 'seaborn-talk', 'seaborn-ticks', 'seaborn-white',
'seaborn-whitegrid', 'seaborn', 'Solarize_Light2', '_classic_test']
```

例如：使用 ggplot 樣式來繪圖，請在繪圖前使用 style.use() 函數指定使用的樣式名稱，如下所示：

```
plt.style.use("ggplot")

plt.plot(days, celsius1, "r-o", label="Home")
plt.plot(days, celsius2, "g--", label="Office")
plt.legend(loc=4)
plt.xlabel("Day")
plt.ylabel("Celsius")
plt.title("Home and Office Temperatures")
plt.show()
```

上述程式碼指定使用 ggplot 樣式名稱來繪出 Ch13_1_4.py 的圖表：

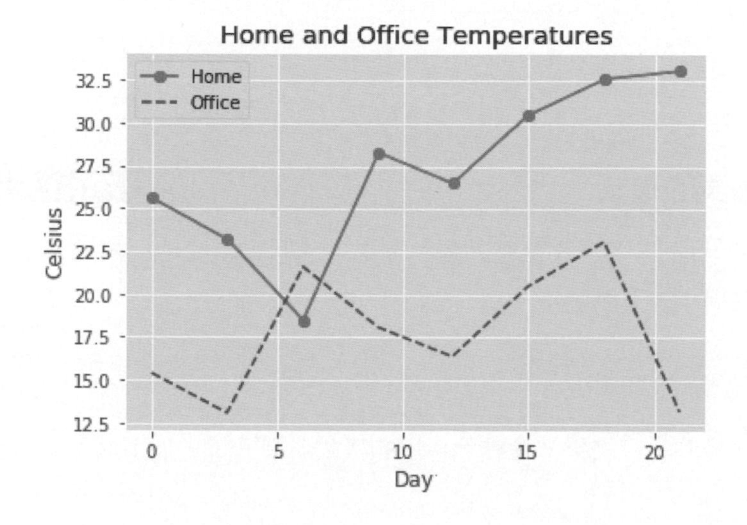

13-1-5 在圖表中指定軸的範圍

Matplotlib 套件預設自動使用資料來判斷 x 和 y 軸的範圍，以便顯示 x 和 y 軸尺規的刻度，當然，我們也可以自行指定 x 和 y 軸的範圍。

✪ 顯示軸的範圍

Ch13_1_5.py

我們可以使用 axis() 函數顯示 Matplotlib 自動計算出的軸範圍，如下所示：

```
days = range(0, 22, 3)
celsius = [25.6, 23.2, 18.5, 28.3, 26.5, 30.5, 32.6, 33.1]
plt.plot(days, celsius)
print("軸範圍：", plt.axis())
plt.show()
```

上述程式碼在顯示軸範圍後，才會繪製圖表，其執行結果如下圖：

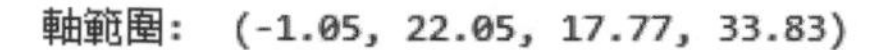

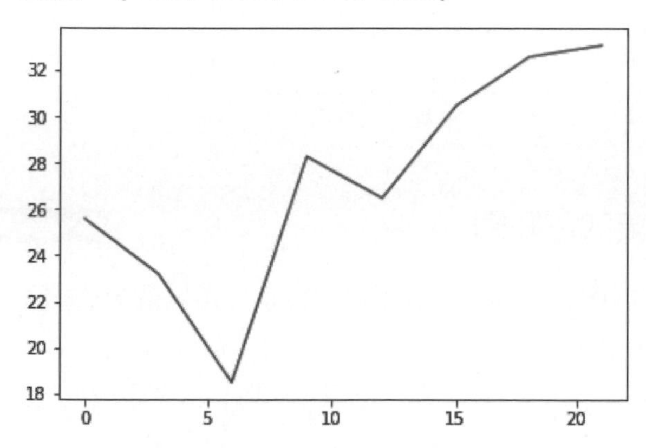

在上述圖表上方的文字是軸範圍，依序是 x 軸的最小值、x 軸的最大值、y 軸的最小值和 y 軸的最大值。

✪ 指定軸的自訂範圍

Ch13_1_5a.py

如果覺得 Matplotlib 自動計算出的軸範圍並不符合預期，我們可以使用 axis() 函數自行指定 x 和 y 軸的範圍，如下所示：

```
days = range(0, 22, 3)
celsius = [25.6, 23.2, 18.5, 28.3, 26.5, 30.5, 32.6, 33.1]
plt.plot(days, celsius)
xmin, xmax, ymin, ymax = -5, 25, 15, 35
plt.axis([xmin, xmax, ymin, ymax])
plt.show()
```

上述 axis() 函數的參數是範圍清單，依序是 x 軸的最小值、x 軸的最大值、y 軸的最小值和 y 軸的最大值，其執行結果如下圖所示：

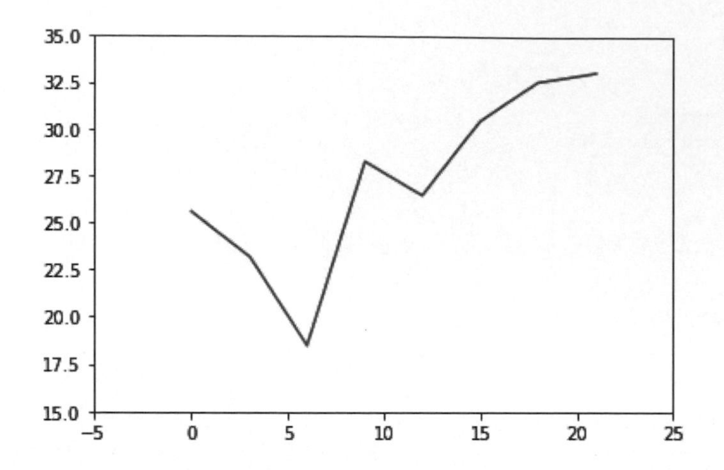

✪ 指定多個資料集的軸範圍

Ch13_1_5b.py

如果是多個資料集的圖表，我們一樣可以自行指定所需的軸範圍：

```
days = range(1, 9)
celsius_min = [25.6, 23.2, 18.5, 28.3, 26.5, 30.5, 32.6, 33.1]
celsius_max = [27.6, 26.1, 22.5, 30.4, 29.5, 31.5, 35.1, 39.4]
plt.plot(days, celsius_min, "r-o",
         days, celsius_max, "g--o")
plt.xlabel("Day")
plt.ylabel("Celsius")
plt.axis([0, 10, 15, 40])
plt.show()
```

上述程式碼使用 axis() 函數指定自訂的 x 和 y 軸範圍，其執行結果如下：

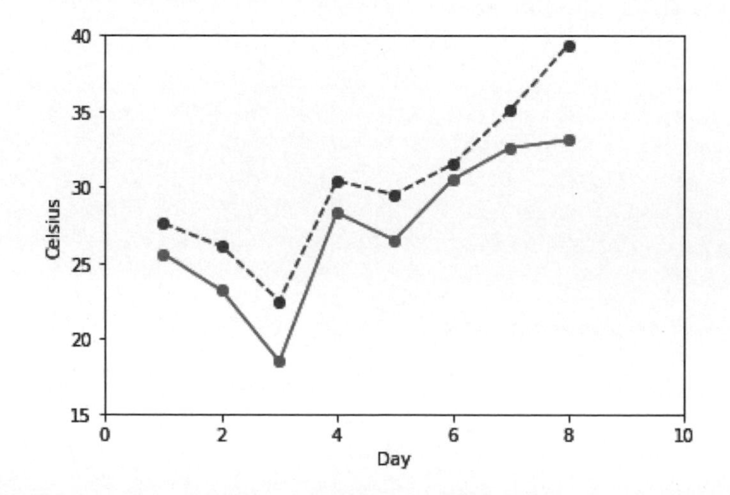

Matplotlib 除了使用 axis() 函數，也可以分別使用 xlim() 和 ylim() 函數來指定 x 和 y 軸的範圍（Python 程式：Ch13_1_5c.py），如下所示：

```
# plt.axis([0, 10, 15, 40])
plt.xlim(0, 10)
plt.ylim(15, 40)
```

13-1-6 將圖表儲存成圖檔

Matplotlib 呼叫 plot() 函數繪製的圖表可以使用 savefig() 函數儲存成多種格式的圖檔，常用圖檔格式有 .png 和 .svg 等，我們也可以儲存成 PDF 檔。

✪ 儲存圖表

Ch13_1_6~b.py

我們只需使用 savefig() 函數且指定參數的檔案名稱，即可以不同的副檔名來儲存成不同格式的檔案，如下所示：

```
days = range(1, 9)
celsius_min = [25.6, 23.2, 18.5, 28.3, 26.5, 30.5, 32.6, 33.1]
celsius_max = [27.6, 26.1, 22.5, 30.4, 29.5, 31.5, 35.1, 39.4]
plt.plot(days, celsius_min, "r-o",
         days, celsius_max, "g--o")
plt.xlabel("Day")
plt.ylabel("Celsius")
plt.axis([0, 10, 15, 40])
plt.savefig("Celsius.png")
plt.show()
```

上述 savefig() 函數參數是 "Celsius.png"，副檔名是 .png 圖檔，我們也可以在函數指定 filename 和 format 參數，如下所示：

```
plt.savefig(filename="Celsius.png", format="png")
```

上述 filename 參數是檔名；format 參數是檔案格式。Python 程式 Ch13_1_6a.py 是儲存成 SVG 檔案，如下所示：

```
plt.savefig("Celsius.svg")
```

Python 程式 Ch13_1_6b.py 是儲存成 PDF 檔案，如下所示：

```
plt.savefig("Celsius.pdf")
```

上述執行結果會在 Python 程式的同一目錄中新增 3 個檔案：Celsius.png、Celsius.svg 和 Celsius.pdf，以 PDF 為例可以使用 PDF 瀏覽工具來開啟：

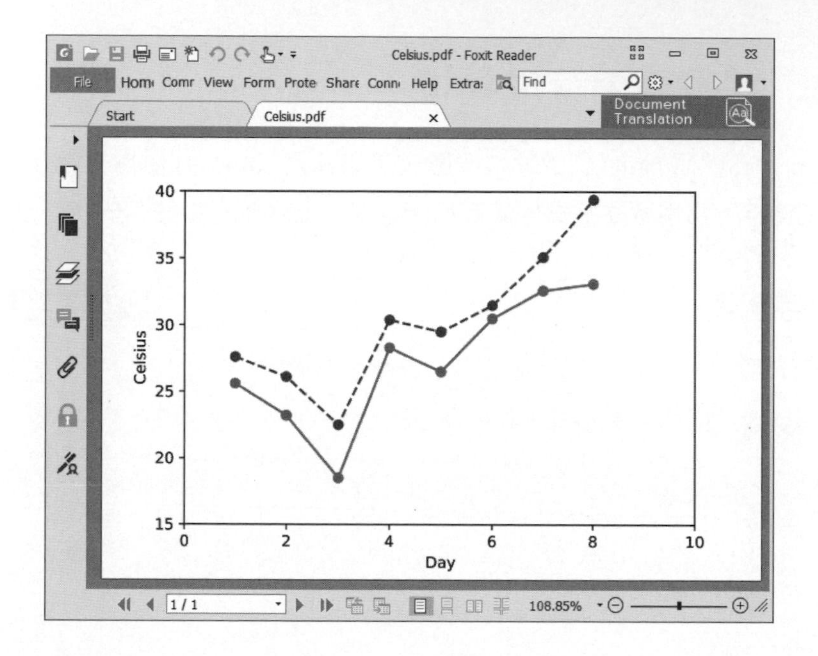

13-2 Matplotlib 的資料視覺化

Matplotlib 支援資料視覺化的常用圖表，包含：第 13-1 節的折線圖（Line Charts，或稱為線圖）、散佈圖（Scatter Plots）、長條圖（Bar Plots）、直方圖（Histograms）、箱形圖（Box Plots）和派圖（Pie Charts）等。

13-2-1 繪製長條圖

長條圖（Bar Plots）是使用長條型色彩區塊的高和長度來視覺化顯示資料的量，可以方便我們比較和排序資料，用來顯示分類資料和分類摘要資訊，依方向可以分成水平或垂直長條圖兩種。

✪ NBA 球隊各位置人數的垂直長條圖

Ch13_2_1.py

我們準備使用 NBA 金州勇士隊的球員陣容為例，顯示各位置人數統計的長條圖，首先使用 Pandas 載入 CSV 檔案，如下所示：

```
import pandas as pd
import matplotlib.pyplot as plt

df = pd.read_csv("GSW_players_stats_2017_18.csv")
df_grouped = df.groupby("Pos")
position = df_grouped["Pos"].count()
```

上述程式碼使用 "Pos" 欄位群組資料後，呼叫 count() 函數計算每一個位置的球員數，在下方呼叫 bar() 函數繪製長條圖，第 1 個參數是 x 軸的資料，第 2 個是 y 軸的資料，如下所示：

```
plt.bar([1, 2, 3, 4, 5], position)
plt.xticks([1, 2, 3, 4, 5], position.index)
plt.ylabel("Number of People")
plt.xlabel("Position")
plt.title("NBA Golden State Warriors")
plt.show()
```

上述程式碼呼叫 xticks() 函數顯示 x 軸的尺規，第 1 個參數是 x 軸的索引，對應第 2 個 labels 清單的標籤，然後是 x 和 y 軸標籤說明，和標題文字，其執行結果預設是垂直顯示的長條圖，如下圖所示：

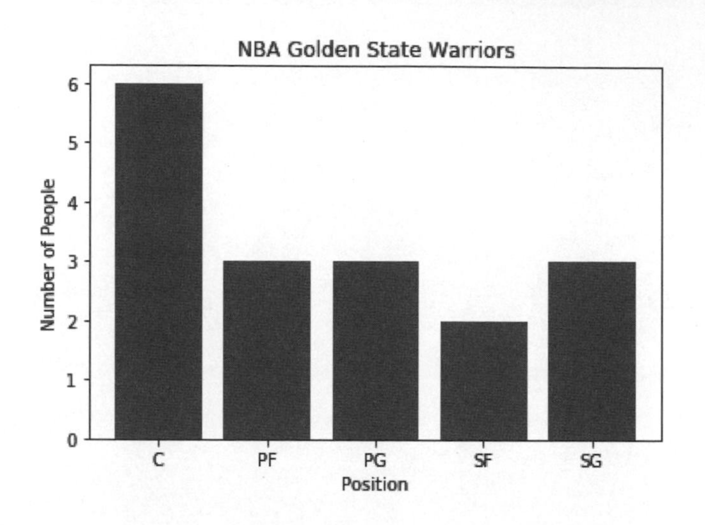

上述圖例的 C 是中鋒位置；PF 是強力前鋒；PG 是控球後衛；SF 是小前鋒；SG 是得分後衛。

✪ NBA 球隊各位置人數的水平長條圖 Ch13_2_1a.py

Python 程式 Ch13_2_1.py 是繪製垂直長條圖，我們只需改成 barh() 函數，就可以繪製成水平長條圖，如下所示：

```
⋮
plt.barh([1, 2, 3, 4, 5], position)
plt.yticks([1, 2, 3, 4, 5], position.index)
plt.xlabel("Number of People")
plt.ylabel("Position")
plt.title("NBA Golden State Warriors")
plt.show()
```

上述 barh() 函數的參數和 bar() 函數相同，因為 x 和 y 軸交換，所以是呼叫 yticks() 函數指定 y 軸標籤，xlabel() 函數顯示 x 軸的標籤說明，其執行結果如下圖所示：

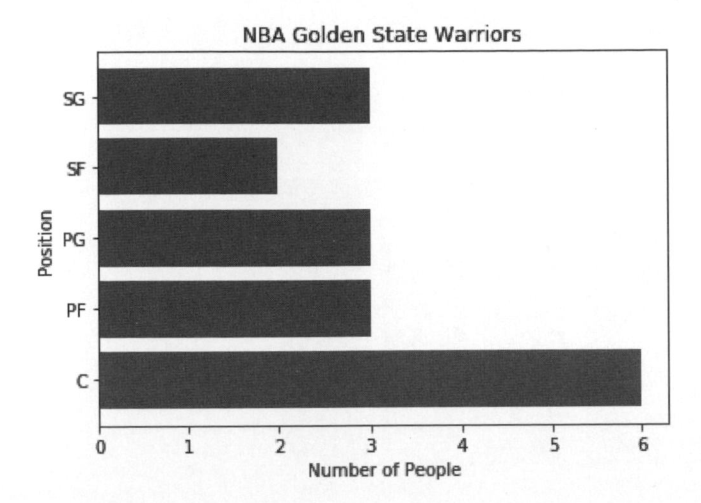

✪ 繪製 2 個資料集的長條圖

Ch13_2_1b.py

長條圖也適合用來顯示群組的摘要資訊，例如：休斯頓火箭球隊各位置的得分或籃板的平均，我們準備在同一張長條圖顯示這兩種摘要資訊，如下所示：

```
df = pd.read_csv("HOU_players_stats_2017_18.csv")
df_grouped = df.groupby("Pos")
points = df_grouped["PTS/G"].mean()
rebounds = df_grouped["TRB"].mean()
```

上述程式碼使用 mean() 函數，計算位置群組的得分 PTS/G 和籃板 TRB 欄位的平均，在下方呼叫 2 次 bar() 函數，因為 2 次是繪製在相同的索引，所以顯示的是堆疊長條圖，因為有顯示圖例，所以有 label 參數，如下所示：

```
plt.bar([1, 2, 3, 4, 5], points, label="Points")
plt.bar([1, 2, 3, 4, 5], rebounds, label="Rebounds")
plt.xticks([1, 2, 3, 4, 5], points.index)
plt.legend()
plt.ylabel("Points and Rebounds")
plt.xlabel("Position")
plt.title("NBA Houston Rockets")
plt.show()
```

上述程式碼呼叫 legend() 函數顯示圖例，其執行結果如下圖所示：

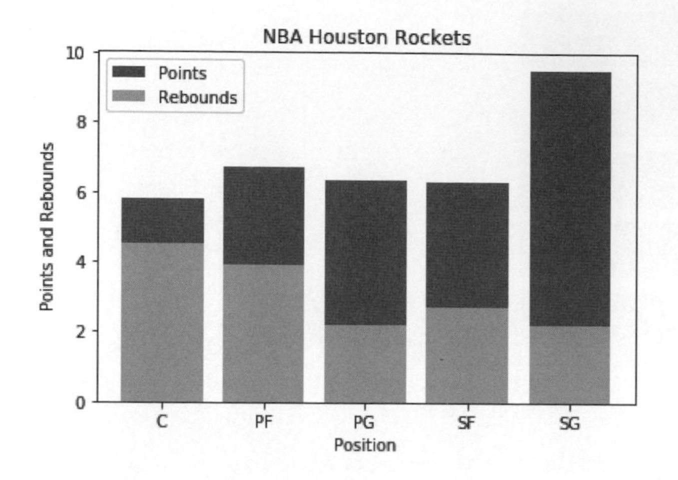

因為有 2 個資料集，其繪製位置數共有 10 個，如果將索引清單數改為 10 個，就是併排顯示 2 個資料集（Python 程式：Ch13_2_1c.py），如下所示：

```
index = range(1, 11)
plt.bar(index[0::2], points, label="Points")
plt.bar(index[1::2], rebounds, label="Rebounds")
plt.xticks(index[0::2], points.index)
⋮
```

上述程式碼使用 range() 函數建立 1 ～ 10 的索引清單，2 個 bar() 函數是分別繪製在奇數和偶數的索引位置上，x 軸的標籤說明是顯示在奇數索引，如下圖所示：

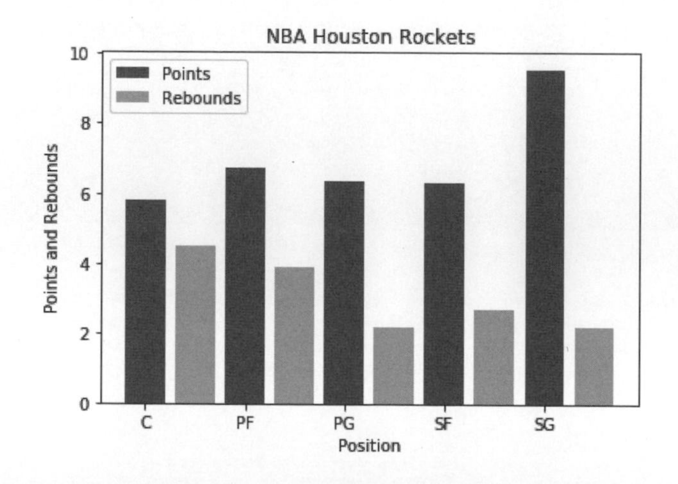

13-2-2 繪製直方圖

直方圖（Histograms）主要是用來顯示數值資料的分佈，這是一種次數分配表，可以讓我們觀察數值資料的分佈狀態。直方圖是使用長方形面積來顯示變數出現的頻率，寬度是分割區間。

✪ 顯示直方圖的區間和出現次數

Ch13_2_2.py

我們準備使用整數清單（共 21 個元素）顯示直方圖的區間和出現次數（即每一個區間的次數分配表），如下所示：

```
x = [21,42,23,4,5,26,77,88,9,10,31,32,33,34,35,36,37,18,49,50,100]
num_bins = 5
n, bins, patches = plt.hist(x, num_bins)
print(n)
print(bins)
plt.show()
```

上述程式碼呼叫 hist() 函數繪製直方圖，第 1 個參數是資料清單，第 2 個參數是分割成幾個區間，以此例是 5 個，函數傳回的 n 是各區間的出現次數，bins 是分割成 5 個區間的值，其執行結果如下圖所示：

```
[7. 9. 2. 1. 2.]
[  4.    23.2  42.4  61.6  80.8 100. ]
```

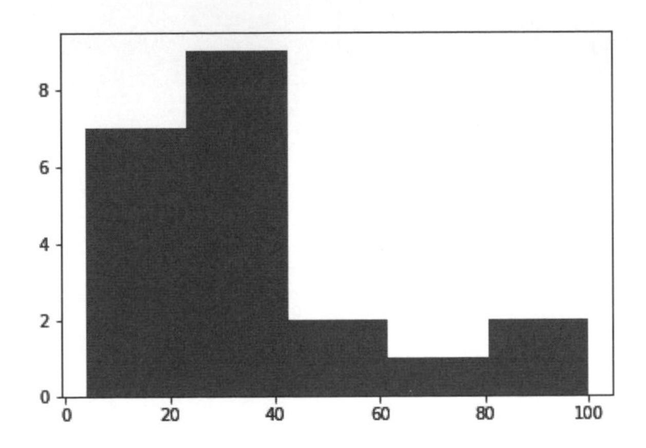

上圖的最上方有 2 個清單，第 1 個清單是 5 個區間的資料出現次數，第 2 個是從資料值 4 ～ 100 平均分割成 5 個區間的範圍值，第 1 個是 4 ～ 23.2 出現 7 次；第 2 個是 23.2 ～ 42.4 出現 9 次；第 3 個是 42.4 ～ 61.6 出現 2 次；第 4 個是 61.6 ～ 80.0 出現 1 次；最後是 80.8 ～ 100 出現 2 次。

✪ 顯示 NBA 球員的年薪分佈的直方圖 Ch13_2_2a.py

我們準備使用 NBA 年薪前 100 位球員資料，來顯示 NBA 球員的年薪分佈直方圖，如下所示：

```
df = pd.read_csv("NBA_salary_rankings_2018.csv")
num_bins = 15
plt.hist(df["salary"], num_bins)
plt.ylabel("Frequency")
plt.xlabel("Salary")
plt.title("Histogram of NBA Top 100 Salary")
plt.show()
```

上述 hist() 函數的第 1 個參數是 salary 欄位，第 2 個參數分割成 15 個區間，其執行結果如下圖所示：

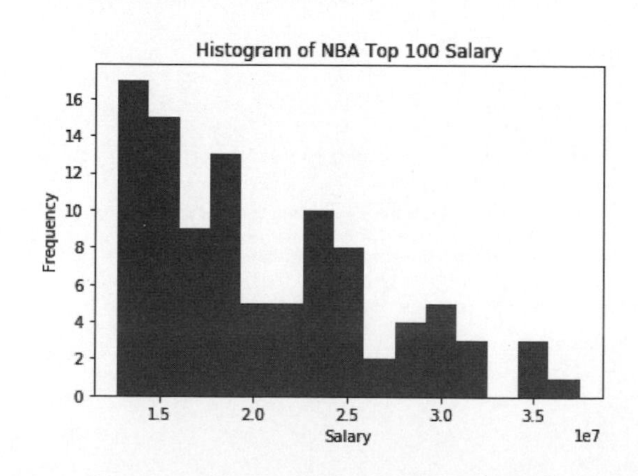

13-2-3 繪製箱形圖

箱形圖（Box Plots）是一種顯示群組數值的資料分佈，使用方形箱子清楚顯示各群組資料的最小值、前 25%、中間值、前 75% 和最大值，如下圖所示：

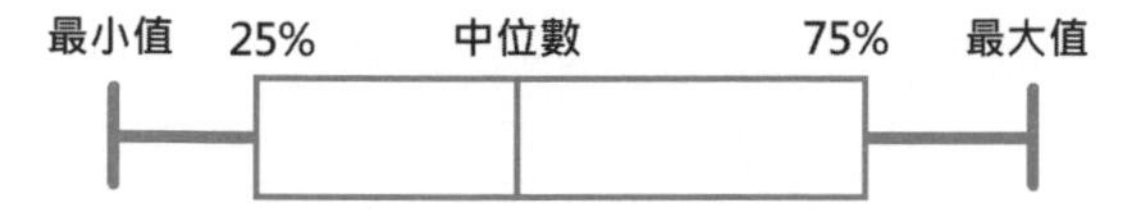

Matplotlib 是使用 boxplot() 函數繪製箱形圖，其參數是清單或 Numpy 陣列，可以依據此清單的數值分佈來計算和繪製箱形圖，如果參數是巢狀清單，每一個清單元素都會繪製出一個箱形圖。

✪ NBA 前 100 名依位置年薪分佈的箱形圖 Ch13_2_3.py

我們準備使用箱形圖來顯示 NBA 前 100 名年薪，使用球員 5 個位置來顯示群組數值的分佈，首先，需要處理資料來建立繪製所需的巢狀清單：

```
df = pd.read_csv("NBA_salary_rankings_2018.csv")
df = df.sort_values("pos")
col = df.drop_duplicates(["pos"])
```

上述程式碼載入 CSV 檔案後，首先使用位置 pos 欄位排序，然後呼叫 drop_duplicates() 函數刪除重複欄位，即可找出球隊的 5 個位置。而 col["pos"].values 則是取出 5 個位置的字串清單，然後建立各位置薪水的巢狀清單：

```
data = []
for pos in col["pos"].values:
    d = df[(df.pos == pos)]
    data.append(d["salary"].values)
```

上述 for/in 迴圈取出每一個位置字串，然後使用條件 (df.pos == pos) 過濾出此位置的年薪資料，即可呼叫 append() 新增至 data 清單，最後，我們可以使用 data 巢狀清單來繪製 5 個箱形圖，如下所示：

```
plt.boxplot(data)
plt.xticks(range(1,6), col["pos"], rotation=25)
plt.title("Box Plot of NBA Salary")
plt.show()
```

上述程式碼呼叫 boxplot() 函數繪製箱形圖，xticks() 函數建立 5 個刻度，名稱是已經刪除重複值的位置欄位 col["pos"]，因為名稱是全名，所以使用 rotation 參數旋轉 25 度來顯示，其執行結果如下圖所示：

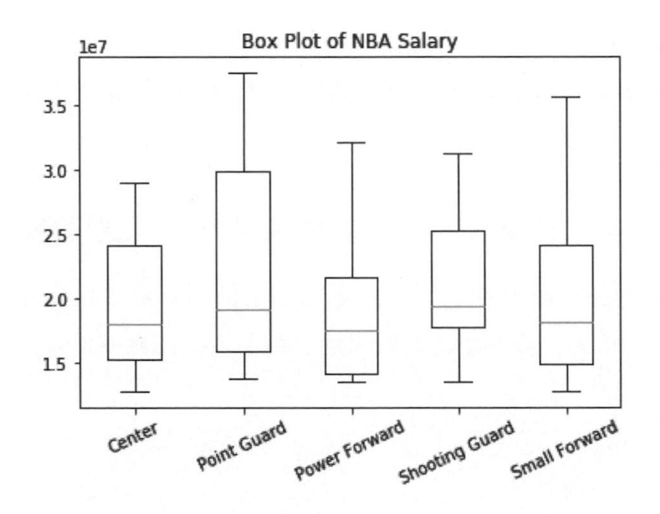

上圖在箱形中間是中間值，箱形上緣是 75%；下緣是 25%，最上方的橫線是最大值，最下方的橫線是最小值，透過箱形圖可以清楚顯示 5 種位置的年薪分佈。

13-2-4 繪製散佈圖

散佈圖（Scatter Plots）是由二個變數分別為垂直 y 軸和水平的 x 軸座標來繪製出資料點，可以顯示一個變數受另一個變數的影響程度，也就是識別出兩個變數之間的關係。例如：使用 NBA 球員的薪水 y 軸，得分為 x 軸繪製的散佈圖，可以看出薪水和得分之間的關係。

✪ NBA 球員的薪水和得分的散佈圖 Ch13_2_4.py

散佈圖基本上就是點的集合，在各點之間並沒有連接成線，我們準備載入球員薪水和統計數據的 CSV 檔案，然後繪出 NBA 球員的薪水和得分的散佈圖，如下所示：

```
df = pd.read_csv("NBA_players_salary_stats_2018.csv")
plt.scatter(df["PTS"], df["salary"])
plt.ylabel("Salary")
plt.xlabel("PTS")
plt.title("Scatter Plot of NBA Salary and PTS")
plt.show()
```

上述程式碼呼叫 scatter() 函數繪製散佈圖，2 個參數依序是 x（得分）和 y 座標（薪水），其執行結果如下圖所示：

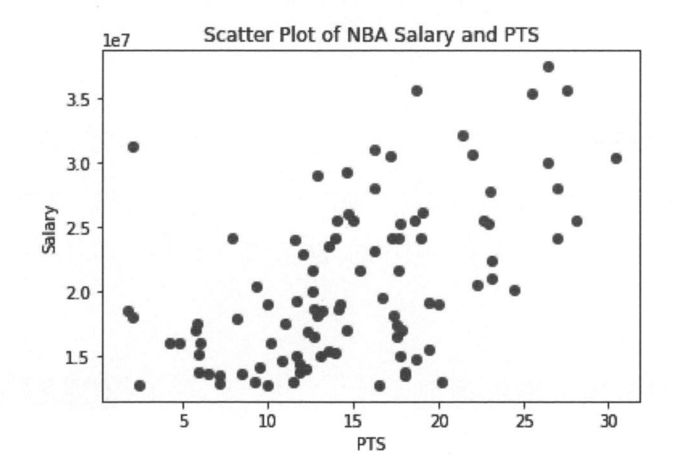

✪ NBA 球員的薪水和助攻的散佈圖 Ch13_2_4a.py

我們準備載入球員薪水和統計數據的 CSV 檔案後，繪製出 NBA 球員的薪水和助攻的散佈圖，如下所示：

```
plt.scatter(df["AST"], df["salary"])
plt.ylabel("Salary")
plt.xlabel("AST")
plt.title("Scatter Plot of NBA Salary and AST")
plt.show()
```

上述程式碼呼叫 scatter() 函數繪製散佈圖，2 個參數依序是 x 座標（助攻）和 y 座標（薪水），其執行結果如下圖所示：

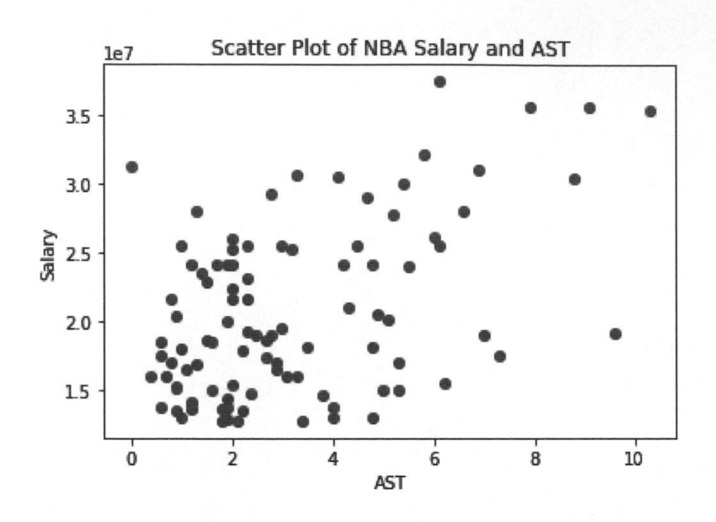

13-2-5 繪製派圖

派圖（Pie Charts）也稱為圓餅圖（Circle Charts），這是使用一個完整圓形來表示統計資料的圖表，就像切圓形的蛋糕一樣，以不同切片大小來標示資料的比例。

✪ NBA 球隊各位置人數的派圖

Ch13_2_5.py

我們準備將第 13-2-1 節 NBA 球隊各位置人數改繪製成派圖，如下所示：

```
df = pd.read_csv("GSW_players_stats_2017_18.csv")
df_grouped = df.groupby("Pos")
position = df_grouped["Pos"].count()
plt.pie(position, labels=position.index)
plt.axis("equal")
plt.title("NBA Golden State Warriors")
plt.show()
```

上述程式碼呼叫 pie() 函數繪製派圖，第 1 個參數是各位置的人數（需為整數），labels 參數指定標籤文字，axis() 函數參數值 "equal" 是正圓，執行結果如右圖所示：

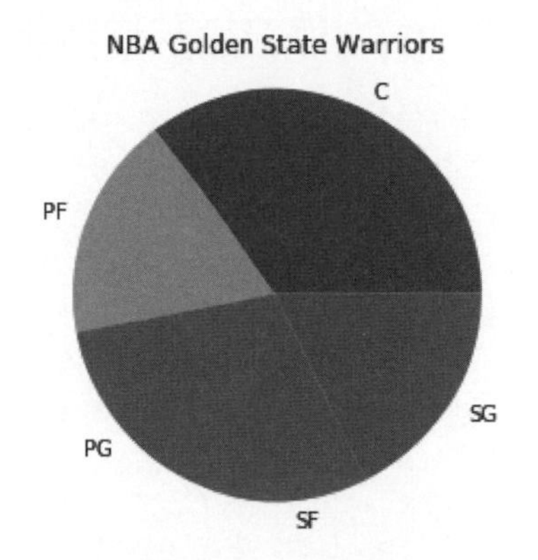

✪ 使用突增值標示派圖的切片

Ch13_2_5a.py

在派圖可以使用**突增值**的元組或清單，讓我們標示切片是否需要突出來強調顯示，如下所示：

```
df = pd.read_csv("GSW_players_stats_2017_18.csv")
df_grouped = df.groupby("Pos")
position = df_grouped["Pos"].count()
explode = (0, 0, 0.2, 0, 0.2)
plt.pie(position, labels=position.index,
        explode=explode)
plt.axis("equal")
plt.title("NBA Golden State Warriors")
plt.show()
```

上述 explode 元組值是每一對應切片的突增值，在 pie() 函數是使用 explode 參數來指定突增值，其執行結果如右圖所示：

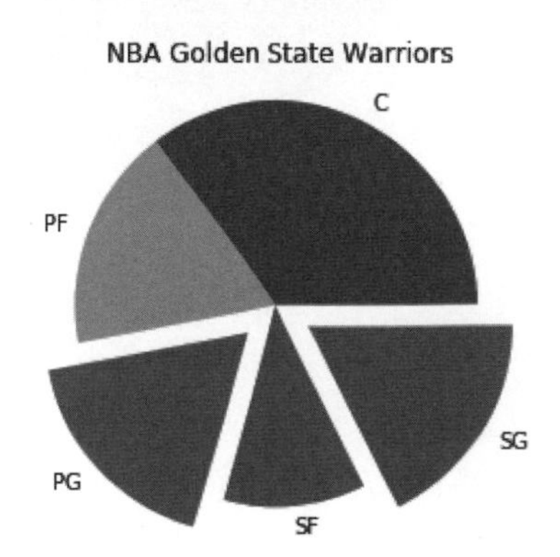

✪ 在派圖顯示切片色彩的圖例

Ch13_2_5b.py

同樣的，我們可以在派圖顯示切片色彩的圖例，如下所示：

```
df = pd.read_csv("GSW_players_stats_2017_18.csv")
df_grouped = df.groupby("Pos")
position = df_grouped["Pos"].count()
explode = (0, 0, 0.2, 0, 0.2)
patches, texts = plt.pie(position,
                         labels=position.index,
                         explode=explode)
plt.legend(patches, position.index, loc="best")
plt.axis("equal")
plt.title("NBA Golden State Warriors")
plt.show()
```

上述 pie() 函數取得傳回值的 patches 色塊物件，texts 是各標籤文字的座標和字串，然後使用 legend() 函數顯示圖例，第 1 個參數是 patches 色塊物件，第 2 個參數是標籤說明，loc 參數值 "best" 是最佳顯示位置，其執行結果可以看到顯示在右上角的圖例，如下圖所示：

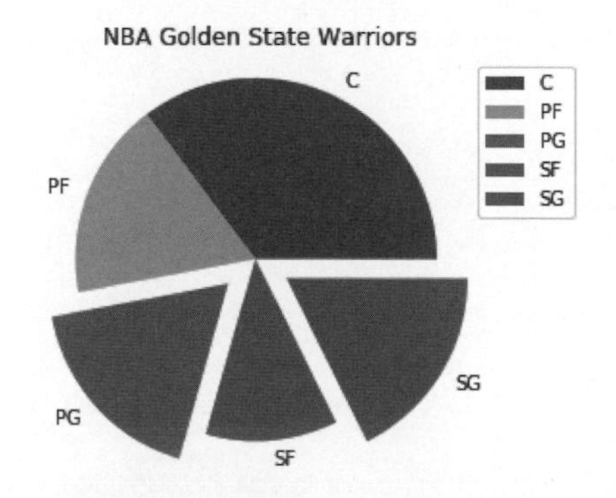

13-2-6 繪製折線圖

折線圖（Line Chars）是我們最常使用的圖表，這是使用一序列資料點的標記，使用直線連接各標記建立的圖表，一般來說，折線圖可以顯示以時間為 x 軸的趨勢（Trends）。例如：使用折線圖顯示 NBA 球員 Kobe Bryant 生涯得分、助攻和籃板的趨勢。

✪ NBA 球員生涯得分、助攻和籃板的折線圖 Ch13_2_6.py

我們準備從 Kobe Bryant 的球員統計資料 Kobe_stats.csv 檔案，顯示得分、助攻和籃板的折線圖，如下所示：

```
df = pd.read_csv("Kobe_stats.csv")
df["Season"] = pd.to_datetime(df["Season"])
df = df.set_index("Season")
plt.plot(df["PTS"], "r-o", label="PTS")
plt.plot(df["AST"], "b-o", label="AST")
plt.plot(df["TRB"], "g-o", label="REB")
plt.legend()
plt.ylabel("Stats")
plt.xlabel("Season")
plt.title("Kobe Bryant")
plt.show()
```

上述程式碼首先使用 to_datetime() 函數將欄位轉換成日期時間，和指定索引，然後呼叫 3 次 plot() 函數來繪製 3 條折線圖，可以在同一張圖繪製得分、助攻和籃板的三條線，其執行結果如下圖所示：

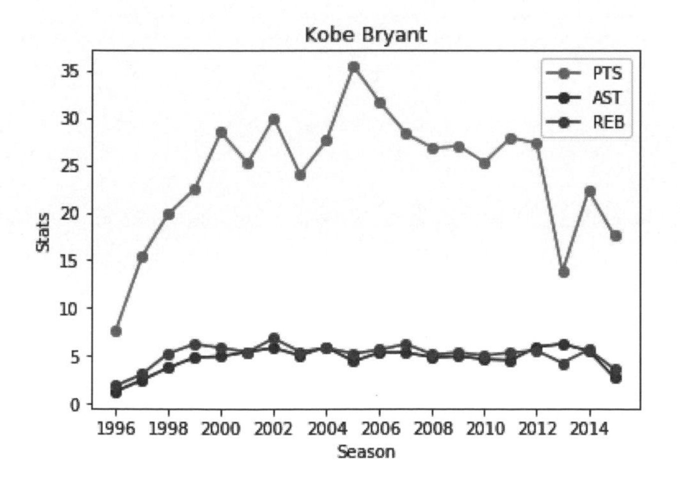

13-3 Pandas 的資料視覺化

除了使用 Matplotlib 繪製圖表外，Pandas 已經整合 Matplotlib 的繪製圖表功能，所以，資料視覺化也可以直接使用 Series 或 DataFrame 物件的 plot() 函數來進行。

✪ 繪製長條圖

Ch13_3.py

我們只需建立 DataFrame 或 Series 物件，就可以使用 plot() 函數繪製長條圖，例如：NBA 火箭隊各位置平均得分和籃板的長條圖，如下所示：

```
import pandas as pd
import matplotlib.pyplot as plt

df = pd.read_csv("HOU_players_stats_2017_18.csv")
df_grouped = df.groupby("Pos")
points = df_grouped["PTS/G"].mean()
rebounds = df_grouped["TRB"].mean()
data = pd.DataFrame()
data["Points"] = points
data["Rebounds"] = rebounds
```

上述程式碼計算各位置的得分和籃板平均，這是 Series 物件，然後使用這 2 個 Series 物件建立 DataFrame 物件 data 後，就可以繪製長條圖：

```
points.plot(kind="bar")
plt.title("Points")

data.plot(kind="bar")
plt.title("Points and Rebounds")
```

上述 plot() 函數使用 kind 屬性指定 "bar" 長條圖（"barh" 是水平長條圖），points 是 Series 物件，data 是 DataFrame 物件，我們一樣可以使用 Matplotlib 的 title() 函數來指定標題文字，其執行結果如下圖所示：

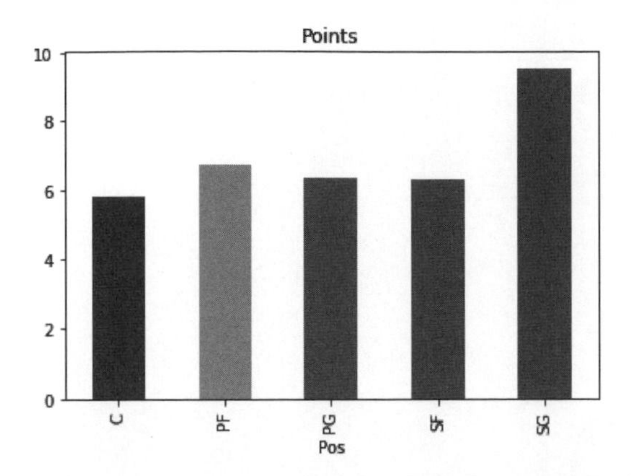

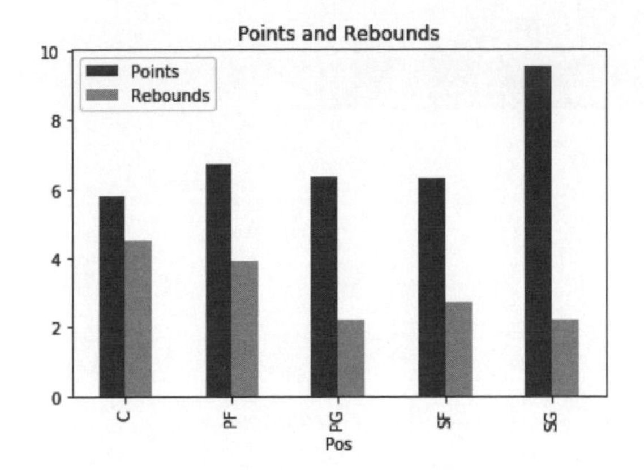

除了在 plot() 函數使用 kind 屬性繪製長條圖外，我們也可以直接呼叫 plot.bar() 函數，完整範例位在「\Ch13\Pandas」子目錄，如下所示：

```
points.plot.bar()
data.plot.bar()
```

✪ 繪製直方圖

Ch13_3a.py

我們準備將 Python 程式 Ch13_2_2a.py 的直方圖改用 Pandas 來繪製，如下所示：

```
num_bins = 15
df["salary"].plot(kind="hist", bins=num_bins)
plt.ylabel("Frequency")
plt.xlabel("Salary")
plt.title("Histogram of NBA Top 100 Salary")
```

上述 plot() 函數指定 kind 屬性值是 "hist" 直方圖（也可以使用 plot.hist() 函數），bins 是分割區間，其執行結果如下圖所示：

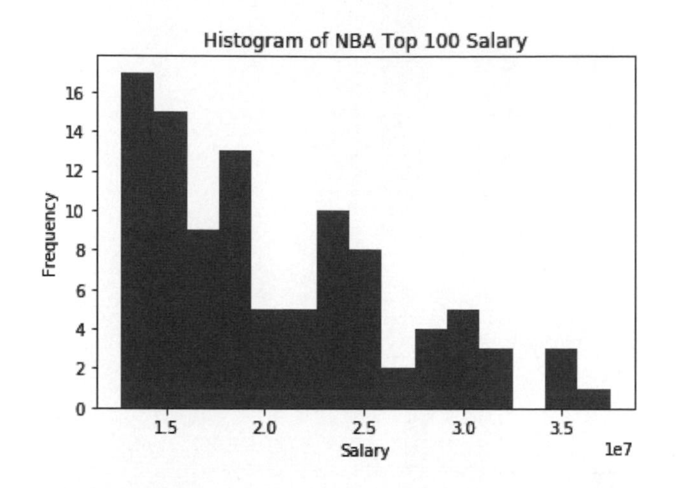

✪ 繪製箱形圖

Ch13_3b.py

請將第 13-2-3 節的箱形圖改用 Pandas 來繪製，如此我們就不需預先處理資料，就可以馬上繪出箱形圖，如下所示：

```
df = pd.read_csv("NBA_salary_rankings_2018.csv")

df.boxplot(column="salary",
           by="pos",
           figsize=(6,5))

plt.xticks(rotation=25)
plt.title("Box Plot of NBA Salary")
```

上述程式碼載入 CSV 檔案後，呼叫 boxplot() 函數繪製箱形圖，參數 column 是欄位名稱或名稱清單，參數 by 是群組欄位，以此例是 pos 欄位的 5 個位置，figsize 參數是指定圖形尺寸的元組，其執行結果如下圖所示：

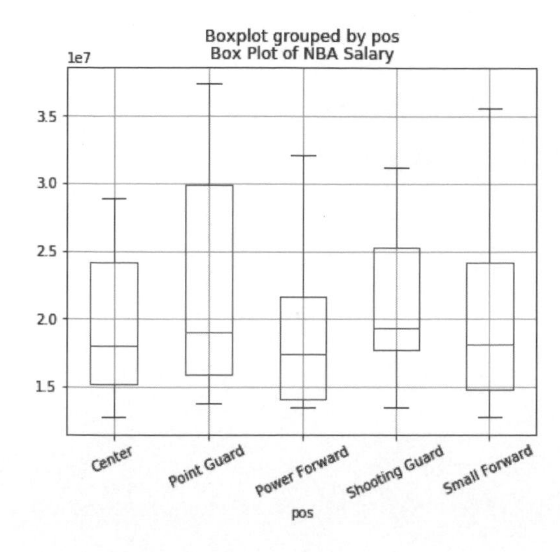

✪ 繪製散佈圖

Ch13_3c.py

我們準備將 Python 程式 Ch13_2_4.py 的 NBA 球員薪水和得分的散佈圖，改用 Pandas 套件的 plot() 函數來繪製，如下所示：

```
df = pd.read_csv("NBA_players_salary_stats_2018.csv")

df.plot(kind="scatter", x="PTS", y="salary",
        title="Scatter Plot of NBA Salary and PTS")
```

上述程式碼載入 CSV 檔案建立 DataFrame 物件後，使用 plot() 函數繪出散佈圖，參數 kind 是 scatter（也可以使用 plot.scatter() 函數），x 參數是 x 軸的欄位名稱；y 參數是 y 軸，title 參數是標題文字，其執行結果如下圖：

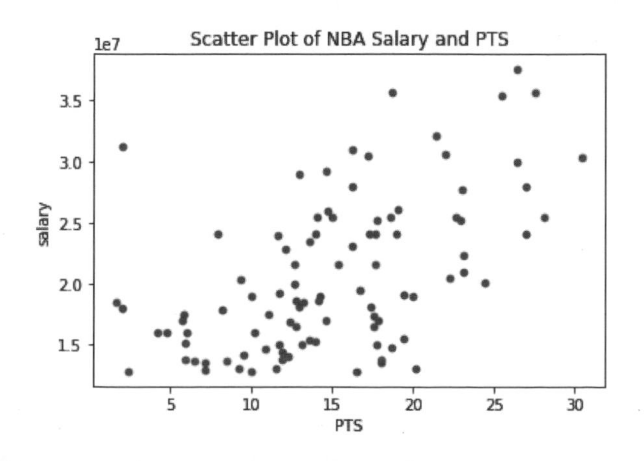

✪ 繪製派圖

Ch13_3d.py

我們準備將第 13-2-5 節的派圖改用 Pandas 來繪製，只需建立 explode 清單的突增值，一樣可以使用 plot() 函數繪製標示切片突出的派圖，如下所示：

```
df = pd.read_csv("GSW_players_stats_2017_18.csv")
df_grouped = df.groupby("Pos")
position = df_grouped["Pos"].count()
explode = (0, 0, 0.2, 0, 0.2)
# 繪出派圖
position.plot(kind="pie",
              figsize=(6, 6),
              explode=explode,
              title="NBA Golden State Warriors")
plt.legend(position.index, loc="best")
```

上述 explode 清單是對應各切片的突增值，plot() 函數使用 kind 屬性指定 "pie" 派圖（也可以使用 plot.pie() 函數），figsize 屬性指定尺寸長寬相同，這是正圓，explode 屬性是突增值，其執行結果如下圖所示：

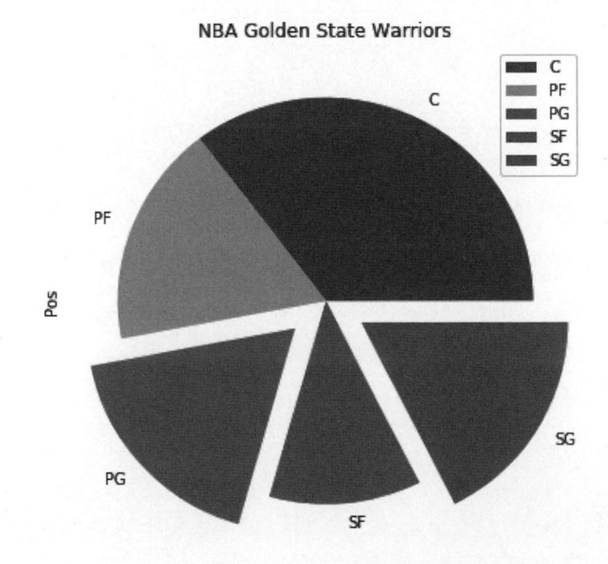

✪ 繪製折線圖

Ch13_3e.py

我們準備修改第 13-2-6 節 Kobe Bryant 生涯得分、助攻和籃板的折線圖，改用 Pandas 來繪製，如下所示：

```
df = pd.read_csv("Kobe_stats.csv")
data = pd.DataFrame()
data["Season"] = pd.to_datetime(df["Season"])
data["PTS"] = df["PTS"]
data["AST"] = df["AST"]
data["REB"] = df["TRB"]
data = data.set_index("Season")

data.plot(kind="line")
```

上述程式碼建立 DataFrame 物件 data 只保留 CSV 檔案的 Season、PTS、AST 和 TRB 欄位，plot() 函數使用 kind 屬性指定 "line" 折線圖（也可以使用 plot.line() 函數），其執行結果如下圖所示：

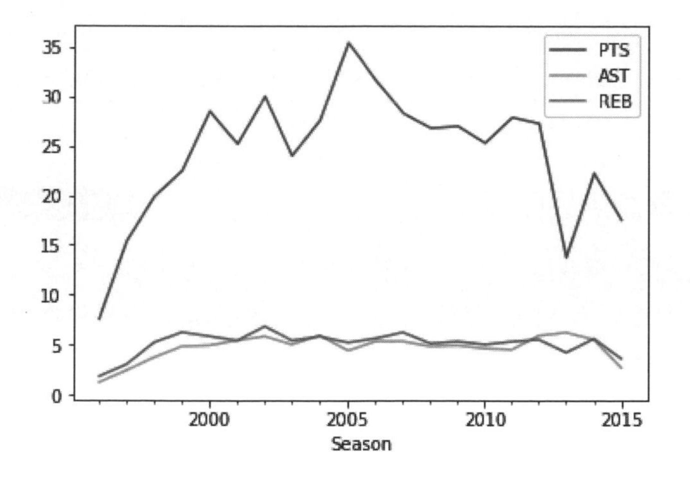

13-4 Matplotlib 的軸與子圖表

Matplotlib 的 Figure 圖形物件是一個容器，可以同時繪出多張圖表，而每一張圖表是繪在指定的**軸**（Axes）上，這就是**子圖表**（Subplots）。

13-4-1 繪製子圖表

Matplotlib 是呼叫 subplot() 函數繪製子圖表（Subplots），這是使用表格方式來分割繪圖區域成多個子圖表，我們可以指定每一張圖表是繪在哪一個儲存格，其語法如下所示：

```
plt.subplot(num_rows, num_cols, plot_num)
```

上述函數的前 2 個參數是分割繪圖區域成為幾列（Rows）和幾欄（Columns）的表格，最後 1 個參數是顯示第幾張圖表，其值是從 1 至最大儲存格數的 num_rows*num_cols，繪製方向是先水平再垂直。

✪ 繪製 2 張垂直排列的子圖表　Ch13_4_1.py

垂直排列 2 張圖表需要建立 2 X 1 表格，即 2 列和 1 欄，第 1 列的編號是 1，依序的第 2 列是 2，我們只需使用 subplot() 函數即可在指定儲存格繪製子圖表，如下所示：

```
x = [0,0.5,1,1.5,2,2.5,3,3.5,4,4.5,5,
     5.5,6,6.5,7,7.5,8,8.5,9,9.5,10]
sinus = [math.sin(v) for v in x]
cosinus = [math.cos(v) for v in x]
plt.subplot(2, 1, 1)
plt.plot(x, sinus, "r-o")
plt.subplot(2, 1, 2)
plt.plot(x, cosinus, "g--")
plt.show()
```

上述程式碼本來是在同一張圖表繪製 2 個資料集，現在，我們改為呼叫 2 次 subplot() 函數，第 1 次的參數是 2, 1, 1，即繪在 2 X 1 表格（前 2 個參數）

的第 1 列（第 3 個參數），第 2 次的參數是 2, 1, 2，即 2 X 1 表格的第 2 列，其執行結果如下圖所示：

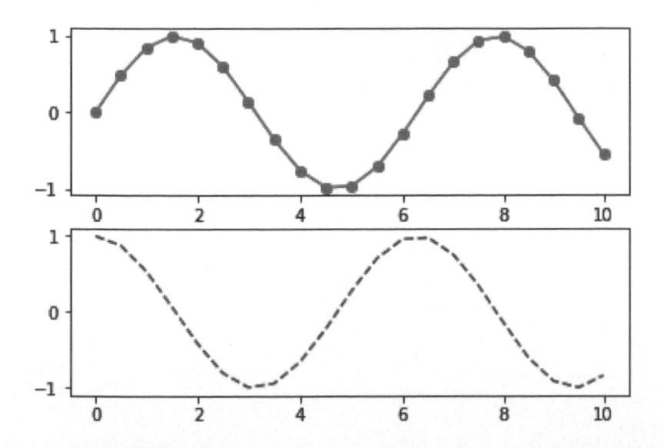

請注意！如果 subplot() 函數的 3 個參數值都小於 10，我們可以使用 1 個整數值的參數來代替 3 個整數值的參數，原來的第 1 個參數值是百進位值；第 2 個參數值是十進位值；最後是個位值，以本節範例來說，參數 2,1,1 和 2,1,2 分別是 211 和 212，如下所示：

```
plt.subplot(211)
 ⋮
plt.subplot(212)
```

✪ 繪製 2 張水平排列的子圖表 Ch13_4_1a.py

水平排列 2 張圖表需要建立 1 X 2 表格，即 1 列和 2 欄，第 1 欄編號是 1，依序的第 2 欄是 2，我們只需使用 subplot() 函數即可在指定儲存格繪製子圖表，如下所示：

```
x = [0,0.5,1,1.5,2,2.5,3,3.5,4,4.5,5,
     5.5,6,6.5,7,7.5,8,8.5,9,9.5,10]
sinus = [math.sin(v) for v in x]
cosinus = [math.cos(v) for v in x]
plt.subplot(1, 2, 1)
plt.plot(x, sinus, "r-o")
plt.subplot(1, 2, 2)
plt.plot(x, cosinus, "g--")
plt.show()
```

上述程式碼呼叫 2 次 subplot() 函數，第 1 次呼叫的參數是 1, 2, 1，即繪製在 1 X 2 表格的第 1 欄，第 2 次的參數是 1, 2, 2，即 1 X 2 表格的第 2 欄，其執行結果如下圖所示：

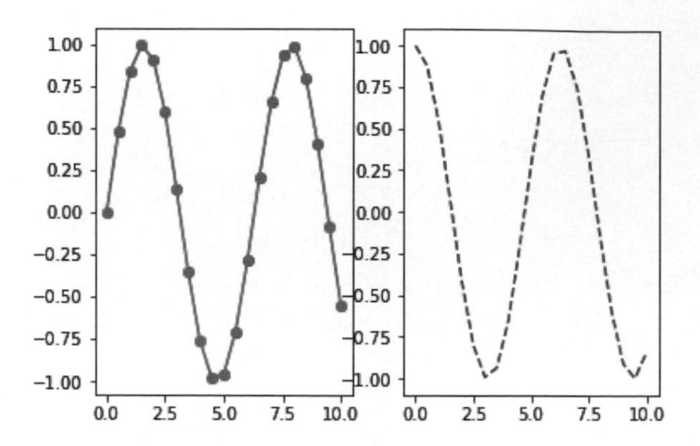

✪ 繪製 6 張表格排列的子圖表 Ch13_4_1b.py

我們準備在同一張圖形繪製 6 張三角函數 sin()、cos()、tan()、sinh()、cosh() 和 tanh() 的圖表，可以顯示繪製順序是先水平再垂直，如下所示：

```
x = [0,0.5,1,1.5,2,2.5,3,3.5,4,4.5,5,
     5.5,6,6.5,7,7.5,8,8.5,9,9.5,10]

plt.subplot(231)
plt.plot(x, [math.sin(v) for v in x])
plt.subplot(232)
plt.plot(x, [math.cos(v) for v in x])
plt.subplot(233)
plt.plot(x, [math.tan(v) for v in x])
plt.subplot(234)
plt.plot(x, [math.sinh(v) for v in x])
plt.subplot(235)
plt.plot(x, [math.cosh(v) for v in x])
plt.subplot(236)
plt.plot(x, [math.tanh(v) for v in x])
plt.show()
```

上述程式碼呼叫 6 次 subplot() 函數繪出 6 張圖表，第 1 張是 2, 3, 1，即繪在 2 X 3 表格的第 1 欄，第 2 張的參數是 2, 3, 2，即 2 X 3 表格的第 2 欄，第 3 張是第 3 欄，然後是第 2 列的第 1～3 欄，其執行結果如下圖所示：

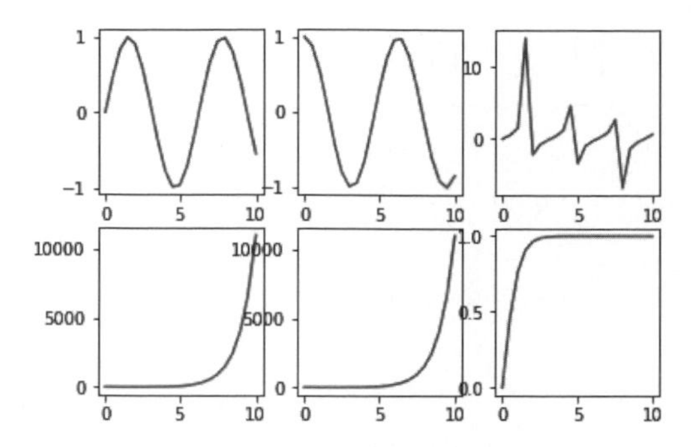

13-4-2 使用「軸」繪製子圖表

Matplotlib 的軸（Axes）和子圖表（Subplots）是一體兩面，Matplotlib 的 Figure 圖形物件是一個容器，可以分割成多個面板的子圖表，即軸，而事實上我們就是在各軸上繪製子圖表。

✪ 使用軸繪製子圖表

Ch13_4_2.py

接著，我們要修改 Python 程式 Ch13_4_1a.py，改用 2 個軸來繪製子圖表：

```
⋮
fig, axes = plt.subplots(1,2, figsize=(6,4))
axes[0].plot(x, sinus, "r-o")
axes[1].plot(x, cosinus, "g--")
plt.show()
```

上述 subplots() 函數指定 1 列和 2 欄，figsize 參數指定圖形尺寸，函數的傳回值是 Figures 物件和 Axes 軸清單，以此例有 2 個軸，然後分別在 axes[0] 和 axes[1] 軸上繪出 2 張圖表，即繪製 2 張子圖表，執行結果如下：

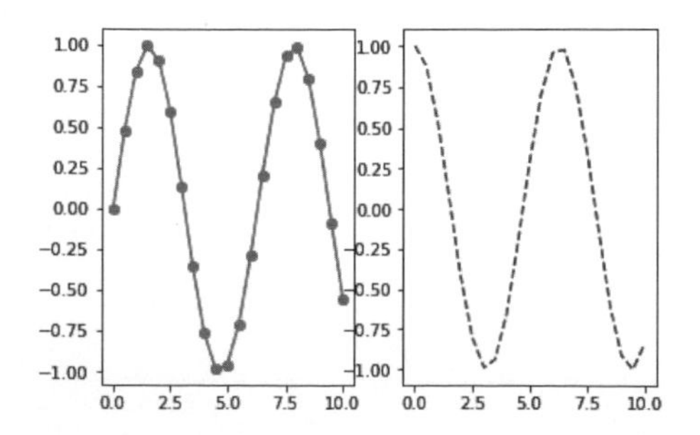

學習評量

1. 請簡單説明什麼是 Matplotlib 套件？

2. 請寫出 Matplotlib 套件可以繪製的圖表類型有哪些？

3. 請問 Matplotlib 套件如何更改圖形尺寸和軸的範圍？

4. 請説明 Matplotlib 套件的子圖表是什麼？以及這些子圖表是如何排列？

5. Pandas 套件可以使用 ________ 函數繪製圖表，DataFrame 物件是呼叫 ________ 函數繪製箱形圖。

6. 目前資料的 x 軸是 1 ～ 50；y 軸是 x 軸的 3 倍，請寫出 Python 程式，繪製一條線的折線圖，標題文字是 Draw a Line.。

7. 下方是 2 條線的 x 和 y 軸座標，請使用 Matplotlib 套件繪製出這 2 個資料集的折線圖，並且顯示圖例，如下所示：

```
x1 = [10,20,30]
y1 = [20,40,10]
x2 = [10,20,30]
y2 = [40,10,30]
```

8. 現在我們有某公司 5 天股價資料的 CSV 檔案 stock.csv，請使用 Pandas 套件載入檔案後，繪出 5 天股價的折線圖。

9. 請使用 Pandas 套件載入 anscombe_i.csv 檔案，然後使用 x 和 y 欄位繪出散佈圖。

10. 請使用 Pandas 套件載入 iris.csv 檔案，然後使用 petal_length 欄位繪出箱形圖。

14

CHAPTER

Seaborn 統計資料視覺化

14-1 Seaborn 的基礎與基本使用

Seaborn 是 Python 除了 Matplotlib 函式庫外，一套必學的資料視覺化函式庫，可以輕鬆讓我們結合 Pandas 的資料來繪製統計圖表。

14-1-1 認識 Seaborn 函式庫

Seaborn 是一套功能強大的高階資料視覺化函式庫，Anaconda 預設已經一併安裝好了，如果沒有安裝，請開啟 **Anaconda Prompt** 命令提示字元視窗，輸入下列指令安裝 Seaborn 函式庫，如下所示：

```
(base) C:\Users\JOE>conda install seaborn Enter
```

✪ Seaborn 簡介

Seaborn 是建立在 Matplotlib 函式庫上的一套統計資料視覺化函式庫，其主要目的是補足和擴充 Matplotlib 的功能，並不是取代 Matplotlib，因為 Matplotlib 繪製漂亮圖表需要指定大量參數，Seaborn 提供預設參數值的佈景 (Themes)，和緊密整合 Pandas 資料結構，可以讓我們更容易繪製各種漂亮圖表，特別適用在繪製統計圖表。

Seaborn 在資料視覺化方面增強的功能，如下所示：

- 提供預設圖形美學的佈景主題，可以快速繪製漂亮的圖表。
- 支援客製化調色盤的圖表色彩配置。
- 可以繪製漂亮和吸引人的統計圖表。
- 能夠使用多面向和彈性方式來顯示資料分佈。
- 緊密整合 Pandas 的 DataFrame 資料框物件。

✪ Seaborn 圖表函數

Seaborn 圖表函數是擴充 Matplotlib 的圖表函數，在 Matplotlib 的每一張圖表是繪製在指定軸（Axes），即一張子圖表（Subplots），多個子圖表（軸）組合成一張圖形（Figure），我們需要先建立圖形，分割成表格的多個軸後，才在指定軸上繪製子圖表。

Seaborn 支援圖形等級的圖表函數，可以直接依據資料分類來繪製出多張子圖表（不用自行繪製每一張子圖表），幫助我們快速建立多面向資料視覺化的圖表。Seaborn 的圖表函數分為兩大類，如下所示：

- **軸等級的圖表函數**（Axes-level Functions）：對應 Matplotlib 的圖表函數，可以在指定軸上繪製圖表（單一軸），在各軸的圖表是獨立，並不會影響同一張圖形（Figure）位在其他軸的子圖表。
- **圖形等級的圖表函數**（Figure-level Functions）：緊密結合 Pandas 的 DataFrame 物件，可以在 Matplotlib 的圖形（Figure），使用資料類別來直接擴展繪製出跨多軸的多張子圖表，幫助我們最佳化資料探索和分析，而且可以使用 kind 屬性指定圖表種類，換句話說，軸等級的圖表函數只能繪製一種圖表，圖形等級支援繪製多種圖表。

14-1-2 使用 Seaborn 繪製圖表

現在，我們可以建立 Python 程式使用 Seaborn 套件來繪製圖表，首先在程式開頭需要匯入相關模組與套件，如下所示：

```
import matplotlib.pyplot as plt
import seaborn as sns
import pandas as pd
```

上述程式碼匯入 Matplotlib 和 Seaborn（別名 sns），如果有用 DataFrame，我們也需要匯入 Pandas。

✪ 繪製軸等級的圖表

Ch14_1_2.py

我們準備修改第 13-4-2 節的 Python 程式，改用 Seaborn 軸等級的繪圖函數來繪製子圖表。首先在程式開頭匯入模組和套件，如下所示：

```
import matplotlib.pyplot as plt
import seaborn as sns
import math

x = [0,0.5,1,1.5,2,2.5,3,3.5,4,4.5,5,
     5.5,6,6.5,7,7.5,8,8.5,9,9.5,10]
sinus = [math.sin(v) for v in x]
cosinus = [math.cos(v) for v in x]

sns.set()
fig, axes = plt.subplots(1,2, figsize=(6,4))
ax1 = sns.lineplot(x=x, y=sinus, ax=axes[0])
ax2 = sns.scatterplot(x=x, y=cosinus, ax=axes[1])
plt.show()
```

上述程式碼使用 Python 清單作為資料來源，在建立資料後，呼叫 set() 函數指定使用 Seaborn 預設佈景，然後使用 subplots() 函數建立擁有 2 個儲存格的圖形，即在 2 個軸上繪製子圖表，如下所示：

```
ax1 = sns.lineplot(x=x, y=sinus, ax=axes[0])
ax2 = sns.scatterplot(x=x, y=cosinus, ax=axes[1])
```

上述 lineplot() 函數是折線圖；scatterplot() 函數是散佈圖，函數的傳回值是軸，函數的參數 x 是 x 軸資料；y 是 y 軸，參數 ax 是指定繪在哪一個軸上，最後呼叫 show() 函數顯示圖表，其執行結果如下圖所示：

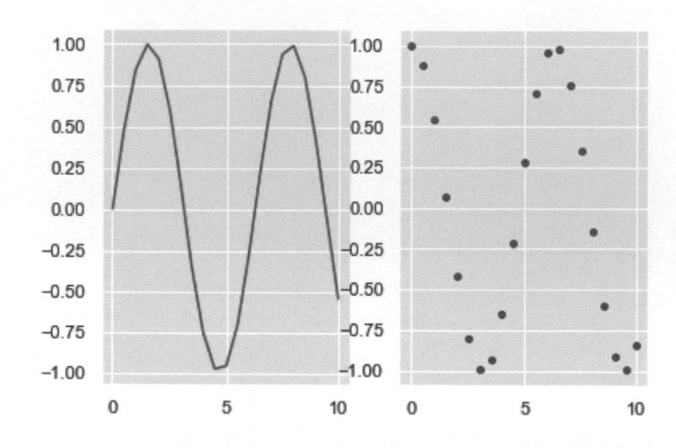

和第 13-4-2 節的圖表比較，可以看出 Seaborn 圖表比較漂亮，因為 Seaborn 有預設的佈景主題。

✪ 繪製圖形等級的圖表

Ch14_1_2a.py

接著，我們準備使用相同資料，改用圖形等級的圖表函數來繪製多張子圖表，因為此等級的函數是和 Pandas 資料緊密的結合，我們需要先建立 DataFrame 物件後，才能繪製圖表。首先，匯入模組套件和建立所需資料的 Python 清單，如下所示：

```
import matplotlib.pyplot as plt
import seaborn as sns
import pandas as pd
import math

x = [0,0.5,1,1.5,2,2.5,3,3.5,4,4.5,5,
     5.5,6,6.5,7,7.5,8,8.5,9,9.5,10]
sinus = [math.sin(v) for v in x]
cosinus = [math.cos(v) for v in x]
```

上述程式碼匯入套件後，建立 3 個 Python 清單，我們準備將這 3 個清單建立成 DataFrame 物件，如下所示：

```
df = pd.DataFrame()
df["x"] = x
df["sin"]= sinus
df["cos"] = cosinus
print(df.head())
```

上述程式碼建立空 DataFrame 物件後，依序新增 x、sin 和三個欄位，其執行結果如下圖所示：

	x	sin	cos
0	0.0	0.000000	1.000000
1	0.5	0.479426	0.877583
2	1.0	0.841471	0.540302
3	1.5	0.997495	0.070737
4	2.0	0.909297	-0.416147

上述 DataFrame 物件共有 3 欄：第 1 個是 x 軸、第 2～3 是 y 軸（sin、cos），**請注意！** Seaborn 圖形等級圖表函數的資料結構需要將每一欄的 sin 和 cos 融合成同一欄位，使用新增的分類欄位來指明是 sin 或 cos 的 y 軸資料。請使用 melt() 函數處理 DataFrame 物件，如下所示：

```
df2 = pd.melt(df, id_vars=['x'], value_vars=['sin', 'cos'])
print(df2.head())
```

上述程式碼建立 df2 物件，參數 id_vars 是 x 軸資料，value_vars 參數指定 sin 和 cos 兩欄清單是欲融合的 y 軸資料，其轉換結果如下圖所示：

	x	variable	value
0	0.0	sin	0.000000
1	0.5	sin	0.479426
2	1.0	sin	0.841471
3	1.5	sin	0.997495
4	2.0	sin	0.909297

上述 variable 欄位是分類欄位，其值是 2 種 y 軸資料的 sin 和 cos，value 欄位即原來 2 個 y 軸值融合成的欄位。最後，我們可以使用 DataFrame 物件 df2 作為資料來源來繪出 Seaborn 圖表，如下所示：

```
sns.set()
sns.relplot(x="x", y="value", kind="scatter", col="variable", data=df2)
plt.show()
```

上述 relplot() 函數是 Seaborn 圖形等級的圖表函數，最後的 data 參數指定使用 DataFrame 物件，因為已經指定 df2，所以參數 x 和 y 的值是欄位名稱字串 "x" 和 "value"，kind 參數指定 "scatter" 散佈圖（預設值），值 "line" 是折線圖，col 參數指定分類欄位 "variable"，其執行結果可以看到繪製出 sin 和 cos 分類的 2 張散佈圖，如下圖所示：

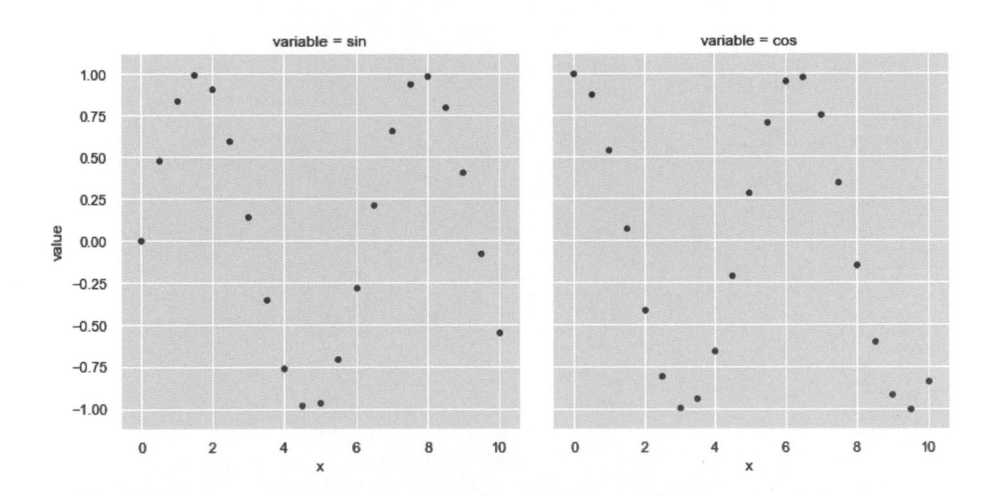

上圖可以看出 1 個 relplot() 函數自動依據 col 參數的 "variable" 欄位值，將資料繪成 sin 和 cos 共兩張子圖表。

14-1-3 更改 Seaborn 圖表的外觀

Seaborn 圖表在呼叫 set() 函數套用預設佈景後，我們可以更改 Seaborn 圖表的佈景和樣式，或是直接使用 Matplotlib 函數來更改軸範圍、顯示標題文字和軸標籤。

✪ 更改 Seaborn 圖表的樣式

Ch14_1_3.py

Seaborn 圖表可以使用 set_style() 函數指定圖表使用的佈景主題，可用的參數值有：darkgrid（預設值）、whitegrid、dark、white 和 ticks，如下所示：

```
x = [0,0.5,1,1.5,2,2.5,3,3.5,4,4.5,5,
     5.5,6,6.5,7,7.5,8,8.5,9,9.5,10]
sinus = [math.sin(v) for v in x]

sns.set_style("whitegrid")
sns.lineplot(x=x, y=sinus)
plt.show()
```

上述程式碼建立 x 座標和 sin(x) 值的清單後，呼叫 set_style() 函數指定 whitegrid 佈景主題，其執行結果如下圖所示：

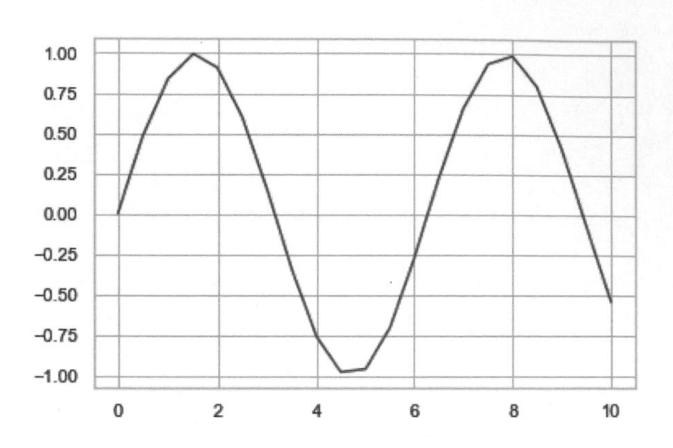

✪ 刪除上方和右方的軸線

Ch14_1_3a.py

當 Seaborn 圖表使用 whitegrid 佈景主題時，可以看到位在圖表最上方和最右方顯示出完整軸線，一般來說，我們只會顯示最左方和最下方的軸線，此時，請使用 despine() 函數來移除這 2 條線，如下所示：

```
sns.set_style("whitegrid")
sns.lineplot(x=x, y=sinus)
sns.despine()
plt.show()
```

上述程式碼是在呼叫 lineplot() 函數後，再呼叫 despine() 函數來移除這 2 條線，其執行結果如下圖所示：

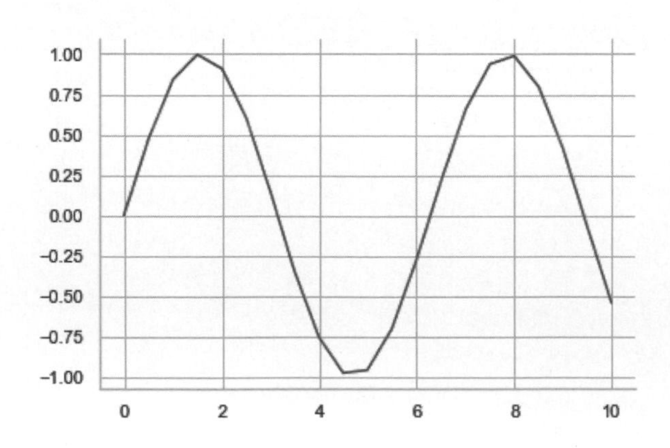

✪ 更改 Seaborn 佈景的樣式 Ch14_1_3b.py

Seaborn 的 set_style() 函數可以在第 2 個參數使用字典來更改佈景的細部樣式，如下所示：

```
sns.set_style("darkgrid", {"axes.axisbelow": False})
sns.lineplot(x=x, y=sinus)
plt.show()
```

上述程式碼更改 axes.axisbelow 屬性值為 False，表示軸線會顯示在圖表折線的上方，其執行結果如下圖所示：

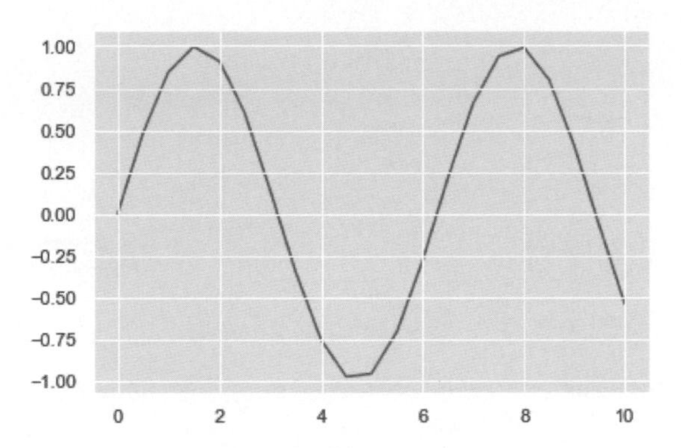

如果想知道可修改的佈景屬性有哪些，請呼叫 axe_style() 函數來顯示目前佈景主題的字典，這就是我們可以更改的屬性，如下所示：

```
print(sns.axes_style())
```

✪ 更改 Seaborn 圖表的外觀 Ch14_1_3c.py

除了使用 Seaborn 圖表的佈景外，我們一樣可以使用 Matplotlib 的函數來更改圖表的外觀，如下所示：

```
sns.set_style("darkgrid", {"axes.axisbelow": False})
sns.lineplot(x=x, y=sinus)
plt.title("Sinus Wave")
plt.xlim(-2, 12)
plt.ylim(-2, 2)
plt.xlabel("x")
plt.ylabel("sin(x)")
plt.show()
```

上述程式碼依序新增標題文字、更改 x 和 y 軸的範圍和加上標籤說明文字，其執行結果如下圖所示：

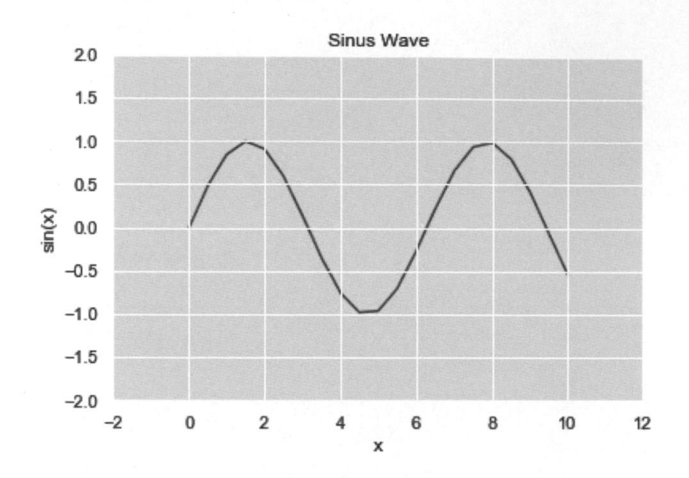

✪ 更改 Seaborn 圖表的尺寸

Ch14_1_3d.py

Seaborn 如果使用軸等級圖表函數，我們可以使用 Matplotlib 更改圖表尺寸，如果是使用圖形等級的圖表函數，就只能使用 height 和 aspect 參數：

```
sns.relplot(x="x", y="value", kind="scatter", col="variable",
            height=4, aspect=1.2, data=df2)
```

上述 relplot() 函數的 height 參數是圖表的高，單位是英吋，aspect 是長寬比，圖表寬度就是 height*aspect。

14-1-4 載入 Seaborn 內建資料集

在 Seaborn 套件內建有一些資料集，可以讓我們在學習 Seaborn 資料視覺化時，直接使用這些資料集來測試，事實上，這些資料集就是 Pandas 的 DataFrame 物件。

✪ 載入 Seaborn 內建的 tips 資料集　Ch14_1_4.py

Seaborn 內建的 tips 資料集是小費資料的資料集，我們可以使用 load_dataset() 函數來載入資料集，如下所示：

```
df = sns.load_dataset("tips")
print(df.head())
```

上述程式碼載入 tips 資料集後，因為是 DataFrame 物件，可以呼叫 head() 函數顯示前 5 筆，其執行結果如下圖所示：

	total_bill	tip	sex	smoker	day	time	size
0	16.99	1.01	Female	No	Sun	Dinner	2
1	10.34	1.66	Male	No	Sun	Dinner	3
2	21.01	3.50	Male	No	Sun	Dinner	3
3	23.68	3.31	Male	No	Sun	Dinner	2
4	24.59	3.61	Female	No	Sun	Dinner	4

✪ 顯示 Seaborn 套件內建資料集清單　Ch14_1_4a.py

我們可以呼叫 get_dataset_names() 函數來顯示 Seaborn 套件內建資料集的 Python 清單，如下所示：

```
print(sns.get_dataset_names())
```

上述程式碼的執行結果可以看到內建資料集清單，如下所示：

執行結果

```
['anscombe', 'attention', 'brain_networks', 'car_crashes', 'diamonds',
'dots', 'exercise', 'flights', 'fmri', 'gammas', 'iris', 'mpg', 'planets',
'tips', 'titanic']
```

本章 Python 程式使用的資料集有：anscombe、fmri、iris 和 tips。

14-2 資料集關聯性的圖表

統計分析（Statistical Analysis）是一個了解資料集中的變數是如何關聯其他變數，即各變數之間是否擁有關聯性的過程。基本上，我們是透過圖表來找出資料集中隱藏的**模式**（Patterns）和**趨勢**（Trends）。

資料集關聯性圖表（Relational Plots）就是統計分析視覺化，我們是使用散佈圖了解資料集中 2 個變數之間的關聯性，和使用折線圖了解變數在連續時間下的趨勢改變。

14-2-1 兩個數值資料的散佈圖

統計視覺化的重點就是在繪製散佈圖，可以合併 2 個變數（數值資料）來描述資料點的分佈情況，其每一個點代表資料集中的一個觀察結果，可以讓我們用眼睛從資料點的分佈來找出有意義的關聯性或特定的模式。

Seaborn 的多種函數都能繪製散佈圖，其低層都是軸等級的 scatterplot() 函數，圖形等級 relplot() 函數的 kind 參數預設繪製散佈圖。

✪ 使用 Seaborn 繪製散佈圖

Ch14_2_1.py

Seaborn 內建 tips 資料集是帳單金額和小費資料，和消費日是星期幾、午餐 / 晚餐時段、是否抽煙等資料，如下所示：

```
df = sns.load_dataset("tips")

sns.set()
sns.relplot(x="total_bill", y="tip", data=df)
plt.show()
```

上述程式碼載入 tips 資料集後，呼叫 relplot() 函數繪製散佈圖，data 參數是 DataFrame 物件 df，參數 x 和 y 分別是 "total_bill" 總金額和 "tip" 小費欄位，其執行結果如下圖所示：

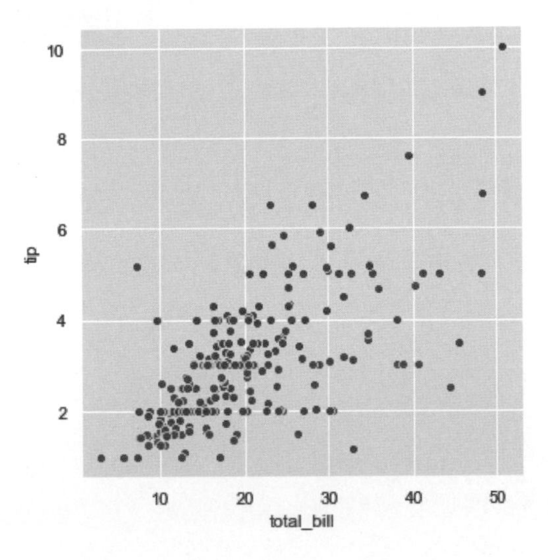

✪ 使用第三維的色調語意

Ch14_2_1a.py

散佈圖是使用 2 個資料作為 x 和 y 軸在二維平面繪出點，我們可以增加第三維的色彩，即使用分類型欄位來指定不同點的色調（Hue），如下所示：

```
sns.relplot(x="total_bill", y="tip", hue="smoker", data=df)
```

上述 hue 參數值是 "smoker" 抽煙欄位，欄位值是分類型資料 Yes 或 No，可以看到不同色彩繪出的 2 種資料點，其執行結果如下圖所示：

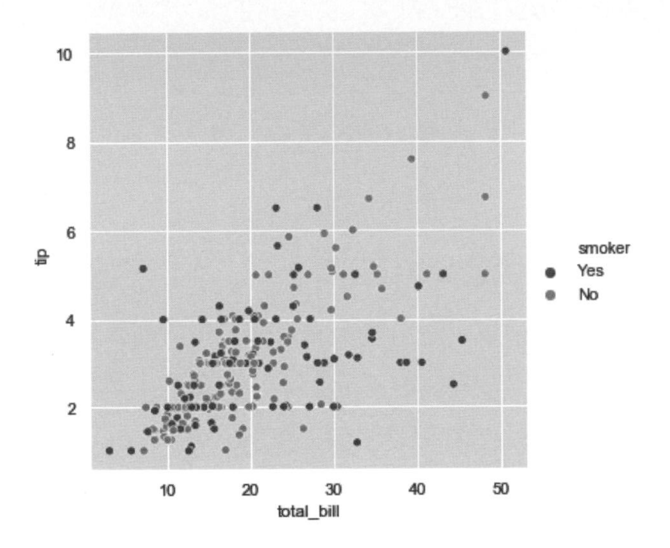

✪ 使用不同標記樣式顯示資料點

Ch14_2_1b.py

如果為了強調是否有抽煙，我們可以使用不同標記樣式來顯示資料點：

```
sns.relplot(x="total_bill", y="tip", hue="smoker",
            style="smoker", data=df)
```

上述 style 參數是點樣式，可以看到除了不同色彩，不抽煙的點標記也不同，其執行結果如下圖所示：

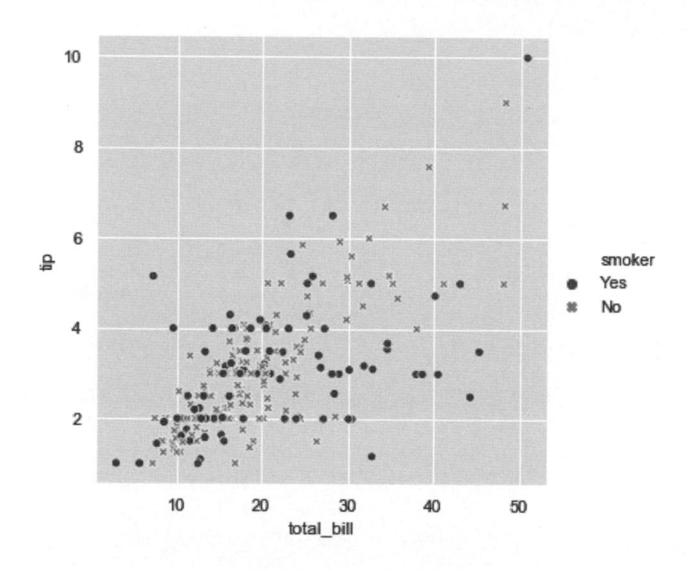

14-2-2 時間趨勢的折線圖

如果想了解的是資料集的時間趨勢，散佈圖就沒有作用，我們需要使用軸等級的 lineplot() 函數來繪製折線圖，relplot() 函數繪製折線圖的 kind 參數值是 "line"。

✪ 一個時間點只有一筆觀察資料

Ch14_2_2.py

我們準備改用 Seaborn 繪製第 13-2-6 節的折線圖，可以顯示 Kobe Bryant 生涯的平均每場得分趨勢，首先載入 Kobe_stats.csv 檔案，然後建立只有 "Season" 和 "PTS" 兩欄的 DataFrame 物件，如下所示：

```
df = pd.read_csv("Kobe_stats.csv")
data = pd.DataFrame()
data["Season"] = pd.to_datetime(df["Season"])
data["PTS"] = df["PTS"]

sns.set()
sns.relplot(x="Season", y="PTS", data=data, kind="line")
plt.xlim("1995", "2015")
plt.show()
```

上述 relplot() 函數的 data 參數是新建的 DataFrame 物件 data，x 參數是 "Season" 欄位；y 參數是 "PTS"，kind 參數是 "line"，其執行結果如下圖所示：

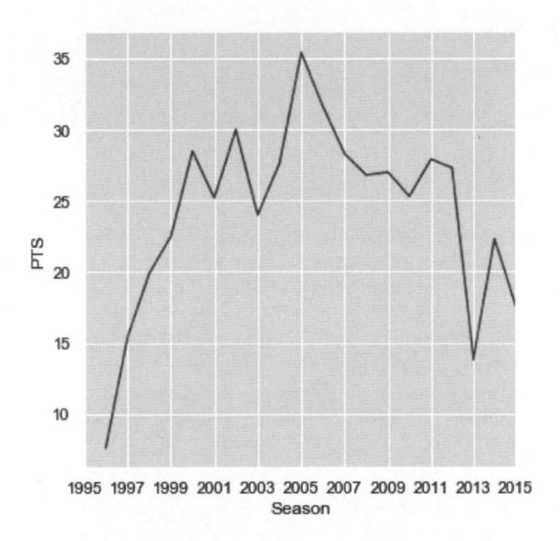

✪ 一個時間點有多筆觀察資料

Ch14_2_2a.py

如果一個時間點有多筆觀察資料，Seaborn 的 relplot() 函數在繪製折線圖時，就會自動計算多筆資料的平均值（Mean）和 95% 信賴區間（Confidence Interval）後，才繪製出折線圖。例如：Seaborn 內建 fmri 資料集是 FMRI 功能性磁振造影資料，每一個時間點都有多筆觀察資料，如下所示：

```
df = sns.load_dataset("fmri")

sns.relplot(x="timepoint", y="signal", data=df, kind="line")
```

上述 relplot() 函數的參數 x 值是 "timepoint" 時間點；y 值是 "signal" 信號值，其執行結果如下圖所示：

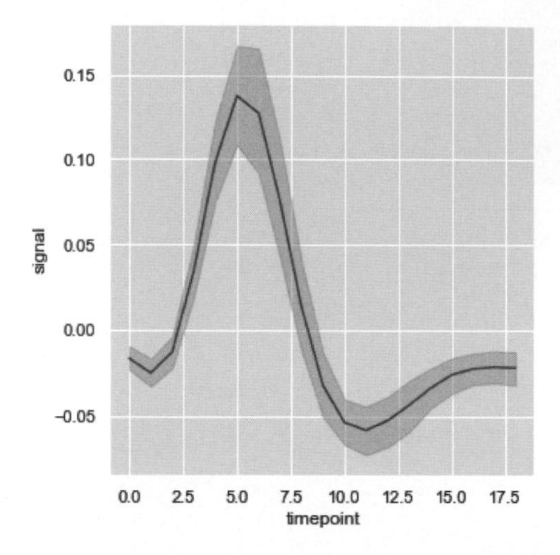

上圖的陰影部分是信賴區間，我們可以使用 ci 參數取消顯示信賴區間，或改為計算顯示**標準差**（Standard Deviation），如下所示：

```
sns.relplot(x="timepoint", y="signal", ci=None, data=df, kind="line")
sns.relplot(x="timepoint", y="signal", ci="sd", data=df, kind="line")
```

上述函數的 ci 參數值 None 表示不繪出，"sd" 表示繪出標準差。如果加上 estimator=None 參數就不執行統計估計，如下所示：

```
sns.relplot(x="timepoint", y="signal",
            estimator=None, data=df, kind="line")
```

上述函數有 estimator 參數值 None，可以看到同一時間點的觀察值是一個範圍，不再只是單一的統計值，其執行結果如下圖所示：

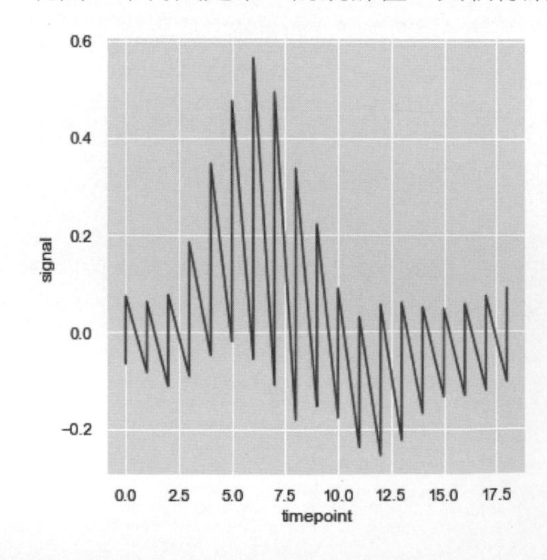

14-3 資料集分佈情況的圖表

當我們取得資料集後，分析資料集最需要了解的，就是資料集的資料是如何分佈，Seaborn 提供多種函數可以讓我們繪出資料集中單變量、雙變量和各欄位配對的資料分佈情況。

14-3-1 資料集的單變量分佈

資料集的**單變量分佈**（Univariate Distribution）是資料集中指定單一數值欄位資料的資料分佈，我們可以使用直方圖和核密度估計圖來繪製單變量分佈圖，在 Seaborn 是使用 distplot() 函數。

✪ 使用「直方圖」 Ch14_3_1.py

直方圖（Histogram）是在資料範圍使用指定的區間數來進行切割，然後計算每一個區間的觀察次數來檢視資料的分佈，在 Matplotlib 是使用 hist() 函數繪製；Seaborn 是使用 distplot() 函數，如下所示：

```
df = sns.load_dataset("tips")

sns.set()
sns.distplot(df["total_bill"], kde=False)
plt.show()
```

上述程式碼載入內建 tips 資料集後，呼叫 distplot() 函數，參數 kde 的值是 False，表示不會同時繪出核密度估計圖，其執行結果如下圖所示：

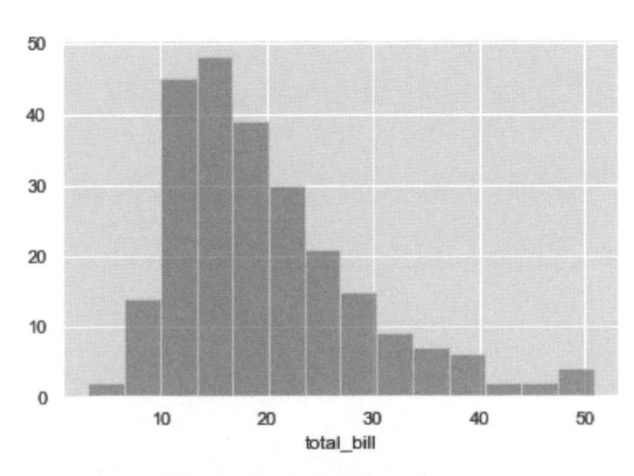

✪ 自訂區間數的直方圖

Ch14_3_1a.py

基本上，distplot() 函數會自動依據資料判斷最佳的區間數，當然我們也可以自行使用 bins 參數來指定區間數，如下所示：

```
sns.distplot(df["total_bill"], kde=False)
sns.distplot(df["total_bill"], kde=False, bins=20)
sns.distplot(df["total_bill"], kde=False, bins=30)
```

上述函數使用 bins 參數分別指定區間數是 20 和 30，其執行結果可以看到繪製出重疊的直方圖，如下圖所示：

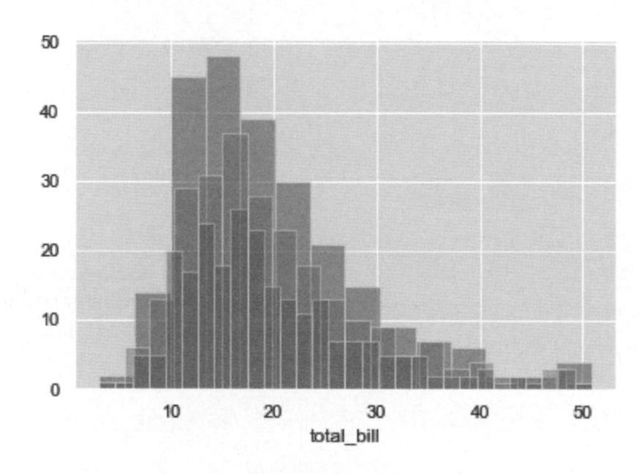

✪ 使用核密度估計圖

Ch14_3_1b.py

對於很多統計問題來說，我們需要從樣本去估計母體的機率分配，**核密度估計**（Kernel Density Estimation，KDE）是一種常用的**無母數**（Non-parametric）估計方法，簡單的說，我們不用先假設母體的機率分配是什麼，就可以從樣本資料去估計出母體的機率分配。

直方圖和核密度估計圖都是用來表示資料的機率分配，因為核密度估計圖就是平滑化的直方圖，其每一個觀察值是此值的一條高斯曲線。

事實上，直方圖是在計算每一個間距次數的頻率，即此值被觀察到的機率（由區間數和起始值決定）；核密度估計圖也是使用相同觀念，觀察到此值的機率是由相近點來決定，如果相近點出現多，機率高，就表示觀察值的出現機率也高，反之機率低。

Seaborn 的 distplot() 函數同時支援繪製直方圖和核密度估計圖：

```
sns.distplot(df["total_bill"], hist=False)
```

上述 distplot() 函數的參數 hist 值是 False，表示不會同時繪出直方圖，其執行結果如下圖所示：

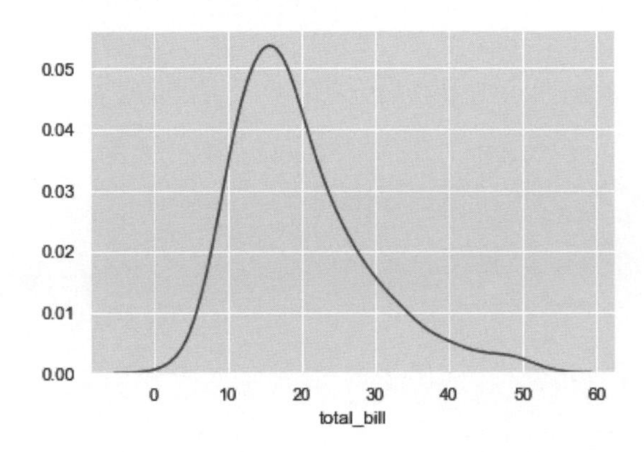

✪ 自訂頻寬的核密度估計圖

Ch14_3_1c.py

如同直方圖的區間數，核密度估計圖是由**頻寬**（Bandwidth）決定，我們準備改用 kdeplot() 函數來繪製核密度估計圖，如下所示：

```
sns.kdeplot(df["total_bill"])
sns.kdeplot(df["total_bill"], bw=2, label="bw: 2")
sns.kdeplot(df["total_bill"], bw=5, label="bw: 5")
```

上述 kdeplot() 函數指定參數 bw 的頻寬，label 是圖例的標籤名稱，其執行結果如下圖所示：

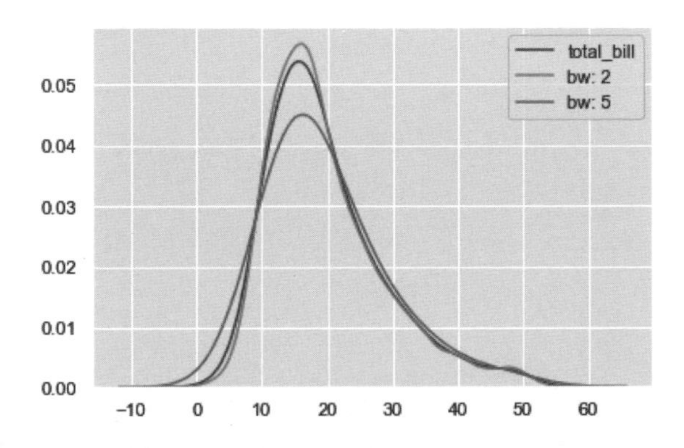

✪ 擬合母數分配

Ch14_3_1d.py

擬合（Fitting）是將取得資料集吻合一個連續函數（即曲線），此過程稱為擬合。事實上，distplot() 函數就是在視覺化資料集的母數分配，即**擬合母數分配**（Fitting Parametric Distribution），如下所示：

```
sns.distplot(df["total_bill"])
```

上述 displot() 函數預設會繪出直方圖和擬合的核密度估計圖的曲線：

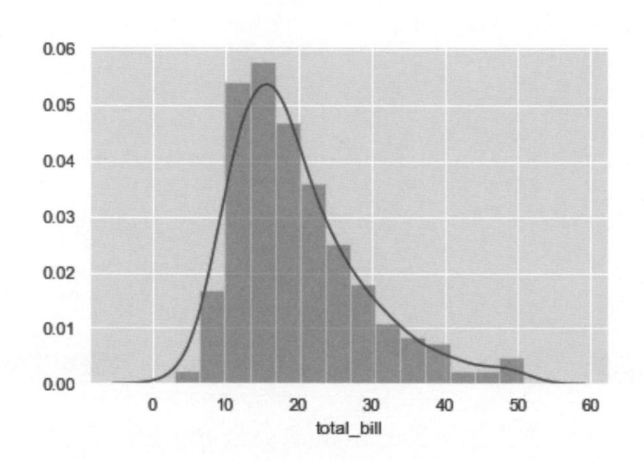

✪ 使用地毯圖顯示實際值

Ch14_3_1e.py

地毯圖（Rug Plots）可以實際在 x 軸上顯示每一筆資料點，讓我們看到實際值的密度或頻率，如下所示：

```
sns.distplot(df["total_bill"], rug=True)
```

上述 distplot() 函數參數 rug 的值是 True，即可在 x 軸顯示如同地毯般的實際值，如下圖所示：

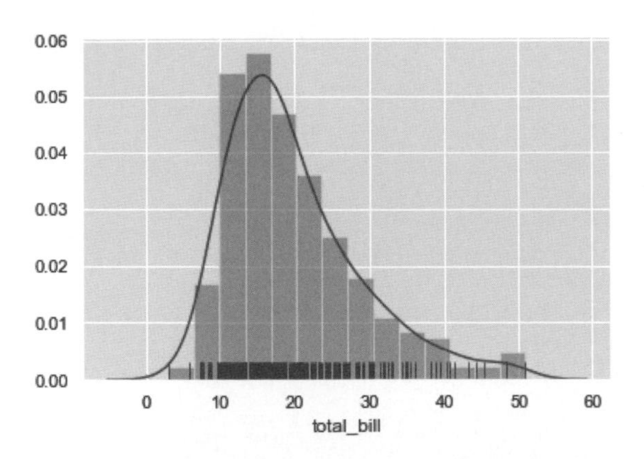

14-3-2 資料集的雙變量分佈

資料集的**雙變量分佈**（Bivariate Distribution）是資料集中兩個數值欄位資料的資料分佈，可以幫助我們了解 2 個變數之間的關係，在第 14-2-1 節是使用 relplot() 函數繪製散佈圖，這一節是改用 jointplot() 函數，可以整合多種圖表來顯示資料分佈。

Seaborn 的 jointplot() 函數在同一圖表結合雙變量分析的散佈圖，和單變量分析的直方圖，可以讓我們從不同角度了解資料集的資料分佈。

✪ 認識鳶尾花資料集

Ch14_3_2.py

Seaborn 內建的 iris 鳶尾花資料集是 Setosa、Versicolour 和 Virginica 三類鳶尾花的花瓣（Petal）和花萼（Sepal）尺寸資料，如下所示：

```
df = sns.load_dataset("iris")
print(df.head())
```

上述程式碼匯入 iris 資料集後，顯示前 5 筆資料，如下圖所示：

	sepal_length	sepal_width	petal_length	petal_width	species
0	5.1	3.5	1.4	0.2	setosa
1	4.9	3.0	1.4	0.2	setosa
2	4.7	3.2	1.3	0.2	setosa
3	4.6	3.1	1.5	0.2	setosa
4	5.0	3.6	1.4	0.2	setosa

上述 sepal_length 和 sepal_width 欄位分別是花萼（Sepal）的長和寬，單位是公分，petal_length 和 petal_width 是花瓣（Petal）的長和寬，最後的 species 是三種鳶尾花。

✪ 使用散佈圖

Ch14_3_2a.py

我們準備使用 iris 鳶尾花資料集的花瓣（Petal）長和寬來繪出散佈圖，在兩軸分別顯示長和寬的直方圖，如下所示：

```
sns.jointplot(x="petal_length", y="petal_width", data=df)
```

上述 jointplot() 函數使用 data 參數指定資料來源的 DataFrame 物件，參數 x 是花瓣的長；y 是寬，其執行結果如下圖所示：

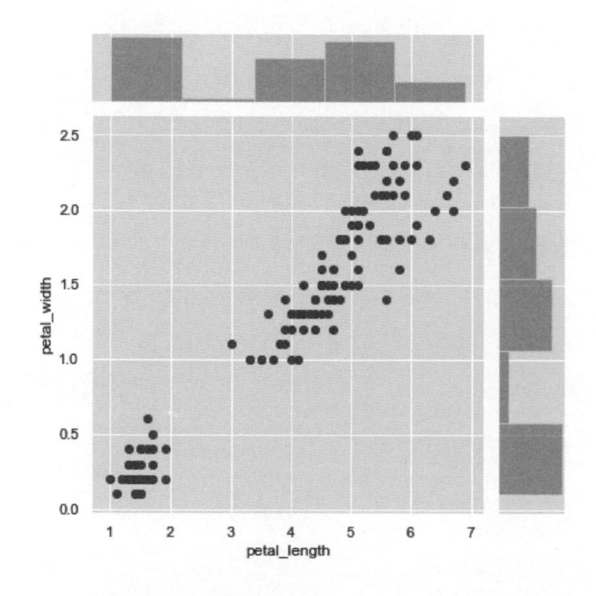

✪ 使用六角形箱圖

Ch14_3_2b.py

如果資料集的資料量十分龐大且分散，使用散佈圖繪製的點將十分分散，我們可以改用六角形箱圖（Hexbin Plots）來顯示雙變量分佈，如下所示：

```
sns.jointplot(x="petal_length", y="petal_width", kind="hex", data=df)
```

上述 jointplot() 函數的 kind 參數是 "hex"，就是六角形箱圖，如下圖所示：

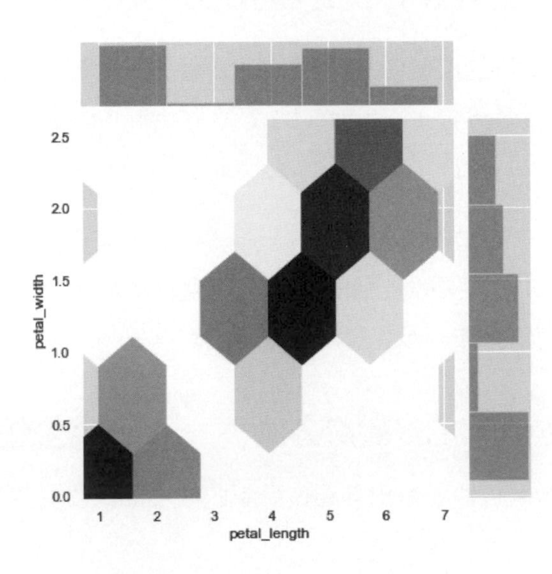

✪ 雙變量的核密度估計圖

Ch14_3_2c.py

核密度估計圖也可以使用在雙變量，此時會使用繪製地圖等高線方式來呈現，如下所示：

```
sns.jointplot(x="petal_length", y="petal_width", kind="kde", data=df)
```

上述 jointplot() 函數的 kind 參數是 "kde"，其執行結果如下圖所示：

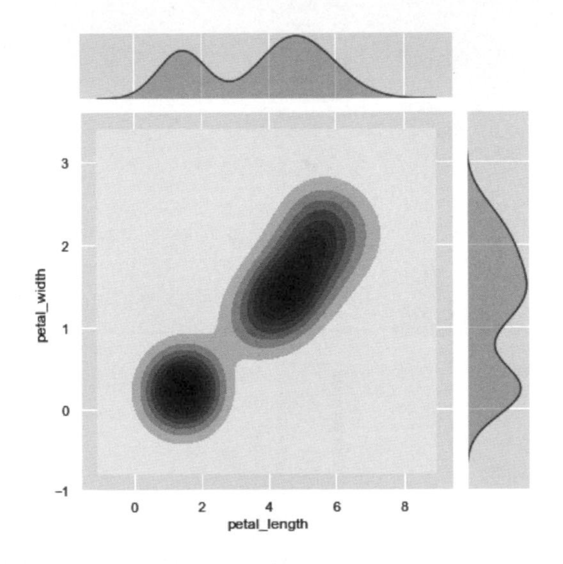

14-3-3 資料集各欄位配對的雙變量分佈

當資料集包含多個數值資料的欄位時，我們可以針對各欄位資料的配對來了解各種不同組合的雙變量分佈，在 Seaborn 是使用 pairplot() 函數建立各欄位配對的雙變量分佈。

pairplot() 函數是使用 PairGrid 物件建立多圖表，將資料對應至欄和列分割的多個格子來建立軸（此格子的欄列數相同）後，使用軸等級圖表函數在上 / 下三角形區域繪出雙變量分佈，和在對角線繪出指定圖表。

✪ 鳶尾花資料集各欄位配對的雙變量分佈 Ch14_3_3.py

Seaborn 的 pairplot() 函數可以快速繪出各欄位配對的散佈圖，在對角線預設是繪出直方圖，如下所示：

```
sns.pairplot(df)
```

上述 pairplot() 函數的參數是資料集的 DataFrame 物件，其執行結果可以看到 4 x 4 共 16 張子圖表，如下圖所示：

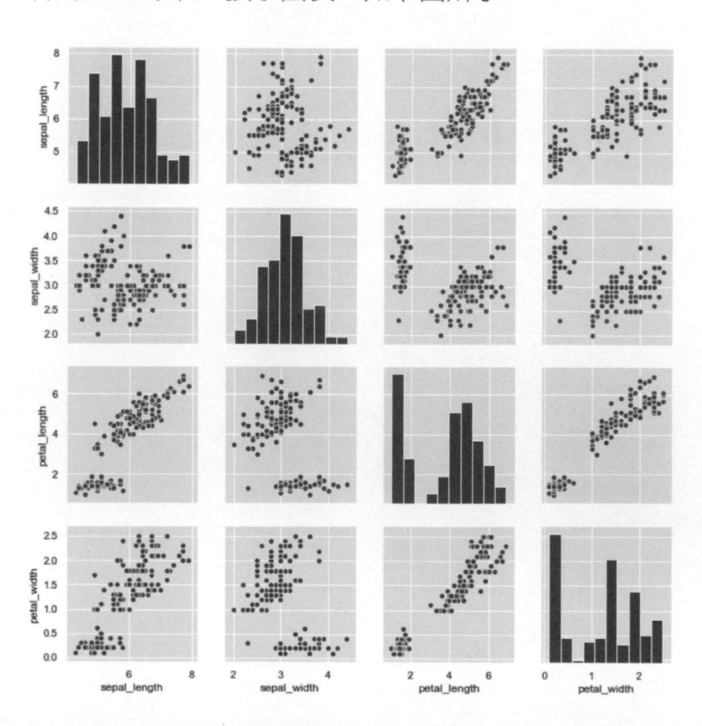

✪ 客製化 pairplot() 函數繪製的圖表 Ch14_3_3a.py

Seaborn 的 pairplot() 函數可以指定圖表是 scatter 散佈圖或 req 迴歸圖，對角線顯示 hist 直方圖或 kde 核密度估計圖，如下所示：

```
sns.pairplot(df, kind="scatter", diag_kind="kde",
             hue="species", palette="husl")
```

上述 pairplot() 函數的 kind 參數是 "scatter"；diag_kind 參數的對角線是 "kde"，我們一樣可以使用 hue 參數是 "species"，並且指定 palette 調色盤是 "husl"（調色盤的值有：deep、muted、bright、pastel、dark、colorblind、coolwarm、hls 和 husl 等），其執行結果如下圖所示：

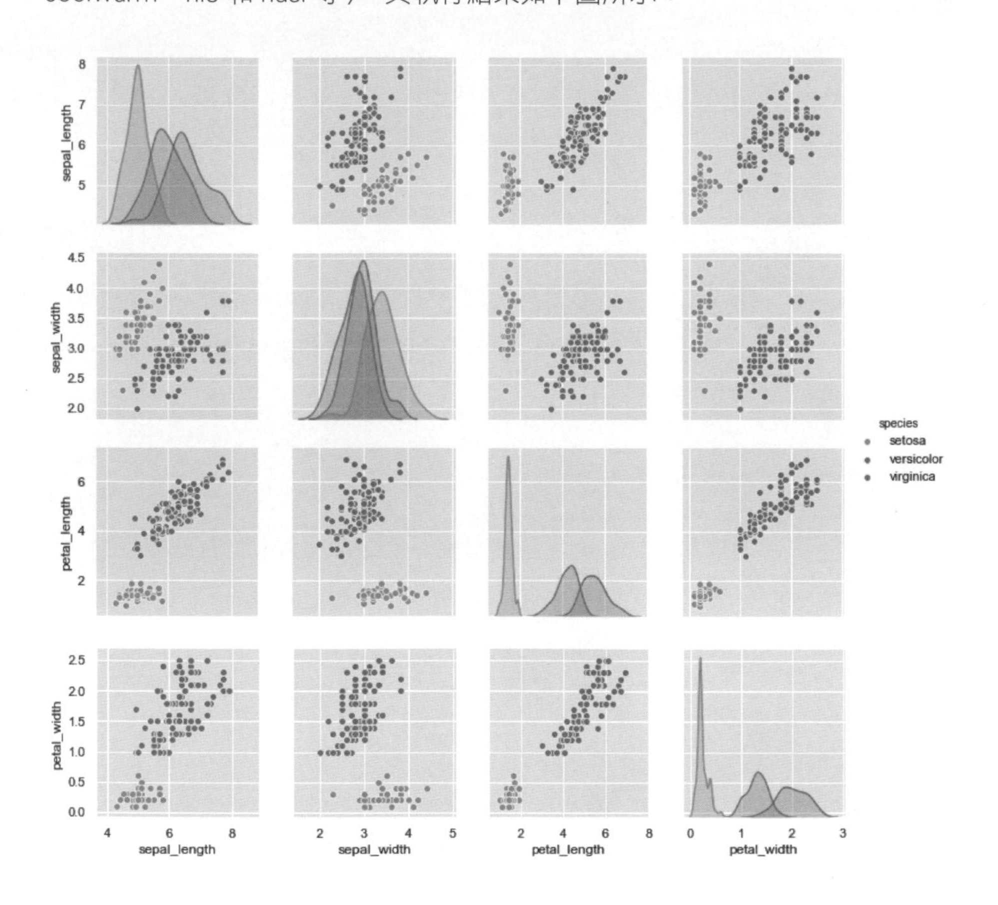

14-4 分類型資料的圖表

當資料集擁有分類的欄位資料時，例如：鳶尾花資料集的 species 欄位是三種鳶尾花，這個欄位是一種**分類型資料**（Categorical Data），我們可以將資料集以此欄位進行分類，分別繪出各分類的圖表。

14-4-1 繪出分類型的資料圖表

如果資料集的欄位有分類型資料，Seaborn 可以用 stripplot() 和 swarmplot() 函數繪製出分類型資料的圖表。簡單的說，就是以分類方式來繪出資料集的資料分佈。

✪ 繪製分類散佈圖（一） Ch14_4_1.py

如果 x 軸是使用分類型資料的欄位，Seaborn 的 stripplot() 函數可以使用 x 軸欄位進行分類，繪製出 y 軸資料分佈的**分類型散佈圖**（Categorical Scatter Plots），如下所示：

```
sns.stripplot(x="species", y="sepal_length", data=df)
```

上述程式碼是用 iris 鳶尾花資料集，stripplot() 函數的 x 參數是 "species"，參數 y 是花萼長度，因為 species 欄位是分類型資料，所以繪出的是三種鳶尾花的分類散佈圖，其執行結果如下圖所示：

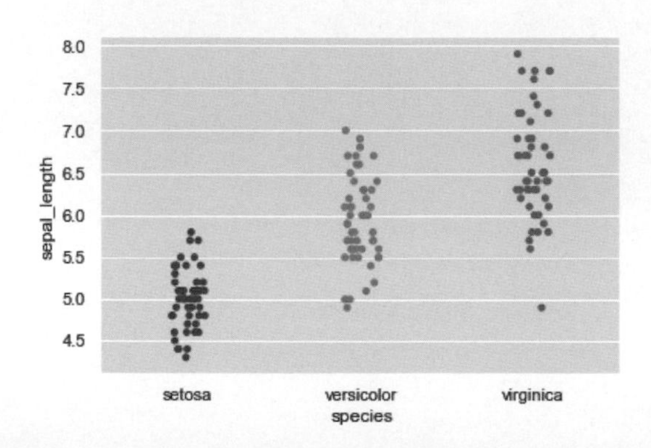

上述分類散佈圖因為函數的 jitter 參數的預設值是 True，預設會沿著分類軸隨機水平抖動資料來觀察資料分佈，所以資料點不會重疊在同一條線上，這是資料視覺化觀察資料密度的常用方法。

如果將 stripplot() 函數的 jitter 參數設為 False，資料就會重疊顯示在同一條線（Python 程式：Ch14_4_1a.py），如下所示：

```
sns.stripplot(x="species", y="sepal_length", jitter=False, data=df)
```

上述函數有指定 jitter 參數值為 False，其執行結果如下圖所示：

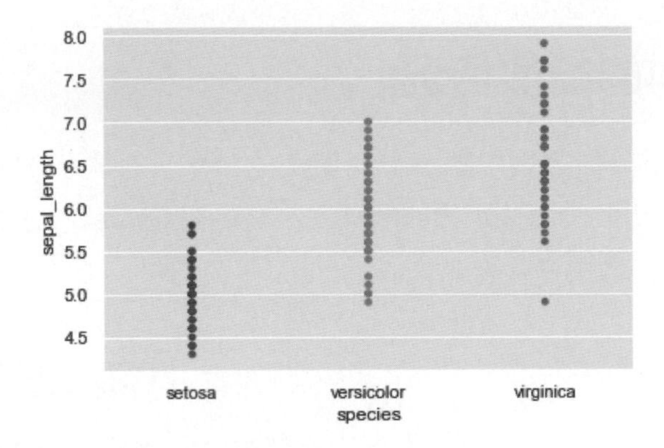

✪ 繪製分類散佈圖（二）　Ch14_4_1b.py

Seaborn 的 swarmplot() 函數類似 stripplot() 函數，可以將分類資料分散顯示，來繪出分類散佈圖，如下所示：

```
sns.swarmplot(x="species", y="sepal_length", data=df)
```

上述 swarmplot() 函數的 x 參數是 "species" 欄位，參數 y 是花萼長度，其執行結果如下圖所示：

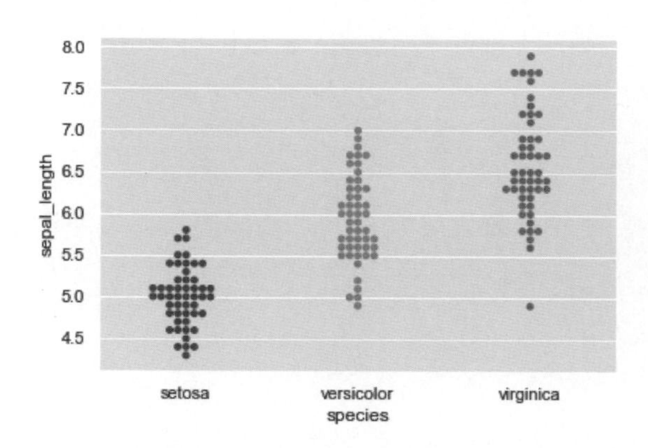

14-4-2 分類資料的離散情況

在第 14-4-1 節的分類散佈圖只能觀察資料密度的分佈，其提供的資訊十分有限，如果我們想比較不同分類的離散情況，請使用 boxplot() 函數的**箱型圖**，或 violinplot() 函數的**提琴圖**（Violin Plots）。

✪ 繪製分類箱型圖

Ch14_4_2.py

與第 14-4-1 節相同，改用 boxplot() 函數繪出分類的箱型圖，可以顯示各群組資料的最小值、前 25%、中間值、前 75% 和最大值，如下所示：

```
sns.boxplot(x="species", y="petal_length", data=df)
```

上述程式碼改用 boxplot() 函數，其執行結果如下圖所示：

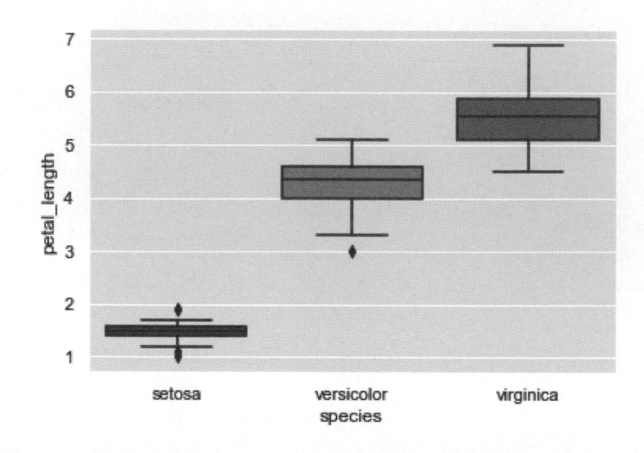

✪ 繪製分類提琴圖

Ch14_4_2a.py

Seaborn 還可以使用 violinplot() 函數繪出分類的提琴圖，這是一種結合箱型圖和核密度估計圖的圖表，如下所示：

```
sns.violinplot(x="day", y="total_bill", data=df)
```

上述程式碼是使用 tips 小費資料集和 violinplot() 函數，參數 x 的值 "day" 欄位是分類型資料，其執行結果如下圖所示：

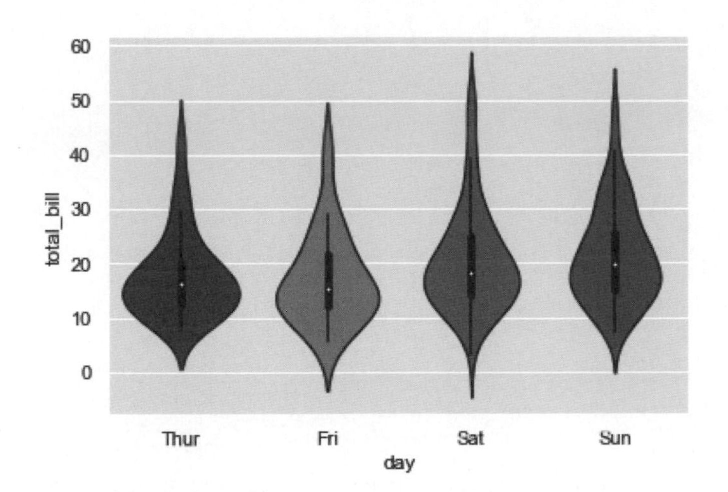

上圖顯示每日（day、星期幾）的帳單總金額（total_bill），提琴外形是核密度估計圖，中間是箱型圖的最小值、前 25%、中間值、前 75% 和最大值。

✪ 使用第三維色調的分類提琴圖

Ch14_4_2b.py

Seaborn 的 violinplot() 函數除了使用 "day" 欄位進行分類，我們還可以增加 hue 色調參數的第三維度來繪製分類的提琴圖，如下所示：

```
sns.violinplot(x="day", y="total_bill", hue="sex", data=df)
```

上述 violinplot() 函數新增參數 hue 色調的值是 "sex" 欄位，其執行結果如下圖所示：

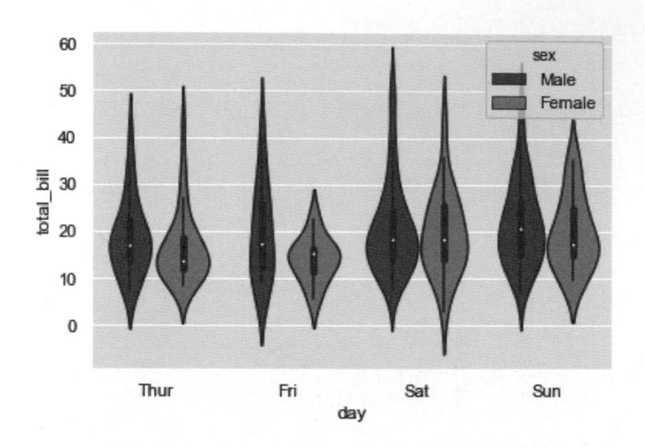

上圖除了 day 分類外，再依 sex 性別分成 Male 和 Female，並且分別繪出獨立的提琴圖，因為性別只有 2 種，我們還可以進一步簡化提琴圖，即在兩邊分別顯示不同性別的核密度估計圖（Python 程式：Ch14_4_2c.py）：

```
sns.violinplot(x="day", y="total_bill", hue="sex",
               split=True, data=df)
```

上述 violinplot() 函數新增 split=True 參數，其執行結果可以看到不對稱的分類提琴圖，如下圖所示：

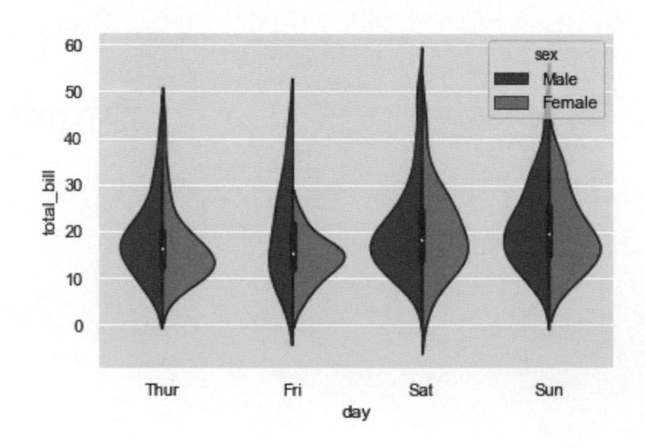

14-4-3 分類資料的集中情況

對於分類型資料來說，我們除了希望了解各分類的資料離散情況外，也需要了解各分類的資料集中情況，即所謂的**統計估計**（Statistical Estimation）。例如：計算和顯示平均值和中位數等資料的集中趨勢。

Seaborn 是使用 barplot() 和 countplot() 函數的長條圖和 pointplot() 函數的點圖，來視覺化分類資料的集中趨勢。

✪ 繪出分類長條圖（一）

Ch14_4_3.py

我們繼續透過 tips 小費資料集，使用性別分類來顯示每日帳單總金額的平均，如下所示：

```
sns.barplot(x="sex", y="total_bill", hue="day", data=df)
```

上述 barplot() 函數的 x 參數值是分類型欄位 "sex"，參數 hue 的值是第三維的 "day" 欄位，其執行結果如下圖所示：

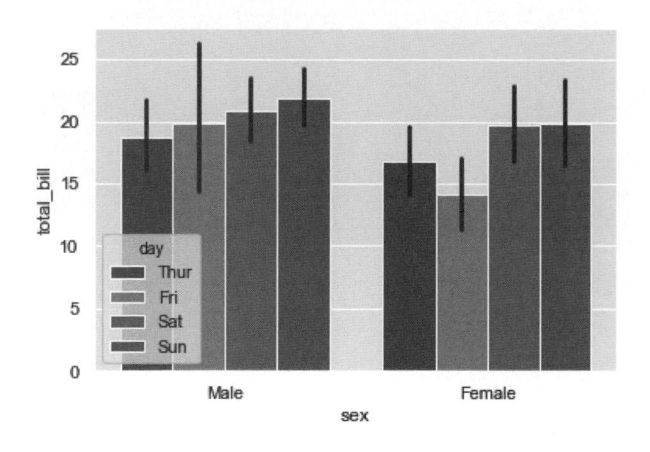

上圖可以看到分成 Male 和 Female 兩大類，在兩大類別中，顯示每日（day）帳單總金額（total_bill）的平均。

✪ 繪出分類長條圖（二） Ch14_4_3a.py

除了計算欄位的平均，有時我們需要計算欄位出現的次數，使用的是 countplot() 函數，如下所示：

```
sns.countplot(x="sex", data=df)
```

上述 countplot() 函數的 x 參數值是分類型欄位 "sex"，其執行結果可以顯示 Male 和 Female 各有多少人，如下圖所示：

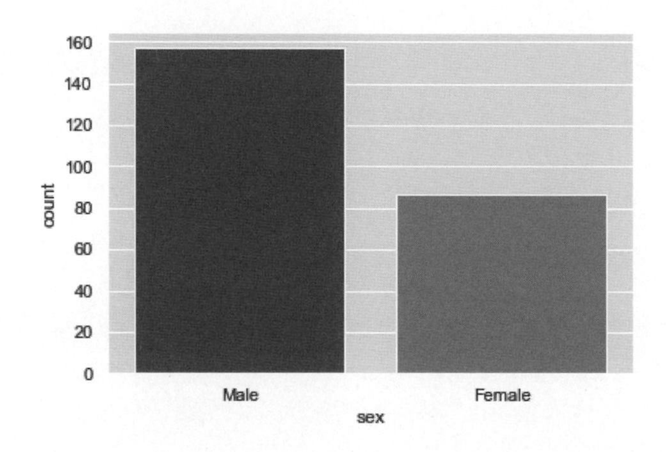

✪ 繪出分類點圖 Ch14_4_3b.py

在 Seaborn 除了 barplot() 函數的長條圖外，我們還可以使用 pointplot() 函數的點圖來重繪 Ch14_4_3.py 的長條圖，如下所示：

```
sns.pointplot(x="sex", y="total_bill", hue="day", data=df)
```

上述 pointplot() 函數的參數和 Ch14_4_3.py 的 barplot() 函數完全相同：

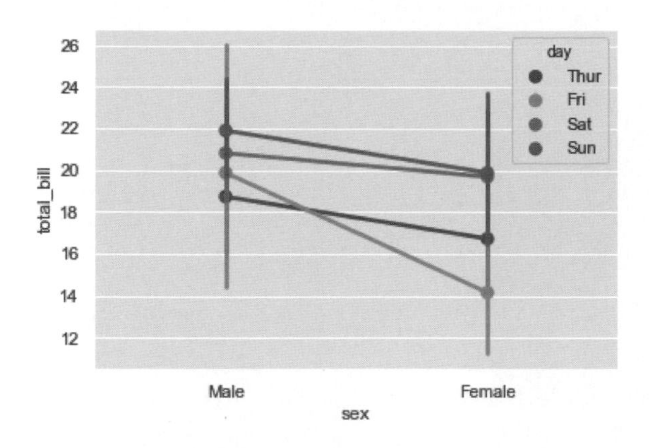

上圖是使用圓點代表 hue 參數的平均值，而且自動連接相同 hue 類別的點，來看出之間的高低變化。

14-4-4 多面向的分類型資料圖表

到目前為止，我們在第 14-4 節説明的 Seaborn 圖表函數都是軸等級圖表函數，在這一節準備説明 catplot() 函數（舊版名為 factorplot），這個圖形等級圖表函數可以建立多面向的分類型資料圖表。

基本上，catplot() 函數是使用 FacetGrid 物件建立多面向圖表，可以將資料對應至欄和列格子的矩形面板，讓一個圖表看起來成為多個圖表，特別適合用來分析 2 個分類型資料的各種組合。

✪ 使用 catplot() 繪製指定分類型資料的圖表 Ch14_4_4.py

Seaborn 的 catplot() 函數如果沒有使用 col 參數，就只是一個通用型的圖表函數，可以使用 kind 參數指定繪製第 14-4-1 ～ 14-4-3 節的各種圖表：

```
sns.catplot(x="day", y="total_bill", data=df,
            kind="bar", hue="sex")
```

上述 catplot() 函數是使用 tips 小費資料集，kind 參數值 "bar" 指定繪製長條圖，可用的參數值有：strip（預設）、swarm、box、violin、point、bar 和 count，同時使用第三維的 hue 參數，其執行結果如下圖所示：

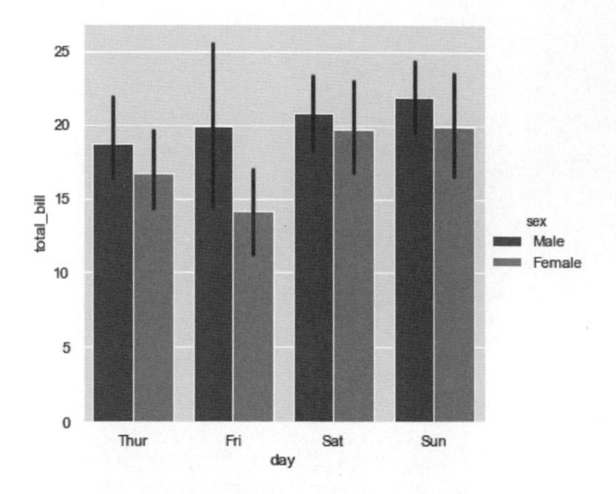

上圖因為使用 hue 參數，所以同一日分割成 Male 和 Female 兩個長條圖。

✪ 使用 catplot() 建立多面向圖表 Ch14_4_4a.py

當 catplot() 函數使用 hue 參數建立第三維時，這只是合併多張圖表在同一張圖表顯示，catplot() 函數可以使用 col 參數建立多面向圖表，來繪製出多張圖表，如下所示：

```
sns.catplot(x="day", y="total_bill", data=df,
            kind="bar", col="sex")
```

上述 catplot() 函數將 hue 參數改為 col 參數值 "sex"，因為此欄位是分類型資料，值有兩種，所以 catplot() 函數一共繪出兩張圖表，分別是 Male 和 Female，其執行結果如下圖所示：

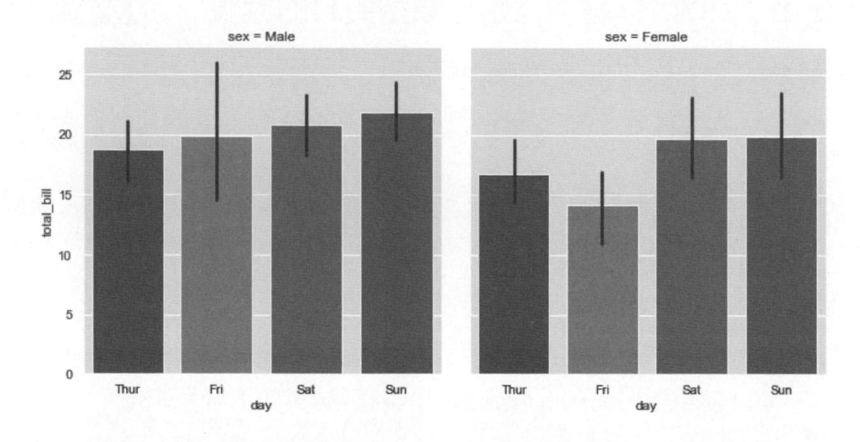

✪ 使用 catplot() 指定矩陣格子有幾欄

Ch14_4_4b.py

Python 程式 Ch14_4_4a.py 只有 2 個分類值，2 張圖表預設是橫向排列成一列，如果將 col 參數值換成 4 個分類值的 "day" 欄位，繪製出的 4 張圖表預設仍是排成一列，我們可以指定 col_warp 參數來換行，超過就換至下一列來顯示，如下所示：

```
sns.catplot(x="sex", y="total_bill", data=df,
          kind="bar", col="day", col_wrap=2)
```

上述 catplot() 函數的 col 參數值改為 "day"，因為共有四種值，所以加上 col_wrap 參數值 2，表示每繪 2 張圖就換行，其執行結果如下圖所示：

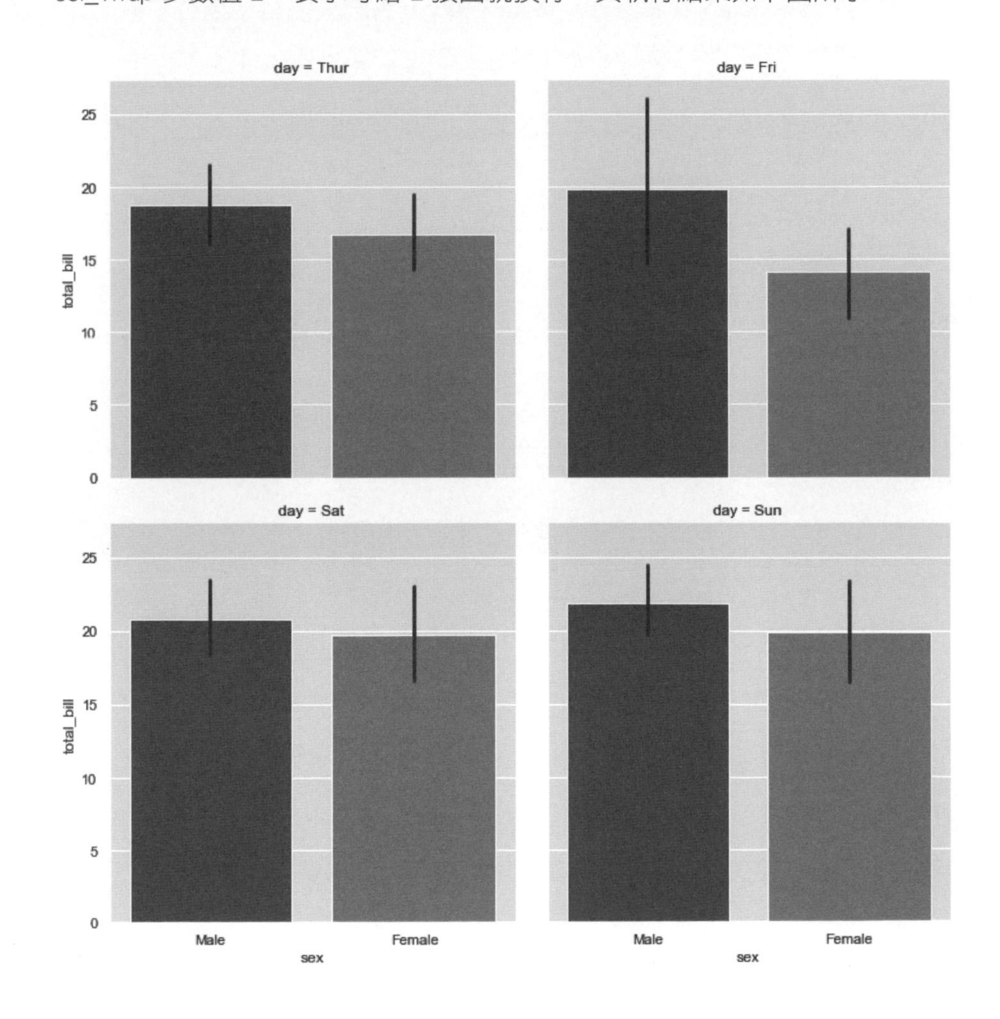

14-5 水平顯示的寬圖表

到目前為止，我們使用 Seaborn 繪製的都是垂直顯示的圖表，但是因為資料集的關係，我們可能需要繪製水平顯示的圖表，在這一節筆者準備說明如何使用 Seaborn 圖表函數來繪製水平顯示的寬圖表。

✪ 繪製水平顯示圖表（一）

Ch14_5.py

如果 Seaborn 圖表函數有參數 x 和 y，我們只需對調欄位名稱，即可繪出水平顯示圖表，例如：修改 Ch14_4_2.py 的箱形圖，如下所示：

```
sns.boxplot(x="petal_length", y="species", data=df)
```

上述函數的參數 x 和 y 值欄位已經對調，其執行結果可以看到水平顯示的圖表，如下圖所示：

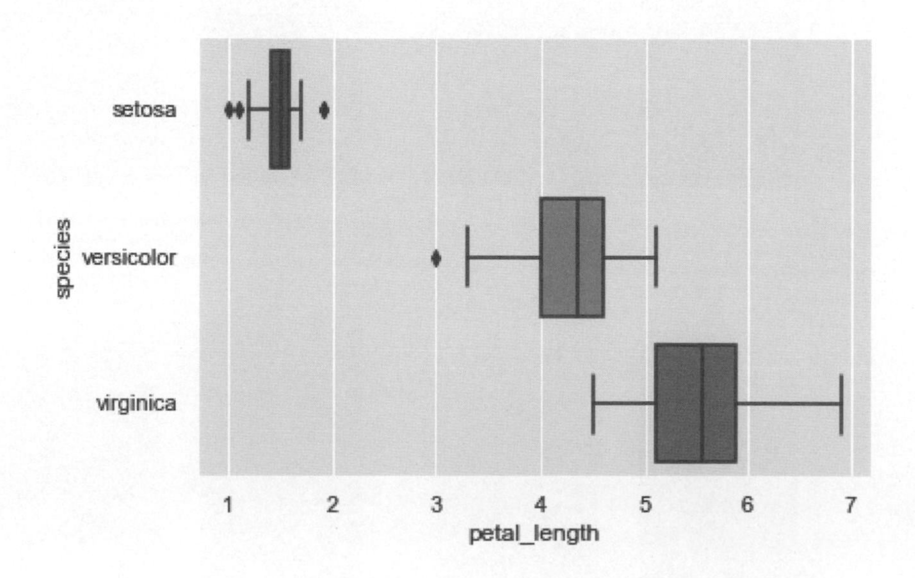

✪ 繪製水平顯示圖表（二）

Ch14_5a.py

如果 Seaborn 圖表函數只有指定資料來源的 data 參數，並沒有指定參數 x 和 y，我們可以使用 orient 參數指定圖表顯示方向，如下所示：

```
sns.boxplot(data=df, orient="h")
```

上述 boxplot() 函數指定資料來源的 DataFrame 物件 df 後，使用 orient 參數值 "h" 指定繪製水平方向顯示的圖表，其執行結果如下圖所示：

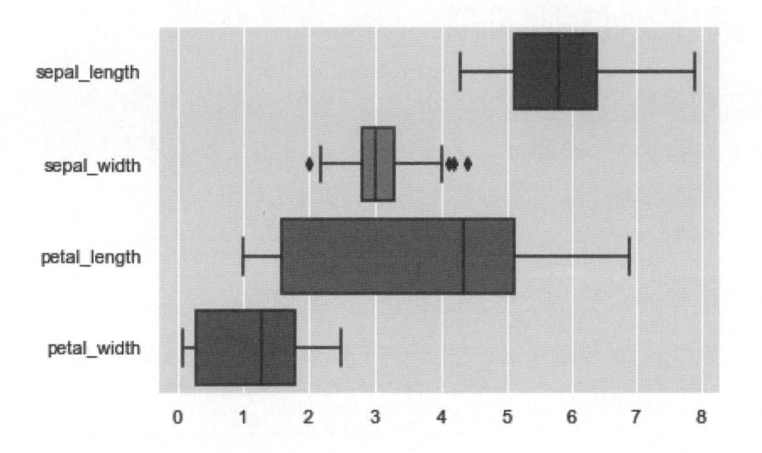

上述圖表因為 boxplot() 函數沒有指明參數 x 和 y，所以 Seaborn 自動繪製資料集 4 個數值欄位的箱形圖。

14-6 迴歸圖表

對於資料集中的多個數值資料，除了顯示關聯性和雙變量的資料分佈外，我們還可以找出資料之間的線性關係，即迴歸線（Regression Lines）。

14-6-1 繪出線性迴歸線

在統計中的迴歸分析（Regression Analysis）是透過某些已知訊息來預測未知變數，基本上，迴歸分析是一個大家族，包含多種不同的分析模式，其中最簡單的就是線性迴歸（Linear Regression）。

✪ 認識迴歸線

基本上，當我們準備預測資料的走向，都會使用散佈圖以圖表方式來呈現資料點，如下圖所示：

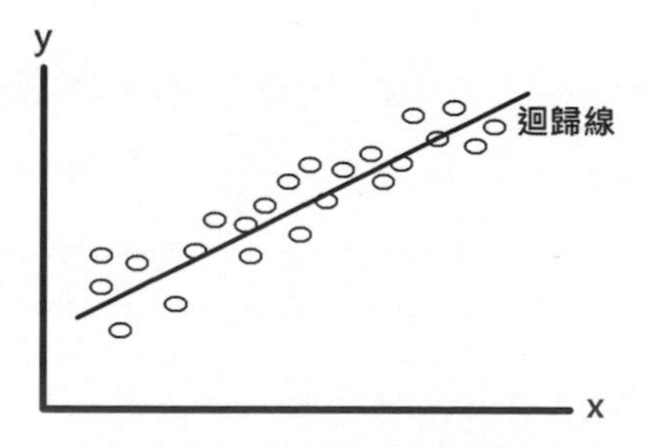

從上述圖例可以看出眾多點是分布在一條直線的周圍，這條線可以使用數學公式來表示和預測點的走向，稱為迴歸線（Regression Line）。

✪ 使用 Seaborn 繪出線性迴歸線

Ch14_6_1.py

Seaborn 可以使用 regplot() 和 lmplot() 函數繪出線性迴歸線，如下所示：

```
sns.regplot(x="total_bill", y="tip", data=df)
sns.lmplot(x="total_bill", y="tip", data=df)
```

上述 lmplot() 函數只能使用 DataFrame 物件的資料來源，regplot() 函數可以使用 Serial 物件等其他資料來源（Python 程式：Ch14_6_1a.py）：

```
sns.regplot(x=df["total_bill"], y=df["tip"])
sns.lmplot(x="total_bill", y="tip", data=df)
```

上述 regplot() 函數是使用 Serial 物件，lmplot() 函數不允許，其執行結果（左圖是 regplot()，線下陰影是信賴區間）如下圖所示：

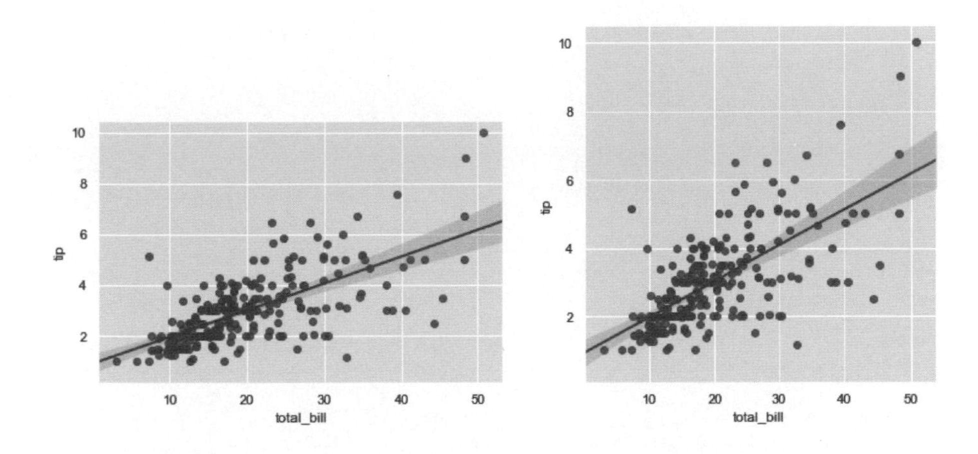

14-6-2 擬合各種類型資料集的迴歸模型

在第 14-6-1 節的資料集很容易可以看出擬合線性迴歸模型，但是，很多情況的資料集是非線性（Non-linear）的，我們並無法使用 Seaborn 圖表函數繪出擬合這種資料集的線性迴歸線。

✪ 繪製「安斯庫姆四重奏」資料集的迴歸線 Ch14_6_2.py

我們準備使用第 11-2-3 節「安斯庫姆四重奏」（Anscombe's Quartet）的資料集，在 Seaborn 是名為 anscombe 的資料集，如下所示：

```
sns.lmplot(x="x", y="y", col="dataset", hue="dataset", data=df,
           col_wrap=2, ci=None, height=4)
```

上述程式碼載入 anscombe 資料集後，呼叫 lmplot() 函數繪出迴歸線，col 參數值是 "dataset"，可以繪出 4 張圖表，參數 col_wrap=2，所以每繪製 2 張圖表就會換行，ci=None 不繪製出信賴區間，其執行結果如下圖所示：

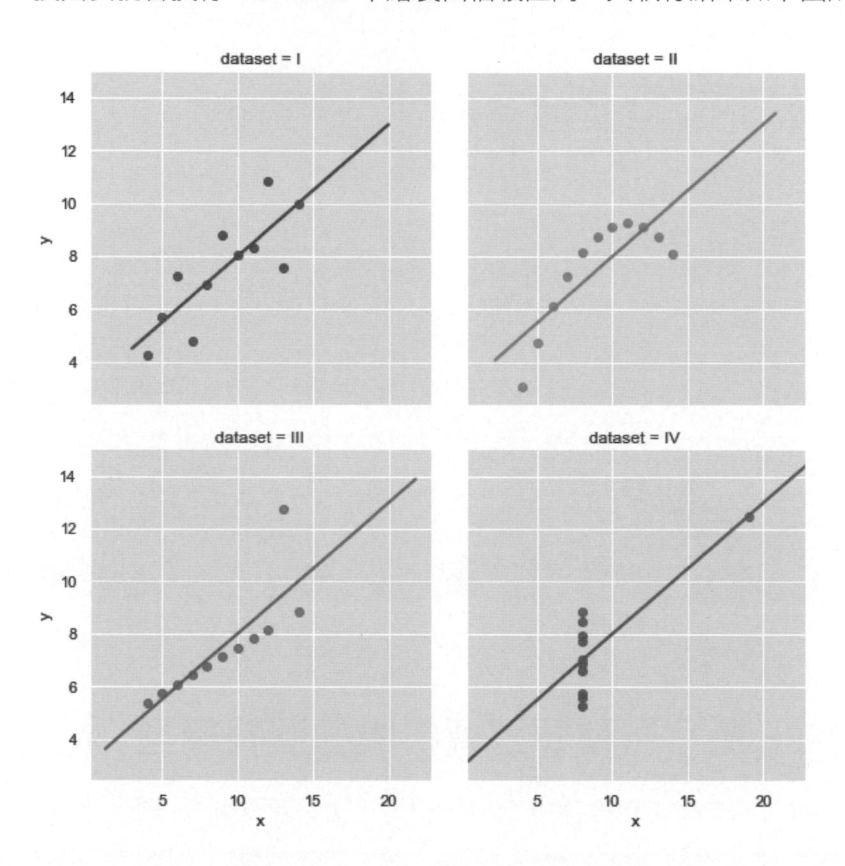

上述左上角圖表的資料集很明顯是擬合線性迴歸模型，右上角圖表可看出資料集並不是線性，這是**多項式迴歸模型**（Polynomial Regression Model），位在左下角圖表有異常值，我們可以使用**殘差圖**來顯示此異常值。

✪ 多項式迴歸模型

Ch14_6_2a.py

Seaborn 的 lmplot() 函數可以使用 order 參數，當參數值大於 1 時，就會使用 Numpy 的 ployfit() 函數繪出多項式迴歸線，如下所示：

```
sns.lmplot(x="x", y="y", data=df.query("dataset=='II'"), order=2)
```

上述函數的 data 參數使用 query() 函數取出第 2 張圖表的資料集，order 參數值是 2，所以執行結果為擬合多項式迴歸模型，如下圖所示：

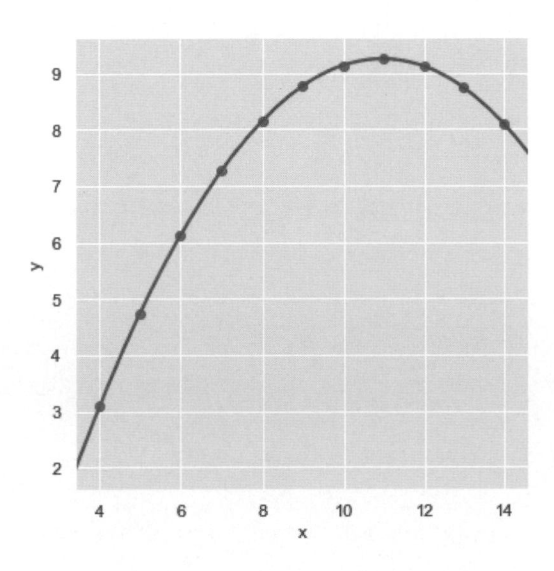

✪ 使用「殘差圖」找出異常值

Ch14_6_2b.py

對於線性迴歸來說，**異常值**（Outlier）會大幅影響正確性，我們可以使用**殘差圖**（Residual Plots）找出資料中的異常值，如下所示：

```
sns.residplot(x="x", y="y", data=df.query("dataset=='III'"))
```

上述 residplot() 函數可以繪出殘差圖，其執行結果明顯看到上方這 1 個突出的異常值，如下圖所示：

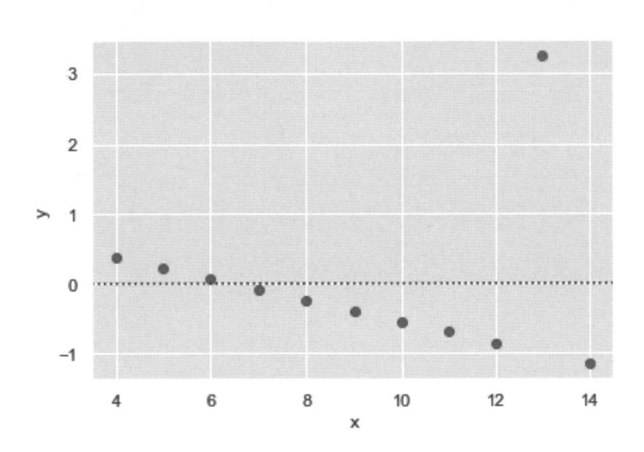

學 習 評 量

1. 請說明什麼是 Seaborn 函式庫？
2. 請問 Seaborn 圖表函數可以分為哪兩種？
3. 請簡單說明什麼是核密度估計圖、地毯圖、六角形箱圖和提琴圖？
4. 請舉例說明什麼是「迴歸線」？何謂「殘差圖」？
5. 請使用 Seaborn 內建 iris 鳶尾花資料集，建立 Python 程式繪出 petal_length 欄位的直方圖和核密度估計圖。
6. 請使用 Seaborn 內建 tips 資料集，建立 Python 程式繪出資料集各欄位配對的雙變量分佈，並且指定 hue 參數值是 sex 欄位；palette 參數是 coolwarm。
7. 請使用 Seaborn 內建 tips 資料集，建立 Python 程式繪出資料集的分類散佈圖，x 參數是 day 欄位；y 參數是 total_bill 欄位；hue 參數是 sex 欄位。
8. 請使用 Seaborn 內建 tips 資料集，建立 Python 程式繪出資料集的分類箱形圖，x 參數是 day 欄位；y 參數是 total_bill 欄位；hue 參數是 smoker 欄位。
9. 請使用 Seaborn 內建 iris 鳶尾花資料集，建立 Python 程式繪出 sepal_length 欄位的分類長條圖。
10. 請使用 Seaborn 內建 iris 資料集，建立 Python 程式繪出三種分類 sepal_length 和 sepal_width 欄位的線性迴歸線（指定 hue 參數）。

15

CHAPTER

Bokeh 互動圖表與儀表板

15-1 Bokeh 的基礎與用法

Bokeh 是 Python **互動視覺化函式庫**（Interactive Visualization Library），可以幫助我們快速建立多樣化互動和資料驅動的互動圖表。

15-1-1 認識 Bokeh 函式庫

Python 視覺化函式庫 Matplotlib 和 Seaborn 建立的圖表都屬於靜態圖表（Static Plots），這些圖表內容並無法改變，也無法與使用者進行互動。

Bokeh 函式庫的功能一樣是繪製圖表，不過 Bokeh 繪製的是一種互動圖表（Interactive Plots），當圖表與使用者進行互動時，圖表內容就會隨之改變。

✪ 認識 Bokeh

Bokeh 是 Python 語言的一套高階繪圖函式庫，可以使用 Python 程式建立在 Web 瀏覽器顯示的互動圖表，如下圖所示：

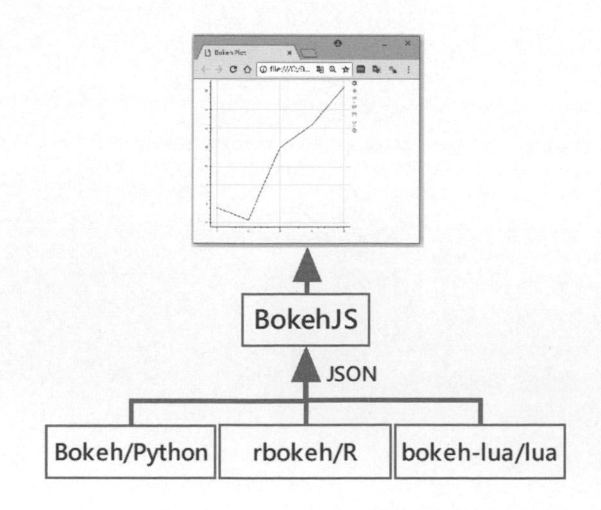

從上圖可以看出 Bokeh 支援多種程式語言：Python、R 和 lua 等，在前端使用 JavaScript 函式庫 BokehJS 在瀏覽器繪出圖表和建立互動功能，其傳遞的資料是 JSON 資料。事實上，Bokeh 就是將我們寫的 Python 程式自動轉換成 HTML5＋JavaScript 程式的繪圖程式碼，然後在瀏覽器繪製互動圖表。

不只如此，因為 Bokeh 支援多種介面元件，可以輕鬆整合多種圖表來建立**儀表板**（Dashboard）和**資料應用程式**（Data Applications）。

✪ Bokeh 函式庫的模組介面

Bokeh 函式庫的模組介面是高度客製化的應用程式介面 API，如下圖所示：

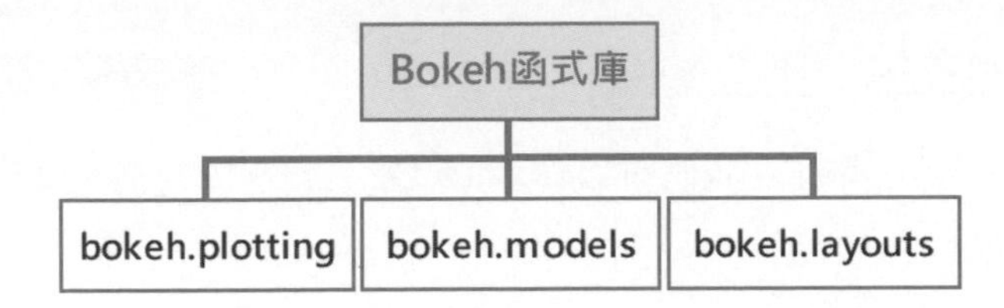

上述 Bokeh 函式庫的模組說明如下（舊版 bokeh.charts 模組已不再更新）：

- **繪圖模組**（bokeh.plotting）：提供基本圖表範本（例如：軸線），可以讓我們以最大彈性，使用基本繪圖元素的線、圓、長方形來繪製所需圖表，在 Bokeh 稱為**圖像**（Glyphs）。
- **模型模組**（bokeh.models）：提供製作圖表所需的基本繪圖功能和介面元件來幫助我們建立互動圖表。
- **佈局模組**（bokeh.layouts）：提供編排圖表和介面元件的函數，可以讓我們水平、垂直或以表格編排多張圖表或介面元件。

15-1-2 Bokeh 的基本使用

在了解 Bokeh 函式庫後，我們就可以撰寫 Python 程式使用 Bokeh 來繪製第一張互動圖表。

✪ 安裝 Bokeh 函式庫

Anaconda 預設沒有安裝 Bokeh 函式庫，請開啟 **Anaconda Prompt** 命令提示字元視窗，輸入下列指令來安裝 Bokeh：

```
(base) C:\Users\JOE>conda install bokeh Enter
```

✪ 使用 Bokeh 建立第一張互動圖表

Ch15_1_2.py

當成功安裝 Bokeh 函式庫後，我們可以使用 Ch13_1_1.py 的資料來繪出第一張折線圖的互動圖表，如下所示：

```
from bokeh.plotting import figure, output_file, show

x = [0, 1, 2, 3, 4]
y = [-1, -4.3, 15, 21, 31]

output_file("Ch15_1_2.html")

p = figure()
p.line(x, y, line_width=2)

show(p)
```

上述程式碼建立互動圖表的步驟，如下所示：

```
Step 1：匯入 bokeh.plotting 的 figure 類別、output_file() 和 show() 函數。
Step 2：使用 Python 清單準備繪圖所需的 x 和 y 軸資料。
Step 3：呼叫 output_file() 函數指定輸出至 HTML 檔案。
Step 4：建立 Figure 物件。
Step 5：呼叫 line() 函數繪出直線，參數 line_width 是線寬。
Step 6：呼叫 show() 函數顯示互動圖表，參數是 Figure 物件。
```

執行 Python 程式可以在同一目錄建立 Ch15_1_2.html 的 HTML 網頁檔案，和啟動瀏覽器顯示網頁內容的互動圖表，如下圖所示：

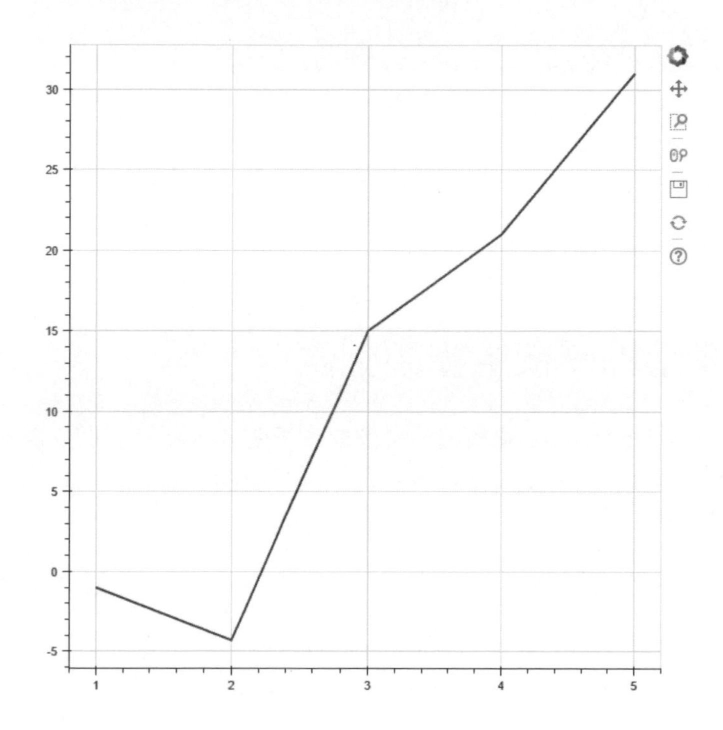

上述圖表不只單純顯示圖表，在右邊垂直工具列提供按鈕，可以拖拉、縮放、使用滑鼠滾輪縮放、儲存圖檔和重設圖表。

15-2 互動繪圖

Bokeh 的 bokeh.plotting 繪圖模組可以讓我們使用**圖像**（Glyphs）來繪製圖表，圖像是 Bokeh 基本繪圖元素的線、圓、長方形和其他形狀，而我們就是使用這些圖像在圖形上繪圖來建立圖表。

15-2-1 使用繪圖模組繪製圖表

Bokeh 的 bokeh.plotting 繪圖模組已經建立圖表基本外觀，我們只需繪出圖像即可建立折線圖、長條圖、散佈圖和補丁圖（Patch Plots）等圖表。

✪ 繪製折線圖

Ch15_2_1.py

Bokeh 的折線圖是呼叫 line() 函數繪製出資料點之間的直線，我們還可以使用 cross() 函數在資料點繪出 + 字標記，如下所示：

```
x = [0, 1, 2, 3, 4]
y = [5, 10, 15, 21, 31]

output_file("Ch15_2_1.html")

p = figure()
p.line(x, y, line_width=2)
p.cross(x, y, size=10)

show(p)
```

上述程式碼準備好圖表資料 x 和 y 清單後，呼叫 output_file() 函數指定輸出檔案是 Ch15_2_1.html，然後建立 Figure 物件，接著使用 line() 函數繪出資料點之間的直線；cross() 函數繪出十字標記，參數 size 是尺寸，其執行結果可以看到折線圖和資料點上的十字標記，如下圖所示：

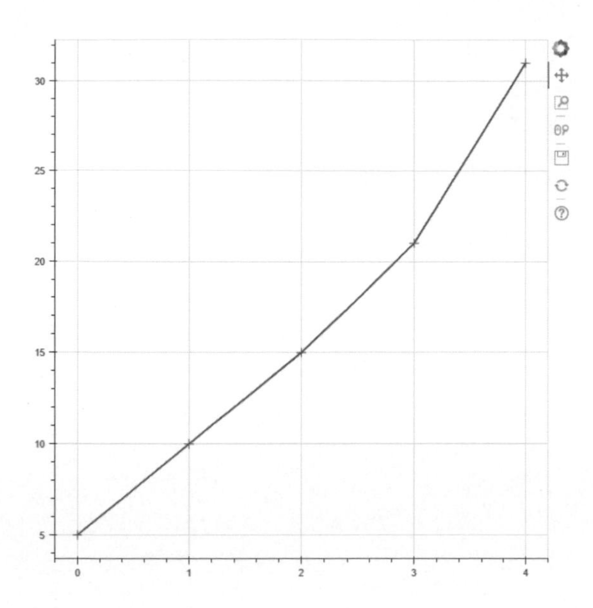

✪ 繪製長條圖

Ch15_2_1a.py

Bokeh 是呼叫 vbar() 函數繪出垂直長條圖，如下所示：

```
p.vbar(x, top=y, color="blue", width=0.5)
```

上述 vbar() 函數的 top 參數是 y 軸資料，color 是色彩，width 是長方形的寬度，其執行結果如下圖所示：

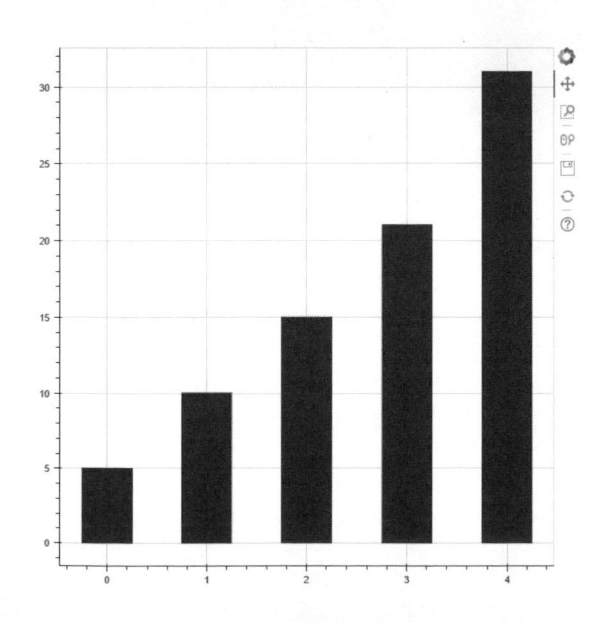

我們只需使用 Figure 物件的 hbar() 函數，就可以繪製水平長條圖（Python 程式：Ch15_2_1b.py），如下所示：

```
p.hbar(x, right=y, color="blue", height=0.5)
```

上述 hbar() 函數的 right 參數是 y 軸資料，height 是長方形的高度。

✪ 繪製散佈圖 Ch15_2_1c.py

Bokeh 的散佈圖是呼叫 circle() 函數在資料點上繪出圓形標記，如下所示：

```
p.circle(x, y, color="red", size=20)
```

上述 circle() 函數 x 和 y 是資料點座標，color 參數是色彩，size 是圓形大小，其執行結果如下圖所示：

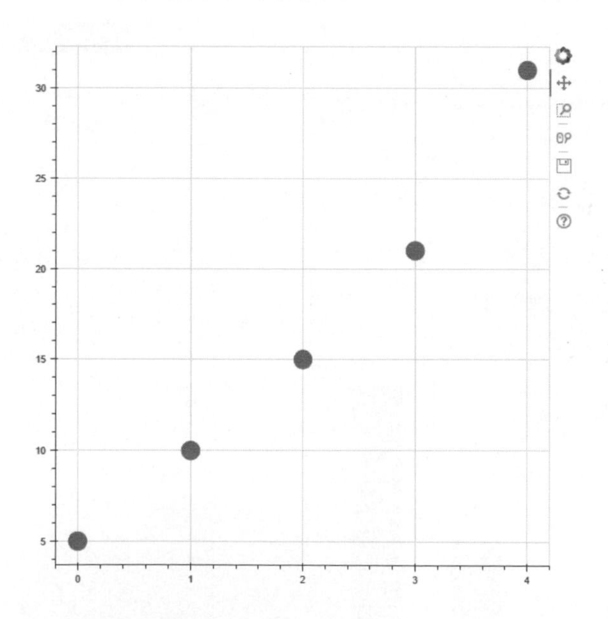

✪ 繪製補丁圖 Ch15_2_1d.py

補丁圖（Patch Plots）是在圖表上使用不同色彩來標示區域，可以指出此區域或群組擁有相似的特點，Bokeh 是呼叫 patches() 函數來繪出補丁圖，如下所示：

```
x_region = [[2,1,2],[3,2,3],[3,4,5,4]]
y_region = [[2,4,6],[4,6,7],[3,4,7,8]]

output_file("Ch15_2_1d.html")

p = figure()
p.patches(x_region, y_region, fill_color=["yellow","red","green"],
          line_color="black")

show(p)
```

上述程式碼首先建立繪圖資料區域的 x 和 y 座標，patches() 函數的前 2 個參數是各區域 x 和 y 座標的巢狀清單，共有三個區域，fill_color 參數分別是三個區域的填滿色彩，line_color 是外框線色彩，其執行結果如下圖所示：

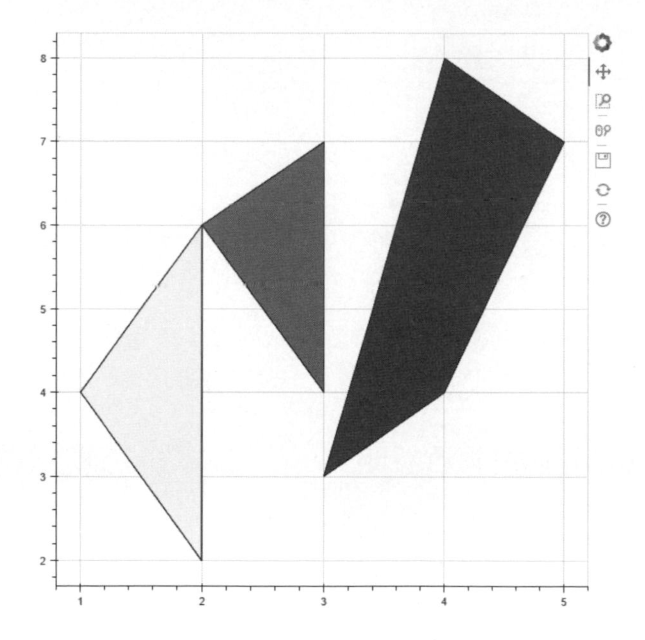

15-2-2 客製化圖像與圖表

Bokeh 的 bokeh.plotting 繪圖模組提供多種函數和參數來客製化圖像與圖表，例如：圖表的標題文字、圖說、色彩配置和軸範圍等。

✪ 在資料點繪出標記

Ch15_2_2.py

第 15-2-1 節我們已經使用過 cross() 函數顯示十字標記；circle() 繪出圓形標記，Figure 物件的標記函數說明，如下表所示：

函數	說明
cross()	十字標記
x()	X 字標記
diamond()	鑽石菱形標記
diamond_cross()	鑽石菱形和十字標記
circle()	圓形標記
circle_x()	圓形和十字標記
triangle()	三角形標記
inverted_triangle()	倒三角形標記
square()	正方形標記
asterisk()	星形標記

Python 程式 Ch15_2_2.py 測試上表的標記符號，其執行結果如下圖所示：

✪ 圖表的標題文字和兩軸標籤說明

Ch15_2_2a.py

我們準備修改 Ch15_2_1.py 程式，新增圖表的標題文字，和兩軸標籤說明文字，如下所示：

```
p = figure(title="Bakeh 的折線圖 ",
           title_location="above",
           x_axis_label="X 軸 ",
           y_axis_label="Y 軸 ")
```

上述程式碼是在建立 Figure 物件時，指定參數來顯示圖表的標題文字和兩軸的標籤說明文字，其說明如下表所示：

參數	說明
title	圖表的標題文字
title_location	標題文字的位置，其值可以是 above、left、right 和 below
x_axis_label	x 軸的標籤說明文字
y_axis_label	y 軸的標籤說明文字

Python 程式的執行結果可以在上方顯示標題文字，和在兩軸顯示標籤說明文字（因為是網頁，所以支援中文），如下圖所示：

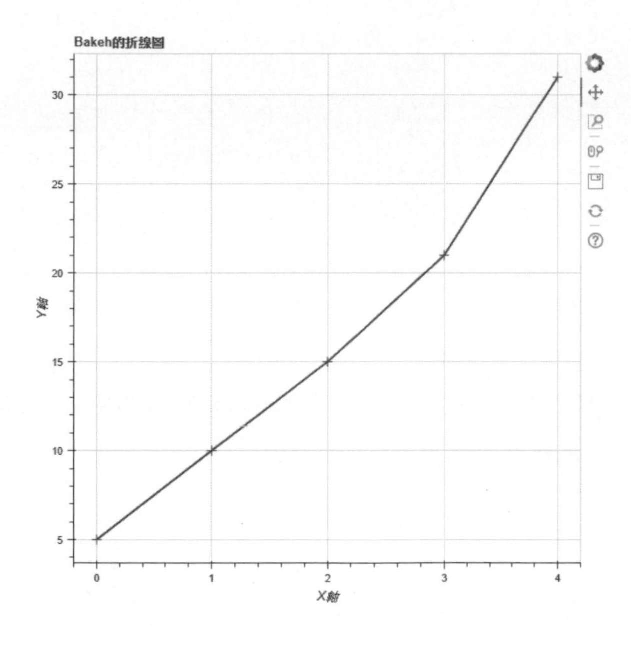

✪ 圖表 x 和 y 軸範圍和圖說

Ch15_2_2b.py

我們準備修改第 13-2-6 節 Kobe Bryant 球員統計資料的折線圖，改用 Bokeh 來繪製。首先匯入相關模組和函數，如下所示：

```
from bokeh.plotting import figure, output_file, show
import pandas as pd
from datetime import datetime

df = pd.read_csv("Kobe_stats.csv")
data = pd.DataFrame()
data["Season"] = pd.to_datetime(df["Season"])
```

```
data["PTS"] = df["PTS"]
data["AST"] = df["AST"]
data["REB"] = df["TRB"]
output_file("Ch15_2_2b.html")
```

上述程式碼從 CSV 檔案取出所需欄位建立 DataFrame 物件 data 後，指定輸出成 Ch15_2_2b.html 的 HTML 檔案。在下方建立 Figure 物件，如下所示：

```
p = figure(title="Kobe Bryant 的生涯得分、助攻和籃板",
           title_location="above", x_axis_label="年份",
           y_axis_label="得分、助攻和籃板",
           x_axis_type="datetime", y_range=(0, 40),
           x_range=(datetime(1995,1,1),datetime(2016,1,1)))
p.line(data["Season"], data["PTS"], legend="PTS", color="red")
p.line(data["Season"], data["AST"], legend="AST", color="green")
p.line(data["Season"], data["REB"], legend="REB", color="blue")

show(p)
```

上述 figure() 函數使用 x_range 和 y_range 參數指定兩軸範圍，x_axis_type 參數指定軸型態，值 datetime 是時間軸；log 是 Log 軸，然後在 3 個 line() 函數指定 legend 參數的圖說，並且指定不同 color 參數的色彩，即可顯示不同色彩線的圖說，其執行結果如下圖所示：

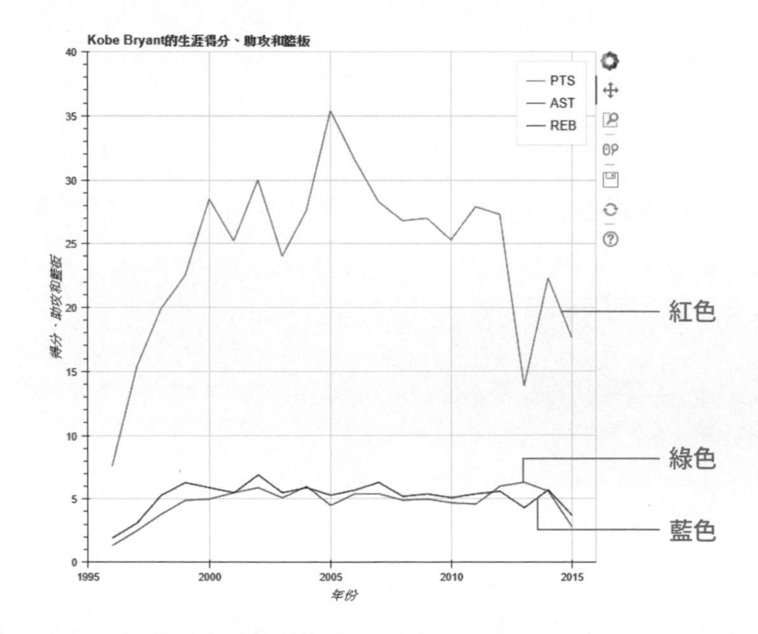

✪ 圖表的色彩地圖

Ch15_2_2c.py

如果是分類型資料，Bokeh 支援建立色彩地圖（Color Maps），可以使用欄位值對應顯示不同色彩，例如：鳶尾花資料集使用 target 欄位的三種類別來對應不同色彩，如下所示：

```
from bokeh.plotting import figure, output_file, show
from bokeh.models import CategoricalColorMapper
import pandas as pd

df = pd.read_csv("iris.csv")
output_file("Ch15_2_2c.html")
```

上述程式碼匯入 CategoricalColorMapper 建立色彩地圖，在使用 Pandas 讀取 iris.csv 檔案後，指定輸出的 HTML 網頁檔名。在下方建立色彩地圖，factors 參數是 target 欄位的三種鳶尾花名稱，palette 是各種名稱對應的三種色彩藍、綠和紅色，如下所示：

```
c_map = CategoricalColorMapper(
        factors=["setosa","virginica","versicolor"],
        palette=["blue","green","red"]
        )
p = figure(title=" 鳶尾花資料集 ")

p.circle(x="sepal_length", y="sepal_width", source=df, size=15,
         color={"field": "target", "transform": c_map})

show(p)
```

上述 circle() 函數的資料改用 source 參數指定資料來源是 DataFrame 物件 df，此時的 x 和 y 參數值是 DataFrame 物件的欄位名稱，color 參數值是字典，field 是分類型欄位 target，transform 是轉換的色彩地圖 c_map，可以將三種類別對應顯示三種色彩，其執行結果如下圖所示：

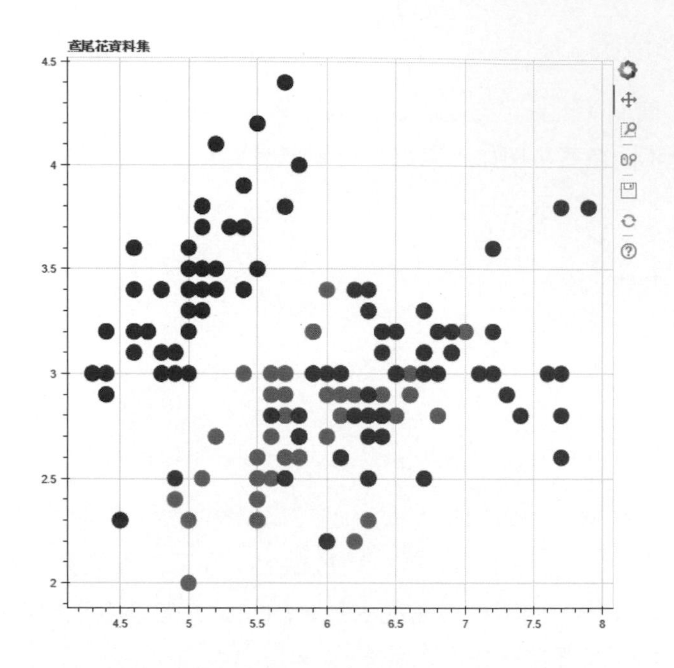

✪ 圖表的標題文字和兩軸標籤說明樣式 Ch15_2_2d.py

Python 程式 Ch15_2_2a.py 是在 figure() 使用參數指定兩軸的標籤說明，我們準備修改程式改用屬性方式來指定，和更改標題文字和兩軸標籤說明的色彩樣式，如下所示：

```
p = figure(title="Bakeh 的折線圖 ",
         title_location="above")
p.title.text_color = "red"
p.title.text_font_style = "bold"
p.xaxis.axis_label = "X 軸 "
p.xaxis.axis_label_text_color = "green"
p.yaxis.axis_label = "Y 軸 "
p.yaxis.axis_label_text_color = "blue"
```

上述 figure() 函數只有指定 title 和 title_localtion 參數，接著使用 title 的 text_color 和 text_font_style 屬性指定標題文字的色彩和粗體樣式，然後依序是 x 和 y 軸的標籤說明和色彩，其執行結果如下圖所示：

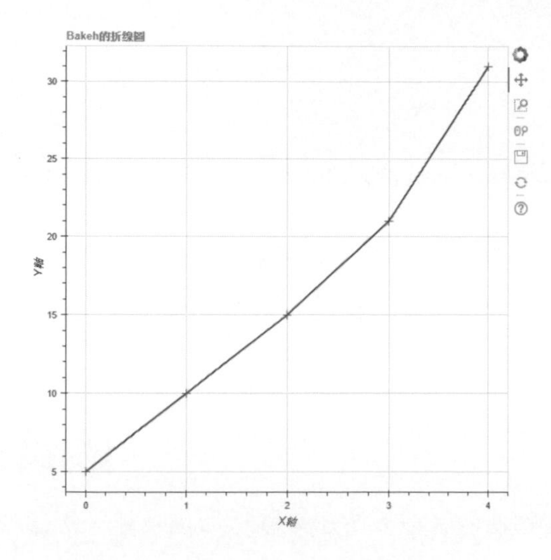

✪ 圖表的外框線樣式和背景色彩

Ch15_2_2e.py

除了設定圖表的文字樣式外，我們也可以更改圖表外框線樣式和圖表的背景色彩，如下所示：

```
p.background_fill_color = "yellow"
p.background_fill_alpha = 0.3
p.outline_line_width = 8
p.outline_line_alpha = 0.8
p.outline_line_color = "brown"
```

上述程式碼首先指定背景色彩是黃色，透明度是0.3，然後指定外框線的寬度、透明度和色彩，其執行結果如右圖所示：

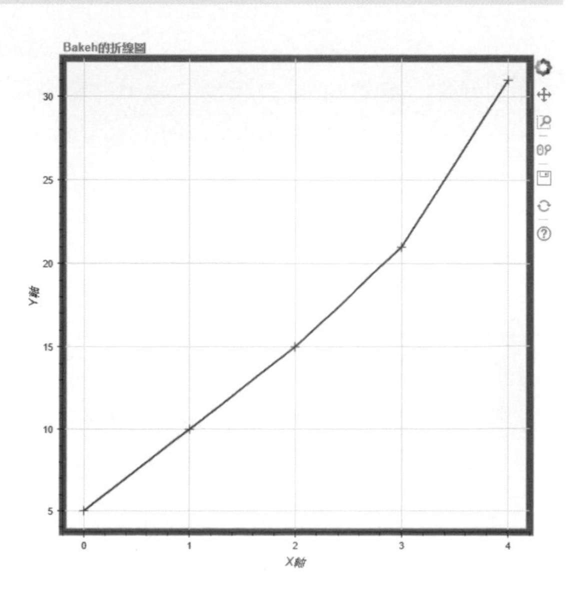

15-3 介面元件

Bokeh 的 bokeh.models 模型模組提供製作圖表互動功能所需的介面元件，在 Bokeh 稱為**小工具**（Widgets），可以讓我們在圖表新增各種介面元件來建立互動圖表。

✪ 建立按鈕元件

Ch15_3.py

按鈕元件（Button）可以讓使用者按下按鈕來執行所需功能，例如：新增名為下一頁的按鈕，如下所示：

```
from bokeh.models.widgets import Button
from bokeh.plotting import output_file, show
from bokeh.layouts import widgetbox

output_file("Ch15_3.html")

btn = Button(label=" 下一頁 ")
box = widgetbox(btn)
show(box)
```

上述程式碼匯入 Button 和佈局的 widgetbox 後，使用 Button() 建立按鈕元件，參數 label 是標題文字，在新增至佈局 widetbox 物件（用來編排介面元件，各元件都是固定尺寸）後，即可顯示網頁內容，其執行結果如下：

下一頁

✪ 建立文字方塊元件

Ch15_3a.py

文字方塊元件（Text Input Box）可以讓使用者輸入文字內容，和連接更動輸出的圖表，例如：新增輸入最大值的文字方塊，如下所示：

```
from bokeh.models.widgets import TextInput
from bokeh.plotting import output_file, show
from bokeh.layouts import widgetbox

output_file("Ch15_3a.html")

txt = TextInput(title="請輸入最大值:", value="100")
box = widgetbox(txt)
show(box)
```

上述程式碼使用 TextInput() 建立文字方塊元件，參數 title 是欄位說明文字，value 是初值，其執行結果如下圖所示：

請輸入最大值:

100

✪ 建立核取方塊元件 Ch15_3b.py

核取方塊元件（Checkbox）可讓使用者勾選選項，這是一種複選的選擇功能元件，例如：新增勾選鳶尾花資料集三種分類的核取方塊，如下所示：

```
from bokeh.models.widgets import CheckboxGroup
from bokeh.plotting import output_file, show
from bokeh.layouts import widgetbox

output_file("Ch15_3b.html")

ckb = CheckboxGroup(labels=["setosa","virginica","versicolor"],
                    active=[1, 2])
box = widgetbox(ckb)
show(box)
```

上述程式碼使用 CheckboxGroup() 建立一組核取方塊元件，參數 labels 是選項的標題文字，active 是預設選項（從 0 開始），其執行結果如下圖所示：

- [ ] setosa
- [x] virginica
- [x] versicolor

✪ 建立選項按鈕元件

Ch15_3c.py

選項按鈕元件（Radio Buttons）可以顯示多個選項讓使用者選擇，這是一種單選題。例如：新增勾選鳶尾花資料集三種分類的選項按鈕，如下所示：

```
from bokeh.models.widgets import RadioGroup
from bokeh.plotting import output_file, show
from bokeh.layouts import widgetbox

output_file("Ch15_3c.html")

rdb = RadioGroup(labels=["setosa","virginica","versicolor"],
                 active=1)
box = widgetbox(rdb)
show(box)
```

上述程式碼使用 RadioGroup() 建立一組選項按鈕元件，參數 labels 是選項的標題文字，active 是預設選項（從 0 開始），其執行結果如下圖所示：

- ○ setosa
- ◉ virginica
- ○ versicolor

✪ 建立下拉式選單元件

Ch15_3d.py

下拉式選單元件（Drop-down Menus）可以讓使用者選擇多個選項之一，我們需要點選向下箭頭來顯示選單，這是一種單選題，例如：新增選取鳶尾花資料集三種分類的下拉式選單元件，如下所示：

```
from bokeh.models.widgets import Dropdown
from bokeh.plotting import output_file, show
from bokeh.layouts import widgetbox

output_file("Ch15_3d.html")

menu = [("setosa","1"),("virginica","2"),("versicolor","3")]

mnu = Dropdown(label="鳶尾花種類", menu=menu)
box = widgetbox(mnu)
show(box)
```

上述程式碼建立選單 menu 清單後，使用 Dropdown() 建立下拉式選單元件，參數 label 是選單名稱，menu 是選單的選項，其執行結果如下圖：

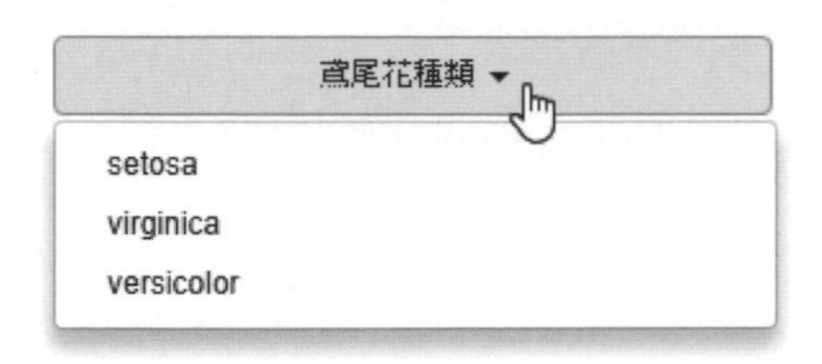

✪ 建立滑桿元件

Ch15_3e.py

滑桿元件（Sliders）可以使用拖拉方式來更改輸入值，而不用自行輸入資料值，例如：新增滑桿元件來輸入值 0 ～ 50，如下所示：

```
from bokeh.models.widgets import Slider
from bokeh.plotting import output_file, show
from bokeh.layouts import widgetbox

output_file("Ch15_3e.html")

sld = Slider(start=0, end=50, value=25,
             title="輸入 0~50", step=5)
box = widgetbox(sld)
show(box)
```

上述程式碼使用 Slider() 建立滑桿元件，參數 start 是最小值，end 是最大值，value 是目前值，title 是滑桿元件的標題文字，step 是增量，其執行結果如下圖所示：

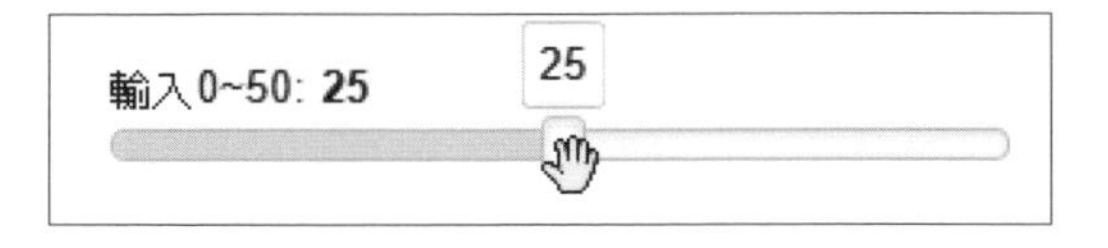

✪ 建立選擇元件

選擇元件（Select）的功能和下拉式選單元件相同，其顯示外觀是 HTML 表單的 <select> 標籤，我們需要點選最右邊的向下箭頭來顯示選項，這是一種單選題，例如：新增選擇鳶尾花 Petal 或 Sepal 的選擇元件，如下所示：

```
from bokeh.models.widgets import Select
from bokeh.plotting import output_file, show
from bokeh.layouts import widgetbox

output_file("Ch15_3f.html")

sel = Select(options=["petal", "sepal"], value="petal", title="iris")
box = widgetbox(sel)
show(box)
```

上述程式碼使用 Select() 建立選擇元件，參數 options 是選單的選項，value 參數是目前值，title 是元件名稱，其執行結果如下圖所示：

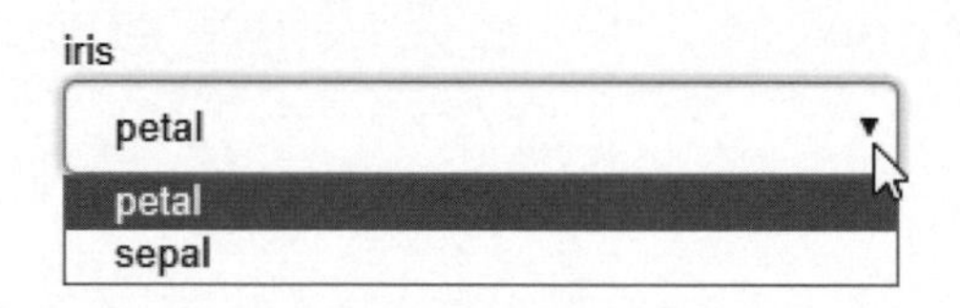

15-4 佈局模組與儀表板

儀表板（Dashboard）是將多種資訊整合在同一個使用介面，可以讓我們快速存取常用資訊，Bokeh 可以使用佈局模組的版面配置來編排圖表，幫助我們編排顯示多張圖表和介面元件的儀表板。

15-4-1 認識佈局函數和 ColumnDataSource 物件

佈局（Layouts）也稱為「版面配置」，對於 Bokeh 來說，就是在版面上如何編排多張圖表，為了方便管理多張圖表的資料來源，我們可以使用 ColumnDataSource 物件建立各圖表共用的資料來源。

✪ Bokeh 佈局模組的函數

Bokeh 的 bokeh.layouts 模組提供多種函數來編排圖表和介面元件，在第 15-3 節已經使用 widgetbox()，佈局函數的說明如下表所示：

函數	說明
column()	使用相同尺寸垂直排列參數的多個 Figure 圖表和介面元件
row()	使用相同尺寸水平排列參數的多個 Figure 圖表和介面元件
gridplot()	建立多欄多列的格子來排列多個 Figure 圖表和介面元件
widgetbox()	建立 WidgetBox 物件使用相同尺寸來排列介面元件

✪ ColumnDataSource 物件

ColumnDataSource 物件是 Bokeh 的基礎資料結構，可以對應欄位名稱至 Pandas 的 Series、Numpy 陣列或清單，作為圖表的資料來源，如下所示：

```
data = ColumnDataSource(data={
    "x": [1,2,3,4],
    "y": df["target"]
})
```

上述程式碼建立 ColumnDataSource 物件 data，data 參數值是字典，即繪製圖表所需 x 和 y 軸資料。我們也可以直接使用 Pandas 的 DataFrame 物件來建立 ColumnDataSource 物件，如下所示：

```
data = ColumnDataSource(df)
```

15-4-2 同時繪製多張圖表

在第 15-2 和 15-3 節我們都只繪製單一圖表，事實上，只需使用佈局函數，我們可以在同一列、同一欄或使用表格方式來繪製多張圖表。

✪ 在同一列繪製多張圖表 Ch15_4_2.py

我們準備修改 Python 程式 Ch15_2_2c.py，使用鳶尾花資料集建立 ColumnDataSource 物件，以便在同一列繪製 2 張圖表和加上圖說：

```
from bokeh.plotting import figure, output_file, show
from bokeh.models import CategoricalColorMapper
from bokeh.plotting import ColumnDataSource
from bokeh.layouts import row
import pandas as pd

df = pd.read_csv("iris.csv")
output_file("Ch15_4_2.html")

c_map = CategoricalColorMapper(
        factors=["setosa","virginica","versicolor"],
        palette=["blue","green","red"]
        )
```

上述程式碼匯入相關模組和函數後，載入 iris.csv 檔案，即可建立色彩地圖。在下方使用 DataFrame 物件的欄位來建立 ColumnDataSource 物件，如下所示：

```
data = ColumnDataSource(data={
        "x": df["sepal_length"],
        "y": df["sepal_width"],
        "x1": df["petal_length"],
        "y1": df["petal_width"],
        "target": df["target"]
        })

p1 = figure(title="鳶尾花資料集 - 花萼")
p1.circle(x="x", y="y", source=data, size=15,
         color={"field": "target", "transform": c_map},
         legend="target")
p2 = figure(title="鳶尾花資料集 - 花瓣")
p2.circle(x="x1", y="y1", source=data, size=15,
         color={"field": "target", "transform": c_map},
         legend="target")
layout = row(p1, p2)
show(layout)
```

上述程式碼建立圖表 p1 和 p2，並且加上 legend 參數來顯示圖說，即可呼叫 row() 函數水平排列 2 張圖表，其執行結果如下圖所示：

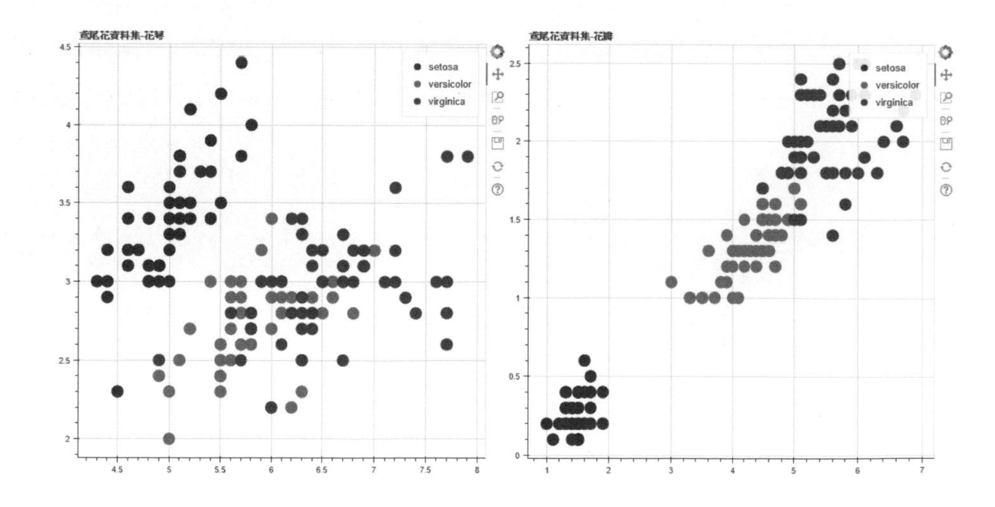

✪ 在同一欄繪製多張圖表 Ch15_4_2a.py

我們只需修改 Python 程式 Ch15_4_2.py，改用 column() 函數即可在同一欄繪製多張圖表，如下所示：

```
layout = column(p1, p2)
```

上述程式碼的執行結果是垂直排列二張圖表。

✪ 在多欄多列繪製多張圖表 Ch15_4_2b.py

對於複雜的版面配置，我們可以巢狀呼叫 column() 和 row() 函數來使用多欄多列繪製多張圖表，例如：修改 Python 程式 Ch15_4_2a.py，新增下拉式選單元件來編排二張圖表和一個介面元件，如下所示：

```
menu = [("setosa","1"),("virginica","2"),("versicolor","3")]
mnu = Dropdown(label="鳶尾花種類", menu=menu)

layout = column(mnu, row(p1, p2))
```

上述程式碼建立名為 menu 的下拉式選單元件後，呼叫 column() 垂直編排介面元件，和 row() 函數水平編排的二張圖表，其執行結果如下圖所示：

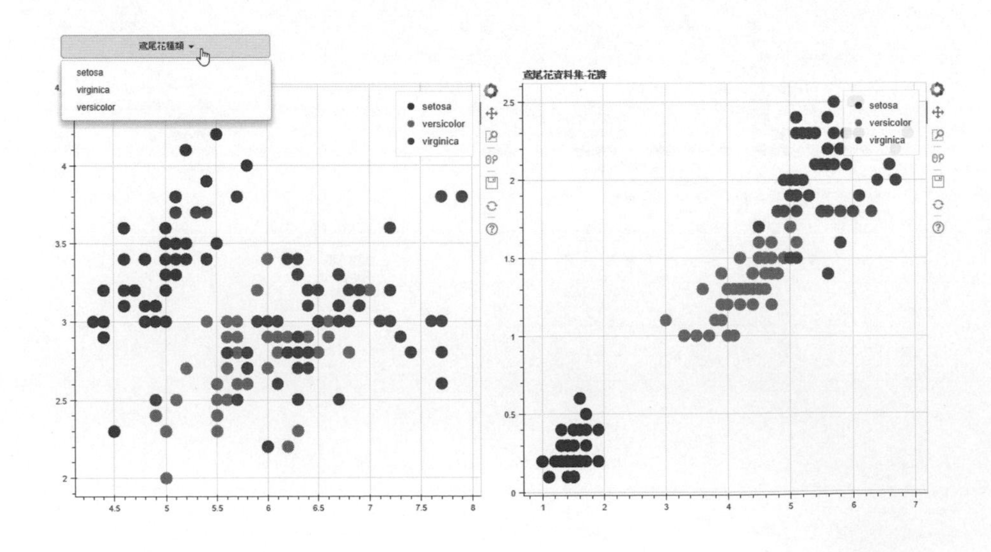

✪ 使用格子佈局繪製多張圖表

Ch15_4_2c.py

除了巢狀呼叫 column() 和 row() 函數，我們也可以使用 gridplot() 函數使用格子佈局繪製多張圖表（即使用表格編排），在此直接將 Python 程式 Ch15_4_2b.py 改用 gridplot() 函數來編排，如下所示：

```
layout = gridplot([mnu, None], [p1, p2])
```

上述程式碼建立 2X2 的表格，所以參數是 2 個 Python 清單，第 1 個參數的清單因為只有 1 個介面元件，所以第 2 個是 None，其執行結果如下圖：

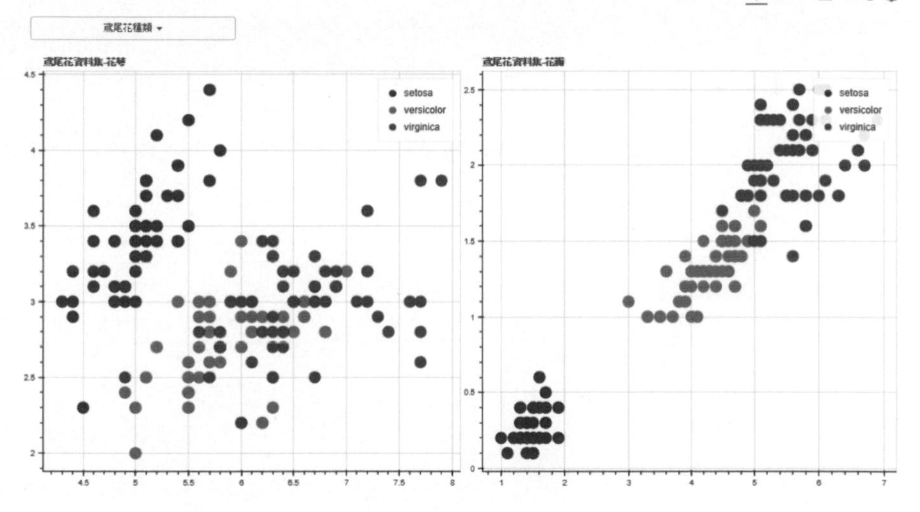

15-4-3 標籤頁

如果多張圖表和介面元件需要分組顯示，我們可以使用 Bokeh 標籤頁來編排多組圖表或使用介面。

✪ 標籤頁

Ch15_4_3.py

我們準備修改 Python 程式 Ch15_4_2c，改用標籤頁編排 2 個下拉式選單和 2 張圖表，請注意！標籤頁不是佈局函數，而是一種小工具（Widgets），如下所示：

```
from bokeh.models.widgets import Dropdown, Tabs, Panel
```

上述程式碼匯入 Tabs 和 Panel 物件，因為每一頁標籤頁需要使用 Panel 元件來群組元素，而且 Panel 群組的圖表或元件並不能重複，所以，我們一共建立 2 個下拉式選單 mnu1 和 mnu2，如下所示：

```
menu = [("setosa","1"),("virginica","2"),("versicolor","3")]
mnu1 = Dropdown(label="鳶尾花種類", menu=menu)
mnu2 = Dropdown(label="鳶尾花種類", menu=menu)

tab1 = Panel(child=column(mnu1,p1), title="花萼")
tab2 = Panel(child=column(mnu2,p2), title="花瓣")
tabs = Tabs(tabs=[tab1, tab2])

show(tabs)
```

上述程式碼先建立 2 個 Panel 物件 tab1 和 tab2，child 參數是群組的圖表和元件，一樣可以呼叫佈局函數，title 參數是標籤名稱，然後建立 Tabs 物件，tabs 參數是 Panel 物件清單，最後 show() 函數顯示 Tabs 物件，其執行結果可以看到兩頁標籤頁，如下圖所示：

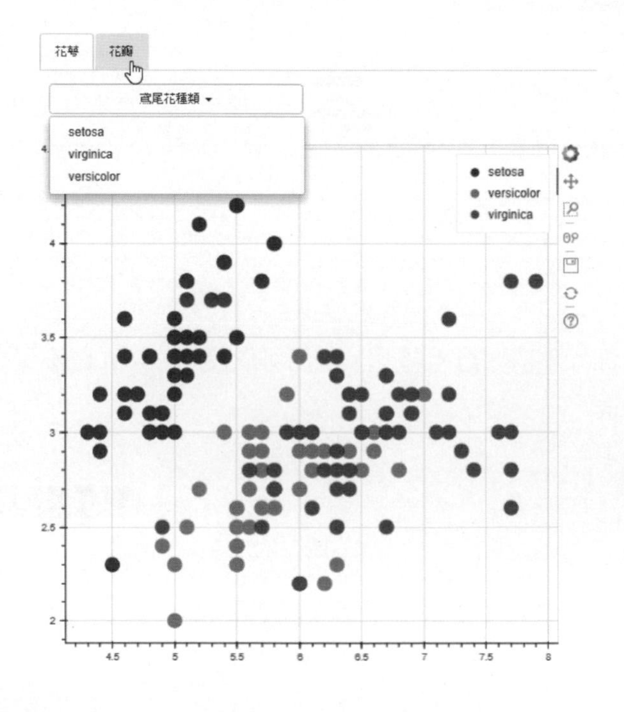

15-5 互動圖表

對於佈局編排的多個圖表來說，我們可能需要連動多張圖表來方便檢視資料，或在點選和選取圖表時，提供更多資訊和使用不同色彩來標示選取的區域。

15-5-1 連動多張圖表

一般來說，如果同時繪製多張圖表，我們可能需要連動這些圖表來建立互動功能，如下所示：

- 當在散佈圖表選取指定區域的資料點時，同時更新其他圖表的顯示範圍。
- 當縮放一張圖表時，同時連動縮放其他圖表來方便我們比較相同 x 軸或 y 軸區域。

✪ 連動圖表選取和 x 軸縮放 Ch15_5_1.py

我們準備修改 Python 程式 Ch15_2_2b.py 的 Kobe Bryant 球員統計資料的折線圖，分成兩張水平排列的折線圖，並且連動圖表選取和 x 軸縮放：

```
from bokeh.plotting import figure, output_file, show
from bokeh.models import ColumnDataSource
from bokeh.layouts import gridplot
import pandas as pd

df = pd.read_csv("Kobe_stats.csv")

output_file("Ch15_5_1.html")

data = ColumnDataSource(data={
        "x": pd.to_datetime(df["Season"]),
        "y": df["PTS"],
        "y1": df["AST"],
        "y2": df["TRB"]
        })
```

上述程式碼使用 DataFrame 物件的欄位建立 ColumnDataSource 物件後，建立下方字串的工具列功能清單，如下所示：

```
TOOLS = "pan,wheel_zoom,box_zoom,reset,save,box_select,lasso_select"

p1 = figure(title="Kobe Bryant 的生涯得分 ", tools=TOOLS,
           title_location="above", x_axis_label=" 年份 ",
           y_axis_label=" 得分 ",
           x_axis_type="datetime")
p1.circle(x="x", y="y", source=data, color="red")
```

上述程式碼是第 1 張 Figure 物件的圖表，參數 tools 指定顯示的工具列，主要是新增 2 種選取功能。

請注意！用來選取的圖表需要是散佈圖，所以使用 circle() 函數建立散佈圖，參數 source 是資料來源的 ColumnDataSource 物件 data。

在下方是第 2 張 Figure 物件的 2 條折線圖，p1.circle() 和 p2.line() 都是使用相同的 x 軸資料，如下所示：

```
p2 = figure(title="Kobe Bryant 的生涯助攻和籃板 ", tools=TOOLS,
           title_location="above", x_axis_label=" 年份 ",
           y_axis_label=" 助攻和籃板 ",
           x_axis_type="datetime")
p2.line(x="x", y="y1", source=data, legend="AST", color="green")
p2.line(x="x", y="y2", source=data, legend="REB", color="blue")

p1.x_range = p2.x_range
layout = gridplot([[p1,p2]])

show(layout)
```

上述程式碼指定 p1 和 p2 擁有相同的 x_range，然後使用 gridplot() 函數編排 2 張圖表和共用工具列，即可呼叫 show() 函數顯示圖表，其執行結果如下圖所示：

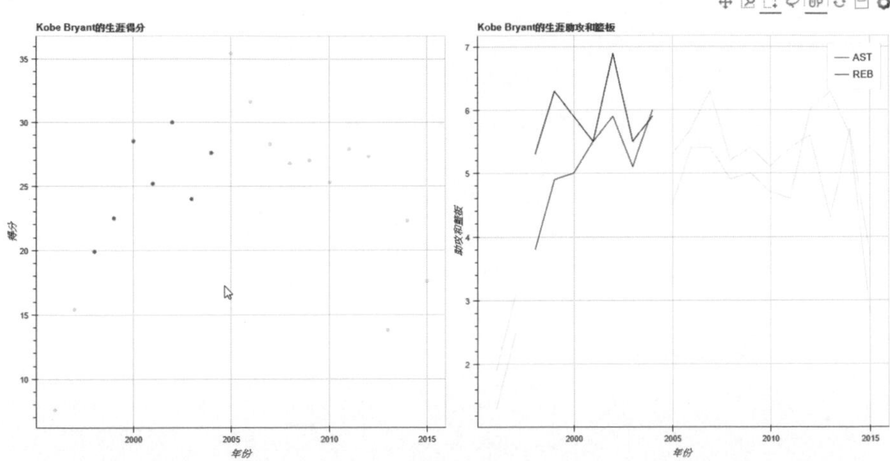

在上述左邊散佈圖使用選取工具選取區域，可以看到右邊也連動只顯示選取區域的圖表，如果是縮放圖表，可以看到兩張圖表同步縮放。

✪ 連動圖表的 y 軸縮放

Ch15_5_1a.py

Python 程式 Ch15_5_1.py 是 x 軸的範圍相同，兩張圖表是同步縮放 x 軸的範圍，我們只需指定相同 y_range，即可同步縮放 y 軸的範圍，如下所示：

```
p1.y_range = p2.y_range
```

15-5-2 在圖表新增更多的互動功能

在 Bokeh 的工具列可以新增 hovor_tool 和 box_select（上一節已經有使用）工具，讓我們替圖表新增更多互動功能，如下所示：

- **懸停工具提示框**（Hover Tooltip）：當滑鼠游標移至資料點時，就會顯示浮動提示框來提供進一步資訊。
- **標示選取區域**（Selection）：在圖表選取區域時，使用不同色彩來標示選取區域。

✪ 懸停工具提示框

Ch15_5_2.py

我們準備修改 Python 程式 Ch15_2_2b.py 的 Kobe Bryant 球員統計資料的折線圖，加上懸停工具提示框，如下所示：

```
hover_tool = HoverTool(tooltips = [
            (" 得分 ", "@PTS"),
            (" 助攻 ", "@AST"),
            (" 籃板 ", "@REB")
            ])

data2 = ColumnDataSource(data)

p = figure(title="Kobe Bryant 的生涯得分、 助攻和籃板 ",
           title_location="above", x_axis_label=" 年份 ",
           y_axis_label=" 得分、 助攻和籃板 ",
           x_axis_type="datetime", tools=[hover_tool])
p.line(x="Season", y="PTS", source=data2,
       legend="PTS", color="red")
p.line(x="Season", y="AST", source=data2,
       legend="AST", color="green")
p.line(x="Season", y="REB", source=data2,
       legend="REB", color="blue")

show(p)
```

上述程式碼建立 Hover_Tool 物件，tooltips 參數是提示框顯示的訊息，「@」是對應 ColumnDataSource 物件的欄位，然後在 figure() 函數使用 tools 參數指定使用懸停工具提示框，其執行結果當滑鼠游標移至資料點時，就會顯示浮動提示框來提供進一步資訊，如右圖所示：

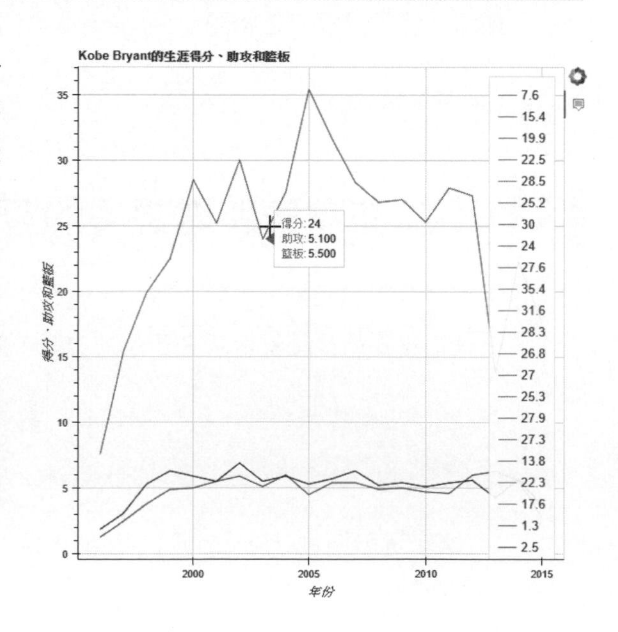

✪ 標示選取區域

Ch15_5_2a.py

我們準備修改 Python 程式 Ch15_2_2c.py 鳶尾花資料集的散佈圖，同時加上懸停工具提示框和標示選取區域，如下所示：

```
hover_tool = HoverTool(tooltips = [
            ("花瓣長度", "@petal_length"),
            ("花瓣寬度", "@petal_width"),
            ("種類", "@target")
            ])
data = ColumnDataSource(df)

p = figure(title="鳶尾花資料集", tools=["box_select", hover_tool])

p.circle(x="petal_length", y="petal_width", source=data, size=15,
        color={"field": "target", "transform": c_map}, legend="target",
        selection_color="green", nonselection_fill_alpha=0.3,
        nonselection_fill_color="grey")
```

上述程式碼在 figure() 函數的 tools 參數新增 box_select 和 hover_tool，然後在 circle() 函數指定選取區域色彩是綠色；沒有選取區域的色彩是灰色和透明度是 0.3，其執行結果如下圖所示：

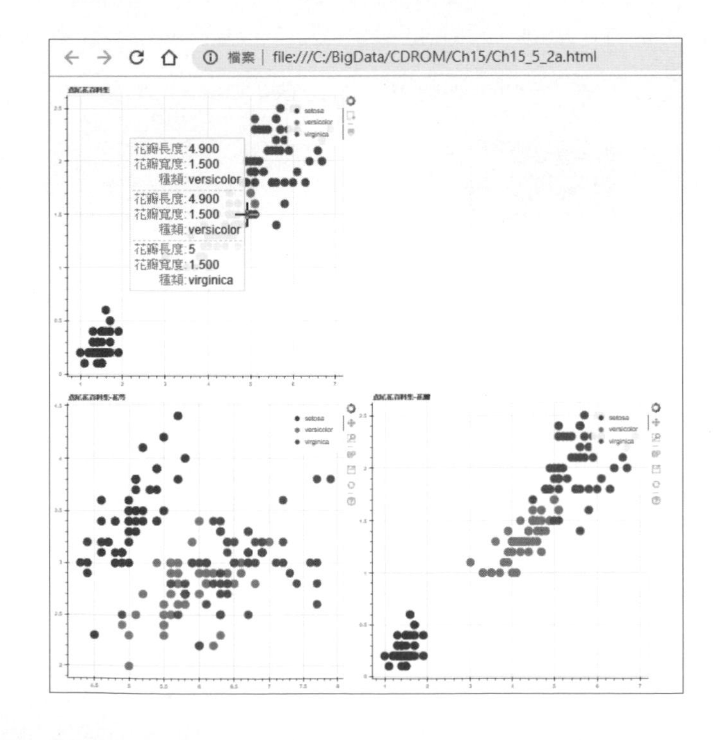

15-6 建立 Bokeh 應用程式

目前我們繪製的 Bokeh 圖表都是輸出成 HTML 檔案後，在本機瀏覽器顯示互動圖表，事實上，我們需要建立 Bokeh 應用程式，才能整合介面元件與圖表來客製化使用者互動。

15-6-1 認識 Bokeh 伺服器

Bokeh 應用程式簡單説是一種 Web 應用程式，這是一個輕量級生產 Bockeh 文件（Bokeh Documents）的工廠，當使用者啟動瀏覽器連線 Bokeh 伺服器，伺服器就會執行 Bokeh 應用程式產生專屬新文件，然後回傳至瀏覽器來顯示。

✪ Bokeh 伺服器簡介

Bokeh 伺服器是執行 Python 語言的 Bokeh 應用程式來產生 Bokeh 文件，而不用自行撰寫客戶端 JavaScript 程式碼，如下圖所示：

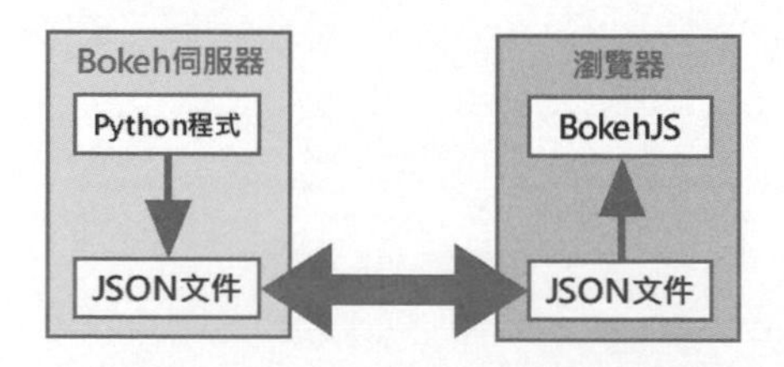

上述圖例的 Bokeh 文件就是 JSON 格式的文件，Python 程式會將互動圖表轉換成 JSON 文件，在回傳至瀏覽器後，使用 BokehJS 函式庫依據 JSON 文件來顯示互動圖表，並且與使用者進行互動。

✪ 建立 Bokeh 應用程式的基本步驟

使用 Bokeh 函式庫建立 Bokeh 應用程式的基本步驟，如下圖所示：

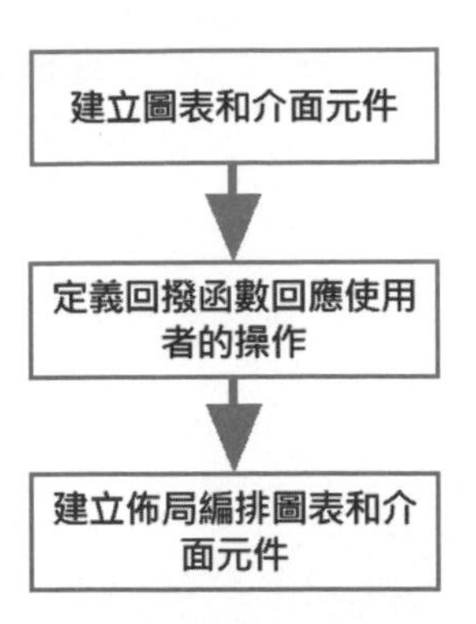

上述步驟首先撰寫建立圖表和介面元件的 Python 程式碼，然後針對介面元件定義點選或改變時呼叫的**回撥函數**（Callback Functions），最後，我們可以使用佈局函數來編排多個圖表和使用介面，同樣方式，我們也可以編排建立**儀表板**（Dashboard）。

15-6-2 建立 Bokeh 應用程式

現在，我們準備使用 Python 程式建立 Bokeh 應用程式，此程式不是在 Spyder 執行，而是需要啟動 Bokeh 伺服器來執行 Python 程式。

✪ 使用滑桿的點數來亂數產生散佈圖 Ch15_6_2.py

我們準備整合滑桿元件和散佈圖，初始亂數產生 100 個資料點，當使用者拖拉滑桿增加資料點數，同時也會更新散佈圖顯示亂數產生的資料點數（**請注意！**在 Python 程式不可使用中文標題、標籤和選項），如下所示：

```
from bokeh.models import Slider, ColumnDataSource
from bokeh.io import curdoc
from bokeh.layouts import column
from bokeh.plotting import figure
import random

num_of_points = 100
data = ColumnDataSource(data = {
        "x": random.sample(range(0,600),num_of_points),
        "y": random.sample(range(0,600),num_of_points)
        })
```

上述程式碼首先匯入 curdoc 的目前 Bokeh 文件函數，然後建立 ColumnDataSource 物件使用亂數產生 100 個從 0 ～ 599 之間的 x 和 y 值。在下方呼叫 circle() 函數繪製出散佈圖和建立 Slider 物件，如下所示：

```
p = figure(title="Random Scatter Plot")
p.circle(x="x", y="y", source=data, color="blue")
sld = Slider(start=0, end=500, step=10, value=num_of_points,
             title="Slide to Increase Number of Points")

def callback(attr, old, new):
    points = sld.value
    data.data = {"x": random.sample(range(0,600),points),
                 "y": random.sample(range(0,600),points)
                 }
sld.on_change("value", callback)

layout = column(sld, p)
curdoc().add_root(layout)
```

上述 callback() 函數是 Slider 物件的回撥函數，在使用 sld.value 取得最新滑桿值的點數後，重新使用亂數產生最新點數的 x 和 y 值，接著呼叫 on_change() 函數註冊此回撥函數，這是當第 1 個參數元件的 value 值改變時，就觸發呼叫第 2 個參數的 callback() 函數（on_click() 函數是註冊點選元件時觸發的回撥函數），即可使用 column() 函數垂直編排介面元件和散佈圖，最後呼叫 curdoc().add_root() 函數新增 layout 至目前的 Bokeh 文件。

我們需要開啟 **Anaconda Prompt** 命令提示字元視窗，輸入下列指令來執行 Bokeh 應用程式 Ch15_6_2.py，如下所示：

```
(base) C:\BigData\Ch15>bokeh serve --show Ch15_6_2.py Enter
```

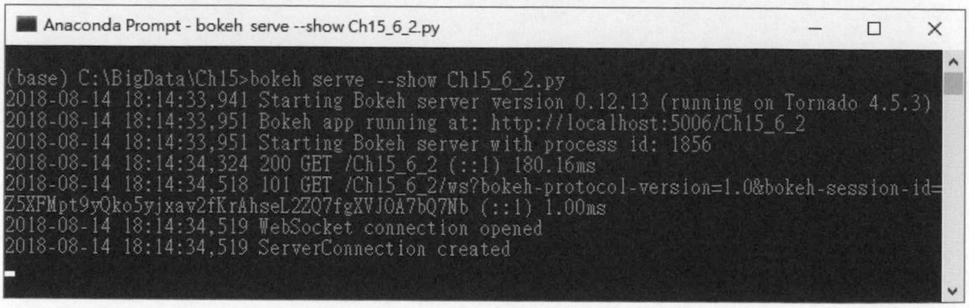

Anaconda Prompt - bokeh serve --show Ch15_6_2.py

```
(base) C:\BigData\Ch15>bokeh serve --show Ch15_6_2.py
2018-08-14 18:14:33,941 Starting Bokeh server version 0.12.13 (running on Tornado 4.5.3)
2018-08-14 18:14:33,951 Bokeh app running at: http://localhost:5006/Ch15_6_2
2018-08-14 18:14:33,951 Starting Bokeh server with process id: 1856
2018-08-14 18:14:34,324 200 GET /Ch15_6_2 (::1) 180.16ms
2018-08-14 18:14:34,518 101 GET /Ch15_6_2/ws?bokeh-protocol-version=1.0&bokeh-session-id=
Z5XFMpt9yQko5yjxav2fKrAhseL2ZQ7fgXVJOA7bQ7Nb (::1) 1.00ms
2018-08-14 18:14:34,519 WebSocket connection opened
2018-08-14 18:14:34,519 ServerConnection created
```

當成功啟動 Bokeh 伺服器，就會啟動瀏覽器來顯示 Bokeh 應用程式的互動圖表，如下圖所示：

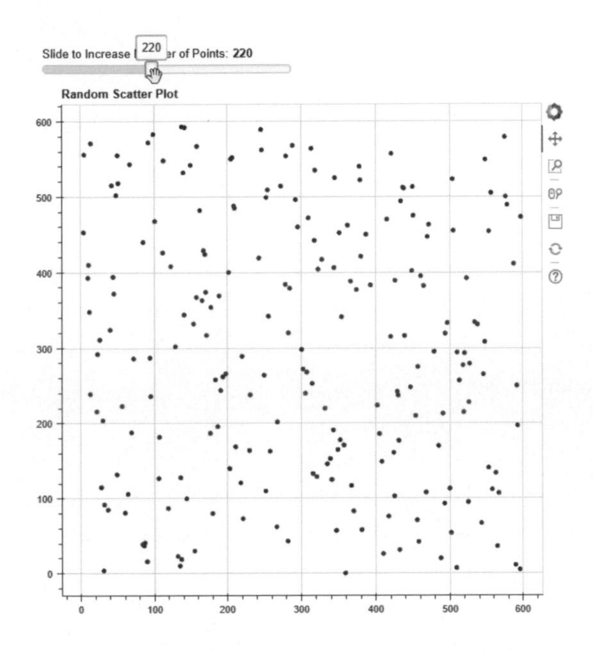

在上圖拖拉左上角的滑桿更改點數後，可以立即看到下方散佈圖的點數也同步增加。

✪ 選擇花瓣或花萼繪製鳶尾花資料集的散佈圖 Ch15_6_2a.py

我們準備整合 Python 程式 Ch15_3f.py 和 Ch15_4_2b.py，可以使用 Select 選擇元件選擇花瓣或花萼，即可切換顯示其鳶尾花長和寬的散佈圖，如下所示：

```
from bokeh.plotting import figure
from bokeh.models import CategoricalColorMapper, Select
from bokeh.plotting import ColumnDataSource
from bokeh.layouts import column
from bokeh.io import curdoc
import pandas as pd

df = pd.read_csv("iris.csv")

c_map = CategoricalColorMapper(
        factors=["setosa","virginica","versicolor"],
```

```
        palette=["blue","green","red"]
        )

data = ColumnDataSource(data={
        "x": df["petal_length"],
        "y": df["petal_width"],
        "target": df["target"]
        })
```

上述程式碼使用 DataFrame 物件建立 ColumnDataSource 物件 data，擁有資料 x、y 和 target，然後使用 circle() 函數繪製散佈圖後，建立 Select 物件的選擇元件，選項是 petal 和 sepal，如下所示：

```
p = figure(title="IRIS DataSet")
p.circle(x="x", y="y", source=data, size=15,
         color={"field": "target", "transform": c_map},
         legend="target")

sel = Select(options=["petal", "sepal"], value="petal", title="iris")
def callback(attr, old, new):
    if sel.value == "petal":
        data.data = {
               "x": df["petal_length"],
               "y": df["petal_width"],
               "target": df["target"]
               }
    else:
        data.data = {
               "x": df["sepal_length"],
               "y": df["sepal_width"],
               "target": df["target"]
               }
sel.on_change("value", callback)

layout = column(sel, p)
curdoc().add_root(layout)
```

上述 callback() 函數是 Select 元件的回撥函數，使用 sel.value 判斷是花瓣或花萼，然後重新使用 DataFrame 物件建立 ColumnDataSource 物件 data，即可呼叫 on_change() 函數註冊 callback() 函數，然後使用 column() 函數垂直編排介面元件和散佈圖，和呼叫 curdoc().add_root() 函數新增 layout。

請開啟 **Anaconda Prompt** 命令提示字元視窗，輸入下列指令來執行 Bokeh 應用程式，如下所示：

```
(base) C:\BigData\Ch15>bokeh serve --show Ch15_6_2a.py Enter
```

當成功啟動 Bokeh 伺服器，就會啟動瀏覽器來顯示 Bokeh 應用程式的互動圖表，首先顯示花瓣（Petal）尺寸的散佈圖，如下圖所示：

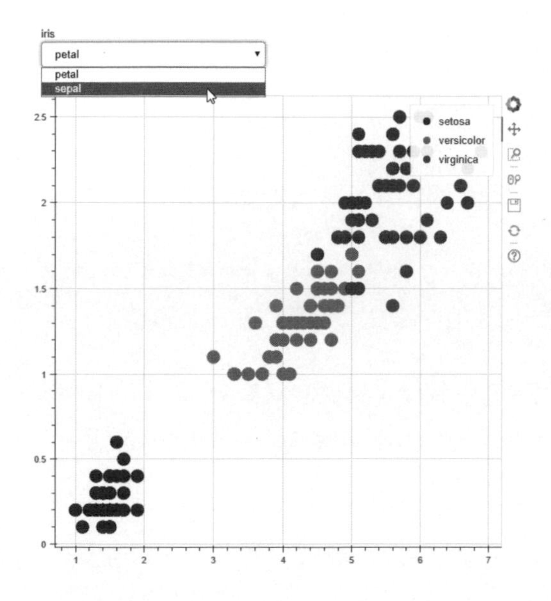

在上方的下拉選單點選 **sepal**，可以馬上在下方顯示花萼（Sepal）尺寸的散佈圖，如下圖所示：

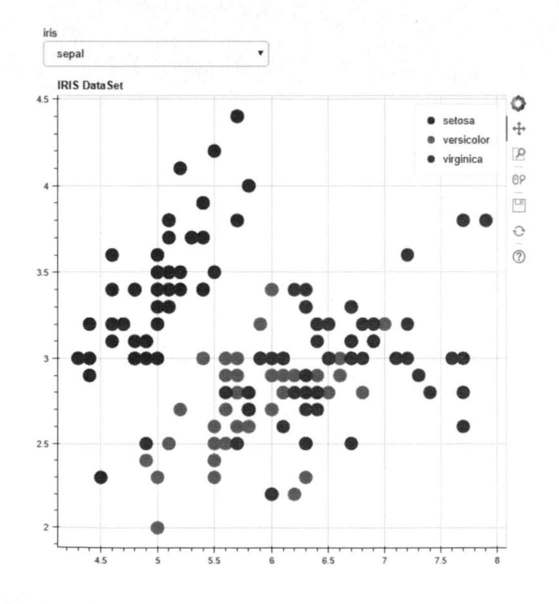

學習評量

1. 請說明什麼是靜態圖表和互動圖表？

2. 請簡單說明 Bokeh 函式庫是什麼？其模組介面有哪些？

3. 請簡單說明 Bokeh 建立互動圖表的基本步驟？

4. 請問什麼是 Bokeh 伺服器？建立 Bokeh 應用程式的基本步驟？

5. 目前資料的 x 軸是 1 ～ 50；y 軸是 x 軸的 3 倍，請寫出 Python 程式使用 Bokeh 繪出折線圖，標題文字是 Draw a Line.。

6. 現在我們有某公司 5 天股價資料的 CSV 檔案 stock.csv，請建立 Python 程式使用 Pandas 套件載入檔案後，使用 Bokeh 繪出 5 天股價的折線圖。

7. 請建立 Python 程式，使用 Pandas 套件載入 anscombe_i.csv 檔案後，使用 Bokeh 以 x 和 y 欄位繪出散佈圖。

8. 請建立 Python 程式，使用 Pandas 套件載入 iris.csv 檔案後，使用 Bokeh 以 petal_length 和 petal_width 欄位繪出散佈圖。

Python 資料視覺化實作案例

16-1 如何執行資料視覺化？

資料視覺化（Data Visualization）是使用圖形化方式呈現資訊和資料，讓你使用圖表敘說資料的故事，所以，每一個人的資料視覺化可能都不同。

在這一節筆者準備說明執行資料視覺化的一些技巧和注意事項，可以幫助你正確的執行資料視覺化。

16-1-1 問對問題

資料視覺化最重要的步驟是問對問題，因為資料視覺化的目的是製作圖表來回答問題，而這些問題就是繪製資料視覺化的圖表所欲尋找的答案。

所以，在決定進行資料視覺化之前，請先詢問自己一些問題，如果下列有任何一個問題是答案為「是」，就表示你需要資料視覺化，如下所示：

- 你是否相信資料視覺化可以讓你說出資料中隱藏的故事？
- 你是否需要找出 2 個資料特徵之間的關係？是否有關聯性？
- 你是否需要找出資料中規律且相似的行為模式？
- 你是否需要從資料中找出群組或叢集，並且抽出可能的資料？
- 你是否需要觀察資料中指定欄位的資料分佈情況？
- 你是否希望顯示在一段時間內的資料走向和趨勢？
- 你是否懷疑資料中可能有異常值，而且除非使用資料視覺化，無法找出此異常值。

16-1-2 選對圖表

在實務上，我們簡報資料時有四種基本呈現類型（Basic Presentation Types），如下所示：

- 比較（Comparison）。
- 分佈（Distribution）。
- 關聯性（Relationship）。
- 組成（Composition）。

上述四種呈現類型各自擁有適合的圖表，換句話說，當你知道需要使用哪一種呈現類型，就知道使用哪些圖表來呈現資料，如下所示：

如果你需要比較資料？

資料視覺化常常需要排行和比較資料，如果資料集有時間欄位，我們還需要時間性的資料趨勢比較，其適用圖表如下表所示：

呈現類型	適用圖表
排行和比較資料	水平和垂直長條圖（Bar Plots）
時間性的資料趨勢比較	折線圖（Line Chars）

如果你需要了解資料的分佈？

對於資料集中的數值資料，資料視覺化一般來說都需要了解資料分佈情況，其適用圖表如下表所示：

呈現類型	適用圖表
單變量分佈	直方圖（Histograms）
雙變量分佈	散佈圖（Scatter Plots）
資料龐大且分散的雙變量分佈	六角形箱圖（Hexbin Plots）

如果在資料集有非數值的分類欄位，我們就需要進一步了解分類的資料分佈，其適用圖表如下表所示：

呈現類型	適用圖表
分類資料的分佈	箱形圖（Box Plots）
需要核密度估計圖的分類資料分佈	提琴圖（Violin Plots）

✪ 如果你需要進一步了解資料之間的關聯性？

如果資料集有多個數值欄位，資料視覺化需要找出 2 個數值資料之間的關聯性，其適用圖表如下表所示：

呈現類型	適用圖表
兩個數值資料之間的關聯性	散佈圖（Scatter Plots）

✪ 如果你需要了解資料的組成？

資料視覺化除了比較，另一種呈現是資料的組成，其適用圖表如下：

呈現類型	適用圖表
資料的組成	派圖（Pie Charts）或堆疊長條圖（Stacked Bar Plots）

16-2 找出資料之間的關聯性

資料視覺化是將大數據的資料使用圖形抽象化成易於閱讀者吸收的內容，讓我們透過圖表來識別出資料之中的**模式**（Patterns）、**趨勢**（Trends）和**關聯性**（Relationships）。

基本上，從資料中識別出模式和時間趨勢需要經驗和對資料本身背景知識的了解，不過，資料關聯性的識別有多種方法，我們可以繪製出兩個數值欄位的資料分佈，即**散佈圖**，或使用 Pandas 的 corr() 函數計算 2 個變數的相關係數來找出資料之間的關聯性。

16-2-1 使用散佈圖

我們只需將 2 個變數的資料繪製成散佈圖，即可從圖表觀察出 x 和 y 兩軸變數之間的關聯性。例如：手機使用時數和工作效率的資料，如下表所示：

使用小時	0	0	0	1	1.3	1.5	2	2.2	2.6	3.2	4.1	4.4	4.4	5
工作效率	87	89	91	90	82	80	78	81	76	85	80	75	73	72

上表是手機使用的小時數和工作效率的分數（滿分 100 分），我們可以依據上表資料繪製散佈圖（Python 程式：Ch16_2_1.py），如下所示：

```
hours_phone_used = [0,0,0,1,1.3,1.5,2,2.2,2.6,3.2,4.1,4.4,4.4,5]
work_performance = [87,89,91,90,82,80,78,81,76,85,80,75,73,72]

df = pd.DataFrame({"hours_phone_used":hours_phone_used,
                   "work_performance":work_performance})

df.plot(kind="scatter", x="hours_phone_used", y="work_performance")
```

上述程式碼建立 2 個 Python 清單後，建立 DataFrame 物件和呼叫 plot() 函數繪出散佈圖，如下圖所示：

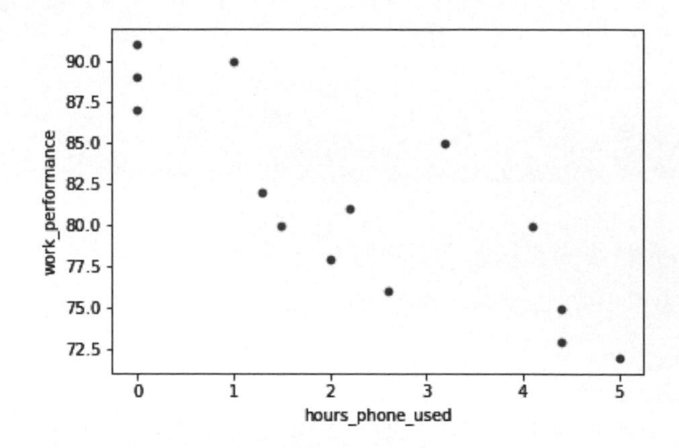

上述散佈圖的資料點可以幫助我們找出 x 和 y 軸資料之間是**正相關**、**負相關**或**無相關**，其說明如下所示：

⁂ **正相關**（Positive Relation）：圖表顯示當一軸增加；同時另一軸也增加，資料排列成一條往右斜向上的直線，例如：身高增加；體重也同時增加，如下圖所示：

⁂ **負相關**（Negative Relation）：圖表顯示當一軸增加；同時另一軸卻減少，資料排列成一條往右斜向下的直線，例如：打手遊的時間增加；讀書的時間就會減少，如下圖所示：

⁂ **無相關**（No Relation）：圖表顯示的資料點十分分散，看不出有任何直線的趨勢，例如：學生身高和期中考成績，如下圖所示：

y

x

看出來了嗎！我們觀察上述散佈圖的資料點是在找出 2 個資料之間是否呈現出一條直線關係，這種關係就是**線性關係**，即第 14-6-1 節的**迴歸線**。

16-2-2 使用相關係數

相關係數（Correlation Coefficient）可以計算 2 個變數的線性相關性有多強（其值的範圍是 -1 ～ 1 之間）。不過，在說明相關係數之前，我們需要先了解什麼是相關性？何謂因果關係？

✪ 因果關係和相關性

基本上，如果 2 個變數之間有因果關係，表示一定有相關性；反之，有相關性，並不表示 2 個變數之間有因果關係，如下所示：

⁂ **相關性**（Correlation）：量化相關性的值範圍在 -1 ～ 1 之間，即**相關係數**，我們可以使用相關係數的值來測量 2 個變數的走勢是如何相關和其強度。例如：相關係數的值接近 1，表示 1 個變數增加；另一個變數也增加，接近 -1，表示 1 個變數增加；另一個變數減少。

⁂ **因果關係**（Causation）：一個變數真的影響另一個變數，也就是說，一個變數真的可以決定另一個變數的值。

簡單的說，如果變數 X 影響變數 Y，相關性只是 X 導致 Y 的原因之一（可能還有其他原因），因果關係是指變數 X 是 Y 的決定因素，至於我們要如何證明 2 個變數之間的因果關係，就需要使用統計學的檢定。

✪ 計算 DataFrame 物件的相關係數

Ch16_2_2.py

因為相關係數可以測量 2 個變數之間線性關係的強度和方向，在 DataFrame 物件可以使用 corr() 函數計算每個欄位之間的相關係數：

```
df = pd.DataFrame({"hours_phone_used":hours_phone_used,
                   "work_performance":work_performance})
print(df.corr())
```

上述程式碼使用清單建立 DataFrame 物件後，呼叫 corr() 函數計算各欄位之間的相關係數，如下表所示：

	hours_phone_used	work_performance
hours_phone_used	1.000000	-0.838412
work_performance	-0.838412	1.000000

上表從左上至右下的對角線值是 1.000000，因為是自己和自己欄位計算的相關係數，其他是各欄位之間互相計算的相關係數，可以看到值是 -0.838，屬於高度負相關，相關係數的判斷標準如下表所示：

相關性	相關係數值
完美（Perfect）	接近 +1 或 -1，這是完美的正相關和負相關
高度（High）	在 +0.5 ～ 1 和 -0.5 ～ -1 之間，表示有很強的相關性
中等（Moderate）	在 +0.3 ～ 0.49 和 -0.3 ～ -0.49 之間，表示是中等相關性
低度（Low）	值低於 -0.29 和 0.29，表示是有一些相關性
無（No）	值是 0，表示無相關

16-3 探索性和解釋性資料分析

在進行資料視覺化時，我們需要先了解什麼是探索性和解釋性資料分析，其說明如下所示：

- **探索性資料分析**（Exploratory Data Analysis）：一種資料分析的步驟和觀念，一個使用資料視覺化找出資料中隱藏資訊的過程，其目的是為了理解資料，判斷有什麼東西是值得強調，我們需要使用各種可能的假說，和使用不同角度來廣泛地檢視資料。

- **解釋性資料分析**（Explanation Data Analysis）：這是用來解釋資料，敘述你從資料中找到的故事，其內容是你的聽眾需要知道的東西。簡單地說，探索性資料分析是找出故事的過程；解釋性資料分析是將資料敘說成聽眾可以了解的資訊，因為聽眾並不用了解你找出故事的過程。

在實務上，探索性資料分析是依據各種可能的假說，建立大量和各種角度的視覺化圖表，讓我們從大量圖表中找出資料中的隱藏資訊，分析出有什麼資訊是值得注意，可以告訴和分享他人。如同在大量牡蠣中找珍珠，我們可能需要打開上百顆牡蠣，才能找到一顆珍珠。

解釋性資料分析的圖表是為了解釋資料，你需要思考如何使用圖表來與聽眾分享資訊，而且，只要不是聽眾想看的圖表，我們就不應該出現在最後的報告結果中。如同聽眾對那上百顆打開的牡蠣不會有興趣，他們有興趣的只有那一顆珍珠。

總之，探索性資料分析建立的圖表是給你這位資料分析者探索資料所用，其目的是找出資料之間的隱藏關係。請注意！這些關係不一定對最後的分析結果有幫助，可能只是另一個假說的線索。

解釋性資料分析的圖表是使用在最後的報告結果中，這些圖表是為了讓聽眾能夠了解你的分析結果；並不是為了展示「你」如何發現結果的過程。

16-4 資料視覺化實作案例

我們準備使用第 13 ～ 15 章說明的 Matplotlib、Pandas、Seaborn 和 Bokeh 函式庫來實作一些資料集案例的資料視覺化圖表。

16-4-1 Matplotlib 與 Pandas 資料視覺化

在第 9-4-1 節已經使用 Scrapy 爬取 Tutsplus 網站的教學文件資訊，這一節我們準備使用 Matplotlib 與 Pandas 函式庫來執行 tutsplus.csv 資料集的資料視覺化。

✪ 探索 tutsplus.csv 資料集 Ch16_4_1.py

首先，我們需要使用 Pandas 讀取 tutsplus.csv 檔案後，先來探索一下，看看我們手上的資料是什麼，如下所示：

```
import pandas as pd

df = pd.read_csv("tutsplus.csv", encoding="utf8")
```

上述程式碼匯入 Pandas 套件後，呼叫 read_csv() 函數讀取 CSV 格式的檔案成為 DataFrame 物件 df，然後呼叫 info() 函數顯示資料集的相關資訊，如下所示：

```
print(df.info())
```

上述 info() 函數的執行結果，可以看到共 3582 筆記錄，如下所示：

執行結果

```
<class 'pandas.core.frame.DataFrame'>
RangeIndex: 3582 entries, 0 to 3581
Data columns (total 4 columns):
author       3582 non-null object
```

```
category     3582 non-null object
date         3582 non-null object
title        3582 non-null object
dtypes: object(4)
memory usage: 112.0+ KB
None
```

上述資訊顯示資料集有 5 個欄位，各欄位都是 3582 筆，所以沒有遺漏值。然後顯示前 5 筆記錄來實際檢視資料內容，如下所示：

```
print(df.head())
```

上述程式碼呼叫 head() 函數顯示前 5 筆記錄，如下圖所示：

	author	category	date	title
0	Jeremy McPeak	Cloud Services	16 Aug 2018	Get Started With Pusher: Client Events
1	Sajal Soni	PHP	16 Aug 2018	How to Do User Authentication With the Symfony...
2	Esther Vaati	Angular 2+	15 Aug 2018	How to Deploy an App to Firebase With Angular CLI
3	Chike Mgbemena	Android SDK	14 Aug 2018	Android Architecture Components: Using the Pag...
4	Andrew Blackman	Machine Learning	14 Aug 2018	New Course: Machine Learning With Google Tenso...

上述每一筆記錄是一篇教學文件資訊，依序是作者（author）、分類（category）、日期（date）和標題文字（title），可以看到沒有任何數值欄位，有日期和分類資料欄位，我們準備視覺化分類資料的計數，因為有日期欄位，可以繪出圖表來顯示每一個月新增的教學文件數。

✪ 前 10 大教學文件類別的長條圖 Ch16_4_1a.py

在初步探索資料集後，我們可以使用 category 欄位來群組計算各分類的教學文件數，顯示前 10 大教學文件類別的長條圖，如下所示：

```
print(df["category"].value_counts().head(10))
```

上述程式碼顯示前 10 大教學文件數的分類類別，其執行結果如下所示：

執行結果

```
WordPress          251
Web Development    240
News               233
PHP                204
Android SDK        182
HTML & CSS         144
JavaScript         144
Python             122
Roundups           118
ActionScript       108
Name: category, dtype: int64
```

上述執行結果最多的類別是 WordPress；第二名是 Web Development 等。然後，我們可以繪製出前 10 大教學文件類別的長條圖，如下所示：

```
df["category"].value_counts().head(10).plot(kind="barh")
plt.title("Top 10 Categories")
```

上述 plot() 函數的 kind 參數值是 "barh"，可繪製出水平長條圖，如下示：

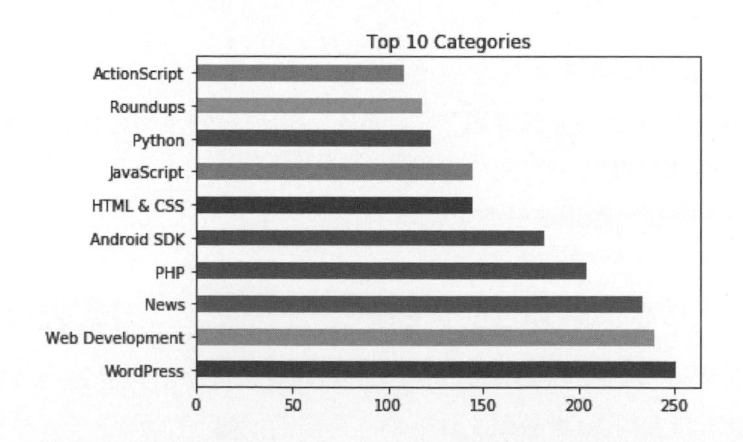

✪ 前 5 大作者教學文件數的長條圖

Ch16_4_1b.py

同理，我們可以使用 author 作者欄位計算每一位作者發表的教學文件數，和顯示前 5 大作者教學文件數的長條圖，如下所示：

```
print(df["author"].value_counts().head(5))
```

上述程式碼顯示發表教學文件數的前 5 大作者，其執行結果如下所示：

執行結果

```
Jeffrey Way          361
Andrew Blackman      160
Jeff Reifman         106
Monty Shokeen         94
Carlos Yanez          81
Name: author, dtype: int64
```

然後，繪製出前 5 大作者教學文件數的長條圖，如下所示：

```
df["author"].value_counts().head(5).plot(kind="barh")
plt.title("Top 5 Authors")
```

上述 plot() 函數的 kind 參數值是 "barh"，繪製出水平長條圖，如下圖所示：

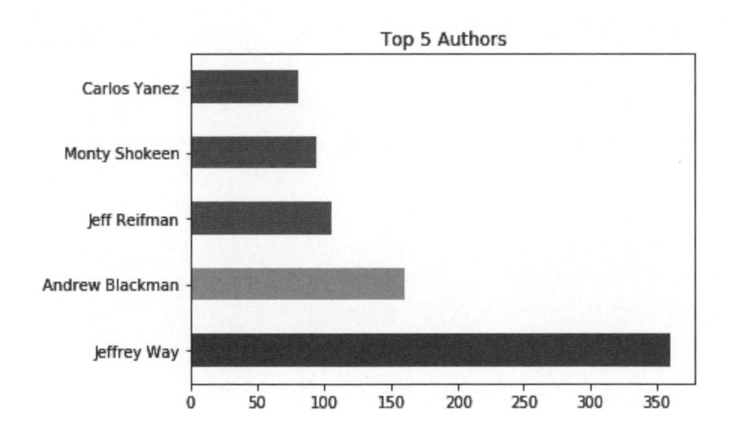

✪ 轉換欄位的英文日期資料

Ch16_4_1c.py

在 tutsplus.csv 資料集雖然有 date 日期欄位，問題是，日期欄位值是英文日期 16 Aug 2018，我們需要剖析成 2018-08-16，才能使用此欄位來顯示每月新增教學文件數的折線圖。

Python 語言可以使用 dateparser 模組來剖析英文日期，首先請開啟 **Anaconda Prompt** 命令提示字元視窗後，輸入指令安裝 dateparser 模組，如下所示：

```
(base) C:\Users\JOE>pip install dateparser Enter
```

在成功安裝模組後，我們可以呼叫 parse() 函數剖析英文日期資料，請在 Python 程式先匯入 dateparser 模組，如下所示：

```
import pandas as pd
import dateparser

df = pd.read_csv("tutsplus.csv", encoding="utf8")

df["date"] = df["date"].apply(dateparser.parse)
df.to_csv("tutsplus2.csv", index=False, encoding="utf8")
print("存入 tutsplus2.csv")
```

上述程式碼載入 tutsplus.csv 檔案後，呼叫 DataFrame 物件的 apply() 函數執行 parse() 函數來剖析英文日期，即可儲存成 tutsplus2.csv 檔案。

✪ 顯示每月新增教學文件數的折線圖 Ch16_4_1d.py

現在，我們可以讀取 tutsplus2.csv 檔案後，使用日期欄位群組資料，即可計算和顯示每月新增教學文件數的折線圖，首先載入 tutsplus2.csv 檔案，如下所示：

```
import pandas as pd
import matplotlib.pyplot as plt

df = pd.read_csv("tutsplus2.csv", encoding="utf8")

df["date"] = df["date"].apply(lambda m: m[0:7])
df["date"] = pd.to_datetime(df["date"])
df2 = df.groupby("date").count()

df2["title"].plot(kind="line")
plt.title("Number of Courses per Month")
```

上述 apply() 函數套用 Lambda 運算式取出日期資料中的年和月，例如：2018-08-16 取出成為 2018-08，在呼叫 to_datetime() 函數轉換成 datetime 物件後，使用 groupby() 函數群組日期和呼叫 count() 函數計算各月份新增的教學文件數，即可繪出折線圖，如下圖所示：

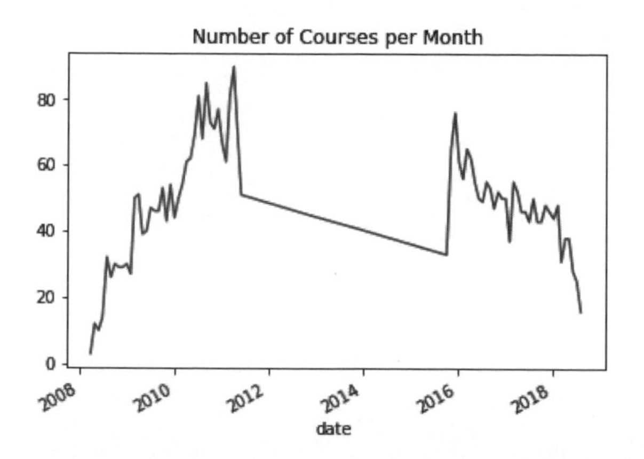

從上述折線圖可以明顯看出資料集少了 2012 ～ 2015 年的教學文件資料。我們只需使用資料視覺化，即可清楚看出資料集的缺失，接著就可以回到網站再爬取這幾年的資料，或剪裁資料集，例如：只分析在 2016 年之後的教學文件資料。

✪ 在 2016 年之後每月新增教學文件數的折線圖 Ch16_4_1e.py

我們準備只取出 tutsplus2.csv 資料集在 2016 年之後的資料來繪製每月新增教學文件數的折線圖，如下所示：

```
df["date"] = df["date"].apply(lambda m: m[0:7])
df["year"] = df["date"].apply(lambda y: y[0:4])
```

上述程式碼可以分別取出只到月份，和只有年份的日期資料，然後即可過濾出 2016 年後的記錄資料，如下所示：

```
df = df[df["year"] >= "2016"]
df["date"] = pd.to_datetime(df["date"])
df2 = df.groupby("month").count()

df2["title"].plot(kind="line")
plt.title("Number of Courses per Month")
```

上述 DataFrame 物件 df 只有 2016 年之後的記錄資料，現在，可以群組日期欄位，計算各月份新增的教學文件數來繪出折線圖，如下圖所示：

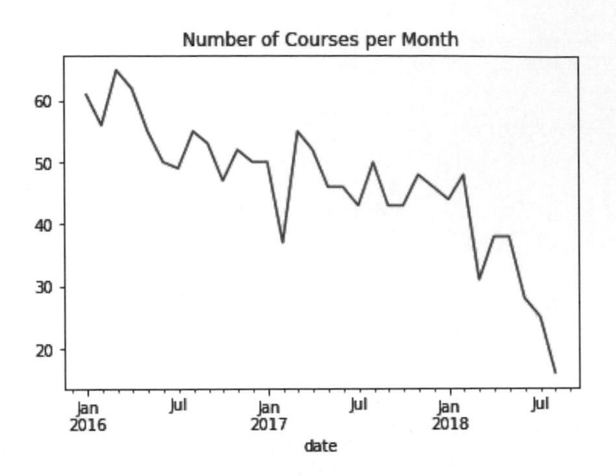

上述圖表可以看到新增教學文件數的趨勢是在逐漸減少中，從 2018 年 7 月開始，減少的趨勢增快了不少。

16-4-2 Seaborn 資料視覺化

在第 9-4-2 節我們已經使用 Scrapy 爬取 PTT BBS 發文的推文數和張貼的圖片數，這一節我們準備使用 Seaborn 函式庫執行 pttbeauty.json 資料集的資料視覺化。

✪ 探索 pttbeauty2.csv 資料集

Ch16_4_2.py

因為在原始 pttbeauty.json 檔案的資料集有一些不需要的欄位和記錄，所以我們需要先使用 Pandas 來清理資料集，如下所示：

```
df = pd.read_json("pttbeauty.json", encoding="utf-8")

df = df[df["images"] != 0]
df = df[df["author"] != "GeminiMan (GM)"]
df = df.drop(["file_urls","url","score","date","title"], axis=1)

df.to_csv("pttbeauty2.csv", index=False, encoding="utf8")
print("存入 pttbeauty2.csv")
```

上述程式碼讀取 pttbeauty.json 檔案後，刪除圖檔數是 0 和管理者公告的發文，接著刪除不需要欄位後，建立 pttbeauty2.csv 檔案。當成功建立 pttbeauty2.csv 資料集後，我們準備先探索一下，看看手上的資料是什麼，如下所示：

```
print(df.info())
```

上述 info() 函數的執行結果，可以看到共 811 筆記錄，如下所示：

執行結果

```
<class 'pandas.core.frame.DataFrame'>
Int64Index: 811 entries, 3 to 966
Data columns (total 4 columns):
author        811 non-null object
comments      811 non-null int64
images        811 non-null int64
pushes        811 non-null int64
dtypes: int64(3), object(1)
memory usage: 31.7+ KB
None
```

上述資訊顯示共有 4 個欄位，因為各欄位都是 811，所以沒有遺漏值。然後，顯示前 5 筆記錄來實際檢視資料內容，如下所示：

```
print(df.head())
```

上述程式碼呼叫 head() 函數顯示前 5 筆記錄，如下圖所示：

	author	comments	images	pushes
3	ffwind (培)	681	4	347
5	haohao1201 (豪神)	3	16	1
6	Black3831372 (男哥是我)	7	37	5
7	meokay (我可以)	8	3	5
9	maxxxxxx (馬克思)	115	15	106

上述每一筆記錄是一篇發文，author 欄位是作者，comments 是回應數、images 是貼圖數，pushes 是推文數。

✪ PTT 推文數的直方圖

Ch16_4_2a.py

在初步探索資料集後，我們可以繪出直方圖來顯示推文數的資料分佈，如下所示：

```
sns.distplot(df["pushes"], kde=False)
plt.title("Number of Pushes")
plt.xlabel("Number of Pushes")
plt.ylabel("Number of Posts")
plt.show()
```

上述程式碼使用 distplot() 函數繪出 pushes 欄位的直方圖，可以看出推文數大多在 0 ～ 100 之間，如下圖所示：

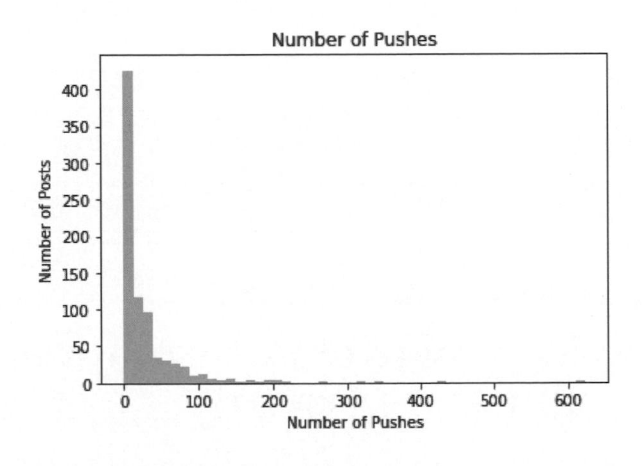

✪ PTT 貼圖數的直方圖

Ch16_4_2b.py

同理，我們可以使用直方圖顯示貼圖數的資料分佈，如下所示：

```
sns.distplot(df["images"], kde=False)
plt.title("Number of Images")
plt.xlabel("Number of Images")
plt.ylabel("Number of Posts")
plt.show()
```

上述 distplot() 函數繪出 images 欄位的直方圖，可以看出各發文的貼圖數大多在 0 ～ 40 張之間，如下圖所示：

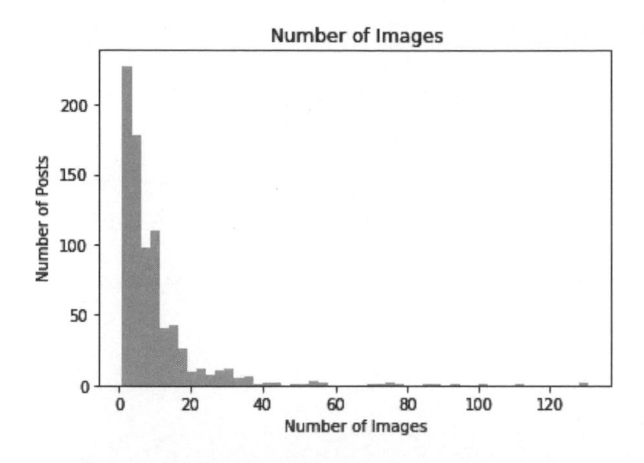

✪ PTT 推文數和貼圖數的散佈圖

Ch16_4_2c.py

現在，我們可以找看看各欄位之間的關係，首先繪出推文數和貼圖數的散佈圖，如下所示：

```
sns.jointplot(x="images", y="pushes", data=df)
plt.show()
```

上述 joinplot() 函數繪出散佈圖和位在各軸的直方圖，可以看出推文數和貼圖數之間看不出明顯的線性關係，如下圖所示：

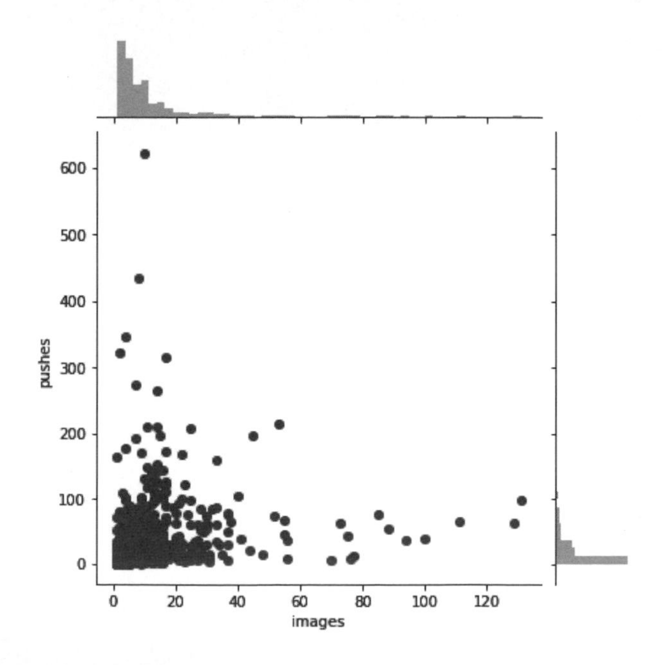

✪ PTT 推文數和回應數的散佈圖

Ch16_4_2d.py

同理，我們可以繪出推文數和回應數的散佈圖，如下所示：

```
sns.jointplot(x="comments", y="pushes", data=df)
plt.show()
```

上述 joinplot() 函數繪出散佈圖和位在各軸的直方圖，可以看出推文數和回應數之間有明顯的線性關係，如下圖所示：

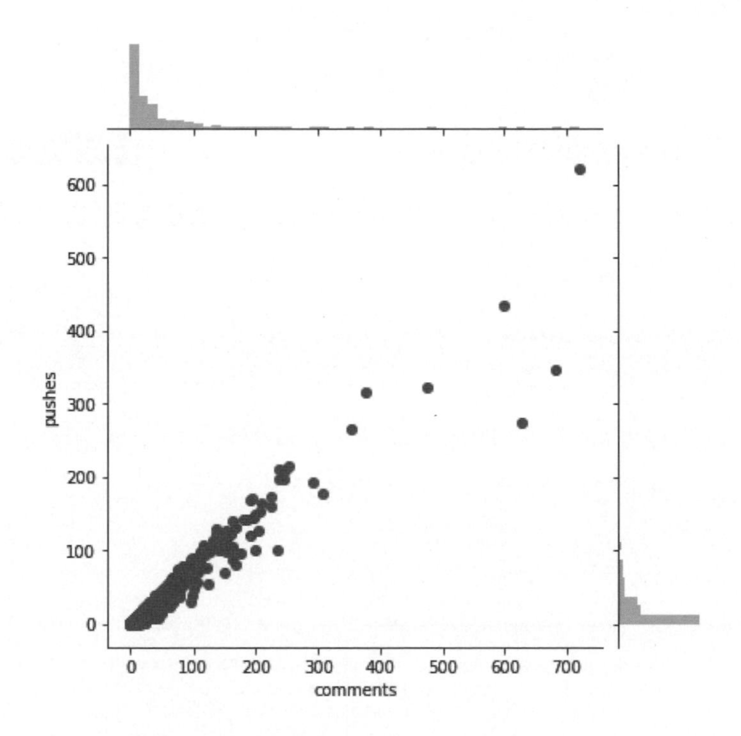

✪ 資料集各欄位配對的資料分佈

Ch16_4_2e.py

因為 pttbeauty2.csv 資料集有多個數值資料欄位，我們可以針對各欄位資料的配對來了解各種不同組合的資料分佈，如下所示：

```
sns.pairplot(df, kind="scatter", diag_kind="hist")
plt.show()
```

上述 pairplot() 函數建立各欄位配對的散佈圖，對角線是直方圖：

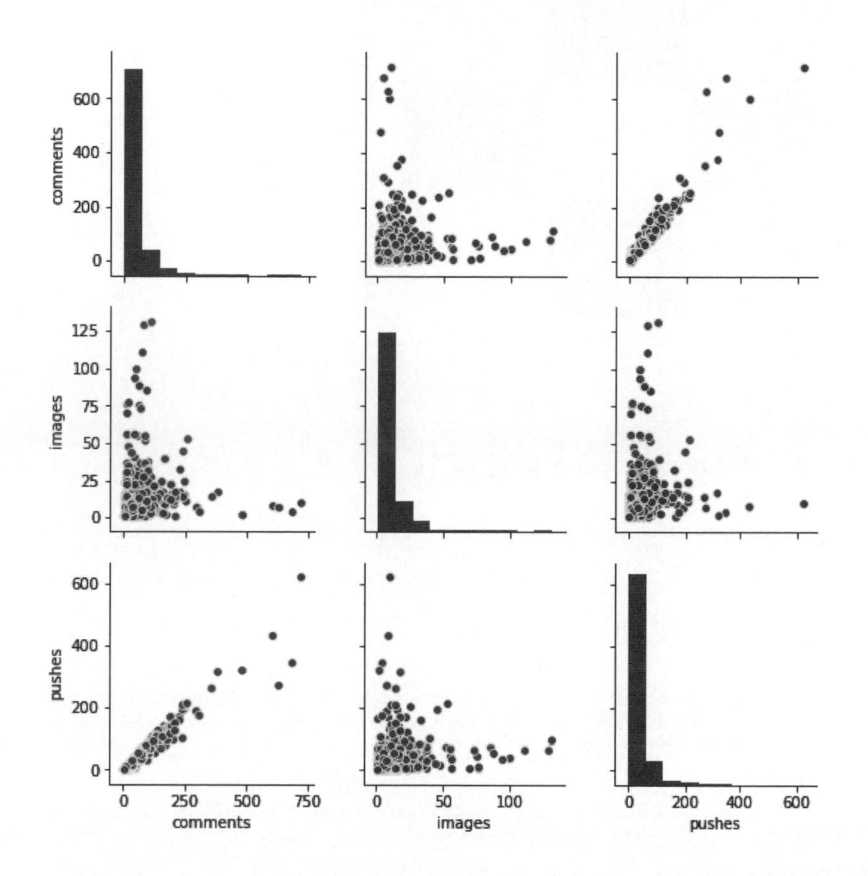

為了進一步了解各欄位之間關係的強度，我們可以使用 Seaborn 的熱地圖（Heat Map）來顯示各配對欄位計算出的**相關係數**（Correlation Coefficient），如下所示：

```
sns.heatmap(df.corr(), annot=True, fmt=".2f")
plt.show()
```

上述 heatmap() 函數可以繪製熱地圖，使用 corr() 函數計算相關係數，annot 參數值 True 表示在圖塊顯示相關係數值，fmt 參數是數值格式，顯示小數點下 2 位的浮點數，如下圖所示：

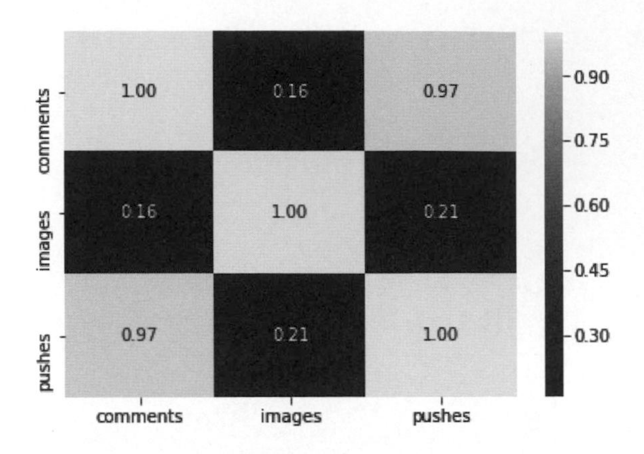

16-4-3 Bokeh 資料視覺化

在美國 Yahoo 財經網站可以下載股票的歷史資料，其網址為：https://finance.yahoo.com/quote/2330.TW，最後的 2330 是台積電的股票代碼，.TW 是台灣股市，如下圖所示：

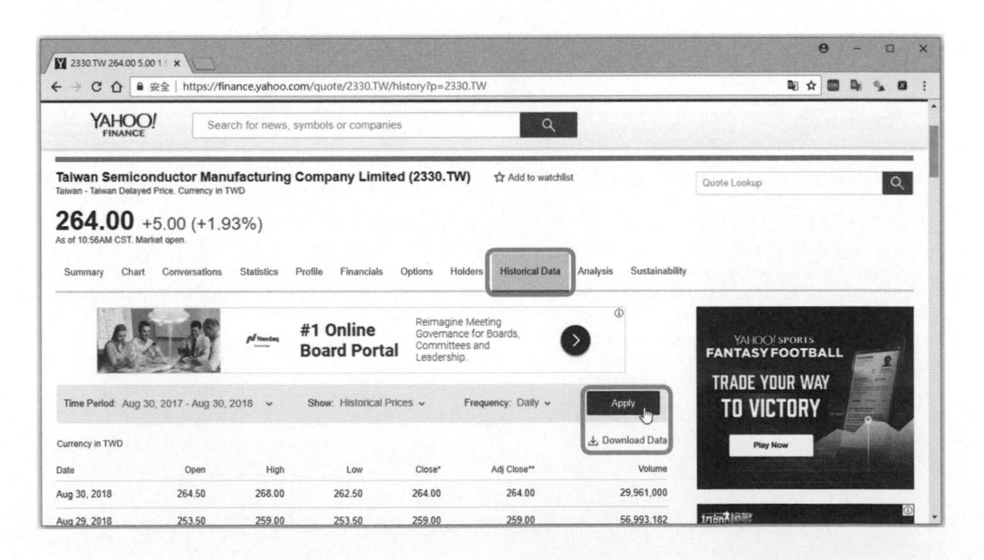

請在上述網頁點選反白 **Historical Data** 標籤後，在下方選擇時間範圍，按 **Apply** 鈕顯示股票的歷史資料，然後點選 **Download Data** 超連結下載以股票名稱為名的 CSV 檔案。在「\Ch16\stocks」目錄已經有一些 2017 年美股和台股個股整年股價的歷史資料。

✪ 探索 stocks\2330.TW.csv 資料集

Ch16_4_3.py

當使用 Pandas 讀取 stocks\2330.TW.csv 檔案後，我們先來探索一下，看看手上的資料是什麼，如下所示：

```
df = pd.read_csv("stocks\\2330.TW.csv", encoding="utf8")

print(df.info())
```

上述 info() 函數的執行結果，可以看到共 245 筆記錄，如下所示：

執行結果

```
<class 'pandas.core.frame.DataFrame'>
RangeIndex: 245 entries, 0 to 244
Data columns (total 7 columns):
Date         245 non-null object
Open         243 non-null float64
High         243 non-null float64
Low          243 non-null float64
Close        243 non-null float64
Adj Close    243 non-null float64
Volume       243 non-null float64
dtypes: float64(6), object(1)
memory usage: 13.5+ KB
None
```

上述資訊顯示共有 7 個欄位，其中 6 個欄位是 243，表示有遺漏值，請呼叫 dropna() 函數刪除這些有遺漏值的記錄，如下所示：

```
df = df.dropna()
```

接著顯示前 5 筆記錄來實際檢視資料內容，如下所示：

```
print(df.head())
```

上述程式碼呼叫 head() 函數顯示前 5 筆記錄，如下圖所示：

	Date	Open	High	Low	Close	Adj Close	Volume
0	2017-01-03	181.5	183.5	181.0	183.0	183.0	22630000.0
1	2017-01-04	183.0	184.0	181.5	183.0	183.0	24369000.0
2	2017-01-05	182.0	183.5	181.5	183.5	183.5	20979000.0
3	2017-01-06	184.0	184.5	183.5	184.0	184.0	22443000.0
4	2017-01-09	184.0	185.0	183.0	184.0	184.0	18569000.0

上述每一筆記錄是台積電一日的股價，依序是日期（Date）、開盤（Open）、最高（High）、最低（Low）、收盤價（Close）、調整後的收盤價（Adj Close）和成交量（Volume）。

✪ 台積電的收盤價與成交量的散佈圖

Ch16_4_3a.py

在初步探索資料集後，我們準備使用 Bokeh 函式庫繪出散佈圖來看一看收盤價與成交量的資料分佈，如下所示：

```
from bokeh.plotting import figure, output_file, show
from bokeh.plotting import ColumnDataSource
import pandas as pd

df = pd.read_csv("stocks\\2330.TW.csv", encoding="utf8")
df = df.dropna()

output_file("Ch16_4_3a.html")
```

上述程式碼匯入 CSV 檔案且刪除遺漏值的記錄後，指定輸出的 HTML 檔案名稱，然後在下方建立資料來源的 ColumnDataSource 物件，使用 "Close" 和 "Volume" 二個欄位，如下所示：

```
data = ColumnDataSource(data={
        "close": df["Close"],
        "volume": df["Volume"]
        })

p = figure(title=" 台積電的收盤價與成交量 ",
           plot_height=400, plot_width=700,
```

```
        x_range=(min(df.Close), max(df.Close)),
        y_range=(min(df.Volume), max(df.Volume)))
p.diamond(x="close", y="volume", source=data)
p.xaxis.axis_label = "2017 年收盤價 "
p.yaxis.axis_label = "2017 年成交量 "

show(p)
```

上述程式碼建立 Figure 物件的圖形後，呼叫 diamond() 函數繪出 2 個欄位資料分佈的散佈圖，如下圖所示：

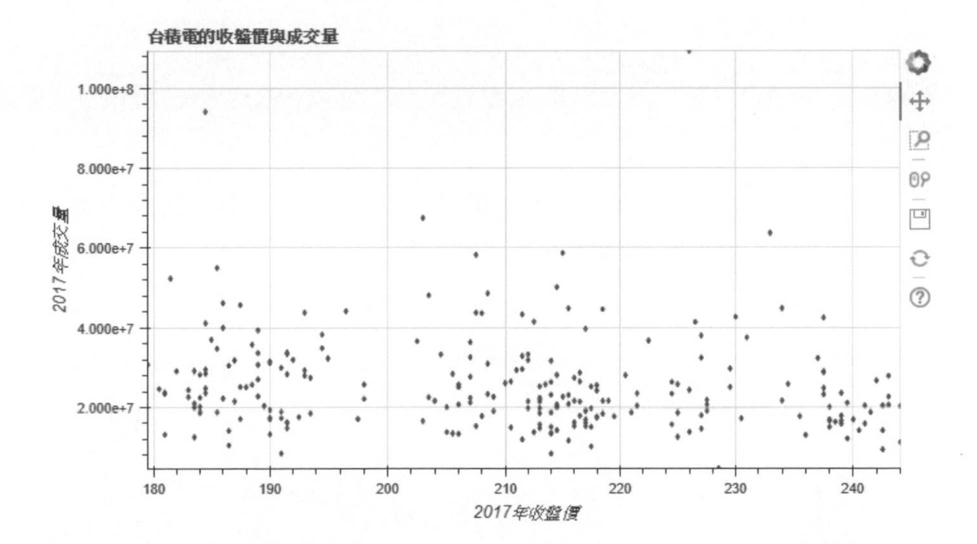

✪ 台積電的股價走勢 Ch16_4_3b.py

接著，我們準備繪出折線圖來檢視台積電 2017 年的股價走勢，如下所示:

```
df = pd.read_csv("stocks\\2330.TW.csv", encoding="utf8")
df = df.dropna()
df["Date"] = pd.to_datetime(df["Date"])

output_file("Ch16_4_3b.html")
```

上述程式碼匯入 CSV 檔案且刪除遺漏值的記錄後，將 "Date" 欄位轉換成 datetime 物件，即可指定輸出的 HTML 檔案名稱，然後在下方建立資料來源的 ColumnDataSource 物件，使用 "Date" 和 "Close" 二個欄位，如下所示：

```
data = ColumnDataSource(data={
        "date": df["Date"],
        "close": df["Close"]
        })

p = figure(title="台積電 2017 年的每日收盤價",
           plot_height=400, plot_width=700,
           x_axis_type="datetime",
           x_range=(min(df.Date), max(df.Date)),
           y_range=(min(df.Close), max(df.Close)))
p.line(x="date", y="close", source=data)
p.diamond(x="date", y="close", source=data)
p.xaxis.axis_label = "2017 年"
p.yaxis.axis_label = "收盤價"

show(p)
```

上述程式碼建立 Figure 物件的圖形，並且指定 x 軸的型態是 datetime 後，呼叫 line() 函數繪出折線圖，如下圖所示：

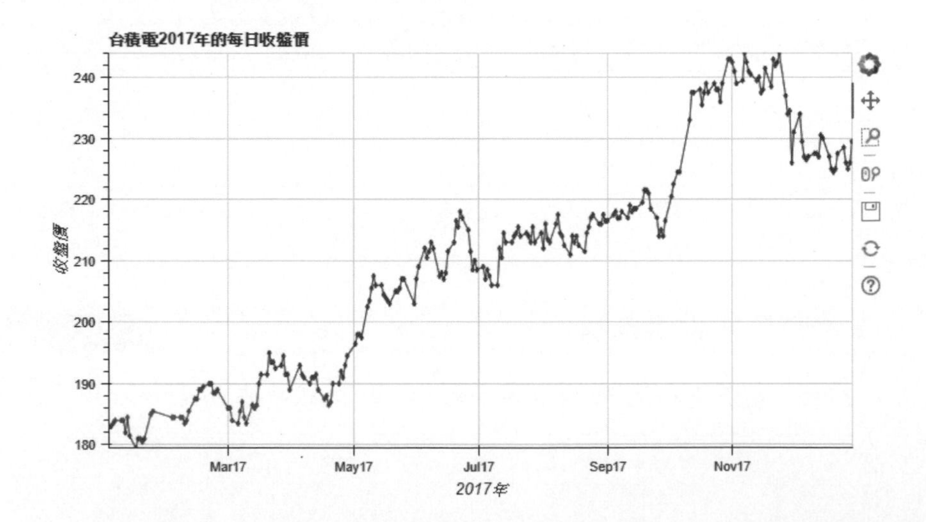

✪ 連接多個 CSV 檔案的資料集

Ch16_4_3c.py

因為我們準備繪製多檔蘋果概念科技股的收盤價與成交量的散佈圖，我們需要將多個 CSV 檔案先連接成單一資料集，並且新增 "Name" 欄位的股票名稱，如下所示：

```
df1 = pd.read_csv("stocks\\2330.TW.csv", encoding="utf8")
df1 = df1.dropna()
df1["Name"] = "台積電"
df2 = pd.read_csv("stocks\\2317.TW.csv", encoding="utf8")
df2 = df2.dropna()
df2["Name"] = "鴻海"
df3 = pd.read_csv("stocks\\2382.TW.csv", encoding="utf8")
df3 = df3.dropna()
df3["Name"] = "廣達"
df4 = pd.read_csv("stocks\\2454.TW.csv", encoding="utf8")
df4 = df4.dropna()
df4["Name"] = "聯發科"
df5 = pd.read_csv("stocks\\4938.TW.csv", encoding="utf8")
df5 = df5.dropna()
df5["Name"] = "和碩"

data = pd.concat([df1, df2, df3, df4, df5])
```

上述程式碼共讀取 5 檔股票資料，和新增 "Name" 欄位，只需指定成名稱字串即可建立整欄同名的 "Name" 欄位，最後呼叫 concat() 函數連接成同一個 DataFrame 物件，即可輸出 tech_stocks_2017.csv 檔案。

✪ 蘋果概念科技股收盤價與成交量的散佈圖 Ch16_4_3d.py

現在，我們可以使用 tech_stocks_2017.csv 資料集，繪出蘋果概念科技股收盤價與成交量的散佈圖，如下所示：

```
df = pd.read_csv("tech_stocks_2017.csv", encoding="utf8")

output_file("Ch16_4_3d.html")

tech_stocks = ["台積電", "鴻海", "廣達", "聯發科", "和碩"]
c_map = CategoricalColorMapper(
        factors=tech_stocks,
        palette=["blue","green","red","yellow","gray"])
```

上述程式碼匯入 CSV 檔案後，指定輸出的 HTML 檔案名稱，然後建立色彩地圖 CategoricalColorMapper 物件對應 5 檔股票，可以使用不同色彩繪出資料點。在下方建立資料來源的 ColumnDataSource 物件，使用 "Close"、"Volume" 和 "Name" 三個欄位，如下所示：

```
data = ColumnDataSource(data={
        "close": df["Close"],
        "volume": df["Volume"],
        "name": df["Name"]
        })

p = figure(title="蘋概科技股的收盤價與成交量",
           plot_height=400, plot_width=700,
           x_range=(min(df.Close), max(df.Close)),
           y_range=(min(df.Volume), max(df.Volume)))
p.diamond(x="close", y="volume", source=data,
          color={"field": "name", "transform": c_map})
p.xaxis.axis_label = "2017年收盤價"
p.yaxis.axis_label = "2017年成交量"

show(p)
```

上述程式碼建立 Figure 物件的圖形後，呼叫 diamond() 函數繪出散佈圖，color 參數指定色彩地圖的轉換，可以看到 5 種色彩的資料點，分別代表不同的股票，如下圖所示：

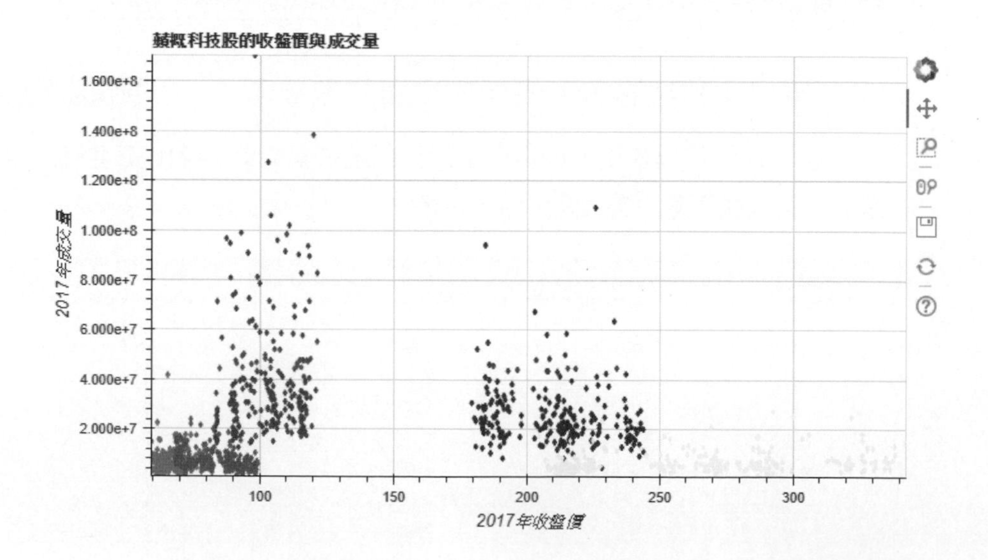

✪ 在散佈圖使用懸停工具提示框 Ch16_4_3e.py

Python 程式 Ch16_4_3d.py 是使用 5 種色彩繪出 5 檔蘋果概念科技股的散佈圖，我們準備在圖表加上懸停工具提示框，可以顯示資料點的股票資訊，首先在 ColumnDataSource 物件新增 "Date" 欄位，如下所示：

```
data = ColumnDataSource(data={
        "date": df["Date"],
        "close": df["Close"],
        "volume": df["Volume"],
        "name": df["Name"]
        })
```

然後建立 HoverTool 物件，tooltips 參數是浮動框顯示的股票資訊：

```
hover_tool = HoverTool(tooltips = [
             ("日期", "@date"),
             ("公司", "@name"),
             ("收盤", "@close"),
             ("成交量", "@volume")
             ])
p.add_tools(hover_tool)
```

上述程式碼呼叫 add_tools() 函數在圖表新增懸停工具，其執行結果如下：

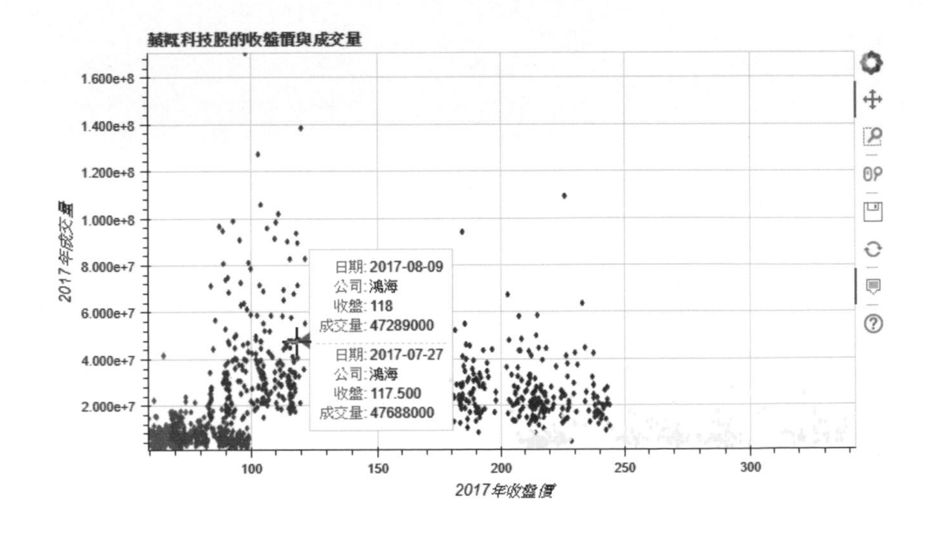

學 習 評 量

1. 請簡單說明在執行資料視覺化時，如何問對問題和選對圖表？
2. 請問如何找出資料之間的關聯性？
3. 請問因果關係和相關性有何不同？
4. 請問什麼是「探索性資料分析」？何謂「解釋性資料分析」？
5. 請參考第 16-4 節範例和說明，使用「Ch16\NBA_players_salary_stats_2018.csv」的 NBA 球員統計資料來進行資料視覺化。
6. 請參考第 16-4-3 節範例和說明，使用「Ch16\stocks」目錄下的多檔股票資料，進行美國科技股 Apple、Amazon、Google、Facebook 和 Microsoft 的資料視覺化。

Python 程式語言與開發環境建立

A-1 Python 開發環境的建立

A-2 變數、資料型別與運算子

A-3 流程控制

A-4 函數、模組與套件

A-5 容器型態

A-6 類別與物件

A-1 Python 開發環境的建立

本書的開發環境是 Python 語言開發環境和相關套件，為了方便安裝與使用，在本書是直接安裝 **Anaconda** 整合安裝套件。

A-1-1 認識 Anaconda

Anaconda 是著名 Python 語言的整合安裝套件，內建 **Spyder** 整合開發環境，除了 Python 語言的標準模組外，還包含網路爬蟲、資料分析和視覺化所需的 Numpy、Pandas 和 Matplotlib 等套件。Anaconda 整合安裝套件的特點，如下所示：

- Anaconda 為 open source 軟體，可免費下載及安裝。
- 內建眾多科學、數學、工程和資料科學的 Python 套件。
- 跨平台支援：Windows、Linux 和 Mac 作業系統。
- 同時支援 Python 2 和 Python 3 版本。
- 內建 Spyder 整合開發環境、IPython Shell，和 Jupyter Notebook 環境。

A-1-2 下載與安裝 Anaconda

Anaconda 整合安裝套件可以在官網免費下載，這一節我們要在 Windows 作業系統中，下載和安裝 Anaconda 整合安裝套件。

下載 Anaconda

在 Anaconda 官方網站可以免費下載 Anaconda 整合安裝套件，網址為：

https://www.anaconda.com/download/

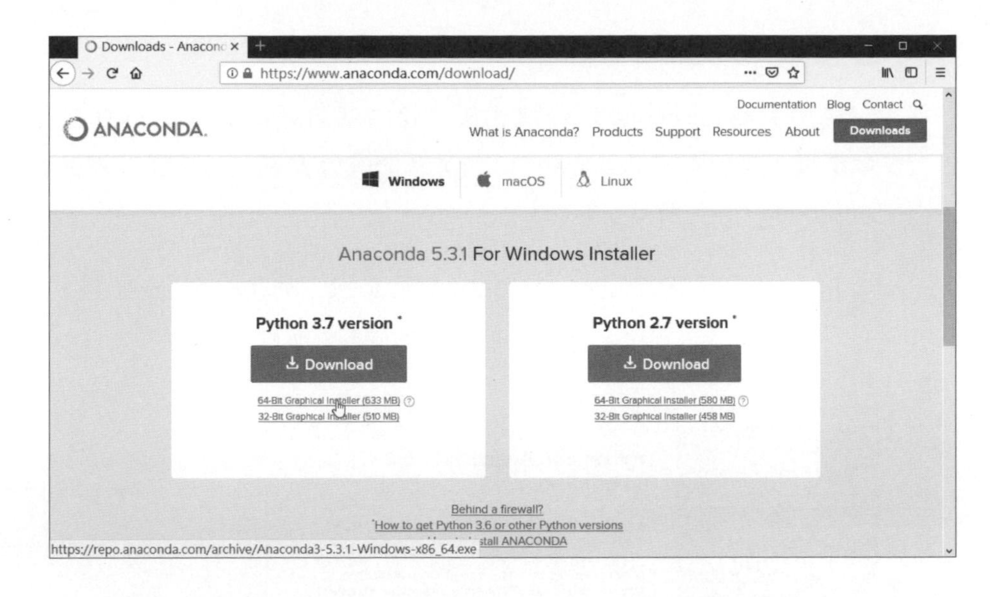

請捲動視窗找到 Windows 版 Python 3.x 的安裝程式，點選按鈕下方的 **64-Bit Graphical Install (???MB)** 超連結，即可下載 Anaconda 安裝程式：

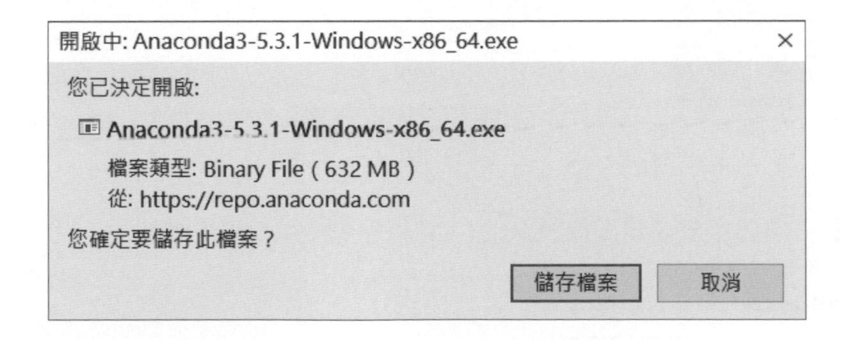

接著，會跳出是否儲存檔案的對話方塊，請按下**儲存檔案**鈕，將 Anaconda 的安裝檔下載到電腦裡。本書下載的 Anaconda 安裝程式檔名是：Anaconda3-5.3.1-Windows-x86_64.exe。

✪ 安裝 Anaconda

成功下載 Anaconda 安裝程式後，我們就可以在 Windows 電腦安裝開發環境，筆者是在 Windows 10 作業系統進行安裝（如果已經安裝舊版的 Anaconda，請先解除安裝套件），其步驟如下所示：

1. 請按兩下 **Anaconda3-5.3.1-Windows-x86_64.exe** 安裝程式檔案，稍等一下，可以看到歡迎安裝的精靈畫面。

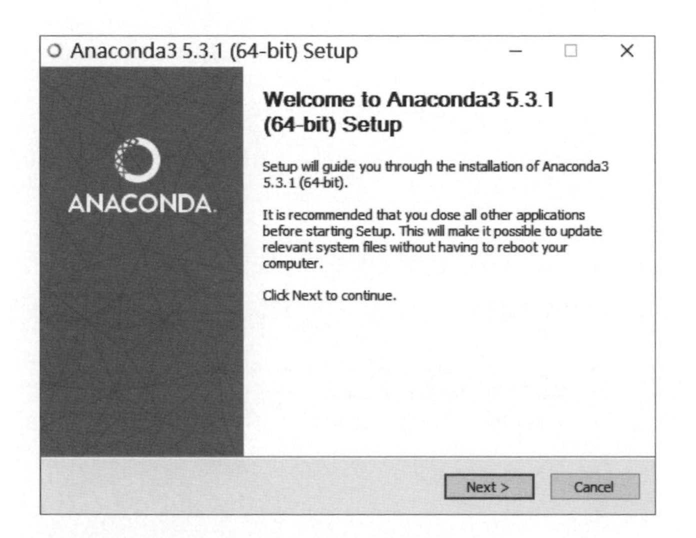

2. 在歡迎安裝畫面按 **Next** 鈕，可以看到使用者授權書。

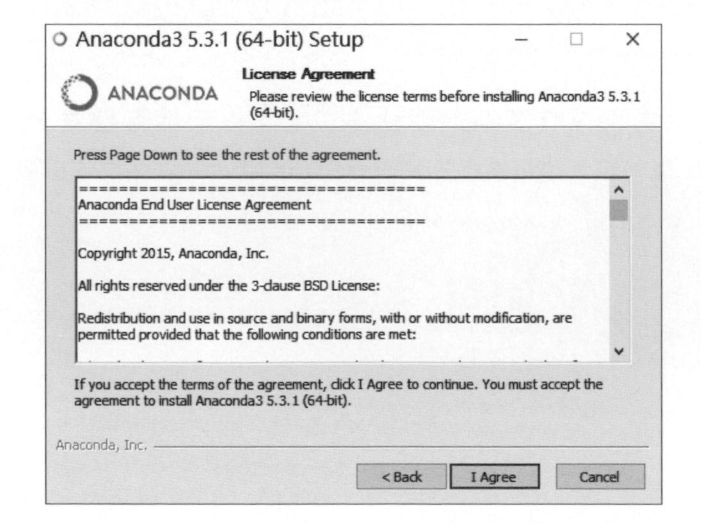

3 按 I Agree 鈕同意授權，即可選擇安裝類型。

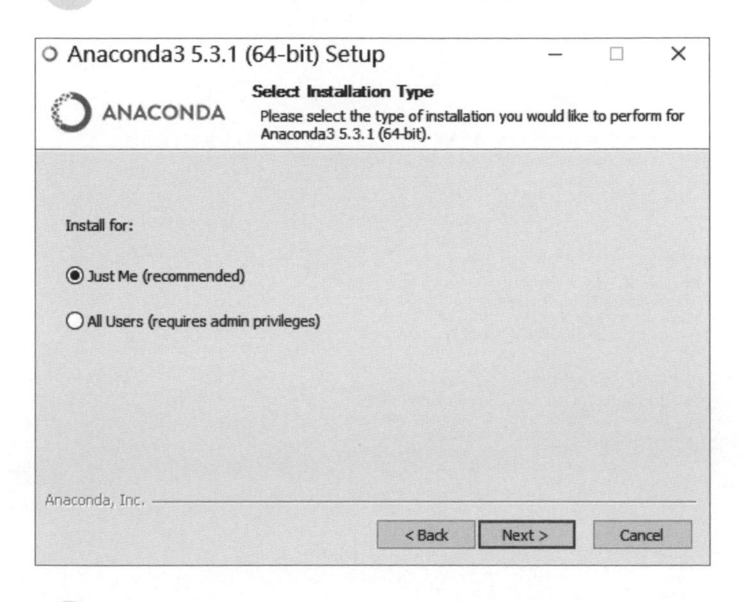

4 點選預設的 **Just Me** 項目，會安裝給目前使用者使用（建議），或選 **All Users** 安裝給所有使用者，請沿用預設值，按 **Next** 鈕選擇安裝目錄。

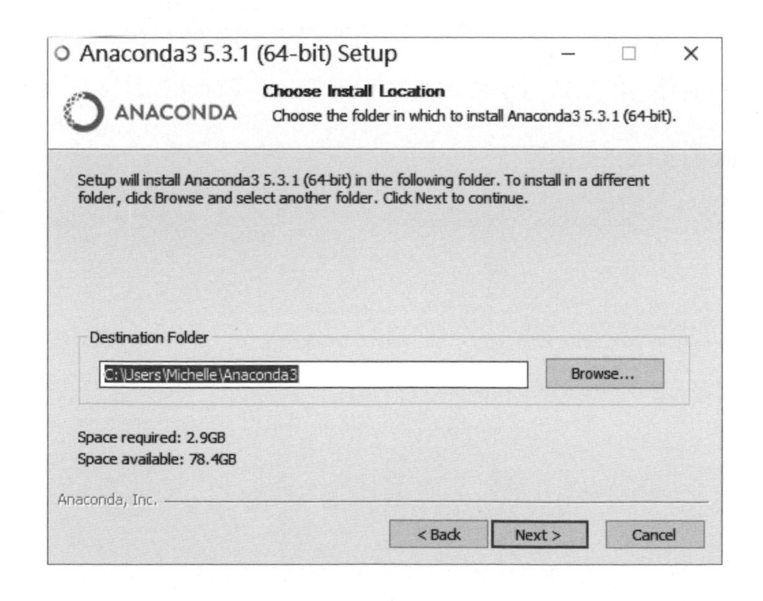

5 按 **Browse** 鈕，可更改安裝目錄，在此不用更改，按 **Next** 鈕勾選所需的進階安裝選項。

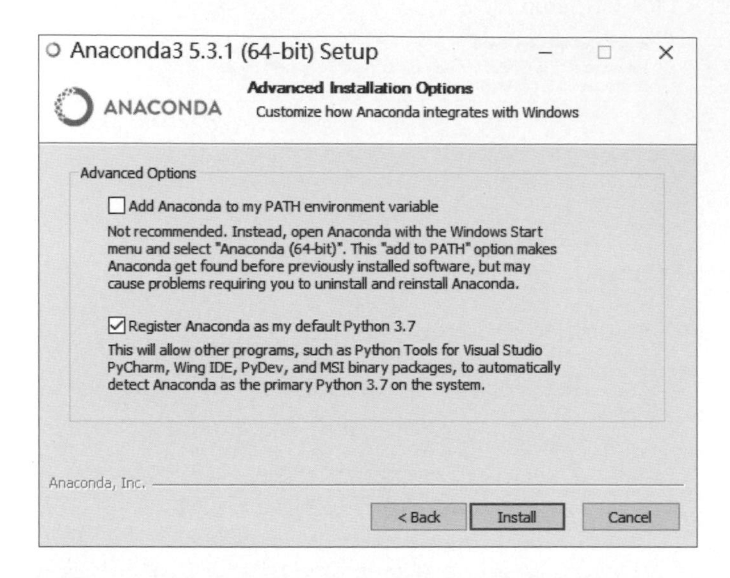

6 預設勾選註冊 Anaconda 是我的預設 Python 3.x，不用更改，按 **Install** 鈕開始安裝，可以看到目前的安裝進度。

7 因為安裝檔案十分大，需要等待一段時間，請耐心等候，安裝完成，按 **Next** 鈕，可以看到是否安裝 Visual Studio Code 的精靈畫面。

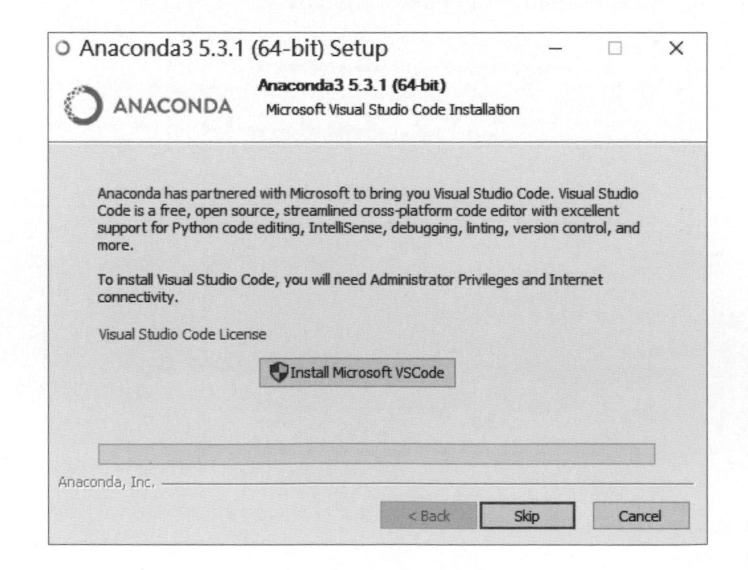

8 按中間 **Install Microsoft VSCode** 鈕可以安裝 Visual Studio Code，如果不需安裝，請按 **Skip** 鈕，可以看到完成安裝的精靈畫面。

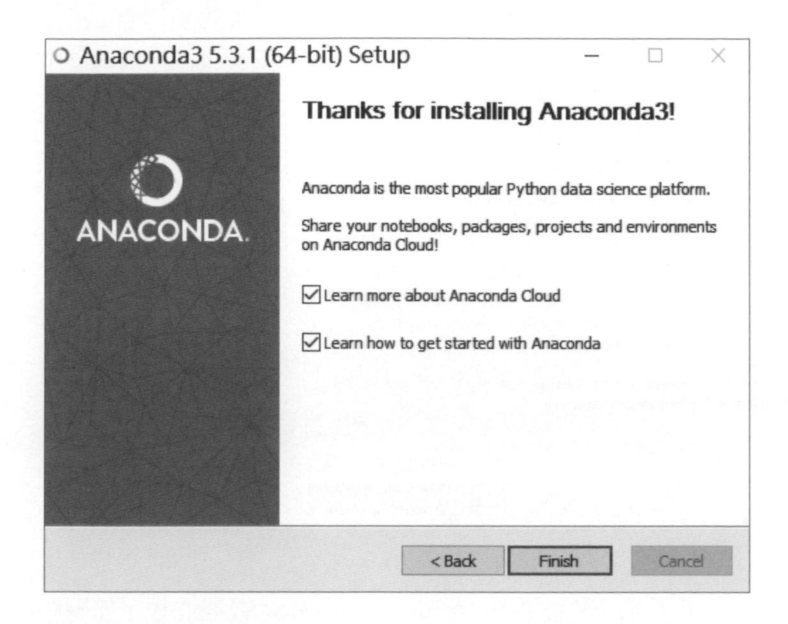

9 按 **Finish** 鈕完成 Anaconda 整合安裝套件的安裝，同時可以看到瀏覽器開啟的相關說明文件。

A-1-3 啟動 Anaconda Navigator

Anaconda Navigator 是 Anaconda 整合安裝套件的桌面圖形使用介面（可以不使用命令列指令來啟動工具程式），我們可以從此介面來啟動所需的應用程式和管理 Anaconda 安裝的套件。

在成功安裝 Anaconda 套件後，我們可以從 Windows **開始**功能表來啟動 Anaconda Navigator，其步驟如下所示：

1 請執行『開始 /Anaconda3 (64-bit)/Anaconda Navigator』命令，稍等一下，可以看到歡迎安裝 Anaconda 對話方塊。

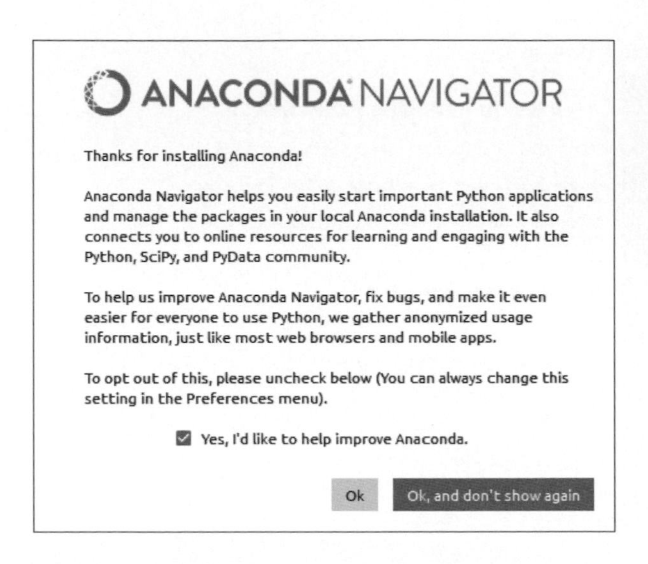

2 按 Ok 鈕，可以看到 Anaconda Navigator 管理面板，如下圖所示：

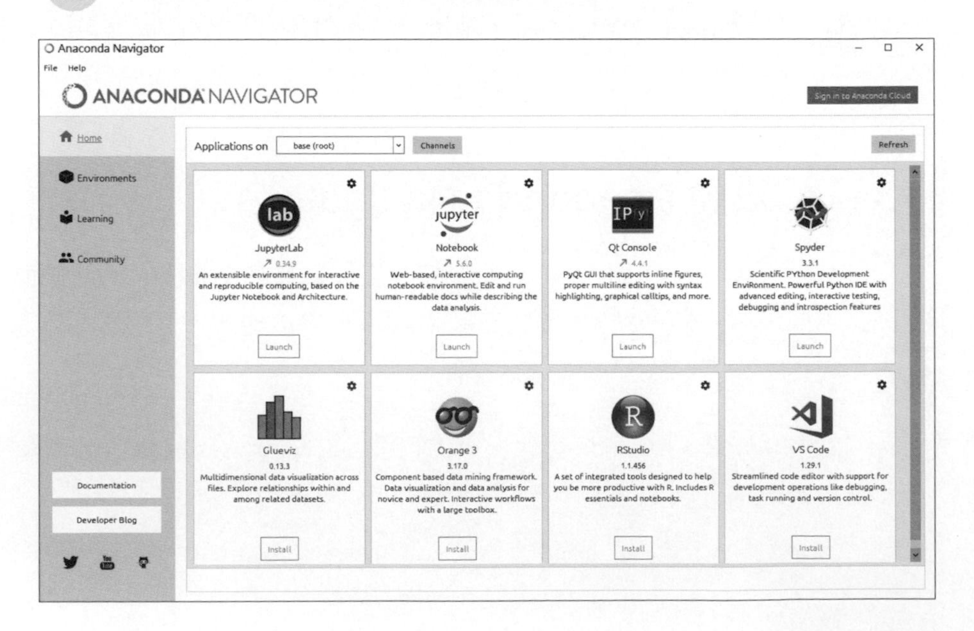

上述畫面表格顯示的圖框是管理的應用程式清單，在圖框下方有一個按鈕，例如：Spyder，如下圖所示：

按 **Launch** 鈕可以啟動 Spyder。如果應用程式尚未安裝，在圖框下方是 **Install** 鈕，按下按鈕即可安裝此工具，例如：RStudio 和 VS Code 等：

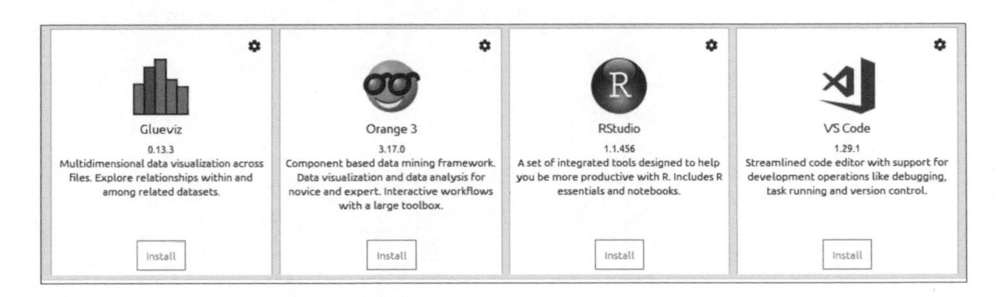

A-1-4 認識 Python 語言

Python 語言是 Guido Van Rossum 開發的一種通用用途（General Purpose）程式語言，這是擁有優雅語法和高可讀性程式碼的程式語言，可以讓我們開發 GUI 視窗程式、Web 應用程式、系統管理工作、財務分析和大數據資料分析等各種不同的應用程式。Python 語言有兩大版本，即 Python 2 和 Python 3，本書使用的是 Python 3。

✪ Python 是一種直譯語言

Python 是**直譯語言**（Interpreted Language），我們撰寫的 Python 程式是使用**直譯器**（Interpreters）來執行，直譯器並不會輸出可執行檔案，而是一個指令一個動作，一列一列轉換成機器語言後，馬上執行程式碼，如下圖所示：

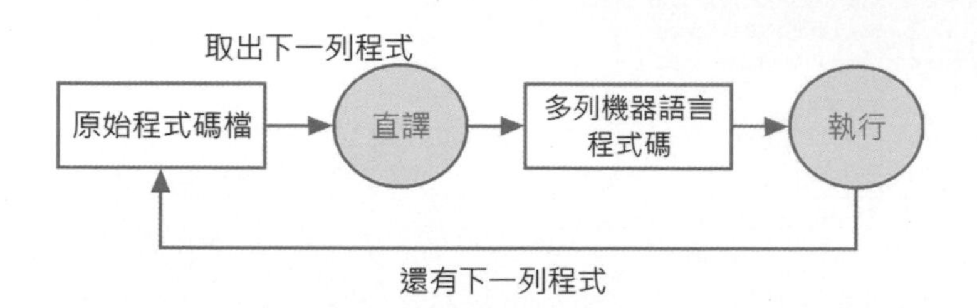

因為直譯器是一列一列轉換和執行，所以 Python 語言的執行效率比起編譯語言 C 或 C++ 語言來的低。C/C++ 語言是**編譯語言**（Compiled Language），我們建立的程式碼需要使用**編譯器**（Compilers）來檢查程式碼，如果沒有錯誤，就會翻譯成機器語言的目的碼檔案，如下圖所示：

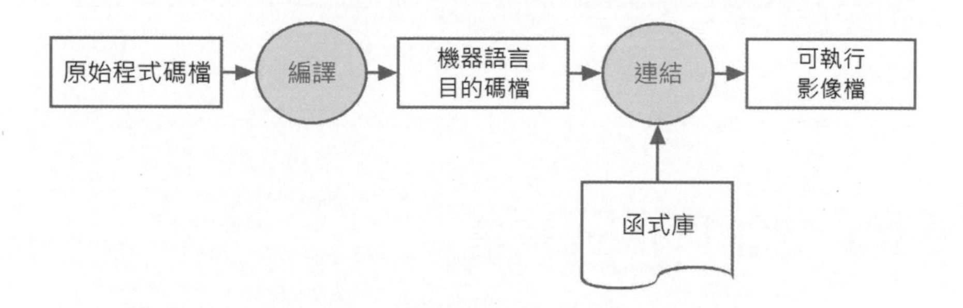

上述原始程式碼檔案在編譯成機器語言的**目的碼檔**（Object Code）後，因為通常會參考外部程式碼，所以需要使用**連結器**（Linker）將程式使用的外部函式庫連結建立成**可執行影像檔**（Executable Image），這就是在作業系統上可執行的程式檔。

✪ Python 是一種動態型態程式語言

Python 是一種**動態型態**（Dynamically Typed）語言，在 Python 程式碼宣告的變數不需要預設宣告使用的資料型別，Python 直譯器會依據變數值來自動判斷使用的資料型別，如下所示：

```
a = 1
b = "Hello World!"
```

上述 Python 程式碼的第 1 列的變數 a 指定成整數 1，所以此變數的資料型別是整數，第 2 列的變數 b 指定成字串，資料型別是字串。

✪ Python 是一種強型態程式語言

雖然，Python 變數並不需要預先宣告使用的資料型別，但是 Python 語言是一種**強型態**（Strongly Typed）程式語言，並不會自動轉換變數的資料型別，如下所示：

```
# 字串 + 整數
v = "計算結果 = " + 100
```

上述 Python 程式碼使用「#」開頭是註解文字，這是字串加上整數的運算式，很多程式語言，例如：JavaScript 或 PHP 會自動將整數轉換成字串，但是，Python 語言並不允許自動型別轉換，我們需要自行轉換成同一型別，如下所示：

```
# 字串 + 字串
v = "計算結果 = " + str(100)
```

上述 Python 程式碼的整數需要呼叫 str() 函數轉換成字串後，才能和之前字串進行字串連接。

A-2 變數、資料型別與運算子

變數（Variables）是儲存程式執行期間的暫存資料，其內容是指定**資料型別**（Data Types）的資料，Python 語言的基本資料型別有：整數、浮點數、布林和字串。

我們可以使用運算子和變數建立運算式來執行所需的程式運算，以便得到程式所需的執行結果。

A-2-1 使用 Python 變數

變數可以儲存程式執行時的暫存資料，Python 變數並不需要先宣告，我們只需指定變數值，即可馬上建立變數，不過，Python 變數在使用前一定要記得先指定初值（Python 程式：AppA_2_1.py），如下所示：

```
grade = 76
height = 175.5
weight = 75.5
```

上述程式碼建立整數變數 grade，因為初值是整數，同理，變數 height 和 weight 是浮點數（因為初值 175.5 有小數點），然後可以馬上使用 3 個 print() 函數顯示這 3 個變數值，如下所示：

```
print("成績 = " + str(grade))
print("身高 = " + str(height))
print("體重 = " + str(weight))
```

上述 print() 函數使用 str() 函數將整數和浮點數變數轉換成字串，「+」號是字串連接運算子，在連接字串字面值和轉換成字串的變數值後，就可以輸出 3 個變數的值。

另一種方式是使用「,」號分隔，此時不需要使用 str() 轉換型別，因為 print() 函數會幫我們轉換變數型別，如下所示：

```
print("成績 =", grade)
print("身高 =", height)
print("體重 =", weight)
```

A-2-2 Python 的運算子

Python 提供完整的算術（Arithmetic）、指定（Assignment）、位元（Bitwise）、關係（Relational）和邏輯（Logical）運算子。Python 語言運算子預設的優先順序（越上面越優先），如下表所示：

<table>
<tr><th>運算子</th><th>說明</th></tr>
<tr><td>( )</td><td>括號運算子</td></tr>
<tr><td>**</td><td>指數運算子</td></tr>
<tr><td>~</td><td>位元運算子 NOT</td></tr>
<tr><td>+、-</td><td>正號、負號</td></tr>
<tr><td>*、/、//、%</td><td>算術運算子的乘法、除法、整數除法和餘數</td></tr>
<tr><td>+、-</td><td>算術運算子加法和減法</td></tr>
<tr><td><<、>></td><td>位元運算子左移和右移</td></tr>
<tr><td>&</td><td>位元運算子 AND</td></tr>
<tr><td>^</td><td>位元運算子 XOR</td></tr>
<tr><td>|</td><td>位元運算子 OR</td></tr>
<tr><td>in、not in、is、is not、<、<=、>、>=、<>、!=、==</td><td>成員、識別和關係運算子小於、小於等於、大於、大於等於、不等於和等於</td></tr>
<tr><td>not</td><td>邏輯運算子 NOT</td></tr>
<tr><td>and</td><td>邏輯運算子 AND</td></tr>
<tr><td>or</td><td>邏輯運算子 OR</td></tr>
</table>

如果 Python 運算式的多個運算子擁有相同的優先順序時，如下所示：

```
3 + 4 - 2
```

上述運算式的「+」和「-」運算子擁有相同優先順序，此時的運算順序是從左至右依序的進行運算，即先運算 3+4=7，再運算 7-2=5，如下圖：

```
3 + 4 - 2
    7 - 2
        5
```

不過，Python 語言的多重指定運算式是一個例外，如下所示：

```
a = b = c = 25
```

上述多重指定運算式是從右至左，先執行 c = 25，然後才是 b = c 和 a = b（所以變數 a、b 和 c 的值都是 25），如下圖所示：

```
a = b = c = 25
a = b = c
a = b
```

A-2-3 基本資料型別

Python 語言的資料型別分為基本型別，和容器型態的清單、字典、集合和元組等，在這一節是基本資料型別的整數、浮點數、布林和字串，容器型態的說明請參閱第 A-5 節。

✪ 整數（Integers）

整數資料型別是指變數儲存資料是整數值，沒有小數點，其資料長度可以是任何長度，視記憶體空間而定。例如：一些整數值範例，如下所示：

```
a = 1
b = 100
c = 122
d = 56789
```

Python 變數可以指定成整數值，和執行相關運算（Python 程式：AppA_2_3.py），如下所示：

```
x = 5
print(type(x))   # 顯示 "<class 'int'>"
print(x)         # 顯示 "5"
print(x + 1)     # 加法：顯示 "6"
print(x - 1)     # 減法：顯示 "4"
print(x * 2)     # 乘法：顯示 "10"
print(x / 2)     # 除法：顯示 "2.5"
print(x // 2)    # 整數除法：顯示 "2"
print(x % 2)     # 餘數：顯示 "1"
print(x ** 2)    # 指數：顯示 "25"
x += 1
print(x)         # 顯示 "6"
x *= 2
print(x)         # 顯示 "12"
```

上述程式碼指定變數 x 值是整數 5 後，依序使用 type(x) 顯示資料型別、執行加法、減法、乘法、除法、整數除法、餘數和指數運算，最後 2 個 x += 1 和 x *= 2 是運算式的簡化寫法，其簡化的運算式如下所示：

```
x = x + 1
x = x * 2
```

✪ 浮點數（Floats）

浮點數資料型別是指變數儲存的是整數加上小數，其精確度可以到達小數點下 15 位。基本上，整數和浮點數的差異是在小數點，例如：5 是整數；5.0 是浮點數。底下是一些浮點數值的範例：

```
e = 1.0
f = 55.22
```

Python 浮點數的精確度只有到小數點下 15 位。同樣的，Python 變數可以指定成浮點數值，和執行相關運算（Python 程式：AppA_2_3a.py）：

```
y = 2.5
print(type(y))                   # 顯示 "<class 'float'>"
print(y, y + 1, y * 2, y ** 2)   # 顯示 "2.5 3.5 5.0 6.25"
```

上述程式碼指定變數 y 的值是 2.5 後，顯示資料型別和執行數學運算。

✪ 布林（Booleans）

Python 語言的布林（Boolean）資料型別可以使用 True 和 False 關鍵字來表示，如下所示：

```
x = True
y = False
```

我們除了可以使用 True 和 False 關鍵字，下列變數值也視為 False：

- **0、0.0**：整數值 0 或浮點數值 0.0。
- **[]、()、{}**：容器型態的空清單、空元組和空字典。
- **None**：關鍵字 None。

在實作上，當運算式使用關係運算子（==、!=、<、>、<=、>=）或邏輯運算子（not、and、or）時，其運算結果就是**布林值**。首先是邏輯運算子（Python 程式：AppA_2_3b.py），如下所示：

```
a = True
b = False
print(type(a)) # 顯示 "<class 'bool'>"
print(a and b) # 邏輯 AND: 顯示 "False"
print(a or b)  # 邏輯 OR: 顯示 "True"
print(not a)   # 邏輯 NOT: 顯示 "False"
```

上述程式碼指定變數是布林值後，依序執行 AND、OR 和 NOT 運算。然後是 2 個變數比較的關係運算子（Python 程式：AppA_2_3c.py）：

```
a = 3
b = 4
print(a == b)  # 相等：顯示 "False"
print(a != b)  # 不等：顯示 "True"
print(a > b)   # 大於：顯示 "False"
print(a >= b)  # 大於等於：顯示 "False"
print(a < b)   # 小於：顯示 "True"
print(a <= b)  # 小於等於：顯示 "True"
```

✪ 字串（Strings）

Python **字串**（Strings）並不能更改字串內容，所有字串變更都是建立一個全新字串。

Python 字串是使用「'」單引號或「"」雙引號括起的一序列 Unicode 字元：

```
s1 = "學習 Python 語言程式設計"
s2 = 'Hello World!'
```

上述程式碼的變數是字串資料型別，Python 語言並沒有字元型別，當引號括起的字串只有 1 個時，就是「字元」，如下所示：

```
ch1 = "A"
ch2 = 'b'
```

上述程式碼是「字元」。當在 Python 程式建立字串後，我們就可以顯示字串、計算字串長度、連接 2 個字串和格式化顯示字串內容（Python 程式：AppA_2_3d.py），如下所示：

```
str1 = 'hello'                        # 使用單引號建立字串
str2 = "python"                       # 使用雙引號建立字串
print(str1)                           # 顯示 "hello"
print(len(str1))                      # 字串長度：顯示 "5"
str3 = str1 + ' ' + str2              # 字串連接
print(str3)                           # 顯示 "hello python"
str4 = '%s %s %d' % (str1, str2, 12) # 格式化字串
print(str4)                           # 顯示 "hello python 12"
```

上述程式碼建立字串變數 str1 和 str2 後，使用 print() 函數顯示字串內容，len() 函數計算字串有幾個英文或中文字元，我們可以使用加法「+」連接字串，或使用類似 C 語言 printf() 函數的格式字串來建立字串內容，格式字元「%s」是字串；「%d」是整數；「%f」是浮點數。

Python 字串物件提供一些好用的方法來處理字串（Python 程式：AppA_2_3e.py），如下所示：

```
s = "hello"
print(s.capitalize())          # 第 1 個字元大寫：顯示 "Hello"
print(s.upper())               # 全部轉成大寫：顯示 "HELLO"
print(s.rjust(7))              # 靠右對齊並填入空白字元：顯示 "  hello"
print(s.center(7))             # 置中對齊並填入空白字元：顯示 " hello "
print(s.replace('l', 'L'))     # 取代字串：顯示 "heLLo"
print('  python '.strip())     # 刪除空白字元：顯示 "python"
```

A-3 流程控制

Python 流程控制可以配合條件運算式的條件來執行不同程式區塊（Blocks），或重複執行指定區塊的程式碼，流程控制主要分為兩種：

- **條件控制**：條件控制是選擇題，分為單選、二選一或多選一，依照條件運算式的結果決定執行哪一個程式區塊的程式碼。
- **迴圈控制**：迴圈控制是重複執行程式區塊的程式碼，擁有一個結束條件可以結束迴圈的執行。

Python 程式區塊是程式碼縮排相同數量的空白字元，一般是使用 4 個空白字元，所以，相同縮排的程式碼屬於同一個程式區塊。

A-3-1 條件控制

Python 條件控制敘述是使用條件運算式，配合程式區塊建立的決策敘述，可以分為三種：單選（if）、二選一（if/else）或多選一（if/elif/else）。

if 單選條件敘述

if 條件敘述是一種是否執行的「單選題」。決定是否執行程式區塊內的程式碼，如果條件運算式的結果為 True，就執行程式區塊的程式碼，Python 語言的程式區塊是相同縮排的多列程式碼，習慣用法是縮排 4 個空白字元。

例如：藉由判斷氣溫來決定是否加件外套的 if 條件敘述（Python 程式：AppA_3_1.py），如下所示：

```
t = int(input("請輸入氣溫 => "))
if t < 20:
    print("加件外套！")
print("今天氣溫 = " + str(t))
```

上述程式碼使用 input() 函數輸入字串，然後呼叫 int() 函數轉換成整數值，當 if 條件敘述的條件成立，才會執行縮排的程式敘述。更進一步，我們可以活用邏輯運算式，當氣溫在 20 ～ 22 度之間時，顯示「加一件薄外套！」訊息文字，如下所示：

```
if t >= 20 and t <= 22:
    print("加一件薄外套!")
```

✪ if/else 二選一條件敘述

單純 if 條件只能選擇執行或不執行程式區塊的單選題，更進一步，如果是排它情況的兩個執行區塊，只能二選一，我們可以加上 else 關鍵字，依條件決定執行哪一個程式區塊。

例如：學生成績以 60 分區分是否及格的 if/else 條件敘述（Python 程式：AppA_3_1a.py），如下所示：

```
s = int(input("請輸入成績 => "))
if s >= 60:
    print("成績及格!")
else:
    print("成績不及格!")
```

上述程式碼因為成績有排它性，60 分以上為及格，60 分以下為不及格。

✪ if/elif/else 多選一條件敘述

Python 多選一條件敘述是 if/else 條件的擴充，在之中新增 elif 關鍵字來新增一個條件判斷，就可以建立多選一條件敘述，在輸入時，別忘了輸入在條件運算式和 else 之後的「:」冒號。

例如：輸入年齡值來判斷不同範圍的年齡，小於 13 歲是兒童；小於 20 歲是青少年；大於等於 20 歲是成年人，因為條件不只一個，所以需要使用多選一條件敘述（Python 程式：AppA_3_1b.py），如下所示：

```
a = int(input("請輸入年齡 => "))
if a < 13:
    print("兒童")
elif a < 20:
    print("青少年")
else:
    print("成年人")
```

上述 if/elif/else 多選一條件敘述從上而下如同階梯一般，一次判斷一個 if 條件，如果為 True，就執行程式區塊，並且結束整個多選一條件敘述；如果為 False，就進行下一次判斷。

✪ 單行條件敘述

Python 語言並不支援**條件運算式**（Conditional Expressions），我們可以使用單行 if/else 條件敘述來代替，其語法如下所示：

```
變數 = 變數1 if 條件運算式 else 變數2
```

上述指定敘述的「=」號右邊是單行 if/else 條件敘述，如果條件成立，就將變數指定成變數 1 的值；否則就是指定成變數 2 的值。例如：12/24 制的時間轉換運算式（Python 程式：AppA_3_1c.py），如下所示：

```
h = h-12 if h >= 12 else h
```

上述程式碼開始是條件成立指定的變數值或運算式，接著是 if 加上條件運算式，最後 else 之後是不成立，所以，當條件為 True，h 變數值為 h-12；False 是 h。

A-3-2 迴圈控制

Python 迴圈控制敘述提供 for **計數迴圈**（Counting Loop），和 while **條件迴圈**。

✪ for 計數迴圈

在 for 迴圈的程式敘述中擁有計數器變數，計數器可以每次增加或減少一個值，直到迴圈結束條件成立為止。基本上，如果已經知道需重複執行幾次，就可以使用 for 計數迴圈來重複執行程式區塊。

例如：在輸入最大值後，可以計算出 1 加至最大值的總和（Python 程式：AppA_3_2.py），如下所示：

```
m = int(input("請輸入最大值 =>"))
s = 0
for i in range(1, m + 1):
    s = s + i
print("總和 = " + str(s))
```

上述 for 計數迴圈需要使用內建的 range() 函數，此函數的範圍不包含第 2 個參數本身，所以，1 ～ m 範圍是 range(1, m ＋ 1)。

✪ for 迴圈與 range() 函數

Python 的 for 計數迴圈一定需要使用 range() 函數來產生指定範圍的計數值，這是 Python 內建函數，可以有 1、2 和 3 個參數，如下所示：

⁂ **擁有 1 個參數的 range() 函數**：此參數是終止值（並不包含終止值），預設的起始值是 0，如下表所示：

range()函數	整數值範圍
range(5)	0 ～ 4
range(10)	0 ～ 9
range(11)	0 ～ 10

例如：建立計數迴圈顯示值 0～4，如下所示：

```
for i in range(5):
    print("range(5) 的值 = " + str(i))
```

⁂ **擁有 2 個參數的 range() 函數**：第 1 參數是起始值，第 2 個參數是終止值（並不包含終止值），如下表所示：

range()函數	整數值範圍
range(1, 5)	1～4
range(1. 10)	1～9
range(1, 11)	1～10

例如：建立計數迴圈顯示值 1～4，如下所示：

```
for i in range(1, 5):
    print("range(1,5) 的值 = " + str(i))
```

⁂ **擁有 3 個參數的 range() 函數**：第 1 參數是起始值，第 2 個參數是終止值（不含終止值），第 3 個參數是間隔值，如下表所示：

range()函數	整數值範圍
range(1, 11, 2)	1、3、5、7、9
range(1, 11, 3)	1、4、7、10
range(1, 11, 4)	1、5、9
range(0, -10, -1)	0、-1、-2、-3、-4…-7、-8、-9
range(0, -10, -2)	0、-2、-4、-6、-8

例如：建立計數迴圈從 1～10 顯示奇數值，如下所示：

```
for i in range(1, 11, 2):
    print("range(1,11,2) 的值 = " + str(i))
```

✪ while 條件迴圈

while 迴圈敘述需要在程式區塊自行處理計數器變數的增減，迴圈是在程式區塊開頭檢查條件，條件成立才允許進入迴圈執行。例如：使用 while 迴圈來計算階層函數值（Python 程式：AppA_3_2a.py），如下所示：

```
m = int(input(" 請輸入階層數 =>"))
r = 1
n = 1
while n <= m:
    r = r * n
    n = n + 1
print(" 階層值 ! = " + str(r))
```

上述 while 迴圈的執行次數是直到條件 False 為止，假設 m 輸入 5，就是計算 5! 的值，變數 n 是計數器變數。如果符合 n <= 5 條件，就進入迴圈執行程式區塊，迴圈結束條件是 n > 5，在程式區塊不要忘了更新計數器變數 n = n ＋ 1。

A-4 函數、模組與套件

Python **函數**，也有人稱**函式**（Functions），是一個獨立程式單元，可以將大工作分割成一個個小型工作，我們可以重複使用之前建立的函數或直接呼叫 Python 語言的內建函數。

Python 之所以擁有強大的功能，這都是因為有眾多標準和網路上現成**模組**（Modules）與**套件**（Packages）來擴充程式功能，我們可以匯入 Python 模組與套件來直接使用模組與套件提供的函數，而不用自己撰寫相關函數。

A-4-1 函數

函數名稱如同變數是一種識別字，其命名方式和變數相同，程式設計者需要自行命名，在函數的程式區塊中，可以使用 return 關鍵字傳回函數值，和結束函數的執行，函數的**參數**（Parameters）列是函數的使用介面，在呼叫時，我們需要傳入對應的**引數**（Arguments）。

✪ 定義函數

在 Python 程式中，建立沒有參數列和傳回值的 print_msg() 函數（Python 程式：AppA_4_1.py），如下所示：

```
def print_msg():
    print("歡迎學習 Python 程式設計！")
```

上述函數名稱是 print_msg，在名稱後的括號定義傳入的參數列，如果函數沒有參數，就是空括號，在空括號後不要忘了輸入「:」冒號。

Python 函數如果有傳回值，我們需要使用 return 關鍵字來傳回值。例如：判斷參數值是否在指定範圍的 is_valid_num() 函數，如下所示：

```
def is_valid_num(no):
    if no >= 0 and no <= 200.0:
        return True
    else:
        return False
```

上述函數使用 2 個 return 關鍵字來傳回值，傳回 True 表示合法；False 為不合法。再來是一個執行運算的 convert_to_f() 函數，如下所示：

```
def convert_to_f(c):
    f = (9.0 * c) / 5.0 + 32.0
    return f
```

上述函數使用 return 關鍵字傳回函數的執行結果，即運算式的運算結果。

✪ 函數呼叫

Python 程式碼呼叫函數是使用函數名稱加上括號中的引數列。因為 print_msg() 函數沒有傳回值和參數列，呼叫函數只需使用函數名稱加上空括號，如下所示：

```
print_msg()
```

函數如果擁有傳回值，在呼叫時可以使用指定敘述來取得傳回值，如下所示：

```
f = convert_to_f(c)
```

上述程式碼的變數 f 可以取得 convert_to_f() 函數的傳回值。如果函數傳回值為 True 或 False，例如：is_valid_num() 函數，我們可以在 if 條件敘述呼叫函數作為判斷條件，如下所示：

```
if is_valid_num(c):
    print("合法!")
else:
    print("不合法")
```

上述條件使用函數傳回值作為判斷條件，可以顯示數值是否合法。

A-4-2 使用 Python 模組與套件

Python 模組是單一 Python 程式檔案，即副檔名 .py 的檔案，套件是一個目錄內含多個模組的集合，而且在根目錄包含 Python 檔案 __init__.py。

為了方便說明，當本書 Python 程式匯入 Python 模組與套件後，不論是呼叫模組的物件方法或函數，都會統一使用函數來說明。

✪ 匯入模組或套件

Python 程式是使用 import 關鍵字匯入模組或套件，例如：匯入名為 random 的模組，然後直接呼叫此模組的函數來產生亂數值（Python 程式：AppA_4_2.py），如下所示：

```
import random
```

上述程式碼匯入名為 random 的模組後，我們就可以呼叫模組的 randint() 函數，馬上產生指定範圍之間的整數亂數值，如下所示：

```
target = random.randint(1, 100)
```

上述程式碼產生 1 ～ 100 之間的整數亂數值。

✪ 模組或套件的別名

在 Python 程式檔匯入模組或套件，除了使用模組或套件名稱來呼叫函數，我們也可以使用 as 關鍵字替模組取一個別名，然後使用別名來呼叫函數（Python 程式：AppA_4_2a.py），如下所示：

```
import random as R

target = R.randint(1, 100)
```

上述程式碼在匯入 random 模組時，使用 as 關鍵字取了別名 R，所以，我們可以使用別名 R 來呼叫 randint() 函數。

✪ 匯入模組或套件的部分名稱

當 Python 程式使用 import 關鍵字匯入模組後，匯入的模組預設是全部內容，在實務上，我們可能只會使用到模組的 1 或 2 個函數或物件，此時請使用 form/import 程式敘述匯入模組的部分名稱，例如：在 Python 程式匯入 BeautifulSoup 模組（Python 程式：AppA_4_2b.py），如下所示：

```
from bs4 import BeautifulSoup
```

上述程式碼匯入 BeautifulSoup 模組後，就可以建立 BeautifulSoup 物件，如下所示：

```
html_str = "<p>Hello World!</p>"
soup = BeautifulSoup(html_str, "lxml")
print(soup)
```

請注意！ form/import 程式敘述匯入的變數、函數或物件是匯入到目前的程式檔案，成為目前程式檔案的範圍，所以使用時並不需要使用模組名稱來指定所屬的模組，直接使用 BeautifulSoup 即可。

A-5 容器型態

Python 語言支援的容器型態有：清單、字典、集合和元組，容器型態如同一個放東西的盒子，我們可以將項目或元素的東西儲存在盒子中。

A-5-1 清單

Python 語言的清單（Lists）類似其他程式語言的陣列（Arrays），中文譯名有清單、串列和列表等。不同於字串型態的不能更改，清單允許更改（Mutable）內容，我們可以新增、刪除、插入和更改清單的項目（Items）。

✪ 清單的基本使用

Python 清單（Lists）是使用「[]」方括號括起的多個項目，每一個項目使用「,」逗號分隔（Python 程式：AppA_5_1.py），如下所示：

```
ls = [6, 4, 5]      # 建立清單
print(ls, ls[2])    # 顯示 "[6, 4, 5] 5"
print(ls[-1])       # 負索引從最後開始：顯示 "5"
ls[2] = "py"        # 指定字串型態的項目
print(ls)           # 顯示 "[6, 4, 'py']"
ls.append("bar")    # 新增項目
print(ls)           # 顯示 "[6, 4, 'py', 'bar']"
ele = ls.pop()      # 取出最後項目
print(ele, ls)      # 顯示 "bar [6, 4, 'py']"
```

上述程式碼首先建立 3 個項目的清單 ls，然後使用索引取出第 3 個項目（索引從 0 開始），負索引 -1 是最後 1 個，更改清單項目是字串後，再使用 append() 方法在最後新增項目，pop() 方法可以取出最後 1 個項目。

✪ 切割清單

Python 清單可以在「[]」方括號中使用「:」符號的語法，即指定開始和結束來分割清單成為子清單（Python 程式：AppA_5_1a.py），如下所示：

```
nums = list(range(5))   # 建立一序列的整數清單
print(nums)             # 顯示 "[0, 1, 2, 3, 4]"
print(nums[2:4])        # 切割索引 2~4(不含 4): 顯示 "[2, 3]"
print(nums[2:])         # 切割索引從 2 至最後: 顯示 "[2, 3, 4]"
print(nums[:2])         # 切割從開始至索引 2(不含 2): 顯示 "[0, 1]"
print(nums[:])          # 切割整個清單: 顯示 "[0, 1, 2, 3, 4]"
print(nums[:-1])        # 使用負索引切割: 顯示 "[0, 1, 2, 3]"
nums[2:4] = [7, 8]      # 使用切割來指定子清單
print(nums)             # 顯示 "[0, 1, 7, 8, 4]"
```

✪ 走訪清單

Python 程式是使用 for 迴圈走訪顯示清單的每一個項目（Python 程式：AppA_5_1b.py），如下所示：

```
animals = ['cat', 'dog', 'bat']
for animal in animals:
    print(animal)
```

上述 for 迴圈可以一一取出清單每一個項目和顯示出來，執行結果如下：

執行結果

```
cat
dog
bat
```

如果需要顯示清單各項目的索引值，我們需要使用 enumerate() 函數（Python 程式：AppA_5_1c.py），如下所示：

```
animals = ['cat', 'dog', 'bat']
for index, animal in enumerate(animals):
    print(index, animal)
```

上述 enumerate() 函數有 2 個回傳值，第 1 個 index 就是索引值，其執行結果如下所示：

執行結果

```
0 cat
1 dog
2 bat
```

✪ 清單包含

清單包含（List Comprehension）是用一種簡潔語法來建立清單，我們可以在「[ ]」方括號中使用 for 迴圈產生清單項目，如果需要，還可以加上 if 條件子句篩選出所需的項目（Python 程式：AppA_5_1d.py），如下所示：

```
list1 = [x for x in range(10)]
```

上述程式碼的第 1 個變數 x 是清單項目，這是使用之後 for 迴圈來產生項目，以此例是 0 ～ 9，我們可以建立清單：[0, 1, 2, 3, 4, 5, 6, 7, 8, 9]。

不只如此，方括號第 1 個 x 是變數，也可以是一個運算式，例如：使用 x+1 產生項目，如下所示：

```
list2 = [x+1 for x in range(10)]
```

上述程式碼可以建立清單：[1, 2, 3, 4, 5, 6, 7, 8, 9, 10]。如果需要還可以在 for 迴圈後加上 if 條件子句，例如：只顯示偶數項目，如下所示：

```
list3 = [x for x in range(10) if x % 2 == 0]
```

上述程式碼在 for 迴圈後是 if 條件子句，可以判斷 x % 2 的餘數是否是 0，也就是只顯示值是 0 的項目，即偶數項目，可以建立清單：[0, 2, 4, 6, 8]。同樣的，我們可以使用運算式來產生項目，如下所示：

```
list4 = [x*2 for x in range(10) if x % 2 == 0]
```

上述程式碼可以建立清單：[0, 4, 8, 12, 16]。

A-5-2 字典

Python 的**字典**（Dictionaries）是一種儲存鍵值資料的容器型態，我們可以使用**鍵**（Key）來取出和更改**值**（Value），或使用鍵來新增和刪除項目，對比其他程式語言，就是**結合陣列**（Associative Array）。

✪ 字典的基本使用

Python 字典（Dictionaries）是使用大括號「{}」定義成對的鍵和值（Key-value Pairs），每一對使用「,」逗號分隔，其中的鍵和值是使用「:」冒號分隔（Python 程式：AppA_5_2.py），如下所示：

```
d = {"cat": "white", "dog": "black"}    # 建立字典
print(d["cat"])                         # 使用 Key 取得項目：顯示 "white"
print("cat" in d)                       # 是否有 Key: 顯示 "True"
d["pig"] = "pink"                       # 新增項目
print(d["pig"])                         # 顯示 "pink"
print(d.get("monkey", "N/A"))           # 取出項目 + 預設值：顯示 "N/A"
print(d.get("pig", "N/A"))              # 取出項目 + 預設值：顯示 "pink"
del d["pig"]                            # 使用 Key 刪除項目
print(d.get("pig", "N/A"))              # "pig" 不存在：顯示 "N/A"
```

上述程式碼建立字典變數 d 後，使用鍵 "cat" 取出值，然後使用 in 運算子檢查是否有此鍵值，接著新增 "pig" 鍵值（如果鍵值不存在，就是新增）和顯示此鍵值，最後使用 get() 方法使用鍵取出值，如果鍵值不存在，就傳回第 2 個參數的預設值，del 是刪除項目。

✪ 走訪字典

如同清單，Python 程式一樣是使用 for 迴圈以鍵來走訪字典（Python 程式：AppA_5_2a.py），如下所示：

```
d = {"chicken": 2, "dog": 4, "cat": 4, "spider": 8}
for animal in d:
    legs = d[animal]
    print(animal, legs)
```

上述程式碼建立字典變數 d 後，使用 for 迴圈走訪字典的所有鍵，可以顯示各種動物有幾隻腳，其執行結果如下所示：

執行結果

```
chicken 2
dog 4
cat 4
spider 8
```

如果需要同時走訪字典的鍵和值，我們需要使用 items() 方法（Python 程式：AppA_5_2b.py），如下所示：

```
d = {"chicken": 2, "dog": 4, "cat": 4, "spider": 8}
for animal, legs in d.items():
    print("動物：%s 有 %d 隻腳" % (animal, legs))
```

上述 for 迴圈是走訪 d.items()，可以傳回鍵 animal 和值 legs，其執行結果如下所示：

執行結果

```
動物: chicken 有 2 隻腳
動物: dog 有 4 隻腳
動物: cat 有 4 隻腳
動物: spider 有 8 隻腳
```

字典包含

字典包含（Dictionary Comprehension）是用一種簡潔語法來建立字典，我們可以在「{}」大括號中使用 for 迴圈產生字典項目，如果需要，還可以加上 if 條件子句來篩選出所需的項目（Python 程式：AppA_5_2c.py），如下所示：

```
d1 = {x:x*x for x in range(10)}
```

上述程式碼的第 1 個 x:x*x 是字典項目，位在「:」前是鍵；之後是值，這是使用之後 for 迴圈產生項目，以此例是 0 ～ 9，我們可以建立字典：{0: 0, 1: 1, 2: 4, 3: 9, 4: 16, 5: 25, 6: 36, 7: 49, 8: 64, 9: 81}。

不只如此，我們還可以在 for 迴圈後加上 if 條件子句，例如：只顯示奇數的項目，如下所示：

```
d2 = {x:x*x for x in range(10) if x % 2 == 1}
```

上述程式碼在 for 迴圈後是 if 條件子句，可以判斷 x % 2 的餘數是否是 1，也就是只顯示值是 1 的項目，即奇數項目，可以建立字典：{1: 1, 3: 9, 5: 25, 7: 49, 9: 81}。

A-5-3 集合

Python 的集合（Sets）是一種無順序的元素集合，每一個元素是唯一；不可重複，我們可以更新、新增和刪除元素，和執行數學集合運算：交集、聯集和差集等。

✪ 集合的基本使用

Python 集合（Sets）也是使用「{}」大括號括起，每一個元素是使用「,」逗號分隔（Python 程式：AppA_5_3.py），如下所示：

```
animals = {"cat", "dog", "pig"} # 建立集合
print("cat" in animals)         # 檢查是否有此元素：顯示 "True"
print("fish" in animals)        # 顯示 "False"
animals.add("fish")             # 新增集合元素
print("fish" in animals)        # 顯示 "True"
print(len(animals))             # 元素數：顯示 "4"
animals.add("cat")              # 新增存在的元素
print(len(animals))             # 顯示 "4"
animals.remove('cat')           # 刪除集合元素
print(len(animals))             # 顯示 "3"
```

上述程式碼建立集合變數 animals 後，使用 in 運算子檢查集合是否有指定的元素，然後呼叫 add() 方法新增元素，len() 方法顯示元素數，可以看到如果新增集合已經存在的元素 "cat"，並不會再次新增，刪除元素是使用 remove() 方法。

✪ 走訪集合

走訪集合和走訪清單是相同的，只是因為集合沒有順序，並沒有辦法使用建立順序來走訪（Python 程式：AppA_5_3a.py），如下所示：

```
animals = {"cat", "dog", "pig", "fish"}        # 建立集合
for index, animal in enumerate(animals):
    print('#%d: %s' % (index + 1, animal))
```

上述程式碼建立集合後，使用 for 迴圈和 enumerate() 函數走訪集合的所有元素，可以看到執行結果的順序和建立時的順序並不相同，如下所示：

執行結果

```
#1: dog
#2: fish
#3: pig
#4: cat
```

✪ 集合運算

Python 集合可以執行集合運算的交集、聯集和差集。本節測試的 2 個集合（Python 程式：AppA_5_3b.py），如下所示：

```
A = {1, 2, 3, 4, 5}
B = {4, 5, 6, 7, 8}
```

⁂ **交集**（Set Intersection）：交集是 2 個集合都存在元素的集合，如下圖：

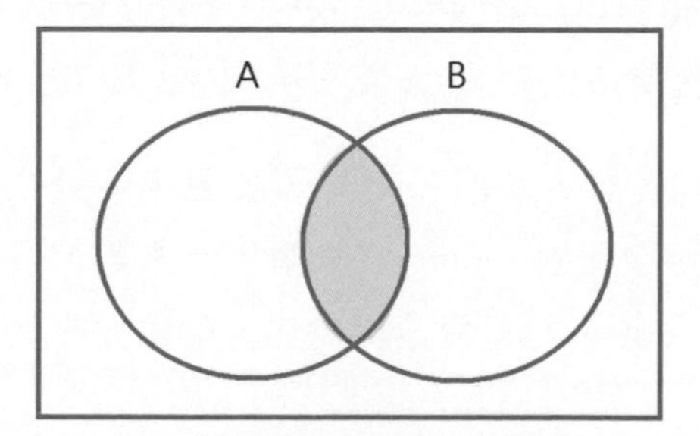

Python 交集是使用「&」運算子或 intersection() 方法，如下所示：

```
C = A & B
C = A.intersection(B)
```

上述運算式結果的集合是：{4, 5}。

⁂ **聯集**（Set Union）：聯集是 2 個集合所有不重複元素的集合，如下圖：

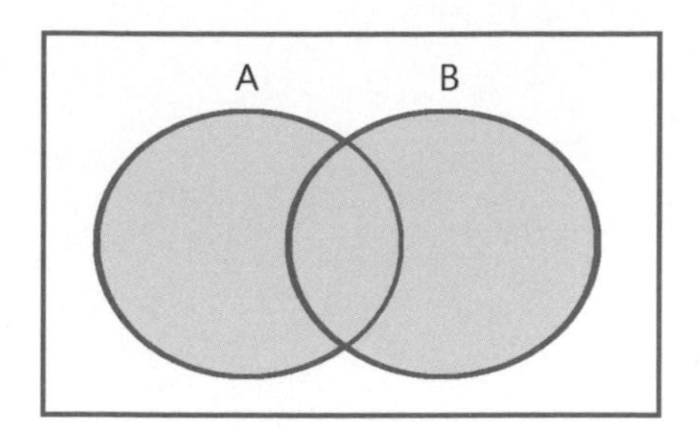

Python 聯集是使用「|」運算子或 union() 方法，如下所示：

```
C = A | B
C = A.union(B)
```

上述運算式結果的集合是：{1, 2, 3, 4, 5, 6, 7, 8}。

⁂ **差集**（Set Difference）：差集是 2 個集合 A - B，只存在集合 A，不存在集合 B 的元素集合（B - A 就是存在 B；不存在 A），如下圖所示：

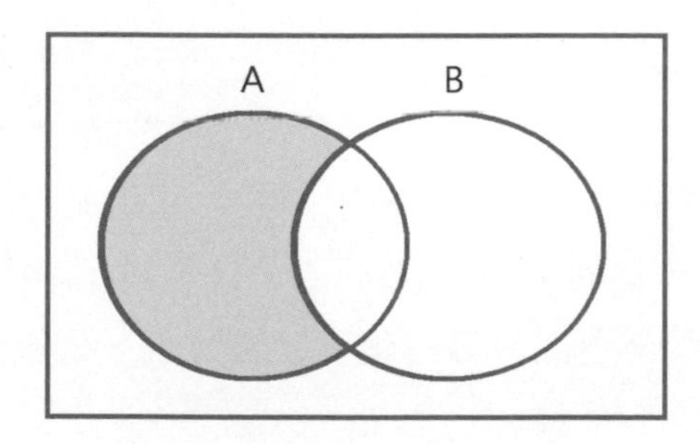

Python 差集是使用「-」運算子或 difference() 方法，如下所示：

```
C = A - B
C = A.difference(B)
```

上述運算式結果的集合是：{1, 2, 3}。

⁂ **對稱差集**（Set Symmetric Difference）：對稱差集是 2 個集合的元素，不包含 2 個集合都擁有的元素，如下圖所示：

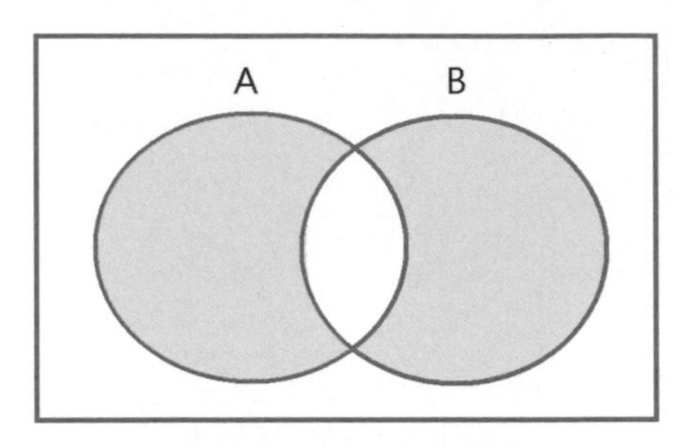

Python 對稱差集是使用「^」運算子或 symmetric_difference() 方法，如下所示：

```
C = A ^ B
C = A.symmetric_difference(B)
```

上述運算式結果的集合是：{1, 2, 3, 6, 7, 8}。

A-5-4 元組

元組（Tuple）是一種類似清單的容器型態，簡單的説，元組是一個唯讀清單，一旦 Python 程式指定元組的項目，就不再允許更改元組的項目。Python 元組是使用「()」括號來建立，每一個項目使用「,」逗號分隔（Python 程式：AppA_5_4.py），如下所示：

```
t = (5, 6, 7, 8)            # 建立元組
print(type(t))              # 顯示 "<class 'tuple'>"
print(t)                    # 顯示 "(5, 6, 7, 8)"
print(t[0])                 # 顯示 "5"
print(t[1])                 # 顯示 "6"
print(t[-1])                # 顯示 "8"
print(t[-2])                # 顯示 "7"
for ele in t:               # 走訪項目
    print(ele, end=" ")     # 顯示 "5, 6, 7, 8"
```

上述程式碼建立元組變數 t 後，顯示型態名稱，在顯示元組內容後，使用索引取出指定的項目，最後使用 for 迴圈走訪元組的項目。

A-6 類別與物件

Python 是一種物件導向程式語言，事實上，Python 所有內建資料型態都是物件，包含：模組和函數等也都是物件。

A-6-1 定義類別和建立物件

物件導向程式是使用物件來建立程式，每一個物件儲存資料（Data）和提供行為（Behaviors），透過物件之間的通力合作來完成程式的功能。

✪ 定義類別

類別（Class）是物件的模子，也是藍圖，我們需要先定義類別，才能依據類別的模子來建立物件。Python 語言是使用 class 關鍵字來定義 Student 類別（Python 程式：AppA_6_1.py），如下所示：

```
class Student:
    def __init__(self, name, grade):
        self.name = name
        self.grade = grade

    def displayStudent(self):
        print("姓名 = " + self.name)
        print("成績 = " + str(self.grade))

    def whoami(self):
        return self.name
```

上述程式碼使用 class 關鍵字定義類別，在之後是類別名稱 Student，然後是「:」冒號，在之後就是類別定義的**程式區塊**（Function Block）。

一般來說，類別擁有儲存資料的**資料欄位**（Data Field）和定義行為的**方法**（Methods），而且擁有一個特殊名稱的方法稱為**建構子**（Constructors），其名稱一定是「__init__」。

✪ 類別建構子

類別建構子是每一次使用類別建立新物件時，就會自動呼叫的方法，Python 類別的建構子名為「__init__」，不能更名，在 init 前後是 2 個「_」底線，如下所示：

```
def __init__(self, name, grade):
    self.name = name
    self.grade = grade
```

上述建構子的寫法和 Python 函數相同，在建立新物件時，可以使用參數來指定資料欄位 name 和 grade 的初值。

✪ 建構子和方法的 self 變數

在 Python 類別建構子和方法的第 1 個參數是 self 變數，這是一個特殊變數，絕對不可以忘記此參數，其功能相當於 C# 和 Java 語言的 this 關鍵字。

請注意！ self 不是 Python 語言的關鍵字，只是約定俗成的變數名稱，self 變數的值是參考呼叫建構子或方法的物件，以建構子 __init__() 方法來說，參數 self 的值是參考新建立的物件，如下所示：

```
self.name = name
self.grade = grade
```

上述程式碼 self.name 和 self.grade 就是指定新物件資料欄位 name 和 grade 的值。

✪ 資料欄位

類別的資料欄位，或稱為**成員變數**（Member Variables），在 Python 類別定義資料欄位並不需要特別語法，只要是使用 self 開頭存取的變數，就是資料欄位，在 Student 類別的資料欄位有 name 和 grade，如下所示：

```
self.name = name
self.grade = grade
```

上述程式碼是在建構子指定資料欄位的初值，沒有特別語法，name 和 grade 就是類別的資料欄位。

✪ 方法

類別的方法就是 Python 函數，只是第 1 個參數一定是 self 變數，而且在存取資料欄位時，不要忘了使用 self 變數來存取（因為有 self 才是存取資料欄位），如下所示：

```
def displayStudent(self):
    print("姓名 = " + self.name)
    print("成績 = " + str(self.grade))
```

✪ 使用類別建立物件

在定義類別後，我們可以使用類別建立物件，也稱為**實例**（Instances），同一類別可以如同工廠生產一般的建立多個物件，如下所示：

```
s1 = Student("陳會安", 85)
```

上述程式碼建立物件 s1，Student() 就是呼叫 Student 類別的建構子方法，擁有 2 個參數來建立物件，然後可以使用「.」運算子呼叫物件方法：

```
s1.displayStudent()
print("s1.whoami() = " + s1.whoami())
```

同樣的語法，我們可以存取物件的資料欄位，如下所示：

```
print("s1.name = " + s1.name)
print("s1.grade = " + str(s1.grade))
```

A-6-2 隱藏資料欄位

Python 類別定義的資料欄位和方法預設可以在其他 Python 程式碼存取這些資料欄位，和呼叫這些方法，對比其他物件導向程式語言就是 public 公開成員。

如果資料欄位需要隱藏，或方法只能在類別中呼叫，並不是類別對外的使用介面，我們需要使用 private 私有成員，在 Python 資料欄位和方法名稱只需使用 2 個「_」底線開頭，就表示是私有（Private）資料欄位和方法（Python 程式：AppA_6_2.py），如下所示：

```
def __init__(self, name, grade):
    self.name = name
    self.__grade = grade
```

上述建構子的 __grade 資料欄位是隱藏的資料欄位。我們也可以建立只有在類別中呼叫的私有方法（Private Methods），如下所示：

```
def __getGrade(self):
    return self.__grade
```

上述方法名稱是 __getGrade()，這個方法只能在定義類別的程式碼呼叫，呼叫時記得一樣需要加上 self，如下所示：

```
print("成績 = " + str(self.__getGrade()))
```